浙江省普通高校“十三五”新形态教材

概率论与数理统计

胡　月　云本胜　主　编
许梅生　雷建光　副主编

ZHEJIANG UNIVERSITY PRESS
浙江大学出版社
·杭州·

图书在版编目（CIP）数据

概率论与数理统计 / 胡月，云本胜主编. —杭州：浙江大学出版社，2020.6（2024.7 重印）
ISBN 978-7-308-20314-2

Ⅰ. ①概… Ⅱ. ①胡… ②云… Ⅲ. ①概率论—高等学校—教材②数理统计—高等学校—教材 Ⅳ. ①O21

中国版本图书馆 CIP 数据核字（2020）第 106327 号

概率论与数理统计

胡　月　云本胜　主　编
许梅生　雷建光　副主编

策划编辑　马海城
责任编辑　王元新
责任校对　阮海潮
封面设计　刘剑英
出版发行　浙江大学出版社
（杭州市天目山路 148 号　邮政编码 310007）
（网址：http://www.zjupress.com）
排　　版　杭州好友排版工作室
印　　刷　杭州钱江彩色印务有限公司
开　　本　787mm×1092mm　1/16
印　　张　19.25
字　　数　480 千
版 印 次　2020 年 6 月第 1 版　2024 年 7 月第 5 次印刷
书　　号　ISBN 978-7-308-20314-2
定　　价　52.00 元

前　言

本教材根据近年来新工科数学改革的新成果，结合高等应用型本科院校的实际特点编写，以培养未来多元化、创新型、具有可持续竞争力的卓越工程人才为目标．教材中对传统的教学内容进行优化，利用数学软件解决随机数学和数理统计实际应用问题；还建设了立体化的新形态教材，为打造"两性一度"金课建设创造了必备的条件．

本教材内容包括：随机事件和概率、随机变量及其分布、多维随机变量及其分布、随机变量的数字特征、极限定理、数理统计的基本概念、参数估计、假设检验、Matlab及其在概率统计中的应用．

教材是体现科学课程目标和内容的重要载体，也是学生学习和教师教学的工具；故需阐述的基本理念、课程目标和内容标准都应在教材中得到体现．本教材将处理好以下几个关系：

(1)理论与应用——应用为主，体现实践性、实际性；

(2)深度与广度——广度优先，拓宽知识面，增加信息量；

(3)传统与创新——反映新知识和新方法；

(4)宜教与利学——便于教师介绍内容，有利于学生自学；

(5)课内必学内容与课外选学内容——合理安排，以使课程体系和内容得以完备；

(6)设置二维码——拓展学生视野，丰富学习内容，为教师进行线上线下混合式教学提供了必备条件．

本书由胡月、云本胜任主编．许梅生、雷建光任副主编．其中，第1章、第6章由胡月编写，第2章、第3章由云本胜编写，第4章、第5章由雷建光编写，第7章、第8章由许梅生编写，第9章由孙莉萍编写．

在编写过程中，应用统计专业的3位研究生王甜甜、姜燕霞、雷柳荣做了大量的校对工作，在此表示感谢．

浙江科技学院教务处的领导对本教材的编写给予了诸多关怀与大力支持，在此表示衷心的感谢．

由于编写水平有限，存在错误和缺点在所难免，欢迎广大读者批评指正．

课程网站

编者

2020年1月于杭州

目　录

第 1 章　随机事件和概率

用概率来度量不确定性和可变性已经有数百年的历史了，而今概率已应用到很多的领域，如军事、医药、天气预报和法律等. 概率的数学理论与许多实际或理想的实验相联系，或结合一些生活现象，便获得了实用的价值和直观的意义.

概率论是数学的一个分支，它研究随机现象的数量规律. 一方面，它有自己独特的概念和方法；另一方面，它与其他数学分支又有紧密的联系，它是现代数学的重要组成部分. 概率论应用广泛，遍及科学技术领域、工农业生产和国民经济的各个部门.

知识导读
绪论

概率论是研究随机现象规律性的一门数学学科.

§1.1　随机事件及其运算

1.1.1　随机现象

在自然界和人类社会中存在着多种现象，大多属于以下两类：

第一类，在一定条件下某种现象必定发生或必定不会发生，这类现象被称为**确定性现象**(**deterministic phenomenon**). 例如，“在一个标准大气压下，水加热到 100℃，必然会沸腾”；“每天早晨，太阳都从东方升起”.

第二类，在一定条件下，某种现象可能发生也可能不发生，这类现象被称为**随机现象**(**random phenomenon**). 例如，“抛一枚硬币或者掷一颗骰子”.

这种偶然性和不确定性的概念像人类文明一样古老，人们为了生存不得不应付天气、食物供应和环境中其他方面的不确定性，并且为减少这种不确定性及其影响而奋斗. 即便是赌博的思想也有很长的历史. 考古发现，大约在公元 3500 年前，在古埃及等地已经出现利用骨制物体做具有偶然性的赌博，它是掷骰子的先驱. 尽管对这种现象进行个别试验或观察时其结果具有偶然性和不确定性，但是在大量的重复试验中其结果又具有一定的统计规律. 概率论就是研究随机现象这种本质规律的一门数学学科.

1.1.2　随机事件

为了研究随机现象所进行的观察或实验，称为**试验**(**experiment**). 若一个试验具有以下三个特点：

(1)在基本相同的条件下，重复进行；

(2)每次试验的可能结果不止一个,并且事先可以知道试验的所有可能结果;

(3)进行一次试验之前出现哪一种结果是无法预见的;

这种试验称为**随机试验**(**random experiment**),简称试验,用 E 表示.

例 1.1.1 随机试验的例子:

E_1:抛一枚硬币,观察正面 H、反面 T 出现的情况.

E_2:将一枚硬币抛三次,观察正面 H、反面 T 出现的情况.

E_3:抛一枚骰子,观察出现的点数.

E_4:记录车站售票处一天内售出的车票数.

E_5:某射手向某一目标射击,直到命中为止.

E_6:在一批灯泡中任意抽取一只,测试它的寿命.

E_7:记录某地一昼夜的最高温度和最低温度.

对于随机试验,尽管在每次试验之前不能预先知道试验的结果,但试验的一切可能的结果是已知的,我们把随机试验 E 的所有可能结果组成的集合称为 E 的**样本空间**(**Sampling space**),记为 Ω. 样本空间的元素,即 E 的每个结果,称为**样本点**(**Sampling point**),记为 ω.

例 1.1.2 写出例 1.1.1 中各随机试验的样本空间.

$\Omega_1=\{H,T\}$;

$\Omega_2=\{HHH,HHT,HTH,THH,HTT,THT,TTH,TTT\}$;

$\Omega_3=\{1,2,3,4,5,6\}$;

$\Omega_4=\{0,1,2,3,\cdots\}$;

$\Omega_5=\{k:k\in N\}$,(k 为射手射击的次数);

$\Omega_6=\{t:t\geqslant 0\}$,t 表示灯泡的寿命;

$\Omega_7=\{(x,y)\mid T_0\leqslant x\leqslant y\leqslant T_1\}$,这里 x 表示最低温度,y 表示最高温度,并设这一地区的温度不会小于 T_0,也不会大于 T_1.

在随机试验中,可能出现,也可能不出现的一类结果称为随机事件(**random event**),简称为事件.

在一个随机试验中的每一个基本结果是一个随机事件,称为**基本事件**(**elementary event**). 事实上,样本点就是基本事件.

随机事件可表述为样本空间中样本点的某个集合,一般记为 A,B,C 等. 所谓"事件 A 发生",是指在一次试验中,当且仅当 A 中包含的某个样本点出现. 随机事件 A 是样本空间 Ω 的一个子集.

在每次试验中一定发生的事件称为**必然事件**(**certain event**). 样本空间 Ω 也是它本身的一个子集,可以把它称作一个事件,样本空间 Ω 包含了所有的样本点 ω,每次试验它必然发生,因此它是一个必然事件. 必然事件用 Ω 表示.

在每次试验中一定不发生的事件称为**不可能事件**(**impossible event**),用 $\varnothing$ 表示. $\varnothing$ 中不包含样本点,也是 Ω 的一个子集.

可以看出,必然事件与不可能事件虽已无随机性可言,但在概率论中,常把它们当作两个特殊的随机事件,这样做是为了数学处理上的方便. 用集合论的观点与方法描述和定义概率论问题是基本的方法.

1.1.3　事件的关系及其运算

因为事件是一个集合，因而事件间的关系和运算是按集合间的关系和运算来处理的. 下面给出这些关系和运算在概率中的提法，并根据“事件发生”的含义，给出它们在概率中的含义.

设随机事件 E 的样本空间为 Ω，A，B，$A_k(k=1,2,\cdots)$ 是 Ω 的子集，即随机事件.

1. 事件的包含与相等(inclusion and equivalent relation)

若事件 A 发生必然导致事件 B 发生，则称事件 A 包含事件 B，记为 $B\supset A$ 或 $A\subset B$，即 $\omega\in A\Rightarrow\omega\in B$.

若 $A\subset B$ 且 $B\subset A$，即 $A=B$，则称事件 A 与事件 B 相等.

2. 事件的和(union of events)

事件 A 与事件 B 至少有一个发生的事件称为事件 A 与事件 B 的和事件，记为 $A\cup B$. 事件 $A\cup B$ 发生意味着：或事件 A 发生，或事件 B 发生，或事件 A 与事件 B 都发生，即 $A\cup B=\{\omega:\omega\in A$ 或 $\omega\in B\}$.

事件的和可以推广到任意有限多个事件和可列个事件间的情形.

设有 n 个事件 $A_1,A_2,\cdots,A_n$，定义它们的和事件为$\{A_1,A_2,\cdots,A_n$ 中至少有一个发生$\}$，记为 $\bigcup\limits_{k=1}^{n}A_k=A_1\cup A_2\cup\cdots\cup A_n$.

设有事件列 $A_1,A_2,\cdots,A_n,\cdots$，定义它们的和事件为$\{A_1,A_2,\cdots,A_n,\cdots$ 中至少有一个发生$\}$，记为 $\bigcup\limits_{n=1}^{\infty}A_k=A_1\cup A_2\cup\cdots\cup A_n\cup\cdots$.

3. 事件的积(product of events)

事件 A 与事件 B 都发生的事件称为事件 A 与事件 B 的积事件，记为 $A\cap B$，也简记为 AB. 事件 $A\cap B$（或 AB）发生意味着：事件 A 发生且事件 B 也发生，即 $AB=\{\omega:\omega\in A$ 且 $\omega\in B\}$.

类似地，事件的积可以推广到任意有限多个事件和可列个事件间的情形.

设有 n 个事件 $A_1,A_2,\cdots,A_n$，定义它们的积事件为$\{A_1,A_2,\cdots,A_n$ 每一个均发生$\}$，记为 $\bigcap\limits_{k=1}^{n}A_k=A_1\cap A_2\cap\cdots\cap A_n$，或 $\prod\limits_{k=1}^{n}A_k=A_1A_2\cdots A_n$.

设有事件列 $A_1,A_2,\cdots,A_n,\cdots$，定义它们的积事件为$\{A_1,A_2,\cdots,A_n,\cdots$ 每一个均发生$\}$，记为 $\bigcap\limits_{n=1}^{\infty}A_k=A_1\cap A_2\cap\cdots\cap A_n\cap\cdots$，或 $\prod\limits_{n=1}^{\infty}A_k=A_1A_2\cdots A_n\cdots$.

4. 事件的差(difference of events)

事件 A 发生而事件 B 不发生的事件称为事件 A 与事件 B 的差事件，记为 $A-B$，即 $A-B=\{\omega:\omega\in A$ 且 $\omega\notin B\}$.

5. 互不相容事件(互斥事件)(incompatible events)

若事件 A 与事件 B 不能同时发生，即 $AB=\varnothing$，则称事件 A 与事件 B **互斥**，或称它们**互不相容**.

若事件组 $A_1,A_2,\cdots,A_n$ 中的任意两个事件都互斥，则称这个事件组**两两互斥**.

若事件列 $A_1,A_2,\cdots,A_n,\cdots$ 中的任意两个事件都互斥，则称这个事件列**两两互斥**.

基本事件组(列)是两两互斥的.

6. 对立事件(opposite events)

A 不发生的事件称为事件 A 的**对立事件**,**或逆事件**,记为 $\overline{A}$,即 $\overline{A}=\Omega-A$ 或$A=\Omega-\overline{A}$. A 和 $\overline{A}$ 满足:$A\cup\overline{A}=\Omega$,$A\overline{A}=\varnothing$,$\overline{\overline{A}}=A$.

可以看出:$A-B=A\overline{B}=A-AB$.

7. 完备事件组 (complete set of disjoint events)

$A_1,A_2,\cdots,A_n,\cdots$构成完备事件组,若 $A_1\cup A_2\cup\cdots\cup A_n\cup\cdots=\Omega$,$A_iA_j=\varnothing$ $(i\neq j)$.

换句话说,如果有限个或可数个事件 $A_1,A_2,\cdots,A_n,\cdots$两两互不相容,并且"所有事件的和"是必然事件,则称它们构成**完备事件组**,或称 **Ω 的一个划分(a prtition of Ω)**.

8. 文氏图(Venn)

事件的关系和运算可以用文氏图形象地表示出来(见图 1-1-1,题中的矩形表示必然事件 Ω).

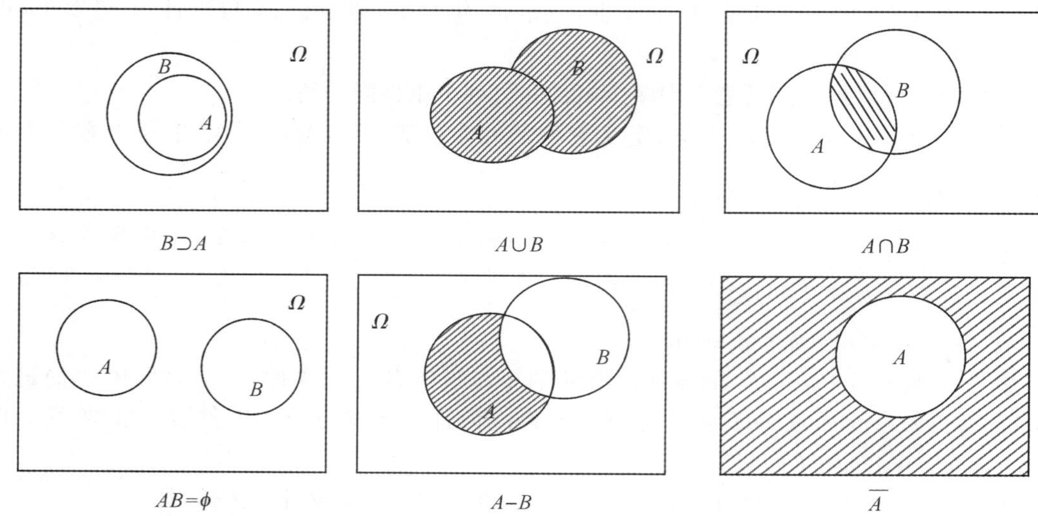

图 1-1-1　文氏图

9. 事件的运算律

设有事件 A,B,C,则有以下运算律:

(1)**交换律(exchange law)**:$A\cup B=B\cup A$;$AB=BA$.

(2)**结合律(combination law)**:$(A\cup B)\cup C=A\cup(B\cup C)$;$(AB)C=A(BC)$.

(3)**分配律(distributive law)**:$(A\cup B)C=(AC)\cup(BC)$;$(AB)\cup C=(A\cup C)(B\cup C)$.

(4)**对偶律(dual law)**:$\overline{A\cup B}=\overline{A}\overline{B}$;$\overline{AB}=\overline{A}\cup\overline{B}$.

例 1.1.3　某射手向指定目标射击三枪,观察射中目标的情况.用 A_1、A_2、A_3 分别表示事件"第 1、2、3 枪击中目标",试用 A_1、A_2、A_3 表示以下各事件:

(1)只击中第一枪;

(2)只击中一枪;

(3)三枪都没击中;

(4)至少击中一枪.

解 (1)事件“只击中第一枪”，意味着第二枪不中，第三枪也不中. 所以，可以表示成 $A_1\ \overline{A_2A_3}$.

(2)事件“只击中一枪”，并不指定哪一枪击中. 三个事件“只击中第一枪”“只击中第二枪”“只击中第三枪”中，任意一个发生，都意味着事件“只击中一枪”发生. 同时，因为上述三个事件互不相容，所以，可以表示成 $A_1\ \overline{A_2A_3}\cup\overline{A_1}A_2\ \overline{A_3}\cup\overline{A_1A_2}A_3$.

(3)事件“三枪都没击中”，就是事件“第一、二、三枪都没击中”，所以，可以表示成 $\overline{A_1A_2A_3}$.

(4)事件“至少击中一枪”，就是事件“第一、二、三枪至少有一枪击中”，所以，可以表示成 $A_1\cup A_2\cup A_3$ 或 $A_1\ \overline{A_2A_3}\cup\overline{A_1}A_2\ \overline{A_3}\cup\overline{A_1A_2}A_3\cup A_1A_2\ \overline{A_3}\cup A_1\ \overline{A_2}A_3\cup\overline{A_1}A_2A_3\cup A_1A_2A_3$.

例 1.1.4 设 A,B,C,D 是四个事件，用 A,B,C,D 以及事件之间的关系和运算的符号表示下列事件：

(1)A,B,C,D 中仅有 A 发生；

(2)A,B,C,D 中恰有一个发生；

(3)A,B 中至少有一个发生，而 C,D 均不发生；

(4)A,B,C 中有不多于一个发生，而 D 发生；

(5)A,B 中至少有一个发生，C,D 中至少有一个不发生；

(6)A,B,C 中至少有一个不发生，D 发生；

(7)将 $A\cup B\cup C\cup D$ 表示成两两互不相容事件的和事件.

解 (1)$A\overline{B}\overline{C}\overline{D}$(注意不是 A)；

(2)$A\overline{B}\overline{C}\overline{D}\cup\overline{A}B\overline{C}\overline{D}\cup\overline{A}\overline{B}C\overline{D}\cup\overline{A}\overline{B}\overline{C}D$；

(3)$(A\cup B)\overline{C}\overline{D}$；

(4)$(A\overline{B}\overline{C}\cup\overline{A}B\overline{C}\cup\overline{A}\overline{B}C\cup\overline{A}\overline{B}\overline{C})D=(\overline{A}\overline{B}\cup\overline{B}\overline{C}\cup\overline{A}\overline{C})D$；

(5)$(A\cup B)(\overline{C}D\cup C\overline{D}\cup\overline{C}\overline{D})=(A\cup B)(\overline{C}\cup\overline{D})=(A\cup B)\overline{CD}$；

(6)$(\overline{A}BC\cup A\overline{B}C\cup AB\overline{C}\cup\overline{A}\overline{B}C\cup A\overline{B}\overline{C}\cup\overline{A}B\overline{C}\cup\overline{A}\overline{B}\overline{C})D$

$=(\overline{A}\cup\overline{B}\cup\overline{C})D=\overline{ABC}D$；

(7)$A\cup(B-A)\cup(C-A-B)\cup(D-A-B-C)$

$=A\cup B\overline{A}\cup C\overline{A}\overline{B}\cup C\overline{A}\overline{B}\overline{C}$.

例 1.1.5 一系统由元件 A 与 B 并联所得的线路再与元件 C 串联而成(见图 1-1-2). 若以 A,B,C 表示相应元件能正常工作的事件，那么请用 A,B,C 表示系统能正常工作.

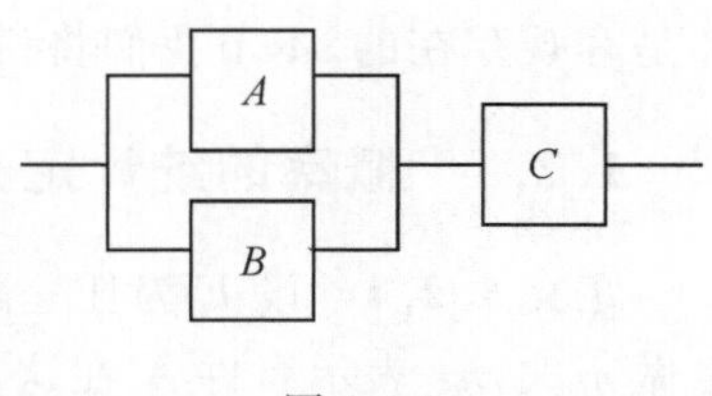

图 1-1-2

解 {系统能正常工作}={元件 A 与 B 至少一个能正常工作且 C 能正常工作}$=(A\cup B)C=AC\cup BC$.

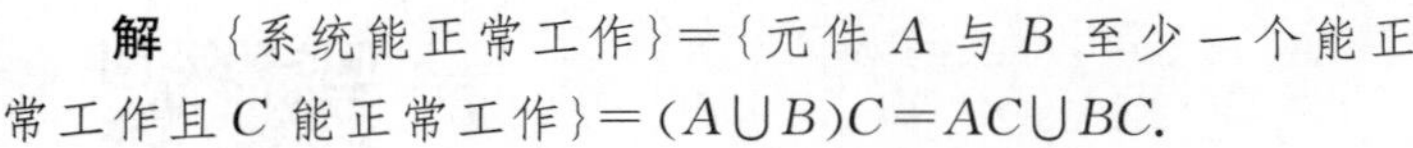

习题 1.1

1. 抛掷一枚硬币 50 次，依次写出全部结果.

2. 写出下列随机试验的样本空间：

(1)抛三枚硬币，观察朝正面；

(2)抛三枚硬币,观察出现正面的硬币数;

(3)连续抛一枚硬币,直到出现正面为止;

(4)掷两枚骰子,观察出现的点数;

(5)某城市一天内的用电量.

3. 请指出以下事件 A 与 B 之间的关系:

(1)检查两件产品,记事件 A="至少有一件不合格品",B="两次检查结果不同".

(2)设 T 表示轴承寿命,记事件 $A=\{T>5000\text{h}\}$,$B=\{T>8000\text{h}\}$.

4. 选择题

(1)以下命题正确的是: ( )

A. $(AB)\cup(A\bar{B})=A$ B. 若 $A\subset B$,则 $AB=A$

C. 若 $A\subset B$,则 $\bar{B}\subset\bar{A}$ D. 若 $A\subset B$,则 $A\cup B=B$

(2)某学生做了三道题,以 A_i 表示"第 i 题做对了的事件"($i=1,2,3$),则该生至少做对了两道题的事件可表示为 ( )

A. $\overline{A_1}A_2A_3\cup A_1\overline{A_2}A_3\cup A_1A_2\overline{A_3}$ B. $A_1A_2\cup A_2A_3\cup A_3A_1$

C. $\overline{A_1A_2\cup A_2A_3\cup A_3A_1}$ D. $A_1A_2\overline{A_3}\cup A_1\overline{A_2}A_3\cup\overline{A_1}A_2A_3\cup A_1A_2A_3$

5. A、B、C 为三个事件,说明下述运算关系的含义:

(1) A; (2) $\bar{B}\bar{C}$; (3)$A\bar{B}\bar{C}$; (4)$\bar{A}\bar{B}\bar{C}$; (5)$A\cup B\cup C$; (6)$\overline{ABC}$.

6. 一个工人生产了三个零件,以 A_i 与$\overline{A}_i$($i=1,2,3$)分别表示他生产的第 i 个零件为正品、次品的事件. 试用 A_i 与$\overline{A}_i$($i=1,2,3$)表示以下事件:(1)全是正品;(2)至少有一个零件是次品;(3)恰有一个零件是次品;(4)至少有两个零件是次品.

§1.2 随机事件的概率

在一次随机试验中,某个事件可能发生也可能不发生,但这个事件发生的可能性的大小却是客观存在的,本节我们将讨论随机事件的数量规律性.

1.2.1 概率的统计定义

定义 1.2.1 设 E 为任一随机试验,A 为其中任一事件,在相同条件下,把 E 独立的重复做 n 次,n_A 表示事件 A 在这 n 次试验中出现的次数(称为频数),比值 $f_n(A)=n_A/n$称为事件 A 在这 n 次试验中出现的**频率(Hrequency)**.

频率具有下述三个性质:

(1)$0\leqslant f_n(A)\leqslant 1$;

(2)$f_n(\Omega)=1$;

(3)若事件 $A_1,A_2,\cdots,A_k$ 两两互不相容,即 $A_iA_j=\phi,i,j=1,2,\cdots,k$ 且 $i\neq j$,则

$$f_n(\bigcup_{i=1}^{k}A_i)=\sum_{i=1}^{k}f_n(A_i).$$

数学试验
频率的稳定性

历史上曾有人做过试验如表 1-2-1 所示,试图证明抛掷均匀硬币时出现正反面的机会

均等，发现随抛掷次数的增加，出现正面的频率呈现出稳定性，总是在 1/2 附近摆动.

表 1-2-1

试验者	抛掷硬币次数 n	出现正面次数(n_A)	频率($f_n(A)$)
德・摩根	2048	1061	0.5181
蒲丰	4040	2048	0.5069
费勒	10000	4979	0.4979
皮尔逊	12000	6019	0.5016
皮尔逊	24000	12012	0.5005
杰万斯	20480	10379	0.5068
维尼	30000	14994	0.4998
罗曼诺夫斯基	80640	39699	0.4923

人们在实践中发现：在相同条件下重复进行同一试验，当试验次数 n 很大时，某事件 A 发生的频率具有一定的“稳定性”，就是说其值在某确定的数值上下摆动. 一般来说，试验次数 n 越大，事件 A 发生的频率就越接近那个确定的数值. 因此事件 A 发生的可能性的大小就可以用这个数量指标来描述.

定义 1.2.2　设 E 为任一随机试验，A 为其中任一事件，在相同条件下，把 E 独立地重复做 n 次，n_A 表示事件 A 在这 n 次试验中出现的次数，若试验次数 n 无限增大时，频率 $f_n(A)=n_A/n$ 稳定地在某个常数 p 的附近摆动，且随着试验次数 n 的增大，摆动的幅度越来越小，则称常数 p 为事件 A 的**概率(probability)**，概率的这种定义称为**统计定义(the statistic definition of probability)**，记为 $P(A)=p$.

由定义，显然有

$$0\leqslant P(A)\leqslant 1, P(\Omega)=1, P(\varnothing)=0.$$

应该指出，随机事件的频率是与我们已进行的试验有关的，而随机事件的概率却是完全客观地存在着的. 在实际进行的试验中，随机事件的频率可以看作是它的概率的随机表现. 随机事件的概率表明，试验中综合条件与随机事件之间有完全确定的特殊联系，它从数量上说明了必然性与偶然性的辩证统一.

还应该指出，随机事件的概率反映了大量现象中的某种客观属性，这种客观属性是与我们认识主体无关的. 不应该把概率看作认识主体对于个别现象的信念程度. 有时，一个人说某事件“可能发生”或“很少可能发生”，仅表示说话的人对该事件发生的可能性的一个判断而已. 因为个别现象不是发生，就是不发生，所以就个别现象来谈概率是没有任何现实意义的.

数学家小传
柯尔莫哥洛夫

1.2.2　概率的公理化定义

对概率的统计或经验观点主要是由冯・米泽斯(R. von Mises)和费歇尔(R. A. Fisher)发展的. 样本空间的概念是由冯・米泽斯引入的. 这个概念使得有可能把概率论的严格的数学理论建立在测度论上. 20 世纪 20 年代中期，在许多作者的影响下，概率论的测度论方法逐渐形成. 现代概率的公理化处理是由柯尔莫哥洛夫(A. Kolmogorov)于 1933 年给出的.

定义 1.2.3 设随机试验 E 所对应的样本空间为 Ω，按照某种法则，对 E 中的每一事件 A 均赋予一实数 $P(A)$，若集函数 $P(\cdot)$ 满足条件：

(1)非负性：$P(A)\geqslant 0$；

(2)规范性：$P(\Omega)=1$；

(3)可列(完全)可加性：若事件列 $A_1,A_2,\cdots$ 两两互不相容，即 $A_iA_j=\varnothing(i,j=1,2,\cdots;i\neq j)$，且有

$$P(A_1\cup A_2\cup\cdots)=P(A_1)+P(A_2)+\cdots,$$

则称实数 $P(A)$ 为**事件A 的概率.**

由概率的定义，可以推导出概率的如下一些重要性质.

性质 1 不可能事件的概率论为零，即 $P(\varnothing)=0$.

性质 2 有限可加性：若事件组 $A_1,A_2,\cdots,A_n$ 两两互不相容，即 $A_iA_j=\varnothing(i,j=1,2,\cdots,n;i\neq j)$，则有

$$P(A_1\cup A_2\cup\cdots\cup A_n)=P(A_1)+P(A_2)+\cdots+P(A_n).$$

证明 因为

$$A_1\cup A_2\cup\cdots\cup A_n=A_1\cup A_2\cup\cdots\cup A_n\cup\varnothing\cup\varnothing\cup\cdots$$

所以由概率论的可列可加性及性质 1，易得

$$P(A_1\cup A_2\cup\cdots\cup A_n)=P(A_1)+P(A_2)+\cdots+P(A_n).$$

性质 3 设事件 A,B，若 $A\subset B$，则有

$$P(B-A)=P(B)-P(A);P(A)\leqslant P(B).$$

证明 因为 $B=A\cup(B-A)$，A 与 $B-A$ 互不相容. 从而

$$P(B)=P(A)+P(B-A);$$

所以

$$P(B-A)=P(B)-P(A);$$

由概率的非负性，知

$$P(A)\leqslant P(B).$$

性质 4 对于任一事件 A，$P(A)\leqslant 1$.

性质 5(逆事件的概率) 对于任一事件 A，均有 $P(\overline{A})=1-P(A)$.

性质 6(加法公式) 对于任意两事件 A,B，有

$$P(A\cup B)=P(A)+P(B)-P(AB).$$

证明 因为 $A\cup B=A\cup(B-A)=A\cup B\overline{A}$，且 A 与 $B-A$ 互不相容，故

$$P(A\cup B)=P(A)+P(B-A)$$

又 $B-A=B-AB$，且 $AB\subset B$，由性质 3 得

$$P(A\cup B)=P(A)+P(B)-P(AB).$$

性质 6 可以推广到多个事件的情况. 如 A,B,C 是任意三个事件，则有

$$P(A\cup B\cup C)=P(A)+P(B)+P(C)-P(AB)-P(AC)-P(BC)+P(ABC).$$

更一般地，对于任意 n 个事件 $A_1,A_2,\cdots,A_n$，可以用归纳法证明得到

$$P(\bigcup_{k=1}^{n}A_k)=\sum_{k=1}^{n}P(A_k)-\sum_{1\leqslant i<j\leqslant n}P(A_iA_j)+\sum_{1\leqslant<i<j<k\leqslant n}P(A_iA_jA_k)+\cdots+(-1)^{n-1}P(A_1A_2\cdots A_n)$$

例 1.2.1　设事件 A,B 互不相容，已知 $P(A)=p,P(B)=q$，求 $P(A\cup B),P(\overline{A}\cup B),P(\overline{A}B),P(\overline{A}\overline{B})$.

解　由于 $AB=\varnothing,\overline{A}B=B-A=B-AB$，而 $AB\subset B$，所以

$$P(A\cup B)=P(A)+P(B)=p+q,$$
$$P(\overline{A}B)=P(B)-P(AB)=P(B)=q,$$
$$P(\overline{A}\cup B)=P(\overline{A})+P(B)-P(\overline{A}B)=1-q.$$

由对偶律

$$P(\overline{A}\overline{B})=1-P(A\cup B)=1-p-q.$$

例 1.2.2　设事件 A,B 的概率分别为 $\frac{1}{3},\frac{1}{2}$. 在下列三种情况下分别求 $P(B\overline{A})$ 的值：

(1) A 与 B 互斥；

(2) $A\subset B$；

(3) $P(AB)=\frac{1}{8}$.

解　由性质 3，知 $P(B\overline{A})=P(B)-P(AB)$.

(1) 因为 A 与 B 互斥，所以 $AB=\varnothing,P(B\overline{A})=P(B)-P(AB)=P(B)=\frac{1}{2}$；

(2) 因为 $A\subset B$，所以 $P(B\overline{A})=P(B)-P(AB)=P(B)-P(A)=\frac{1}{2}-\frac{1}{3}=\frac{1}{6}$；

(3) $P(B\overline{A})=P(B)-P(AB)=\frac{1}{2}-\frac{1}{8}=\frac{3}{8}$.

例 1.2.3　某地发行 A,B,C 三种报纸，订每种报纸的人数占全体市民人数的 30%，其中有 10% 的人同时订 A,B 两种报纸，没有人同时订 A,C 或 B,C 两种报纸. 求从该市任选一人，他至少订有一种报纸的概率.

解　设 A 表示事件"从该市任选一人，他订 A 报"，B 表示事件"从该市任选一人，他订 B 报"，C 表示事件"从该市任选一人，他订 C 报"，则

$$P(A)=P(B)=P(C)=0.30,P(AB)=0.10,P(AC)=P(BC)=0.$$

由于

$$ABC\subset BC，而\ 0\leqslant P(ABC)\leqslant P(BC)=0，所以\ P(ABC)=0.$$

由加法公式"从该地任选一人，他至少订有一种报纸"的概率为

$$P(A\cup B\cup C)=P(A)+P(B)+P(C)-P(AB)-P(AC)-P(BC)+P(ABC)=0.80.$$

例 1.2.4　设随机事件 A,B,C 满足 $C\supset AB,\overline{C}\supset\overline{A}\overline{B}$. 证明：$AC=C\overline{B}\cup AB$.

证明　由于 $\overline{C}\supset\overline{A}\overline{B}$，故 $C\subset A\cup B$，从而

$$C\overline{B}\subset(A\cup B)\overline{B}=A\overline{B},$$
$$CA\overline{B}=C\overline{B}\cap A\overline{B}=C\overline{B},$$
$$ACB=C\cap AB=AB,$$

故

$$AC=AC(\overline{B}\cup B)=AC\overline{B}\cup ACB=C\overline{B}\cup AB.$$

1.2.3　古典概型

古典概型是最简单的随机试验模型，也是很多概率计算的基础，确定概率的古典方法是

概率论历史上最先开始研究的情形. 它简单、直观,可以在经验事实的基础上,对被考察事件的可能性进行逻辑分析后得出该事件的概率. 它已有不少实际应用.

定义 1.2.4 我们称随机试验 E 为**古典概型(classical probability models)**,若

(1)试验的样本空间只有有限个样本点,即 $\Omega=\{\omega_1,\omega_2,\cdots,\omega_n\}$;

(2)试验中每个基本事件发生的可能性都相同,即

$$P(\omega_1)=P(\omega_2)=\cdots=P(\omega_n).$$

很多实际问题符合或近似符合这两个条件,可以作为古典概型来看待. 在"等可能性"概念的基础上,很自然地引进如下的古典概型(classical probability)定义.

定义 1.2.5 设一试验 E 有 n 个等可能的基本事件,而事件 A 恰包含其中的 m 个基本事件,则事件 A 的概率 $P(A)$ 定义为

$$P(A)=\frac{m}{n}=\frac{A\text{ 包含的样本点的个数}}{\text{样本空间的样本点的个数}}$$
$$=\frac{\text{事件 }A\text{ 包含的基本事件数}}{\Omega\text{ 中的基本事件数}}.$$

例 1.2.5 将一枚硬币抛掷 2 次,A_1 表示事件"恰有一次出现正面",A_2 表示事件"至少有一次出现正面". 求 $P(A_1)$,$P(A_2)$.

解 用"H"表示出现正面,"T"表示出现反面,则

$$\Omega=\{HH,TH,HT,TT\};$$
$$A_1=\{TH,HT\};A_2=\{HT,TH,HH\};$$

所以

$$P(A_1)=\frac{2}{4}=\frac{1}{2},\ P(A_2)=\frac{3}{4}.$$

注:本题中,若考虑出现正面的次数,则样本空间为 $\Omega'=\{0,1,2\}$,各基本事件发生的概率不相等. 不是古典概型,不可以用以上方法求解.

例 1.2.6 考察两个孩子的家庭(假设生男孩和生女孩的概率是相等的),现在发现一个家庭有一个男孩,请问另一个孩子也是男孩 A 的概率是多少?

解 $\Omega=\{$(男男),(男女),(女男)$\}$;

$A=\{$(男男)$\}$;

所以
$$P(A)=\frac{1}{3}.$$

这是一个值得思考的问题,容易出错的一种解法是 $\Omega=\{$(男男),(一男一女)$\}$,$P(A)=\frac{1}{2}$. 本问题在后面条件概率概念给出后可以有新的解法. 使用古典概型计算时,要注意各基本事件发生的概率相等(基本事件个数的有限性是自然),否则不是古典概型,不可以用以上方法求解.

对于古典概型,相关概率的计算问题,最终归结为"数数"问题;当基本事件总数较大时,若将样本空间中的样本点一一列出较为困难,可以利用排列、组合及加法原理和乘法原理(这里不再赘述)的知识计算基本事件数,从而求得相应的概率.

下列将给出几个经典的结果.

例 1.2.7(抽签的合理性)　现有 n 个人 n 个阄，其中 n 个阄中有 m 个“有物”之阄，n 个人排队抓阄，求第 $k(k=1,2,3,\cdots,n)$ 个人抓到“有物”之阄的概率(未抓到之前不能宣布结果).

解　由于考虑到取球的顺序，第 $k(k=1,2,3,\cdots,n)$ 个人抓阄，这相当于从 n 个阄中任取 k 个阄的排列，所以基本事件的总数为 A_n^k，

设事件 B_k 表示第 k 个人抓到“有物”之阄，则因为 k 个人抓到“有物”之阄可以看作是 m 个“有物”之阄中的任一个，有 m 种取法；其余 $k-1$ 个人可在前 $k-1$ 次中顺次地从 $n-1$ 个阄中任意取出，有 A_{n-1}^{k-1} 种取法. 所以，事件 B_k 所包含的基本事件数为 $A_{n-1}^{k-1}\times m$.

因此，所求概率

$$P(B_k)=\frac{A_{n-1}^{k-1}\times m}{A_n^k}=\frac{(n-1)(n-1-2)\cdots(n-k+1)\times m}{n(n-1)(n-1-2)\cdots(n-k+1)}=\frac{m}{n}.$$

注：这个结果与 k 的值无关. 这表明无论第几个人抓到“有物”之阄的概率都是一样的，或者说，抓到“有物”之阄的概率与先后次序无关.

数学试验
抽签问题

例 1.2.8(生日问题)　某班有 $n(n\leqslant 365)$ 位同学，问至少有两人的生日在同一天的概率有多少?

解　该问题可以看成古典概型，设 $A=$“至少有两人的生日在同一天”，那么 $\overline{A}=$“没有两人的生日在同一天”.

容易知道基本事件的总数为 n^{365}. $\overline{A}$ 包含基本事件数目为 A_{365}^n.

$$P(\overline{A})=\frac{A_{365}^n}{365^n},$$

于是所求概率为

$$p=1-\frac{A_{365}^n}{365^n}.$$

经计算可得如表 1-2-2 所示结果.

表 1-2-2

n	20	23	30	40	50	60	100
p	0.411	0.507	0.706	0.891	0.970	0997	0.9999997

例 1.2.9(分组分项)　将 15 名新生随机分配到三个班级中去，这 15 名中 3 名是优秀生. 求：

(1)每一个班级中各分配到 1 名优秀生的概率；

(2)3 名优秀生分配到同一个班级中的概率.

解　15 名新生平均分到三个班级的分法总数为

$$C_{15}^5C_{10}^5C_5^5=\frac{15!}{10!\ 5!}\cdot\frac{10!}{5!\ 5!}=\frac{15!}{5!\ 5!\ 5!}.$$

(1) 每一个班级各分到 1 名优秀生的分法为

$$3!\ C_{12}^4C_8^4C_4^4=3!\ \cdot\frac{12!}{4!\ 4!\ 4!}.$$

于是所求概率为

$$p_1=\frac{3!\cdot\dfrac{12!}{4!\,4!\,4!}}{\dfrac{15!}{5!\,5!\,5!}}=\frac{25}{91}.$$

(2) 三名优秀生分到同一个班级的分法为

$$3\cdot C_{12}^{2}C_{10}^{5}C_{5}^{5}=3\cdot\frac{12!}{2!\,5!\,5!}.$$

于是所求概率为 $$p_2=\frac{3\cdot\dfrac{12!}{2!\,5!\,5!}}{\dfrac{15!}{5!\,5!\,5!}}=\frac{6}{91}.$$

一般地,把 n 个元素随机地分成 m 组($n>m$),要求第 i 组恰有 n_i 个元素,$i=1,2,\cdots,m$,共有$\dfrac{n!}{n_1!\,n_2!\,\cdots n_m!}$种不同的分法.

例 1.2.10(随机取数) 在 1~2000 的整数中随机地取一个数,求取到的数既不能被 6 整除,又不能被 8 整除的概率.

解 设 A=“任取一数能被 6 整除”,B=“任取一数能被 8 整除”,则 $\overline{A}\overline{B}$ 表示事件“任取一数既不能被 6 整除又不能被 8 整除”.

基本事件数总共为 $$n_\Omega=2000,$$

事件 A 包含的基本事件数为

$$k_A=\left[\frac{2000}{6}\right]=333,$$

事件 B 包含的基本事件数为

$$k_B=\left[\frac{2000}{8}\right]=250,$$

事件 AB 包含的基本事件数为

$$k_{AB}=\left[\frac{2000}{24}\right]=83,$$

所以

$$P(A)=\frac{333}{2000},P(B)=\frac{250}{2000}=\frac{1}{8},P(AB)=\frac{83}{2000}.$$

于是所求概率为

$$\begin{aligned}P(\overline{A}\overline{B})&=P(\overline{A\cup B})=1-P(A\cup B)=1-P(A)-P(B)+P(AB)\\&=1-\frac{333}{2000}-\frac{250}{2000}+\frac{83}{2000}=\frac{3}{4}.\end{aligned}$$

古典概型的局限性很显然:它只能用于全部实验结果为有限个,且等可能发生的情形.

1.2.4 几何概型*

古典概型要求样本点总数为有限. 若是有无限个样本点,特别是连续无限的情况,虽是等可能的,也不能利用古典概型. 但是类似的算法可以推广到这种情形.

定义 1.2.6 若一随机试验的样本空间 Ω 充满某个区域,其度量(长度、面积或体积等)的大小可用 $\mu(\Omega)$ 表示. 任意一点落在度量相同的子区域内是等可能的. 若事件 A 为 Ω 中

的某个子区域，且其度量大小可用 $\mu(A)$ 表示，则事件 A 的概率为

$$P(A)=\frac{\mu(A)}{\mu(\Omega)}$$

上式定义的概率为**几何概型(geometric probability)**.

例 1.2.11(会面问题)　甲、乙两人约定于上午 8 时到 9 时之间在某处会面，并约定先到者等候另一人 20 分钟，过时即可离去. 求两人能会面的概率.

解　以 x 和 y 分别表示甲、乙两人到达约会地点的时间（以分钟为单位），在平面上建立 xOy 坐标系.

因为甲、乙都是在 0 至 60 分钟内的任一时刻等可能地到达，所以由等可能性知这是一个几何概型问题. (x,y) 的所有可能取值是边长为 60 的正方形，其面积为 $\mu(\Omega)=60^2$. 而事件 A=“两人能够会面”，相当于：

$$|x-y|\leqslant 20,$$

其面积为 $\mu(A)=60^2-40^2$，由几何概型的定义，得

$$P(A)=\frac{\mu(A)}{\mu(\Omega)}=\frac{60^2-40^2}{60^2}=\frac{5}{9}.$$

图 1-2-1

【资料链接】

贝特朗(Bertrand)奇论*

几何概型在现代概率概念的发展中曾经起过重大作用. 十九世纪时，不少人相信，只要找到适当的等可能性描述，就可以给概率问题以唯一的解答，然而有人却构造出这样的例子，它包含着几种似乎都同样有理但却互相矛盾的答案，下面就是著名的贝特朗奇论.

在半径为 1 的圆内随机地取一条弦，问其长超过该圆内接等边三角形的边长的$\sqrt{3}$的概率等于多少？

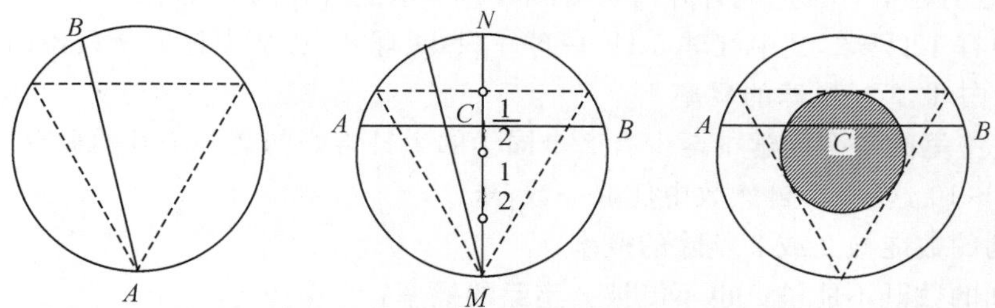

这是一个几何概型问题，但是基于对术语“随机地”的含义的不同解释，这个问题却存在多种不同答案，下面是其中的三种：

解法一　任何弦交圆周两点，不失一般性，先固定其中一点于圆周上，以此点为顶点作一等边三角形，显然只有落入此三角形内的弦才满足要求，这种弦的另一端跑过的弧长为整个圆周的 1/3，故所求概率等于 1/3.

解法二　弦长只跟它与圆心的距离有关，而与方向无关，因此可以假定它垂直于某一直径. 当且仅当它与圆心的距离小于 1/2 时，其长才大于$\sqrt{3}$，因此所求概率为 1/2.

解法三　弦被其中点唯一确定，当且仅当其中点处于半径为 1/2 的同心圆内时，弦长大

于$\sqrt{3}$，此小圆面积为大圆面积的1/4，故所求概率等于1/4.

注：同一问题有三种不同的答案，细究其原因，发现是在取弦时采用不同的等可能性假定.在第一种解法中，假定端点在圆周上均匀分布，在第二种解法中则假定弦的中点在直径上均匀分布，而在第三种解法中又假定弦的中点在圆内均匀分布.这三种答案是针对三种不同的随机试验，对于各自的随机试验而言，它们都是正确的.类似的问题还有很多，希望在解答问题时要弄清其具体含义.

习题 1.2

1. 选择题

(1) 下列命题中，正确的是 (　　)

A. $A\cup B=A\bar{B}\cup B$　B. $\bar{A}B=A\cup B$　C. $\overline{A\cup B}C=\bar{A}\bar{B}\bar{C}$　D. $(AB)(A\bar{B})=\varnothing$

(2)若事件 A 与 B 相容，则有 (　　)

A. $P(A\cup B)=P(A)+P(B)$　B. $P(A\cup B)=P(A)+P(B)-P(AB)$

C. $P(A\cup B)=1-P(\bar{A})-P(\bar{B})$　D. $P(A\cup B)=1-P(\bar{A})P(\bar{B})$

(3)事件 A 与 B 互逆的充要条件是 (　　)

A. $P(AB)=P(A)P(B)$　B. $P(AB)=0$ 且 $P(A\cup B)=1$

C. $AB=\varnothing$ 且 $A\cup B=\Omega$　D. $AB=\varnothing$

2. 填空题

(1)在4张同样的卡片上分别写有字母D,D,E,E，现在将4张卡片随意排成一列，则恰好排成英文单词DEED的概率 $p=$________.

(2)铁路一编组站随机地编组发往三个不同地区 E_1,E_2 和 E_3 的各2,3和4节车皮，则发往同一地区的车皮恰好相邻的概率 $p=$________.

(3)已知 $P(A)=P(B)=0.4,P(A\cup B)=0.5$，试计算概率 $P(A-B)=$______.

(4)10把钥匙中有三把能打开门，今任取两把，求能打开门的概率.

3. 袋中有12只球，其中红球5只，白球4只，黑球3只.从中任取9只，求其中恰好有4只红球，3只白球，2只黑球的概率.

4. 求寝室里的6个同学中至少有2个同学的生日恰好同在一个月的概率.

5. 在1～10这10个自然数中任取一数，求：

(1)取到的数能被2或3整除的概率；

(2)取到的数既不能被2也不能被3整除的概率；

(3)取到的数能被2整除而不能被3整除的概率.

6. 将三封信随机地放入标号为1、2、3、4的四个空邮筒中，求以下概率：

(1)恰有三个邮筒各有一封信；

(2)第二个邮筒恰有两封信；

(3)恰好有一个邮筒有三封信.

7. 随机地向由 $0<y<1,|x|<\frac{1}{2}$ 所围成的正方形内掷一点，点落在该正方形内任何区域的概率与区域面积成正比，求原点和该点的连线与 x 轴正向的夹角小于 $\frac{3}{4}\pi$ 的概率.

§1.3　条件概率

任一随机试验都是在某些基本条件下进行的，在这些基本条件下某个事件的发生具有某种概率. 但如果除了这些基本条件外还有其他附加条件，所得概率就可能不同. 这些附加条件可以看成是另外某个事件发生.

为了引入条件概率的概念，请先看例 1.2.6。

考察两个孩子的家庭(假设生男孩和生女孩的概率是相等的)，现在发现一个家庭有一个男孩，请问另一个孩子也是男孩的概率是多少？

解　全部基本事件 $\Omega=\{$(男男)，(男女)，(女男)，(女女)$\}$；设 $B=$"家中至少有一个男孩"，即 $B=\{$(男男)，(男女)，(女男)$\}$；$A=$"家中另一个是男孩"，所以，$P(B)=\frac{3}{4}$，$P(AB)=\frac{1}{4}$；于是所求的概率为

$$\frac{P(AB)}{P(B)}=\frac{1/4}{3/4}=\frac{1}{3}.$$

显然，结果与"家中两个都是男孩"的概率是不一样的，这两个概率不相同是很容易理解的；因为在该问题中，多了一个"附加的"条件："家有一个男孩"；这样在概率论中就引出来一个很重要的概念——"条件概率".

1.3.1　条件概率

定义 1.3.1　设 A、B 是随机试验 E 的任意两事件，且 $P(B)>0$，称

$$P(A|B)=\frac{P(AB)}{P(B)}$$

为事件 B 发生的条件下事件 A 发生的**条件概率(conditional probability)**，简称 A 关于 B 的条件概率.

同样，当 $P(A)>0$ 时，也可以定义 B 关于 A 的条件概率

$$P(B|A)=\frac{P(AB)}{P(A)}.$$

条件概率 $P(\cdot|B)$满足概率公理化定义中的三条性质：

(1)**非负性**：对每个事件 A，均有 $P(A|B)\geqslant 0$；

(2)**规范性**：$P(\Omega|B)=1$；

(3)**可列可加性**：若事件 $A_1,A_2,\cdots$两两互不相容，即 $A_iA_j=\phi$，$i,j=1,2,\cdots$，且 $i\neq j$，有

$$P[(\bigcup_{i=1}^{\infty}A_i)|B]=\sum_{i=1}^{+\infty}P(A_i|B).$$

由概率的公理推得的性质对条件概率仍然适用，比如

$$P(A_1\cup A_2|B)=P(A_1|B)+P(A_2|B)-P(A_1A_2|B),$$
$$P(\overline{A}|B)=1-P(A|B).$$

计算条件概率 $P(A|B)$一般有两种方法：

(1)在原样本空间 Ω 中,先计算 $P(AB)$,$P(B)$,再由定义计算 $P(A|B)$;

(2)在缩减的样本空间 Ω_B 中计算 A 发生的概率,就能得到 $P(A|B)$.

例 1.3.1 设某种动物出生起活 20 岁以上的概率为 80%,活 25 岁以上的概率为 40%.如果现在有一只已 20 岁的这种动物,问它能活 25 岁以上的概率.

解 设事件 $A=\{$能活 20 岁以上$\}$;事件 $B=\{$能活 25 岁以上$\}$.按题意,$P(A)=0.8$,由于 $B\subset A$,因此 $P(AB)=P(B)=0.4$.由条件概率定义,知

$$P(B|A)=\frac{P(AB)}{P(A)}=\frac{0.4}{0.8}=0.5.$$

例 1.3.2 盒中有球情况如表 1-3-1 所示.从盒中任取一球,记 $A=\{$取得蓝球$\}$,$B=\{$取得玻璃球$\}$,已知取得的球为玻璃球,问该球是蓝球的概率?

表 1-3-1

颜色	玻璃	木质	总计
红	2	3	5
蓝	4	7	11
总计	6	10	16

解 这是古典概型.盒中包含的样本点总数为 16,蓝球包含的样本点总数为 11,故

$$P(A)=\frac{11}{16},\quad P(B)=\frac{6}{16},\quad P(AB)=\frac{4}{16};$$

所求概率为条件概率,即 $P(A|B)=\dfrac{P(AB)}{P(B)}=\dfrac{\frac{4}{16}}{\frac{6}{16}}=\dfrac{4}{6}=\dfrac{2}{3}$.

使用缩减空间的方法,在 B 发生的条件下可能取得的样本点总数应为"玻璃球的总数",也即把样本空间压缩到玻璃球全体.而在 B 发生条件下 A 包含的样本点数为蓝玻璃球数,故

$$P(A|B)=\frac{4}{6}=\frac{2}{3}.$$

1.3.2 乘法公式

由条件概率的定义,可以得到一个极有用的公式——乘法公式.

定理 1.3.1 设 A、B 是随机试验 E 的任意两事件,则

$$P(AB)=P(A|B)P(B),\text{若 } P(B)>0;$$
$$P(AB)=P(B|A)P(A),\text{若 } P(A)>0.$$

设 A、B、C 是三个事件,且 $P(AB)>0$,则

$$P(ABC)=P(A)P(B|A)P(C|AB).$$

更一般地,设事件 $A_1,A_2,\cdots,A_n$,且 $P(A_1A_2\cdots A_{n-1})>0$,则

$$P(A_1A_2\cdots A_n)=P(A_1)P(A_2|A_1)P(A_3|A_1A_2)\cdots P(A_n|A_1A_2\cdots A_{n-1}).$$

以上公式称为**乘法公式(multiplication formula)**.

例 1.3.3　n 张彩票中有一个中奖票.

(1)已知前面 $k-1$ 个人没摸到中奖票,求第 k 个人摸到的概率;

(2)求第 k 个人摸到的概率.

解　问题(1)是在条件"前面 $k-1$ 个人没摸到"下的条件概率.问题(2)是无条件概率.记 $A_i=\{$第 i 个人摸到$\}$,则(1)的条件是 $\overline{A_1}\,\overline{A_2}\cdots\overline{A_{k-1}}$.在压缩样本空间中由古典概型直接可得

(1)$P(A_k\,|\,\overline{A_1}\,\overline{A_2}\cdots\overline{A_{k-1}})=\dfrac{1}{n-k+1}$;

(2)所求为 $P(A_k)$,但对本题,$A_k=A_k\,\overline{A_1}\,\overline{A_2}\cdots\overline{A_{k-1}}$ 由乘法公式及古典概型计算公式有

$$\begin{aligned}P(A_k)&=P(A_k\,\overline{A_1}\,\overline{A_2}\cdots\overline{A_{k-1}})\\&=\frac{n-1}{n}\cdot\frac{n-2}{n-1}\cdot\frac{n-3}{n-2}\cdot\cdots\cdot\frac{n-k+1}{n-k+2}\cdot\frac{1}{n-k+1}=\frac{1}{n}.\end{aligned}$$

这说明每人摸到奖券的概率与摸的先后次序无关.

例 1.3.4　在一批由 90 件正品、3 件次品组成的产品中,不放回接连抽取两件产品,问第一件取正品、第二件取次品的概率.

解　设事件 $A=\{$第一件取正品$\}$;事件 $B=\{$第二件取次品$\}$.按题意,$P(A)=\dfrac{90}{93}$,$P(B|A)=\dfrac{3}{92}$.由乘法公式

$$P(AB)=P(A)P(B|A)=\frac{90}{93}\times\frac{3}{92}\approx 0.0316.$$

这里需要注意:所求的为什么是事件的乘积概率而不是条件概率.

例 1.3.5　设某光学仪器厂制造的透镜,第一次落下时打破的概率为 $\dfrac{1}{2}$,第一次落下未打破、第二次落下打破的概率为 $\dfrac{7}{10}$,前两次落下未打破、第三次落下打破的概率为 $\dfrac{9}{10}$,试求透镜落下三次未打破的概率.

解　设 $A_i=\{$透镜第 i 次落下打破$\}$,$i=1,2,3$;$B=\{$透镜落下三次未打破$\}$,则

$$\begin{aligned}P(B)&=P(\overline{A}_1\,\overline{A}_2\,\overline{A}_3)=P(\overline{A}_1)P(\overline{A}_2\,|\,\overline{A}_1)P(\overline{A}_3\,|\,\overline{A}_1\,\overline{A}_2)\\&=\left(1-\frac{1}{2}\right)\left(1-\frac{7}{10}\right)\left(1-\frac{9}{10}\right)=\frac{3}{200}.\end{aligned}$$

注:本题也可以先求 $P(\overline{B})$,再由 $P(B)=1-P(\overline{B})$ 求得 $P(B)$.

1.3.3　全概率公式和贝叶斯(Bayes)公式

为了计算复杂事件的概率,经常把一个复杂事件分解为若干个互不相容的简单事件的和,通过分别计算简单事件的概率,求得复杂事件的概率.

定义 1.3.2　设 Ω 为样本空间,$A_1,A_2,\cdots,A_n$ 为样本空间 Ω 的一个划分,或称完备事件组,且

(1)$A_1,A_2,\cdots,A_n$ 互不相容;

(2)$A_1\cup A_2\cup\cdots\cup A_n=\Omega$.

定理 1.3.2(全概率公式)　设 Ω 是试验 E 的样本空间,B 是 E 的事件,$A_1,A_2,\cdots,A_n$

为样本空间 Ω 的一个划分，且 $P(A_i)>0, i=1,2,\cdots,n$. 则

$$P(B) = P(A_1)P(B|A_1)+P(A_2)P(B|A_2)+\cdots+P(A_n)P(B|A_n) = \sum_{i=1}^{n} P(A_i)P(B|A_i)$$

证明 因为

$$B=B\Omega=B(A_1\cup A_2\cup\cdots\cup A_n)=BA_1\cup BA_2\cup\cdots\cup BA_n,$$

由假设 $(BA_i)(BA_j)=\varnothing, i\neq j$，得到

$$P(B)=P(BA_1)+P(BA_2)+\cdots+P(BA_n) =P(A_1)P(B|A_1)+P(A_2)P(B|A_2)+\cdots+P(A_n)P(B|A_n)$$

该公式意味着“全”部概率 $P(B)$ 被分解成了一些部分之和. 如果在较复杂的情况下不易直接计算 $P(B)$，但 $P(B)$ 总是随某个 A_i 伴出，而 $P(A_i)$ 和 $P(B|A_i)$ 又易于计算，我们就可应用全概率公式去计算 $P(B)$.

例 1.3.6 5 个乒乓球，其中 3 个新的、2 个旧的. 每次取一个，不放回地取两次，求第二次取时得新球的概率.

解 记 $A=\{$第一次取时得新球$\}$，$B=\{$第二次取时得新球$\}$，因为第二次取时得新球这个事件的概率与第一次是否得新球有关，即事件可以与完备事件组 $(A,\overline{A})$ 联系起来. 又 $P(A)=\frac{3}{5}, P(\overline{A})=\frac{2}{5}$，且 $P(B|A)=\frac{2}{4}=\frac{1}{2}, P(B|\overline{A})=\frac{3}{4}$，故由全概率公式有

$$P(B)=P(A)P(B|A)+P(\overline{A})P(B|\overline{A})=\frac{3}{5}.$$

例 1.3.7 设一仓库有一批产品，已知其中 50%、30%、20%依次是甲、乙、丙厂生产的，且甲、乙、丙厂生产的次品率分别为 $\frac{1}{10},\frac{1}{15},\frac{1}{20}$，现从这批产品中任取一件，求取得正品的概率.

解 以 A_1、A_2、A_3 表示诸事件“取得的这箱产品是甲、乙、丙厂生产”；以 B 表示事件“取得的产品为正品”，于是：

$$P(A_1)=\frac{5}{10}, P(A_2)=\frac{3}{10}, P(A_3)=\frac{1}{5}, P(B|A_1)=\frac{9}{10}, P(B|A_2)=\frac{14}{15}, P(B|A_3)=\frac{19}{20};$$

由全概率公式有

$$P(B)=P(B|A_1)P(A_1)+P(B|A_2)P(A_2)+P(B|A_3)P(A_3) =\frac{9}{10}\cdot\frac{5}{10}+\frac{14}{15}\cdot\frac{3}{10}+\frac{19}{20}\cdot\frac{1}{5}=0.92.$$

定理 1.3.3(贝叶斯公式) 设 Ω 是试验 E 的样本空间，B 是 E 的事件，$A_1, A_2, \cdots, A_n$ 为样本空间 Ω 的一个划分，且 $P(B)>0, P(A_i)>0, i=1,2,\cdots,n$. 则

$$P(A_i|B)=\frac{P(A_i)P(B|A_i)}{\sum_{i=1}^{n}P(A_i)P(B|A_i)}, i=1,2,\cdots,n.$$

这个公式称为**贝叶斯公式(Bayesian formula)**.

例 1.3.8 发报台分别以概率 0.6 和 0.4 发出信号“·”和“—”，由于通信系统受到干扰，当发出信号“·”时，收报台未必收到信号“·”，而是分别以概率 0.8 和 0.2 收到“·”和“—”；同样，发出“—”时分别以概率 0.9 和 0.1 收到“—”和“·”. 如果收报台收到“·”，求它

没收错的概率.

解　设A={发报台发出信号"·"},$\overline{A}$={发报台发出信号"—"},B={收报台收到"·"},$\overline{B}$={收报台收到"—"};于是,$P(A)=0.6$,$P(\overline{A})=0.4$,$P(B|A)=0.8$,$P(\overline{B}|A)=0.2$,$P(B|\overline{A})=0.1$,$P(\overline{B}|\overline{A})=0.9$;按贝叶斯公式,所求概率为

$$P(A|B)=\frac{P(AB)}{P(B)}=\frac{P(A)P(B|A)}{P(A)P(B|A)+P(\overline{A})P(B|\overline{A})}$$

$$=\frac{0.6\times0.8}{0.6\times0.8+0.4\times0.1}\approx0.9231$$

所以没收错的概率为0.9231.

例1.3.9　根据以往的记录,某种诊断肝炎的试验有如下效果:对肝炎病人的试验呈阳性的概率为0.95;非肝炎病人的试验呈阴性的概率为0.95.对自然人群进行普查的结果为:有千分之五的人患有肝炎.现有某人做此试验结果为阳性,问此人确有肝炎的概率为多少?

解　设A={某人做此试验结果为阳性},B={某人确有肝炎};由已知条件有,$P(A|B)=0.95$,$P(\overline{A}|\overline{B})=0.95$,$P(B)=0.005$;从而$P(\overline{B})=1-P(B)=0.995$,$P(A|\overline{B})=1-P(\overline{A}|\overline{B})=0.05$.由贝叶斯公式,有

$$P(B|A)=\frac{P(BA)}{P(A)}=\frac{P(B)P(A|B)}{P(B)P(A|B)+P(\overline{B})P(A|\overline{B})}\approx0.087.$$

本题的结果表明,虽然$P(A|B)=0.95$,$P(\overline{A}|\overline{B})=0.95$,这两个概率都很高.但若将此实验用于普查,则有$P(B|A)\approx0.087$,即其正确性只有8.7%.如果不注意到这一点,将会经常得出错误的诊断.这也说明,$P(A|B)$与$P(B|A)$意义完全不同,若将两者混淆将会造成不良的后果.

条件概率的三个公式中,乘法公式是求积事件的概率,全概率公式是求一个复杂事件的概率,而贝叶斯公式是求一个条件概率.

在贝叶斯公式中,$P(A_i)$是在没有进一步的信息(不知是否发生)的情况下人们对A_i发生可能性大小的认识,称为先验概率(priori probability);现在有了新的信息(知道B发生),那么人们对A_i发生的可能性大小有了新的估计,得到条件概率$P(A_i|B)$,称为后验概率(posteriori probability).

如果把看作"结果",$A_i(i=1,2,\cdots)$看作导致这一结果的可能的"原因",则全概率公式可以看作"由原因推结果",而贝叶斯公式正好相反,可以看作"由结果推原因".现在一个结果发生了,那么导致这一结果的各种不同的原因的可能性大小就可由贝叶斯公式求得.

【资料链接】

贝叶斯公式

贝叶斯公式是概率论中的一个著名公式.这个公式首先出现在英国学者T. Bayes(1702—1761)去世后的1763年的一项著作中,从形式推导上看,这个公式平淡无奇,它只是条件概率的定义与全概率公式的简单推论.之所以著名,是在其现实哲理意义的解释上:$P(B_1)$,$P(B_2)$,…,它是在没有进一步的信息(不知A是否发生)的情况下,人们对B_1,B_2,…发生的可能性大小的认识,现在有了新的信息(知道A发生),人

数学家简介
贝叶斯

们对 $B_1,B_2,\cdots$ 发生的可能性大小有了新的估计.这种情况在日常生活中也是屡见不鲜的,原以为不甚可能的一种情况,可以因某种事件的发生而变得甚为可能,或者相反,贝叶斯公式从数量上刻画了这种变化.

例如,某地区发生了一起刑事案件,按平日掌握的资料,嫌疑犯有张三、李四等人,在不知道案情细节(事件 A)之前,人们对上述诸人作案的可能性有个估计(相当于 $P(B_1)$,$P(B_2)$),那是基于他们过去在公安局里的记录,但是知道案情细节后,这个估计就有了变化.比方说,原来认为不甚可能的张三,现在成了重点嫌疑犯.在统计学中依据这个公式的思想发展了一整套统计推断的方法,叫作“贝叶斯统计”.

习题 1.3

1. 选择题

(1)已知 $P(B)>0$ 且 $A_1A_2=\varnothing$,则(　　)成立.

A. $P(A_1|B)\geqslant 0$　　B. $P((A_1\cup A_2)|B)=P(A_1|B)+(A_2|B)$

C. $P(A_1A_2|B)=0$　　D. $P(\overline{A_1}\cap\overline{A_2}|B)=1$

(2)若 $P(A)>0,P(B)>0$ 且 $P(A|B)=P(A)$,则(　　)成立.

A. $P(B|A)=P(B)$　　B. $P(\overline{A}|\overline{B})=P(\overline{A})$

C. A,B 相容　　D. A,B 不相容

2. 已知 $P(A)=\dfrac{1}{3}$,$P(B|A)=\dfrac{1}{4}$,$P(A|B)=\dfrac{1}{6}$,求 $P(A\cup B)$.

3. 设 A,B 为两事件,$P(A)=P(B)=\dfrac{1}{3}$,$P(A|B)=\dfrac{1}{6}$,求 $P(\overline{A}|\overline{B})$.

4. 某种灯泡能用到 3000 小时的概率为 0.8,能用到 3500 小时的概率为 0.7.求一只已用到了 3000 小时还未坏的灯泡还可以再用 500 小时的概率.

5. 两只箱子中装有同类型的零件,第一箱装有 60 只,其中 15 只一等品;第二箱装有 40 只,其中 15 只一等品.求在以下两种取法下恰好取到一只一等品的概率:

(1)将两只箱子都打开,取出所有的零件混放在一堆,从中任取一只零件;

(2)从两只箱子中任意挑出一只箱子,然后从该箱中随机地取出一只零件.

6. 某市男性的色盲发病率为 7%,女性的色盲发病率为 0.5%.今有一人到医院求治色盲,求此人为女性的概率.(设该市性别结构为男∶女=0.502∶0.498)

7. 假设在某时期内影响股票价格变化的因素只有银行存款利率的变化.经分析,该时期内利率不会上调,利率下调的概率为 60%,利率不变的概率为 40%.根据经验,在利率下调时某只股票上涨的概率为 80%,在利率不变时这只股票上涨的概率为 40%.求这只股票上涨的概率.

8. 袋中有 a 只黑球,b 只白球,甲、乙、丙三人依次从袋中取出一只球(取后不放回),分别求出他们各自取到白球的概率.

9. 一盒晶体管中有 6 只合格品、4 只不合格品.从中不返回地一只一只取出,试求第二次取出合格品的概率.

10. 钥匙掉了,掉在宿舍、掉在教室、掉在路上的概率分别是 40%、35%和 25%,而掉在

上述三处地方能找到的概率分别是 0.8、0.3 和 0.1. 试求找到钥匙的概率.

11. 两台车床加工同样的零件,第一台出现不合格品的概率是 0.03,第二台出现不合格品的概率是 0.06,加工出来的零件放在一起,并且已知第一台加工的零件比第二台加工的零件多一倍.

(1)求任取一个零件是合格品的概率;

(2)如果取出的零件是不合格品,求它是由第二台车床加工的概率.

§1.4　事件的独立性

1.4.1　两事件的独立性

设 A,B 是两个事件,一般而言 $P(A)\neq P(A|B)$,这表示事件 B 的发生对事件 A 的发生的概率有影响,只有当 $P(A)=P(A|B)$ 时才可以认为 B 的发生与否对 A 的发生毫无影响,这时就称两事件是独立的. 这时,由条件概率可知,

$$P(AB)=P(B)P(A|B)=P(B)P(A)=P(A)P(B).$$

由此,我们引出下面的定义.

定义 1.4.1　若两事件 A,B 满足

$$P(AB)=P(A)P(B),$$

则称 A,B **相互独立(mutual independence)**.

A,B 相互独立具有以下性质.

定理 1.4.1　若四对事件 $\{A,B\}$,$\{\overline{A},B\}$,$\{A,\overline{B}\}$,$\{\overline{A},\overline{B}\}$ 中有一对是相互独立的,则另外三对也是相互独立的.

证明　这里证明若 A 与 B 相互独立,则 $\{A,\overline{B}\}$,$\{\overline{A},B\}$,$\{\overline{A},\overline{B}\}$ 相互独立.

$$\begin{aligned}P(A\overline{B})&=P(A-B)=P(A-AB)=P(A)-P(A)P(B)\\&=P(A)[1-P(B)]=P(A)P(\overline{B}).\end{aligned}$$

于是,A 与 $\overline{B}$ 相互独立.

由对称性,知 $\overline{A}$ 与 B 相互独立.

由于

$$\begin{aligned}P(\overline{A}\overline{B})&=P(\overline{A\cup B})=1-P(A\cup B)=1-P(A)-P(B)+P(AB)\\&=1-P(A)-P(B)+P(A)P(B)\\&=(1-P(A))(1-P(B))=P(\overline{A})P(\overline{B}).\end{aligned}$$

即 $\overline{A}$ 与 $\overline{B}$ 相互独立.

在实际问题中,我们一般不用定义来判断两事件 A,B 是否相互独立,而是从试验的具体条件以及试验的具体本质去分析判断它们有无关联,是否独立. 如果独立,就可以用定义中的公式来计算积事件的概率了.

例 1.4.1　两门高射炮彼此独立的射击一架敌机,设甲炮击中敌机的概率为 0.9,乙炮击中敌机的概率为 0.8,求敌机被击中的概率.

解　设 $A=\{$甲炮击中敌机$\}$,$B=\{$乙炮击中敌机$\}$,那么 $A\cup B=\{$敌机被击中$\}$;因为 A

与 B 相互独立，所以，有

$$P(A\cup B)=P(A)+P(B)-P(AB)=P(A)+P(B)-P(A)P(B)$$
$$=0.9+0.8-0.9\times 0.8=0.98.$$

注：事件的独立性与互斥性是两码事，互斥性表示两个事件不能同时发生，而独立性则表示他们彼此不影响.

1.4.2 多事件的独立性

定义 1.4.2 设 A,B,C 是三个事件，若满足：

$$P(AB)=P(A)P(B),P(BC)=P(B)P(C),P(AC)=P(A)P(C)$$

则称这三个事件 A,B,C **两两独立(independence between them)**.

定义 1.4.3 设 A,B,C 是三个事件，如果满足：

$$P(AB)=P(A)P(B),P(BC)=P(B)P(C),$$
$$P(AC)=P(A)P(C),P(ABC)=P(A)P(B)P(C)$$

则称这三个事件 A,B,C **相互独立(independence each other)**.

三个事件相互独立一定是两两独立的，但两两独立未必是相互独立.

例 1.4.2 四张同样大小的卡片，上面标有数字"1""2""3""123". 从中任抽一张，每张被抽到的概率相同，分析结果的独立性.

解 $A_i=\{$抽到的卡片上有数字 $i\}$，$i=1,2,3$，则 $P(A_i)=\frac{1}{2}$，即

$$P(A_1)=P(A_2)=P(A_3);$$

而

$$P(A_1A_2)=\frac{1}{4}=P(A_1)P(A_2);$$

$$P(A_1A_3)=\frac{1}{4}=P(A_1)P(A_3);$$

$$P(A_2A_3)=\frac{1}{4}=P(A_2)P(A_3);$$

可见事件 A_1,A_2,A_3 两两之间是独立的，但是总体来看

$$P(A_1A_2A_3)=\frac{1}{4}\neq P(A_1)P(A_2)P(A_3)=\frac{1}{8},$$

所以，A_1,A_2,A_3 并不相互独立.

例 1.4.3 一产品的生产分 4 道工序完成，第一、二、三、四道工序生产的次品率分别为 2%、3%、5%、3%，各道工序独立完成，求该产品的次品率.

解 设 $A=\{$该产品是次品$\}$，$A_i=\{$第 i 道工序生产出次品$\}$，$i=1,2,3,4$，则

$$P(A)=1-P(\overline{A})=1-P(\overline{A}_1\ \overline{A}_2\ \overline{A}_3\ \overline{A}_4)=1-P(\overline{A}_1)P(\overline{A}_2)P(\overline{A}_3)P(\overline{A}_4)$$
$$=1-(1-0.02)(1-0.03)(1-0.05)(1-0.03)\approx 0.124.$$

事件的相互独立性概念可推广到多个事件的情形.

定义 1.4.4 设 $A_1,A_2,\cdots,A_n$ 是 n 个事件，若对任意 $k(1<k\leqslant n)$，$1\leqslant i_1<i_2<\cdots<i_k\leqslant n$，

$$P(A_{i_1}A_{i_2}\cdots A_{i_k})=P(A_{i_1})P(A_{i_2})\cdots P(A_{i_k})$$

都成立，则称事件 $A_1,A_2,\cdots,A_n$ 相互独立.

例 1.4.4　用步枪射击飞机，设每支步枪命中率均为 0.004，求：

(1)现用 250 支步枪同时射击一次，飞机被击中的概率；

(2)若想以 0.99 的概率击中飞机，需要多少支步枪同时射击？

解　(1)设 A_i ＝“第 i 支步枪击中飞机”，$i=1,2,\cdots,250$，B＝“飞机被击中”；$B=A_1\cup A_2\cup\cdots\cup A_{250}$，则所求的概率为

$$P(A_1\cup A_2\cup\cdots\cup A_{250})=1-P(\overline{A_1\cup A_2\cup\cdots\cup A_{250}})=1-P(\overline{A_1}\,\overline{A_2}\cdots\overline{A_{250}})$$
$$=1-P(\overline{A_1})P(\overline{A_2})\cdots P(\overline{A_{250}})=1-0.996^{250}\approx 0.63$$

(2)设需要 n 支步枪，则应满足

$$P(A_1\cup A_2\cup\cdots\cup A_n)=1-P(\overline{A_1\cup A_2\cup\cdots\cup A_n})=1-P(\overline{A_1}\,\overline{A_2}\cdots\overline{A_n})\geqslant 0.99$$

即 $1-0.996^n\geqslant 0.99$，求解得 $n\approx 1150$.

因此，若想以 0.99 的概率击中飞机，至少需要 1150 支步枪同时射击.

1.4.3　独立性在系统可靠性中的应用

元件的可靠性：对于一个元件，它能正常工作的概率称为元件的可靠性.

系统的可靠性：对于一个系统，它能正常工作的概率称为系统的可靠性.

例 1.4.5　有 4 个独立元件构成的系统，如图 1-4-1 所示，设每个元件能正常运行的概率为 p，求系统正常运行的概率.

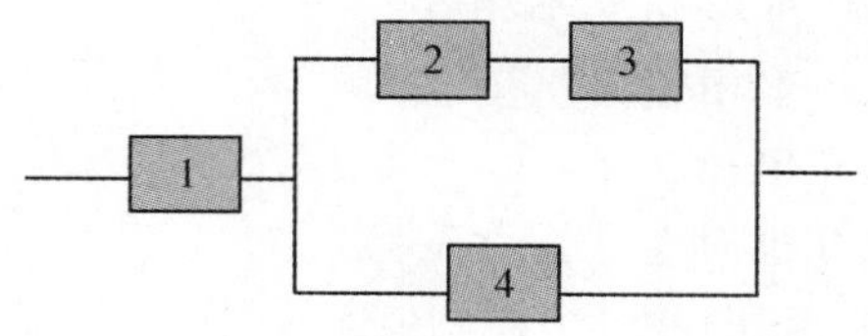

图 1-4-1

解　设 $A_i=\{$第 i 个元件运行正常$\}$，$i=1,2,3,4$，$A=\{$系统运行正常$\}$，则 $A=A_1(A_2A_3\cup A_4)$.

由题意知，A_1,A_2,A_3,A_4 相互独立，故所求概率为

$$P(A)=P(A_1)\cdot P(A_2A_3\cup A_4)=p(p^2+p-p^3).$$

例 1.4.6　桥式电路系统由 5 个元件组成，如图 1-4-2 所示，设元件 A_i 的可靠性为 $p_i(i=1,2,\cdots,5)$，求此系统的可靠性.

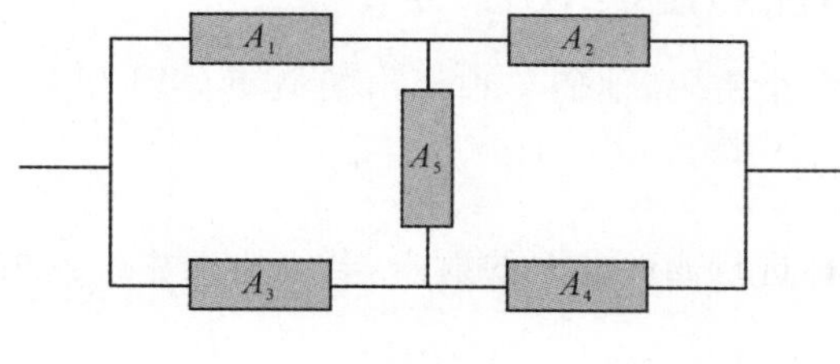

图 1-4-2

解　为了求系统的可靠性，应分两种情况考虑：

(1)当 A_5 工作正常时，相当于 A_1,A_2 并联，再与 A_3,A_4 并联电路进行串联而得.

(2)当 A_5 失效时，相当于 A_1,A_2 串联，再与 A_3,A_4 串联电路进行并联而得.

记 $B_i=\{$元件组 A_i 正常工作$\}$，$i=1,2,\cdots,5$；$C=\{$系统正常工作$\}$.

由全概率公式知

$$P(C)=P(B_5)P(C|B_5)+P(\overline{B}_5)P(C|\overline{B}_5).$$

而

$$\begin{aligned}P(C|B_5)&=P[(B_1\cup B_2)\cap(B_3\cup B_4)]\\&=[1-(1-p_1)(1-p_2)][1-(1-p_3)(1-p_4)]\end{aligned}$$

$$P(C|\overline{B}_5)=P(B_1B_2\cup B_3B_4)=1-(1-p_1p_2)(1-p_3p_4).$$

所以系统的可靠性为

$$\begin{aligned}P(C)=&p_5[1-(1-p_1)(1-p_2)][1-(1-p_3)(1-p_4)]+\\&(1-p_5)[1-(1-p_1p_2)(1-p_3p_4)].\end{aligned}$$

习题 1.4

概率论发展简史

1. 选择题

(1)对于事件 A 与 B，以下命题正确的是 (　　)

A. 若 A、B 互不相容，则 $\overline{A}$、$\overline{B}$ 也互不相容

B. 若 A、B 相容，则 $\overline{A}$、$\overline{B}$ 也相容

C. 若 A、B 独立，则 $\overline{A}$、$\overline{B}$ 也独立

D. 若 A、B 对立，则 $\overline{A}$、$\overline{B}$ 也对立

(2)若事件 A 与 B 独立，且 $P(A)>0,P(B)>0$，则(　　)成立.

A. $P(B|A)=P(B)$　　B. $P(\overline{A}|\overline{B})=P(\overline{A})$

C. A、B 相容　　D. A、B 不相容

2. 填空题

(1)若在区间(0,1)内任取两个数，则事件"两数之和小于$\frac{6}{5}$"的概率为________.

(2)向半圆 $0<y<\sqrt{2ax-x^2}$，$(a>0)$内任掷一点且落在半圆内任何区域的概率均与该区域的面积成正比.则该点与原点的连线与 x 轴的夹角小于$\frac{\pi}{4}$的概率为________.

3. 已知 A、B、C 互相独立，证明：$\overline{A}$、$\overline{B}$、$\overline{C}$ 也互相独立.

4. 三人独立地破译一个密码，他们单独译出的概率分别为$\frac{1}{5},\frac{1}{3},\frac{1}{4}$，求此密码被译出的概率.

5. 一射手对同一目标进行四次独立的射击，若至少射中一次的概率为$\frac{80}{81}$，求此射手每次射击的命中率.

6. 一名工人照看 A、B、C 三台机床，已知在 1 小时内三台机床各自不需要工人照看的概率为 $P(\overline{A})=0.9,P(\overline{B})=0.8,P(\overline{C})=0.7$. 求 1 小时内三台机床至多有一台需要照看的概率.

7. 设 A、B、C 为互相独立的事件，求证 $A \cup B$、AB、$A-B$ 都与 C 独立.

8. 甲、乙、丙三人同时各用一发子弹对目标进行射击，三人各自击中目标的概率分别是 0.4、0.5、0.7. 目标被击中一发而冒烟的概率为 0.2，被击中两发而冒烟的概率为 0.6，被击中三发则必定冒烟，求目标冒烟的概率.

9. 甲、乙、丙三人抢答一道智力竞赛题，他们抢到答题权的概率分别为 0.2、0.3、0.5；而他们能将题答对的概率分别为 0.9、0.4、0.4. 现在这道题已经答对，问甲、乙、丙三人谁答对的可能性最大.

10. 某学校五年级有两个班，一班 50 名学生，其中 10 名女生；二班 30 名学生，其中 18 名女生. 在两班中任选一个班，然后从中先后挑选两名学生，求：

(1)先选出的是女生的概率；

(2)在已知先选出的是女生的条件下，后选出的也是女生的概率.

11. 设构成系统的每个元件的可靠性均为 r，$0<r<1$，且各元件能否正常工作是相互独立的，求图 1-4-3 所示系统的可靠性.

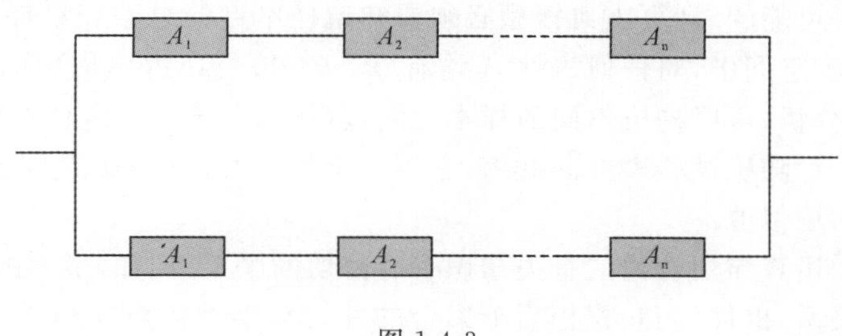

图 1-4-3

12. 设一系统由五个元件组成，如图 1-4-4 所示，元件 A,E 正常工作的概率为 q，元件 B,C,D 正常工作的概率为 p，且每个元件都各自独立工作，求：

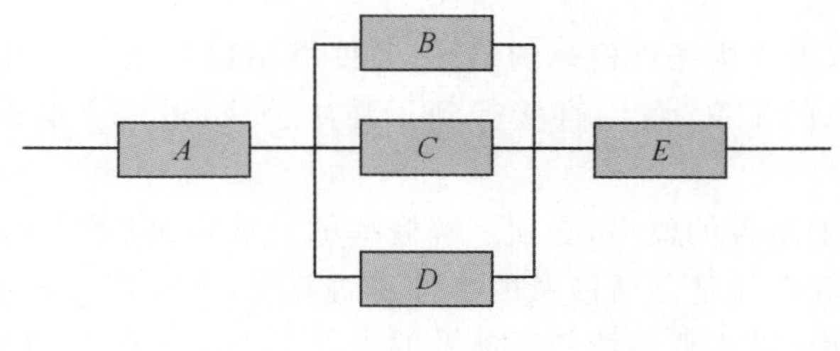

图 1-4-4

(1)系统能正常工作的概率；

(2)已知系统正常工作，问此时 B,C,D 中仅有一个在正常工作的概率.

重点分析

第 1 章小结

一、基本内容

本章介绍了随机事件与样本空间的概念、事件的关系与运算；给出了概率的统计定义、概率加法定理、条件概率与概率乘法定理，并介绍了全概率公式与逆概率公式，研究了事件的独立性及相关应用问题.

在一次随机试验中，一个事件(除必然事件与不可能事件外)可能发生也可能不发生，其发生的可能性的大小是客观存在的，但是未知. 我们从频率的稳定性及其性质出发，抽象出概率的定义. 概率有三条基本性质，这三条性质是概率论的基础.

古典概型是一种随机现象的数学模型，它要求所研究的样本空间是有限的，且各样本点的发生和出现是等可能的. 计算古典概型必须要知道样本点的总数和事件 A 所含的样本点数. 在所考虑的样本空间中，对任何事件 A 均有 $0\leqslant P(A)\leqslant 1$. 古典概型的求法是灵活多样的，从不同的角度分析，可以构成不同的样本空间，解题的关键是确定什么是所需的样本点.

统计概率是一种随机试验事件的概率，它不一定是古典概型. 其特点是以事件出现次数的频率作为概率的近似值.

事件的关系和运算与集合论的有关知识有着密切的联系. 例如，事件的包含关系可以表示为集合的包含关系；事件的和、积相当于集合的并、交，事件的对立相当于集合的互补，学习时需要加以对照.

在古典概型中，我们证明了条件概率的公式：

$$P(A\mid B)=\frac{P(AB)}{P(B)},P(B)>0.$$

在一般情况下，以上式为条件概率的定义. 条件概率也是概率，所以仍具备概率的三条基本性质. 由条件概率的定义，我们直接得到了乘法公式，进一步有全概率公式和贝叶斯公式.

为了讨论有关系的事件的概率，必须了解概率的加法定理、条件概率与概率乘法定理. 在应用加法定理时首先要搞清楚所涉及的事件是否互斥(三个以上的事件是否两两互斥). 使用概率的乘法公式时，首先要搞清楚所涉及的事件是否相互独立. 条件概率与事件乘积的概率的联系由公式 $P(AB)=P(A)P(B|A)$ 表示. 了解事件的独立性以及事件的互不相容性对于计算一些事件的概率可起简化作用.

全概率公式 $P(B)=\sum\limits_{i=1}^{n}P(A_i)P(B\mid A_i)$ 中要求 $A_i(i=1,2,\cdots,n)$ 是互不相容的完备群. 逆概率公式 $P(A_i\mid B)=\dfrac{P(A_i)P(B\mid A_i)}{\sum\limits_{i=1}^{n}P(A_i)P(B\mid A_i)}$ 是求后验概率而得到的. 它与全概率公式中求先验概率问题恰是对立的，但彼此又有公式相联系.

事件的独立性是概率论中的一个非常重要的概念. 概率论与数理统计中的很多内容都是在独立的前提下讨论的. 在实际应用中，我们往往不是根据定义来判断而是根据实际意义来加以判断.

二、疑难分析

1. 必然事件与不可能事件

必然事件是在一定条件下必然发生的事件；不可能事件指的是在一定条件下必然不发生的事件. 它们都不具有随机性，是确定性的现象，但为了研究的方便，把它们看作特殊的随机事件.

2. 互逆事件与互斥事件

如果两事件 A 与 B 必有一个事件发生，且至多有一个事件发生，则 A、B 为互逆事件；如果两个事件 A 与 B 不能同时发生，则 A、B 为互斥事件. 因而，互逆必定互斥，互斥未必互逆. 区别两者的关键是：当样本空间只有两事件时，两事件才可能互逆，而互斥适用于多事件的情形. 作为互斥事件，在一次试验中两者可以都不发生，而互逆事件必发生一个且只发生一个.

3. 两事件独立与两事件互斥

两事件 A、B 独立，则 A 与 B 中任一事件的发生与另一事件的发生无关，这时 $P(AB)=P(A)P(B)$；而两事件互斥，则其中任一事件的发生必然导致另一事件不发生，这两事件的发生是有影响的，这时 $AB=\varnothing$，$P(AB)=0$. 可以用图形作一直观解释见图 1.1. 在图 1.1 左边的正方形中，$P(AB)=\frac{1}{4}$，$P(A)=\frac{1}{2}=P(B)$，表示样本空间中两事件的独立关系，而在右边的正方形中，$P(AB)=0$，表示样本空间中两事件为互斥关系.

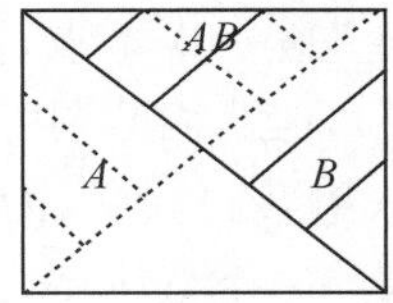

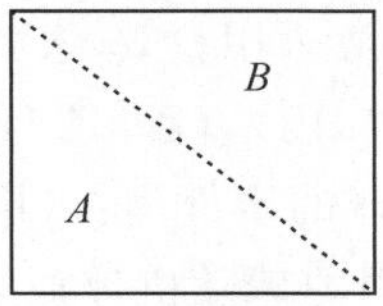

图 1.1

4. 条件概率 $P(A|B)$ 与积事件概率 $P(AB)$

$P(AB)$ 是在样本空间 Ω 内，事件 AB 的概率，而 $P(A|B)$ 是在试验增加了新条件 B 发生后的缩减的样本空间 Ω_B 中计算事件 A 的概率. 虽然 A、B 都发生，但两者是不同的，一般说来，当 A、B 同时发生时，常用 $P(AB)$，而在有包含关系或明确的主从关系时，用 $P(A|B)$. 如袋中有 9 个白球、1 个红球，做不放回抽样，每次任取一球，取 2 次，求：(1)第二次才取到白球的概率；(2)第一次取到的是白球的条件下，第二次取到白球的概率. 问题(1)求的就是一个积事件概率的问题，而问题(2)求的就是一个条件概率的问题.

5. 全概率公式与贝叶斯公式

当所求的事件概率为许多因素引发的某种结果，而该结果又不能简单地看作这诸多事件之和时，可考虑用全概率公式. 在对样本空间进行划分时，一定要注意它必须满足的两个条件. 贝叶斯公式用于试验结果已知，追查是何种原因(情况、条件)下引发的概率.

三、例题解析

【例 1.1】 写出下列随机试验的样本空间及下列事件包含的样本点：

(1)掷一颗骰子，出现奇数点.

(2)投掷一枚均匀硬币两次：①第一次出现正面；②两次出现同一面；③至少有一次出现正面.

(3)在 1,2,3,4 四个数中可重复地抽取两个数，其中一个数是另一个数的两倍.

(4)将 a,b 两只球随机地放到 3 个盒子中去，第一个盒子中至少有一个球.

【分析】 可对照集合的概念来理解样本空间和样本点：样本空间可指全集，样本点是元素，事件则是包含在全集中的子集.

【解】 (1)掷一颗骰子，有六种可能结果，如果用"1"表示"出现 1 点"这个样本点，其余类似，则样本空间为：$\Omega=\{1,2,3,4,5,6\}$，出现奇数点的事件为：$\{1,3,5\}$.

(2)投掷一枚均匀硬币两次，其结果有四种可能，若用(正，反)表示"第一次出现正面，第二次出现反面"这一样本点，其余类似. 则样本空间为：$\Omega=\{$(正，正)，(正，反)，(反，正)，(反，反)$\}$，用 A、B、C 分别表示上述事件①②③，则事件 $A=\{$(正，正)，(正，反)$\}$；事件 $B=\{$(正，正)，(反，反)$\}$；事件 $C=\{$(正，正)，(正，反)，(反，正)$\}$.

(3)在 1,2,3,4 四个数中可重复地抽取两个数，共有 $4^2=16$ 种可能，若用 (i,j) 表示"第一次取数 i，第二次取数 j"这一样本点，则样本空间为：$\Omega=\{(i,j)\}(i,j=1,2,3,4)$；其中一个数是另一个数的两倍的事件为：$\{(1,2),(2,1),(2,4),(4,2)\}$.

(4)3 个盒子分别记为甲、乙、丙，将 a,b 两只球随机地放到 3 个盒子中去，共有九种结果. 若用(甲、乙)表示"a 球放入甲盒，b 球放入乙盒"这一样本点，其余类似. 则样本空间为：$\Omega=\{$(甲，甲)，(甲，乙)，(甲，丙)，(乙，乙)，(乙，甲)，(乙，丙)，(丙，甲)，(丙，乙)，(丙，丙)$\}$；第一个盒子中至少有一个球的事件为：$\{$(甲，甲)，(甲，乙)，(甲，丙)，(乙，甲)，(丙，甲)$\}$.

【例 1.2】 把 n 个不同的球随机地放入 $N(N\geqslant n)$ 个盒子中，求下列事件的概率：

(1)某指定的 n 个盒子中各有一个球；

(2)任意 n 个盒子中各有一个球；

(3)指定的某个盒子中恰有 $m(m<n)$ 个球.

【分析】 这是古典概型的一个典型问题，许多古典概型的计算问题都可归结为这一类型. 每个球都有 N 种放法，n 个球共有 N 种不同的放法."某指定的 n 个盒子中各有一个球"相当于 n 个球在 n 个盒子中的全排列；与(1)相比，(2)相当于先在 N 个盒子中选 n 个盒子，再放球；(3)相当于先从 n 个球中取 m 个放入某指定的盒中，再把剩下的 $n-m$ 个球放入 $N-1$个盒中.

【解】 样本空间中所含的样本点数为 N^n.

(1)该事件所含的样本点数是 $n!$，故：$p=n!/N^n$；

(2)在 N 个盒子中选 n 个盒子有 C_N^n 种选法，故所求事件的概率为：$p=C_N^n\cdot n!/N^n$；

(3)从 n 个球中取 m 个有 C_n^m 种选法，剩下的 $n-m$ 个球中的每一个球都有 $N-1$ 种放法，故所求事件的概率为：$p=C_N^n\cdot(N-1)^{n-m}/N^n$.

【例 1.3】 随机地向由 $0<y<1$、$|x|<\frac{1}{2}$所围成的正方形内掷一点，点落在该正方形内

任何区域的概率与区域面积成正比，求原点和该点的连线与 x 轴正向的夹角小于 $\frac{3}{4}\pi$ 的概率.

【分析】 这是一个几何概率问题，通常可借助几何上的度量(长度、面积、体积或容积等)来合理地规定其概率.

【解】 用 S 表示该正方形的面积，S_1 表示图 1.2 阴影部分面积，则所求的概率为：

$$p=\frac{S_1}{S}=\frac{1-\frac{1}{2}\left(\frac{1}{2}\right)^2}{1}=\frac{7}{8}.$$

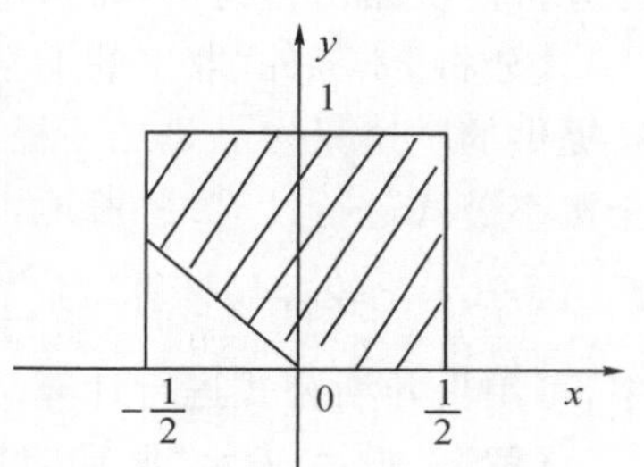

图 1.2

【例 1.4】 设事件 A 与 B 互不相容，且 $P(A)=p$，$P(B)=q$，求下列事件的概率：$P(AB)$，$P(A\cup B)$，$P(A\bar{B})$，$P(\overline{AB})$.

【分析】 按概率的性质进行计算.

【解】 A 与 B 互不相容，所以 $AB=\varnothing$，$P(AB)=P(\varnothing)=0$；$P(A+B)=P(A)+P(B)=p+q$；由于 A 与 B 互不相容，这时 $A\bar{B}=A$，从而 $P(A\bar{B})=P(A)=p$；由于 $\overline{AB}=\overline{A\cup B}$，从而

$$P(\overline{AB})=P(\overline{A\cup B})=1-P(A\cup B)=1-(p+q).$$

【例 1.5】 某住宅楼共有三个孩子，已知其中至少有一个是女孩，求至少有一个是男孩的概率(假设一个小孩为男或为女是等可能的).

【分析】 在已知“至少有一个是女孩”的条件下求“至少有一个是男孩”的概率，所以是条件概率问题. 根据公式 $P(B|A)=\frac{P(AB)}{P(A)}$，必须求出 $P(AB)$，$P(A)$.

【解】 设 $A=\{$至少有一个女孩$\}$，$B=\{$至少有一个男孩$\}$，则 $\bar{A}=\{$三个全是男孩$\}$，$\bar{B}=\{$三个全是女孩$\}$，于是 $P(\bar{A})=\frac{1}{2^3}=\frac{1}{8}=P(\bar{B})$，事件 AB 为“至少有一个女孩且至少有一个男孩”，因为 $\overline{AB}=\bar{A}\cup\bar{B}$，且 $\overline{AB}=\varnothing$，所以 $P(AB)=1-P(\overline{AB})=1-P(\bar{A}\cup\bar{B})=1-[P(\bar{A})+P(\bar{B})]=1-\left(\frac{1}{8}+\frac{1}{8}\right)=\frac{3}{4}$，$P(A)=1-P(\bar{A})=\frac{7}{8}$，从而在已知至少有一个为女孩的条件下，求至少有一个是男孩的概率为：$P(B|A)=\frac{P(AB)}{P(A)}=\frac{\frac{3}{4}}{\frac{7}{8}}=\frac{6}{7}$.

【例 1.6】 某电子设备制造厂所用的晶体管是由三家元件制造厂提供的. 根据以往的记录有以下的数据(见表 1-1).

表 1-1

元件制造厂	次品率	提供晶体管的份额
1	0.02	0.15
2	0.01	0.80
3	0.03	0.05

设这三家工厂的产品在仓库中是均匀混合的，且无区别的标志. (1)在仓库中随机地取

一只晶体管，求它是次品的概率.（2）在仓库中随机地取一只晶体管，若已知取到的是次品，为分析此次品出自何厂，需求出此次品由三家工厂生产的概率分别是多少.试求这些概率.

【分析】 事件“取出的一只晶体管是次品”可分解为下列三个事件的和：“这只次品是一厂提供的”“这只次品是二厂提供的”“这只次品是三厂提供的”，这三个事件互不相容，可用全概率公式进行计算.一般地，当直接计算某一事件 A 的概率 $P(A)$ 比较困难，而 $P(B_i)$，$P(A \mid B_i)$ 比较容易计算，且 $\sum_i B_i = \Omega$ 时，可考虑用全概率公式计算 $P(A)$.（2）为条件概率，可用贝叶斯公式进行计算.

【解】 设 A 表示“取到的是一只次品”，$B_i(i=1,2,3)$ 表示“所取到的产品是由第 i 家工厂提供的”.易知，B_1,B_2,B_3 是样本空间 Ω 的一个划分，且有

$$P(B_1)=0.15,P(B_2)=0.80,P(B_3)=0.05,$$
$$P(A|B_1)=0.02,P(A|B_2)=0.01,P(A|B_3)=0.03.$$

（1）由全概率公式：

$$P(A) = \sum_{i=1}^{3} P(B_i)P(A \mid B_i) = 0.0125.$$

（2）由贝叶斯公式：

$$P(B_1|A)=\frac{P(A|B_1)P(B_1)}{P(A)}=0.24,P(B_2|A)=0.64,P(B_3|A)=0.12.$$

以上结果表明，这只次品来自第二家工厂的可能性最大.

【例 1.7】 一名工人照看 A、B、C 三台机床，已知在 1 小时内三台机床各自不需要工人照看的概率为 $P(\bar{A})=0.9,P(\bar{B})=0.8,P(\bar{C})=0.7$.求 1 小时内三台机床至多有一台需要照看的概率.

【分析】 每台机床是否需要照看是相互独立的，这样，可根据事件的独立性性质及加法公式进行计算.

【解】 各台机床需要照看的事件是相互独立的，而三台机床至多有一台需要照看的事件 D 可写成：$D=\overline{ABC}+A\,\overline{BC}+\bar{A}B\bar{C}+\overline{AB}C$，则由加法公式与独立性性质得：

$$P(D)=P(\overline{ABC}+A\,\overline{BC}+\bar{A}B\bar{C}+\overline{AB}C)=P(\overline{ABC}+P(A\,\overline{BC})+P(\bar{A}B\bar{C})+P(\overline{AB}C)$$
$$=P(\bar{A})P(\bar{B})P(\bar{C})+P(A)P(\bar{B})P(\bar{C})+P(\bar{A})P(B)P(\bar{C})+P(\bar{A})P(\bar{B})P(C)=0.902.$$

【例 1.8】 某车间有 10 台同类型的设备，每台设备的电动机功率为 10 千瓦.已知每台设备每小时实际开动 12 分钟，它们的使用是相互独立的.因某种原因，这天供电部门只能给车间提供 50 千瓦的电力.问该天这 10 台设备能正常运作的概率是多少？

【分析】 由题意知，所要求的概率就是求“该天同时开动的设备不超过 5 台”这一事件的概率.因为每台设备的使用是相互独立的，且在某一时刻，设备只有开动与不开动两种情况，所以本题可视为 10 重贝努里试验，可用二项概率公式进行求解.

【解】 设 A 表示事件“设备开动”，X 表示“同时开动的设备数”，则由二项概率公式得：

$$P\{X=k\}=C_{10}^{k}\left(\frac{1}{5}\right)^{k}\left(\frac{4}{5}\right)^{10-k},$$

同时开动不超过 5 台的概率：

$$P\{X\leqslant 5\}=P\{X=0\}+P\{X=1\}+\cdots+P\{X=5\}\approx 0.994;$$

故该天这 10 台设备能正常运作的概率为 0.994.

第 1 章总复习题

(A)

一、填空题

1. 假设 A,B 是两个随机事件，且 $AB=\overline{A}\overline{B}$，则 $A\cup B=$______；$AB=$______.

2. 已知事件 A,B 满足 $P(AB)=P(\overline{A}\overline{B})$，且 $P(A)=0.4$，则 $P(B)=$______.

3. 设事件 A,B,C 满足 $P(AB)=P(BC)=P(AC)=\frac{1}{4}$，$P(ABC)=\frac{1}{16}$，则 A,B,C 中不多于一个发生的概率为______.

4. 甲、乙两人独立地对同一目标射击一次，其命中率分别为 0.6 和 0.5，现已知目标被命中，它是甲射中的概率是______.

5. 已知 $P(A)=\frac{4}{5}$，$P(A\overline{B})=\frac{1}{5}$，则 $P(\overline{A}\cup\overline{B})=$______.

6. 已知 $P(A)=0.7$，$P(B)=0.9$，则 $P(A\cup B)-P(AB)$的最大可能值为______.

7. 设两两独立的三事件 A,B,C 满足条件：$ABC=\varnothing$，$P(A)=P(B)=P(C)<\frac{1}{2}$，且已知 $P(A\cup B\cup C)=\frac{9}{16}$，则 $P(A)=$______.

8. 两个相互独立的事件 A,B，都不发生的概率为$\frac{1}{9}$，A 发生 B 不发生的概率与 B 发生 A 不发生的概率相等，则 $P(A)=$______.

9. 袋中有 50 个乒乓球，其中 20 个黄球，30 个白球. 今有两人依次随机地从袋中各取一球，取后不放回，问第二人取得黄球的概率是______.

10. 设在 10 件产品中有 4 件一等品、6 件二等品. 现在随意从中取出两件，已知其中至少有一件是一等品，则两件都是一等品的条件概率为______.

11. 对同一目标接连进行 3 次独立重复射击，假设至少命中目标一次的概率为 7/8，则每次射击命中目标的概率 $p=$______.

12. 设事件 A 在每次试验中出现的概率为 P，则在 n 次独立重复试验中事件 A 最多出现一次的概率 $p=$______.

13. 掷 n 颗骰子，出现最大的点数为 5 的概率为______.

二、选择题

1. 以 A 表示“甲种产品畅销，乙种产品滞销”，则对立事件 $\overline{A}$ 为 （　　）

A. “甲种产品滞销，乙种产品畅销”　　B. “甲、乙产品均畅销”

C. “甲种产品滞销”　　D. “甲产品滞销或乙产品畅销”

2. 设 A,B,C 是任意三事件，则下列选项中正确的选项是 （　　）

A. 若 $A\cup C=B\cup C$，则 $A=B$　　B. 若 $A-C=B-C$，则 $A=B$

C. 若 $AC=BC$，则 $A=B$　　D. 若 $AB=\varnothing$ 且 $\overline{A}\overline{B}=\varnothing$，则 $\overline{A}=B$

3. 从一批产品中，每次取出一个(取后不放回)，抽取三次，用 $A_i(i=1,2,3)$ 表示"第 i 次取到的是正品"，下列结论中不正确的是　(　　)

A. $A_1A_2\overline{A_3}\cup A_1\overline{A_2}A_3\cup\overline{A_1}A_2A_3\cup A_1A_2A_3$ 表示"至少抽到 2 个正品"

B. $A_1A_2\cup A_1A_3\cup A_2A_3$ 表示"至少有 1 个是次品"

C. $\overline{A_1A_2A_3}$ 表示"至少有 1 个不是正品"

D. $A_1\cup A_2\cup A_3$ 表示"至少有 1 个是正品"

4. 某城市居民中订阅 A 报的有 45%，同时订阅 A,B 报的有 10%，同时订阅 A,C 报的有 8%，同时订阅 A,B,C 报的有 3%，则"只订阅 A 报"的事件发生的概率为　(　　)

A. 0.655　　B. 0.30　　C. 24　　D. 0.73

5. 已知 $P(A)=0.5,P(B)=0.4,P(A-B)=0.3$，则 $P(\overline{A}\cup\overline{B})-P(A\cup B)$ 等于　(　　)

A. 0.1　　B. 0.2　　C. 0.3　　D. 0.4

6. 设事件 A,B 同时发生时，事件 C 一定发生，则　(　　)

A. $P(C)\leqslant P(A)+P(B)-1$　　B. $P(C)\geqslant P(A)+P(B)-1$

C. $P(C)=P(AB)$　　D. $P(C)=P(A\cup B)$

三、解答题

1. 假设箱中共有 n 个球，其中 $m(0\leqslant m\leqslant n)$ 个是红球，其余是白球. 现在一个接一个地接连从箱中抽球，试求第 $k(1\leqslant k\leqslant n)$ 次抽到红球的概率.

2. 假设四个人的准考证混放在一起，现将其随意地发给四个人. 试求事件 $A=\{$没有一个人领到自己准考证$\}$的概率.

3. 假设有来自三个地区的各 10 名、15 名和 25 名考生的报名表，其中女生的报名表分别为 3 份、7 份和 5 份. 现在随机抽取一个地区的报名表，并从中先后随意抽出两份.

(1) 求先抽出的一份是女生表的概率；

(2) 已知后抽出的一份是男生表，求先抽出的一份是女生表的概率.

4. 假设一个人在一年内患感冒的次数 X 服从参数为 5 的泊松分布；正在销售的一种药品 A 对于 75%的人可以将患感冒的次数平均降低到 3 次，而对于 25%的人无效. 现在有某人试用此药一年，结果在试用期患感冒两次，试求此药有效的概率 α.

5. 设 $P(A)=p$. 接连不断地独立重复进行试验，问为使事件 A 至少出现一次的概率不小于 $q(0<q<1)$，至少需要进行多少次试验?

6. 假设有四张同样的卡片，其中三张上分别只印有 a_1,a_2,a_3，而另一张上同时印有 a_1,a_2,a_3，现在随意抽取一张卡片，以 $A_k=\{$卡片上印有 $a_k\}$. 证明事件 A_1,A_2,A_3 两两独立但三个事件不独立.

7. 在空战训练中，甲机先向乙机开火，击落乙机的概率为 0.2；若乙机未被击落，就进行还击，击落甲机的概率是 0.3；若甲机也没被击落，则再进攻乙机，此时击落乙机的概率是 0.4，求这几个回合中：

(1)甲机被击落的概率；

(2)乙机被击落的概率.

8. 袋中有黑、白球各一个，每次从袋中任取一球，取出的球不放回，但再放进一只白球，求第 n 次取到的球为白球的概率.

9. 一道考题同时列出 m 个答案，要求学生把其中的一个正确答案选择出来，某考生可能知道哪个是正确答案，也可能乱猜一个，假设他知道正确答案的概率为 p，而乱猜的概率为 $1-p$，设他乱猜答案猜对的概率为 $\frac{1}{m}$，如果已知他答对了，问他确实知道哪个是正确答案的概率.

10. 有枪 8 支，其中的 5 支经过试射校正，3 支未经试射校正，校正过的枪，击中靶的概率为 0.8，未经校正的枪，击中靶的概率为 0.3，今任取一支枪射击，结果击中靶，问此枪为校正过的概率.

11. 甲乙两人轮流射击，先击中目标者为胜，设甲、乙击中目标的概率分别为 α,β，甲先射，求甲、乙分别为胜者的概率.

12. 设甲有赌本 $i(i\geqslant 1)$ 元，其对手乙有赌本 $a-i>0$ 元. 每赌一次甲以概率 p 赢一元，而以概率 $q=1-p$ 输一元. 假定不欠不借，赌博一直到甲、乙中有一人输光才结束. 因此，两个人中的赢者最终有总赌资 a 元. 求甲输光的概率.

13. r 个人相互传球，从甲开始，每次传球时，传球者等可能地把球传给其余 $r-1$ 个人中的任意一个，求第 n 次传球时仍由甲传出的概率(发球那一次算作第 0 次).

14. 已知 100 件产品中有 10 件正品，每次使用正品时肯定不会发生故障，而在每次使用非正品时，均有 0.1 的可能性发生故障，现从这 100 件产品中随机抽取一件，若使用了 n 次均未发生故障，问 n 为多大时，才能有 70% 的把握认为所取得的产品为正品.

(B)

一、填空题

1. 设 A,B,C 为三个事件，且 $P(\bar{A}\cup\bar{B})=0.9$，$P(\bar{A}\cup\bar{B}\cup\bar{C})=0.97$，则 $P(AB-C)=$______.

2. 设 10 件产品中有 4 件不合格品，从中任取两件，已知所取两件产品中有一件是不合格品，另一件也是不合格品的概率为______.

3. 设随机事件 A,B 及其和事件 $A\cup B$ 的概率分别是 0.4，0.3，0.6，若 $\bar{B}$ 表示 B 的对立事件，则积事件 $A\bar{B}$ 的概率 $P(A\bar{B})=$______.

4. 某市有 50% 住户订日报，有 65% 住户订晚报，有 85% 住户至少订这两种报纸中的一种，则同时订这两种报纸的住户的百分比是______.

5. 三台机器相互独立运转，设第一、第二、第三台机器不发生故障的概率依次为 0.9，0.8，0.7，则这三台机器中至少有一台发生故障的概率为______.

6. 电路由元件 A 与两个并联元件 B,C 串联而成，若 A,B,C 损坏与否相互独立，且它们损坏的概率依次为 0.3，0.2，0.1，则电路断路的概率为______.

7. 甲乙两人投篮，命中率分别为 0.7，0.6，每人投三次，则甲比乙进球多的概率为______.

8. 从 5 双不同的鞋子中任取 4 只，这 4 只鞋子中至少有两只鞋子配成一双的概率为______.

9. 随机地向球体 $x^2+y^2+z^2\leqslant 1$ 内投点，设点落在球体内任何区域的概率与该区域的体积成正比，所投的点的坐标满足 $z\geqslant x^2+y^2$ 的概率为________.

10. 三人独立破译一密码，他们能单独译出的概率分别为 $\frac{1}{5}$，$\frac{1}{3}$，$\frac{1}{4}$，则此密码被译出的概率为__________.

二、选择题

1. 设 A,B,C 是三个事件，与事件 A 互斥的事件是　　(　　)

A. $\overline{A}B\cup A\overline{C}$　　B. $\overline{A(B\cup C)}$　　C. $\overline{ABC}$　　D. $\overline{A\cup B\cup C}$

2. 设 A,B 是任意两个事件，则　　(　　)

A. $P(A\cup B)P(AB)\geqslant P(A)P(B)$

B. $P(A\cup B)P(AB)\leqslant P(A)P(B)$

C. $P(A-B)P(B-A)\leqslant P(A)P(B)-P(AB)$

D. $P(A-B)P(B-A)\geqslant \frac{1}{4}$

3. 事件 A 与 B 相互独立的充要条件为　　(　　)

A. $A\cup B=\Omega$　　B. $P(AB)=P(A)P(B)$

C. $AB=\varnothing$　　D. $P(A\cup B)=P(A)+P(B)$.

4. 设 A,B 为两个事件，且 $P(AB)=0$，则　　(　　)

A. A,B 互斥　　B. AB 是不可能事件

C. AB 未必是不可能事件　　D. $P(A)=0$ 或 $P(B)=0$

5. 设 A,B 为任意两个事件，且 $A\subset B$，$P(B)>0$，则下列选项必然成立的是　　(　　)

A. $P(A)<P(A|B)$　　B. $P(A)\leqslant P(A|B)$

C. $P(A)>P(A|B)$　　D. $P(A)\geqslant P(A|B)$

6. 已知 $0<P(B)<1$，且 $P[(A_1+A_2)|B]=P(A_1|B)+P(A_2|B)$，则下列选项必然成立的是　　(　　)

A. $P[(A_1+A_2)|\overline{B}]=P(A_1|\overline{B})+P(A_2|\overline{B})$

B. $P(A_1B+A_2B)=P(A_1B)+P(A_2B)$

C. $P(A_1+A_2)=P(A_1|B)+P(A_2|B)$

D. $P(B)=P(A_1)P(B|A_1)+P(A_2)P(B|A_2)$

三、计算题

1. 某厂生产的产品次品率为 0.05，每 100 个产品为一批，抽查产品质量时，在每批中任取一半来检查，如果发现次品不多于 1 个，则这批产品可以认为是合格的，求一批产品被认为是合格的概率.

2. 书架上按任意次序摆着 15 本教科书，其中有 5 本是数学书，从中随机地抽取 3 本，求至少有 1 本是数学书的概率.

3. 从 52 张扑克牌中取出 13 张牌，问有 5 张黑桃、3 张红桃、3 张方块、2 张梅花的概率

是多少？

4. 全年级 100 名学生中有男生 80 名，来自北京的 20 名学生中有男生 12 名. 免修英语的 40 名学生中有男生 32 名，求出下列概率：

(1)碰到男生的情况下不是北京男生的概率；

(2)碰到北京来的学生的情况下是一名男生的概率；

(3)碰到北京男生的概率；

(4)碰到非北京学生的情况下是一名女生的概率；

(5)碰到免修英语的男生的概率.

5. 袋中有 12 个球，其中 9 个是新的，第一次比赛时从中取 3 个，比赛后放回袋中，第二次比赛再从袋中任取 3 个，求：

(1)第二次取出的球都是新球的概率；

(2)若已知第二次取出的球都是新球，则第一次取到的都是新球的概率.

6. 设甲、乙两袋，甲袋中有 n 个白球，m 个红球，乙袋中有 N 个白球，M 个红球，今从甲袋中任取一只放入乙袋，再从乙袋中任取一球，问取到白球的概率.

7. 一袋中装有 $N-1$ 只黑球和一只白球，每次从袋中随机地摸出一球，并换入一只黑球，这样继续下去，问第 k 次摸球时摸到黑球的概率是多少.

8. 某人忘记了电话号码的最后一位数字，因而他随意地拨号. 求他拨号不超过三次而接通所需电话的概率.

9. 甲、乙两选手进行比赛，假定每局比赛甲胜的概率为 0.6，乙胜的概率为 0.4，问采用 3 局 2 胜制还是 5 局 3 胜制，对甲有利？

10*. 在区间(0,1)中随机取两个数，求：

(1)两数之积小于$\frac{1}{4}$的事件的概率；

(2)两数之和大于 1.2 的事件的概率.

第 2 章　随机变量及其分布

在随机试验和随机现象中，我们除了关心某些特定事件发生的概率外，往往还关心与所研究的特定问题有关的变量，由于这一变量的取值依赖于随机试验的结果，因而称为随机变量. 随机变量概念的建立是概率论发展史上的重大突破，它不仅能更全面地揭示客观存在的统计规律性，而且给利用微积分等数学工具来解决概率问题提供了极大的方便. 本章主要介绍离散型随机变量和连续型随机变量，以及这些随机变量的分布.

§2.1　随机变量

在第 1 章中，我们看到一些随机试验总可用某个实数来表示. 比如，掷两颗骰子，点数之和是多少；从一批产品中随机抽取 10 件，其中次品有多少件；某网站一小时内被访问的次数是多少；某灯泡的使用寿命是多少；等等. 这些随机试验的样本空间 Ω 由数组成. 当然也有些随机试验的结果本身没有数量特征，只标记某种属性. 比如抛一颗硬币出现正面还是反面，公司一年后是盈利还是亏本等. 当样本空间 Ω 的元素不是一个数时，人们对于样本空间 Ω 就难以描述和研究了. 对这些随机试验我们可以人为引入数字来标记结果. 如在投硬币试验中用 1 表示正面朝上，0 表示反面朝上；公司盈利记为 1，亏本记为 0 等. 这样一来，对于每个试验结果都有一个实数与之对应.

通过这些例子，产生了一个基本想法——引入一个法则，将随机试验的每个结果，即将样本空间 Ω 的每个元素 e 与实数 x 对应起来，两者建立一种对应关系.

定义 2.1.1　设随机试验的样本空间为 $\Omega=\{\omega\}$，$X=X(\omega)$ 是定义在样本空间为 Ω 上的实值单值函数，则称 $X=X(\omega)$ 为**随机变量(random variable)**.

随机变量常用大写英文字母 X,Y,Z 等或希腊字母 ξ,ζ,η 等表示，而以小写字母 x,y,z 等表示实数. 随机变量就是一个定义在样本空间上，取值为实数的实值单值函数. 图 2-1-1 反映了样本点 ω 与实数 $X(\omega)$ 对应的示意图.

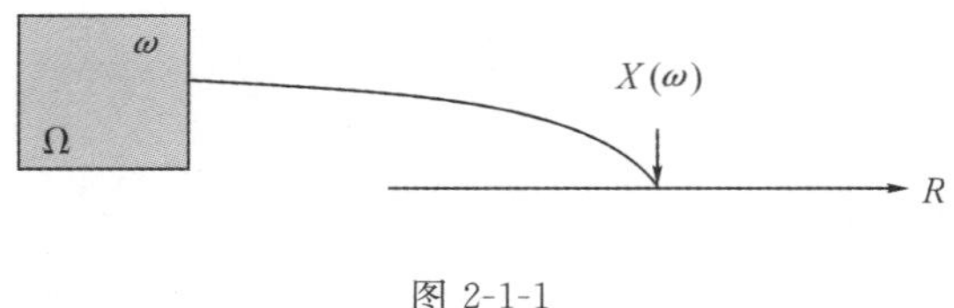

图 2-1-1

注：随机变量不同于微积分中的常见函数 $y=f(x)$，微积分中的函数定义域往往是数

域，而随机变量的定义域是样本空间. 随机变量的取值依据随机试验的结果而确定，在试验之前不能预知它取什么值，且它的取值具有一定的随机性. 这是随机变量与普通函数的本质区别.

例 2.1.1　一颗均匀硬币投掷三次. X 表示正面朝上的次数. 样本空间为 $\Omega=\{(H,H,H),(H,H,T),(H,T,H),(T,H,H),(H,T,T),(T,H,T),(T,T,H),(T,T,T)\}$. 其中 (H,H,H) 表示三次都是正面朝上；(H,H,T) 表示前两次都是正面朝上，而第三次是反面朝上；等等. 于是，

$$X(H,H,H)=3, X(H,H,T)=2, \cdots, X(T,T,T)=0.$$

例 2.1.2　观测一部电子产品的使用寿命.

若用 ω_x 表示"测得的使用寿命为 x 小时"$(x>0)$，则样本空间为

$$\Omega=\{\omega_x \mid x\geqslant 0\},$$

其中，ω_x 表示"寿命为 x". 于是

$$X(\omega_x)=x,\quad x\geqslant 0.$$

引入随机变量后，我们就可以运用它来描述随机事件. 如在例 2.1.1 中，事件"至少有两次正面朝上"可写为 $\{X\geqslant 2\}$.

注：随机事件 $\{X\geqslant 2\}$ 是一种简略的集合写法，完整的写法应该是 $\{\omega \mid X(\omega)\geqslant 2\}$，即所有满足 $X(\omega)\geqslant 2$ 的样本点 ω 组成的集合，逐一列出就是：

$$\{(H,H,H),(H,H,T),(H,T,H),(T,H,H)\}.$$

显然这与第 1 章中的表示法是一致的. 事件 $\{X\geqslant 2\}$ 的概率 $P\{X\geqslant 2\}=1/2$.

在例 2.1.2 中，事件"产品寿命超过 50 小时"可表示为 $\{X>50\}$，而 $\{10\leqslant X\leqslant 100\}$ 表示事件"产品寿命不少于 10 小时并且不超过 100 小时"等. 总之，可用诸如 $\{X>a\}$，$\{X<b\}$，$\{a<X<b\}$ 等简略的集合写法表示事件.

引入随机变量后，对随机现象统计规律的研究，就由对随机事件及其概率的研究扩展到对随机变量及其取值规律的研究. 根据随机变量取值方式的不同，可将它分为离散型和非离散型两类. 而非离散型随机变量中最重要的是连续型随机变量. 这两种类型的随机变量有很多相同或相似之处，但因其取值方式不同，又各有的特点，本章后续将分别对离散型随机变量和连续型随机变量进行研究.

习题 2.1

1. 随机变量的特征是什么？

2. 例 2.1.1 中，事件 $\{X=1\}$ 表示什么？该事件发生的概率 $P\{X=1\}$ 是多少？

3. 甲、乙两人分别拥有赌资 30 元和 20 元，他们利用投掷一枚均匀硬币进行赌博，约定如果出现正面，甲赢 10 元、乙输 10 元. 如果出现反面，则甲输 10 元、乙赢 10 元，分别用随机变量表示投掷一次后甲、乙两人的赌资.

§2.2 离散型随机变量及其分布律

所有可能的取值是有限多个或可列多个(可以像自然数那样按一定的顺序排列)的随机变量称为离散型随机变量.如例 2.1.1 中“正面朝上的次数”,再如网站一天内的访问次数(可列多个:0,1,2,…)等.而连续型随机变量的取值会充满某个实数区间而无法像自然数那样排成一列.如例 2.1.2 中的产品寿命,股票在未来某个时刻的价格等.本节讨论离散型随机变量,连续型随机变量将在后面进行研究.

容易知道,要掌握一个离散型随机变量 X 的统计规律,只需知道 X 的所有可能取的值以及取每一个可能值的概率.由此给出分布律的概念.

定义 2.2.1 设离散型随机变量 X 的所有可能取值为 $x_1,x_2,x_3,\cdots$,而 X 取各个可能值的概率为

$$P\{X=x_k\}=p_k,k=1,2,\cdots \tag{2.2.1}$$

则称式(2.2.1)为一个离散型随机变量 X 的**概率分布**或**概率分布律(列)**,简称**分布律(列)**(**law of distribution**).

离散型随机变量的分布律也常用表 2-2-1 所示的表格来表示.

表 2-2-1

X	x_1	x_2	…	x_n	…
p_k	p_1	p_2	…	p_n	…

由概率公理化定义,分布律 p_k 满足以下两个条件:

(1) $p_k\geqslant 0,k=1,2,\cdots$;

(2) $\sum\limits_{k}^{\infty}p_k=1$.

注:$\sum\limits_{k=1}^{\infty}p_k=1$ 成立是因为事件 $\{X=x_k\},k=1,2,\cdots$ 两两互斥,且 $\bigcup\limits_{k}\{X=x_k\}=\Omega$.

例 2.2.1 某篮球运动员投篮投中的概率是 0.9,求该运动员两次独立投篮投中次数 X 的分布律.

解 X 的可能取值为 0,1,2,故

$$P\{X=0\}=0.1\times 0.1=0.01,$$
$$P\{X=1\}=2\times 0.9\times 0.1=0.18,$$
$$P\{X=2\}=0.9\times 0.9=0.81,$$

故所求的分布律如表 2-2-2 所示.

表 2-2-2

X	0	1	2
p_k	0.01	0.18	0.81

例 2.2.2 某射手参加射击比赛,共有 4 发子弹.设该射手的命中率为 p,各次射击是相

互独立的，则直至命中目标为止所需的射击次数 X 是一随机变量，求 X 的分布律.

解　显然 X 的所有可能取值为 1,2,3,4.$\{X=1\}$表示第一枪命中，其概率为 p；$\{X=2\}$意味着第一枪未命中，第二枪命中，其概率为$(1-p)p$；$\{X=3\}$意味着前两枪都未命中，而第三枪命中，其概率为$(1-p)^2p$；而$\{X=4\}$表示第一、二、三枪都未命中，由于这是最后一次机会，与第四枪命中与否无关，所以其概率为$(1-p)^3$. 从而，X 的分布规律如表 2-2-3 所示.

表 2-2-3

X	1	2	3	4
p	p	$(1-p)p$	$(1-p)^2p$	$(1-p)^3$

关于分布律的说明：若已知一个离散型随机变量 X 的分布律 $P\{X=x_k\}=p_k, k=1,2,\cdots$，则可求 X 所生成的任意事件的概率，特别地，

$$P\{a \leqslant X \leqslant b\} = P\{\bigcup_{a\leqslant x_k\leqslant b}\{X = x_k\}\} = \sum_{a\leqslant x_k\leqslant b} p_k.$$

一般地，若 I 是一个区间，则 $P\{X \in I\} = \sum_{x_k\in I}P\{X = x_k\} = \sum_{x_k\in I}p_k.$

例如，设 X 的分布律由例 2.2.1 给出，则

$$P\{X\leqslant 1\}=P\{X=0\}+P\{X=1\}=0.01+0.18=0.19,$$

$$P\{X<2\}=P\{X=0\}+P\{X=1\}=0.01+0.18=0.19,$$

$$P\{-1<X\leqslant 4\}=P\{X=0\}+P\{X=1\}+P\{X=2\}=0.01+0.18+0.81=1.$$

以下给出三个常见的离散型随机变量.

1. “0—1”分布

定义 2.2.2　设随机变量 X 只可能取 0 或 1 两个值，它的分布律为

$$P\{X=1\}=p, P\{X=0\}=1-p, (0<p<1),$$

则称 X 服从参数为 p 的**“0—1”分布或两点分布(two-point distribution)**.“0—1”分布的分布律的表格形式如表 2-2-4 所示.

表 2-2-4

X	0	1
p_k	$1-p$	p

注：对任一随机试验，若只包含两个结果，即 $\Omega=\{\omega_1,\omega_2\}$，则总能在 Ω 上定义一个服从“0－1”分布的随机变量

$$X=\begin{cases}0, & \omega=\omega_1\\ 1, & \omega=\omega_2\end{cases}$$

来描述这个随机试验的结果. 特别地，此表示方法可应用于任一“发生或不发生”情况. 例如，检查产品的质量是否合格，对新生儿的性别进行登记，检验种子是否发芽，某考生考试是否合格等.

2. 伯努利试验、二项分布

设试验 E 只有两个可能结果：A 及 $\overline{A}$，则称 E 为伯努利(Bernoulli)试验. 设 $P(A)=$

数学家小传
伯努利

$p\,(0<p<1)$，此时 $P(\overline{A})=1-p$. 将 E 重复地进行 n 次，而且每次试验的结果相互独立，则称这一串重复的独立试验为 **n 重伯努利试验**.

注："重复"是指每次试验中 $P(A)=p$ 保持不变；"独立"是指各次试验的结果互不影响.

n 重伯努利试验是一种很重要的概率模型，应用很广泛. 如将硬币重复地抛 n 次，每次观察是否出现正面；又如在一批产品中（次品率为 p），每次取一件检查是否为次品，检查完后放回，重复进行 n 次；观察 n 部独立工作的电子元件是否正常等都属于伯努利试验.

在 n 重伯努利试验中，设事件 A 在每次试验中发生的概率为 p，用 X 表示 n 重伯努利试验中 A 发生的次数，显然 X 为一随机变量，其所有可能取值为 $0,1,\cdots,n$，且对每一个 $k(0\leqslant k\leqslant n)$，事件 $\{X=k\}$ 即为"n 次实验中事件 A 恰好发生 k 次"，根据伯努利概型，有

$$P\{X=k\}=C_n^k p^k(1-p)^{n-k},k=0,1,\cdots,n. \tag{2.2.2}$$

显然，

$$P\{X=k\}\geqslant 0,k=0,1,\cdots,n;$$

$$\sum_{k=0}^{n}P\{X=k\}=\sum_{k=0}^{n}C_n^k p^k q^{n-k}=(p+q)^n=1$$

即 $P\{X=k\}$ 满足分布律的两个条件. 注意到 $C_n^k p^k q^{n-k}$ 刚好是二项式 $(p+q)^n$ 的展开式中 p^k 的那一项，由此，给出如下定义.

定义 2.2.3 若一个随机变量 X 的分布律由式(2.2.2)给出，则称 X 服从参数为 n 和 p 的**二项分布(the binomial distribution)**，记为 $X\sim B(n,p)$.

注：当 $n=1$ 时，二项分布式(2.2.2)可化为

$$P\{X=k\}=p^k(1-p)^{1-k},(k=0,1)$$

即为"0—1"分布.

值得指出的是，若 $X\sim B(n,p)$，则 X 可表示成 n 个相互独立的服从"0—1"分布的随机变量之和. 事实上，对 $i=1,2,\cdots,n$，令

$$X_i=\begin{cases}1,\text{第 } i \text{ 次试验中 } A \text{ 发生；}\\ 0,\text{否则.}\end{cases}$$

由于 n 次试验是独立的，故 $X_1,X_2,\cdots,X_n$ 相互独立. 而 X 表示 n 次试验中 A 发生的次数，因此

$$X=X_1+X_2+\cdots+X_n. \tag{2.2.3}$$

该分解式可以应用于简化后面第 4 章中期望和方差的计算.

例 2.2.3 已知某类产品的次品率为 0.2，现从一大批这类产品中随机地抽查 20 件，问恰好有 k 件($k=0,1,\cdots,20$)次品的概率是多少？

解 这是不放回抽样. 但由于这批产品的总数很大，且抽查的产品的数量相对于产品的总数来说又很小，因而可以当作放回抽样来处理. 这样做的误差很小. 将检查一件产品是否为次品看成是一次试验，记 X 为抽出的 20 件产品中次品的件数，则 X 是一个随机变量，且

$X \sim B(20,0.2)$，故所求概率为

$$P\{X=k\}=C_{20}^{k}(0.2)^{k}(0.8)^{20-k}, k=0,1,\cdots,20.$$

将计算结果如表 2-2-5 所示.

表 2-2-5

k	$P\{X=k\}$	k	$P\{X=k\}$
0	0.012	6	0.109
1	0.058	7	0.055
2	0.137	8	0.022
3	0.205	9	0.007
4	0.218	10	0.002
5	0.175	$\geqslant 11$	<0.001

为了对本题的结果有一个直观了解，作出表 2-2-5 的图形，如图 2-2-1 所示. 从图 2-2-1 中发现，当 k 增加时，概率 $P\{X=k\}$ 先是随之增加，直至达到最大值(本例中 $k=4$ 达到最大值)，随后单调减少. 一般地，对于固定的 n 及 p，二项分布 $B(n,p)$ 都有类似的结果.

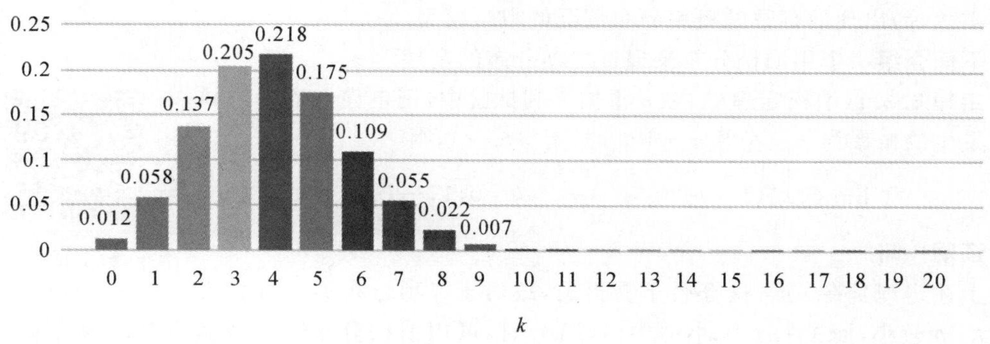

图 2-2-1

例 2.2.4　某人进行射击，设每次射击的命中率为 0.02，独立射击 400 次，试求至少击中 2 次的概率.

解　将独立射击 400 次看成是 400 重伯努利试验. 设击中的次数为 X，则 $X \sim B(400, 0.2)$. X 的分布律为

$$P\{X=k\}=C_{400}^{k}(0.02)^{k}(0.98)^{400-k}, k=0,1,\cdots,400.$$

于是所求概率为

$$\begin{aligned} P\{X \geqslant 2\} &= 1-P\{X=0\}-P\{X=1\} \\ &= 1-(0.98)^{400}-400(0.02)(0.98)^{399}=0.9972. \end{aligned}$$

这个概率很接近于 1. 这一事实说明，一个事件尽管在一次试验中发生的概率很小(仅为 0.02)，但只要试验次数很多(为 400 次)，而且试验是独立进行的，那么这一事件的发生几乎是肯定的. 因此我们不能轻视小概率事件. 同时，从对立事件的角度来看，如果射手在 400 次射击中，由于 $P\{X<2\} \approx 0.003$ 很小，若击中的次数不到两次，那根据**实际推断原理**

(也称小概率事件原理)——小概率事件在一次试验中实际上是几乎不发生的,我们可以怀疑"每次射击的命中率为 0.02"这一假设,即认为该射手的命中率达不到 0.02.

3. 泊松分布

定义 2.2.4 设随机变量 X 所有可能取的值为 $0,1,2,\cdots$,而各个取值的概率为

$$P\{X=k\}=\frac{\lambda^k}{k!}\mathrm{e}^{-\lambda},k=0,1,2,\cdots, \tag{2.2.4}$$

数学家小传
泊松

其中,$\lambda>0$ 是常数,则称 X 服从参数为 λ 的**泊松分布(Poisson distribution)**,记为 $X\sim P(\lambda)$.

易知,$P\{X=k\}\geqslant 0,k=0,1,2,\cdots$,且有

$$\sum_{k=0}^{\infty}P\{X=k\}=\sum_{k=0}^{n}\frac{\lambda^k\mathrm{e}^{-\lambda}}{k!}=\mathrm{e}^{-\lambda}\sum_{k=0}^{n}\frac{\lambda^k}{k!}=1.$$

即 $P\{X=k\}$ 满足分布律的两个条件.

泊松分布是概率论中最重要的分布之一,具有较强的实际应用性.例如,一本书一页中的印刷错误数,某地区在一天内邮递遗失的信件数,某一医院在一天内的急诊人数,某一地区一个时间间隔内发生交通事故的次数,保险公司接到的索赔次数等都可用泊松分布来描述.一般地,泊松分布可以作为描述大量重复试验中稀有事件(如地震、火山爆发、特大洪水、意外事故等)出现的频数的概率分布情况的数学模型.

下面介绍一个用泊松分布来逼近二项分布的定理.

定理 2.2.1(泊松定理) 在 n 重伯努利试验中,记事件 A 在一次试验中发生的概率为 p_n,若当 $n\to+\infty$ 时,有 $np_n\to\lambda$,则

$$\lim_{n\to+\infty}C_n^k p_n^k(1-p_n)^{n-k}=\frac{\lambda^k}{k!}\mathrm{e}^{-\lambda},k=0,1,\cdots,n.$$

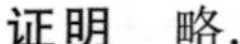

证明 略.

数学试验
二项分布与
泊松分布

上述定理是在 $np_n\to\lambda$ 条件下获得的,故对于二项分布 $B(n,p)$,若 n 很大,p 较小,而 $\lambda=np$ 大小适中($\lambda\leqslant 10$)时,可用泊松分布来近似逼近以减少计算量.

例 2.2.5 设某零件的次品率为 0.02,现从一批该零件中有放回地随机抽取 100 个,求恰好取出 3 个次品的概率.

解 用 X 表示抽到的次品数,因为是有放回抽取,每次取到次品的概率均为 0.02,因此有放回地抽取 100 个可以看作 100 重伯努利试验,则 $X\sim B(100,0.02)$.所求概率为

$$P\{X=3\}=C_{100}^3\times 0.02^3\times 0.98^{97}=0.1823.$$

我们也可以用泊松分布进行近似计算.由定理 2.2.1,$\lambda=np=100\times 0.2=2$,因此

$$P\{X=3\}\approx\frac{2^3}{3!}\mathrm{e}^{-2}=0.1804.$$

例 2.2.6 商店的历史销售记录表明,某种商品每月的销售量服从参数为 $\lambda=10$ 的泊松分布.为了以 95% 以上的概率保证该商品不脱销,问商店在月底至少应进该商品多少件?

解 设商店每月销售某种商品 X 件,月底的进货量为 a 件,根据题意,

$$P\{X\leqslant a\}\geqslant 95\%,$$

且 $X \sim P(10)$，则有 $\sum\limits_{k=0}^{a} \frac{10^k}{k!}e^{-10} \geqslant 0.95$. 由附录的泊松分布查询表知

$$\sum_{k=0}^{14} \frac{10^k}{k!}e^{-10} = 0.9166 < 0.95, \sum_{k=0}^{15} \frac{10^k}{k!}e^{-10} = 0.9513 > 0.95,$$

故该商店只要在月底进该种商品 15 件(假定上个月没有存货)，就有 95%以上的概率保证该商品不脱销.

4. 超几何分布*

定义 2.2.5　设随机变量 X 的可能取值是 $0,1,2,\cdots,n$，且

$$P\{X=k\}=\frac{C_M^k C_{N-M}^{n-k}}{C_N^n}, \quad k=0,1,2,\cdots,n,$$

其中，n,M,N 都是正整数，且 $n\leqslant N,M\leqslant N$，则称 X 服从超几何分布，记为 $X\sim H(n,M,N)$.

注：当 $k>M$ 或 $n-k>N-M$ 时，有 $P\{X=k\}=0$.

超几何分布常用在产品的质量检查中. 例如，有一批产品共 N 个，其中次品有 M 个. 从中任意取出 n 个，则取出的 n 个产品中的次品数 X 服从超几何分布 $H(n,M,N)$. 超几何分布与二项分布有如下关系.

定理 2.2.2　设 $X\sim H(n,M,N)$，则当 $N\to\infty$时，X 近似服从二项分布 $B(n,p)$，即下面的近似等式成立：

$$\frac{C_M^k C_{N-M}^{n-k}}{C_M^n}\approx C_n^k p^k(1-p)^{n-k},$$

其中，$p=M/N$.

证明　略.

由定理知道，当一批产品的总数 N 很大，而抽取的样品数 n 远小于 N 时，不放回抽样(取出的次品数服从超几何分布)与放回抽样(取出的次品数服从二项分布)差别不大.

5. 几何分布*

定义 2.2.6　设事件 A 在每次试验中出现的概率为 p. 现独立地重复进行该试验，直到 A 发生为止. 用 X 表示所需的试验次数，则 X 的分布律为

$$P\{X=k\}=(1-p)^{k-1}p,\ k=1,2,\cdots,$$

称 X 服从参数为 p 的几何分布，记为 $X\sim G(p)$.

习题 2.2

1. 设随机变量 X 的分布律为

$$P\{X=k\}=\frac{k}{15},\ k=1,2,3,4,5$$

试求：(1)$P\left\{\frac{1}{2}<X<\frac{5}{2}\right\}$；(2)$P\{1\leqslant X\leqslant 3\}$；(3)$\{X>3\}$.

2. 已知随机变量 X 只能取 $-2,0,1,2$ 四个值，相应概率依次是$\frac{1}{3c},\frac{1}{2c},\frac{5}{6c},\frac{1}{12c}$，试求常数 c，并计算 $P\{X<1|X\neq 0\}$.

3. 设随机变量 X 服从参数为λ 的泊松分布，且 $3P\{X=2\}=P\{X=4\}$，写出随机变量

X 的分布律.

4. 一大批种子发芽率为 0.9,从中任取 10 粒,求:

(1)恰有 8 粒种子发芽的概率;

(2)不少于 8 粒种子发芽的概率.

5. 若每次射击中靶的概率为 0.7,射击 10 炮,求:

(1)命中 3 炮的概率;

(2)至少命中 3 炮的概率;

(3)最可能命中几炮?

6. 有一繁忙的汽车站,每天有大量汽车通过,设每辆汽车,在一天的某段时间内出事故的概率为 0.0001,在每天的该段时间内有 1000 辆汽车通过,问出事故的次数不小于 2 的概率是多少?(用泊松定理计算)

§2.3 随机变量的分布函数

对于非离散型随机变量 X,由于其可能的取值不能一一列举,因而不能像离散型随机变量那样用分布律来描述,且它取任一特定值的概率往往等于 0.我们已经知道事件可以用随机变量落在某个范围来表示,此时我们并不会对随机变量 X 取某个特定的值感兴趣,而是考虑随机变量 X 落在某个区间内的概率:$P\{x_1<X\leqslant x_2\}$.但由于

$$P\{x_1<X\leqslant x_2\}=P\{X\leqslant x_2\}-P\{X\leqslant x_1\}$$

因此,只需知道 $P\{X\leqslant x\}$就可以了.为了讨论随机变量落在某个范围的概率,需引进概率统计理论中极为重要的一个概念,即随机变量的分布函数.

定义 2.3.1 设 X 是一随机变量,x 是任意实数,称函数:

$$F(x)=P\{X\leqslant x\},\ -\infty<x<+\infty,$$

为 X 的**分布函数(distribution function)**.

注:(1)分布函数是一个普通的实函数,其定义域为实数集 R,正是通过它,我们将能用数学分析的方法来研究随机变量.

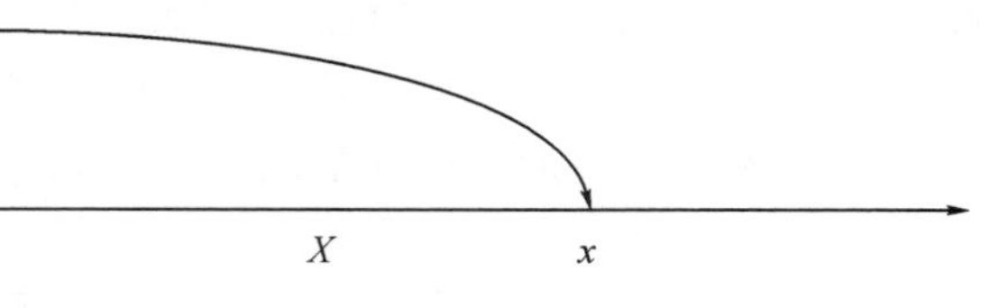

图 2-3-1

(2)对每个实数 x,$F(x)$表示随机变量 X 小于等于 x 的概率,如图 2-3-1 所示.显然 $0\leqslant F(x)\leqslant 1$.

(3)对任意实数 $x_1,x_2(x_1<x_2)$,X 落在区间$(x_1,x_2]$上的概率为 $P\{x_1<X\leqslant x_2\}$.因为$\{x_1<X\leqslant x_2\}=\{X\leqslant x_2\}-\{X\leqslant x_1\}$,故

$$P\{x_1<X\leqslant x_2\}=P\{X\leqslant x_2\}-P\{X\leqslant x_1\}=F(x_2)-F(x_1).$$

若已知 X 的分布函数,那么我们就知道 X 落在任一区间$(x_1,x_2]$上的概率,从这个意义上说,分布函数可以完整地描述随机变量的统计规律性.

分布函数 $F(x)$具有以下的基本性质:

(1)对任意实数 $x_1<x_2$,有 $F(x_1)\leqslant F(x_2)$,即 $F(x)$单调不减.

这是因为$\{X\leqslant x_1\}\subset\{X\leqslant x_2\}$，故$P\{X\leqslant x_1\}\leqslant P\{X\leqslant x_2\}$，即$F(x_1)\leqslant F(x_2)$.

(2)$F(-\infty)=\lim\limits_{x\to-\infty}F(x)=0$，$F(+\infty)=\lim\limits_{x\to+\infty}F(x)=1$.

(3)$F(x+0)=F(x)$，即$F(x)$是右连续的.(证明略)

注:任何随机变量都有分布函数，若一个函数具有以上性质，则它一定是某个随机变量的分布函数.

例 2.3.1　设随机变量 X 的分布律如表 2-3-1 所示.

表 2-3-1

X	-1	2	3
p_k	1/4	1/2	1/4

求 X 的分布函数，并求 $P\left\{X\leqslant\frac{1}{2}\right\}$，$P\left\{\frac{3}{2}<X\leqslant\frac{5}{2}\right\}$，$P\{2\leqslant X\leqslant 3\}$.

解　根据分布函数$F(x)$的定义，要求$F(x)$，只需找出小于或等于 x 的那些点 x_k，由概率的有限可加性，对 x_k 处的概率 p_k 作和即可. 三个点$-1,2,3$将数轴分为 4 个区间$(-\infty,-1)$，$[-1,2)$，$[2,3)$，$[3,+\infty)$，依次加以分析，得

$$F(x)=\begin{cases}0, & x<-1,\\ P\{X=-1\}, & -1\leqslant x<2,\\ P\{X=-1\}+P\{X=2\}, & 2\leqslant x<3,\\ 1, & x\geqslant 3.\end{cases}$$

即

$$F(x)=\begin{cases}0, & x<-1,\\ \dfrac{1}{4}, & -1\leqslant x<2,\\ \dfrac{3}{4}, & 2\leqslant x<3,\\ 1, & x\geqslant 3.\end{cases}$$

$F(x)$的图形如图 2-3-2 所示.

从图 2-3-2 可以看到，离散型随机变量 X 的分布函数$F(x)$，其图形是一条阶梯曲线，它在$x=-1,2,3$处发生跳跃，跳跃值分别为 X 取$-1,2,3$的概率$\frac{1}{4},\frac{1}{2},\frac{3}{4}$.

$$P\left\{X\leqslant\frac{1}{2}\right\}=F\left(\frac{1}{2}\right)=\frac{1}{4},$$

$$P\left\{\frac{3}{2}<X\leqslant\frac{5}{2}\right\}=F\left(\frac{5}{2}\right)-F\left(\frac{3}{2}\right)=\frac{3}{4}-\frac{1}{4}=\frac{1}{2},$$

$$P\{2\leqslant X\leqslant 3\}=F(3)-F(2)+P\{X=2\}=1-\frac{3}{4}+\frac{1}{2}=\frac{3}{4}.$$

一般地，设离散型随机变量 X 的分布律为

$$P\{X=x_k\}=p_k,\quad k=1,2,\cdots$$

由概率的可列可加性，得 X 的分布函数为

$$F(x)=P\{X\leqslant x\}=\sum_{x_k\leqslant x}P\{X=x_k\},$$

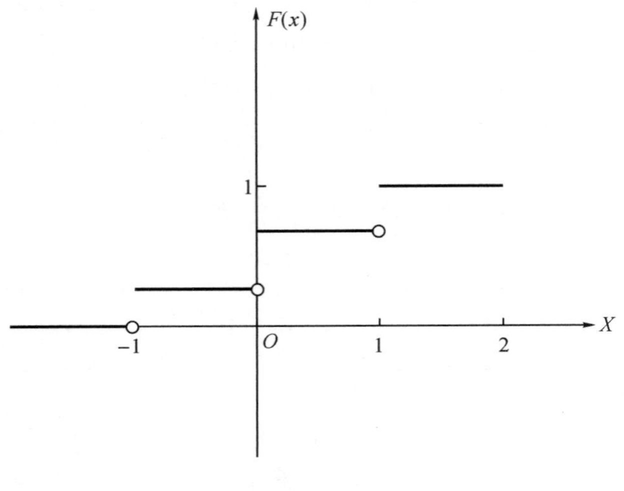

图 2-3-2

即

$$F(x)=\sum_{x_k\leqslant x}p_k,$$

这里和式是对所有满足 $x_k\leqslant x$ 的 k 求和.分布函数 $F(x)$ 在 $x=x_k,k=1,2,\cdots$ 处有跳跃,其跳跃值为 $p_k=P\{X=x_k\}$.

反之,若某随机变量 X 的分布函数 $F(x)$ 是一个阶梯型函数,则 X 一定是一个离散型随机变量,其分布律由分布函数唯一确定.X 的所有可能取值为分布函数 $F(x)$ 的分段点,X 取值分段点 x_k 的概率 $P\{X=x_k\}=F(x_k)-F(x_k-0)$.

例 2.3.2 设随机变量 X 的分布函数为

$$F(x)=\begin{cases}0, & x<0,\\ \dfrac{1}{2}, & 0\leqslant x<1,\\ 1, & x\geqslant 1.\end{cases}$$

求 X 的分布律.

解 其分段点为 $x=0,1$ 与 $x=0$ 相关的两个分布函数值为 $0,\frac{1}{2}$,其差为 $\frac{1}{2}$,因此,$P\{X=0\}=F(0)-F(0-)=\frac{1}{2}-0=\frac{1}{2}$,同理可求 $F\{X=1\}=\frac{1}{2}$,因此,分布律如表 2-3-2 所示.

表 2-3-2

X	0	1
p_k	1/2	1/2

习题 2.3

1. 设离散型随机变量 X 的分布律如表 2-3-3 所示.

表 2-3-3

X	0	1	2
p_k	0.3	0.5	0.2

其分布函数为 $F(x)$，则 $F(1)=$(　　)

A. 0　　B. 0.3　　C. 0.8　　D. 1

2. 设 X 的分布函数为(　　)

$$F(x)=\begin{cases}A(1-\mathrm{e}^{-x}), & x\geqslant 0,\\ 0, & x<0.\end{cases}$$

求常数 A 及 $P\{1<X\leqslant 3\}$.

3. 设随机变量 X 的分布函数为

$$F(x)=\begin{cases}0, & \text{若 } x<-1,\\ 0.4, & \text{若 } -1\leqslant x<1,\\ 0.8, & \text{若 } 1\leqslant x<3,\\ 1. & \text{若 } x\geqslant 3.\end{cases}$$

求 X 的分布律.

4. 设随机变量的分布律如表 2-3-4 所示.

表 2-3-4

X	-2	-1	0	1
p_k	1/5	1/6	1/3	3/10

求：(1) X 的分布函数 $F(x)$，并画出 $F(x)$ 的图形.

(2) $P\{-1\leqslant X\leqslant 1\}$.

5. 在区间 $[0,a]$ 上任意投掷一个质点，以 X 表示这个质点的坐标. 设这个质点落在 $[0,a]$ 中任意小区间内的概率与这个小区间的长度成正比. 试求 X 的分布函数.

§2.4　连续型随机变量

对离散型随机变量，分布律与分布函数是一一对应的，分布律尤其是表格形式能更直观地反映离散型随机变量的统计规律性. 那么对于连续型随机变量，是否存在类似“分布律”这样的一个量，使得一方面能较直观地反映连续型随机变量的规律性，另一方面跟分布函数又存在着一定联系，这就是本节中我们要学习的内容.

定义 2.4.1　对于随机变量 X 的分布函数 $F(x)$，若存在可积函数 $f(x)\geqslant 0$，使得对任意实数 x，都有

$$F(x)=P\{X\leqslant x\}=\int_{-\infty}^{x}f(t)\mathrm{d}t, \tag{2.4.1}$$

则称 X 为连续型随机变量，其中，函数 $f(x)$ 称为 X 的**概率密度函数**，简称**概率密度**(**probability density**)，常记作 $X\sim f(x)$.

直观的，$F(x)$等于区间$(-\infty,x)$曲线 $y=f(x)$之下的阴影部分面积，如图 2-4-1 所示.

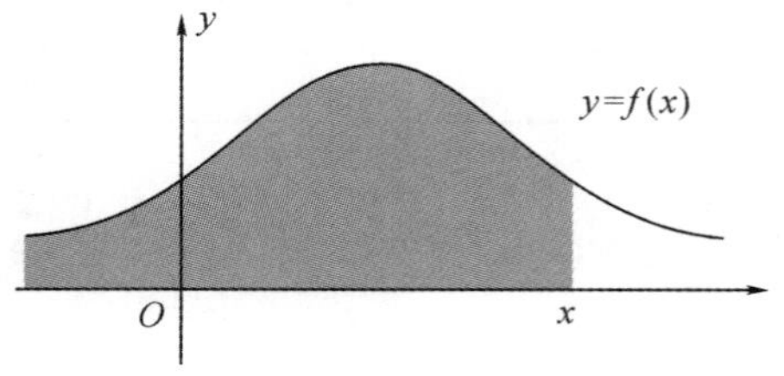

图 2-4-1

设连续型随机变量 X 的分布函数和概率密度函数分别为 $F(x)$和 $f(x)$，它们有如下一些性质.

(1) $\int_{-\infty}^{+\infty} f(x)\mathrm{d}x = 1$.

由此知道介于曲线 $y = f(x)$ 与 x 轴之间的面积等于 1，如图 2-4-2 所示.

(2) 对于任意实数 $x_1, x_2(x_1 < x_2)$，有

$$P\{x_1 < X \leqslant x_2\} = F(x_2) - F(x_1) = \int_{x_1}^{x_2} f(x)\mathrm{d}x.$$

由此知道 X 落在区间$(x_1,x_2]$上的概率 $P\{x_1<X\leqslant x_2\}$等于区间$(x_1,x_2]$上曲线 $f(x)$之下的曲边梯形的面积，如图 2-4-3 所示.

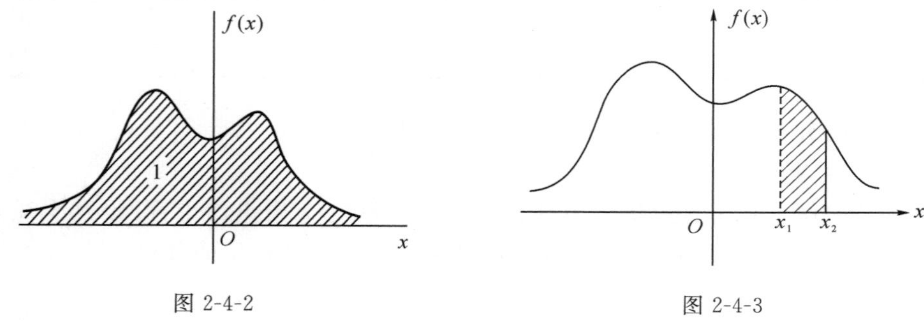

图 2-4-2　　图 2-4-3

(3) $F(x)$处处连续，且对任意实数 a，有 $P\{X=a\}=0$.

$F(x)$处处连续的严格证明超出本书范围. 不过由 $F(x)$处处连续很容易获得 $P\{X=a\}=0$. 事实上，$P\{X=a\}=F(a)-F(a-)$，而 $F(x)$连续，故 $F(a)=F(a-)$，从而 $P\{X=a\}=0$.

据此，在计算连续型随机变量落在某一区间的概率时，可以不必区分该区间是开是闭又或是半开半闭的. 如有

$$P\{a<X\leqslant b\}=P\{a\leqslant X\leqslant b\}=P\{a<X<b\}.$$

这里的事件$\{X=a\}$并非是不可能事件，但有 $P\{X=a\}=0$. 这就意味着，若 A 是不可能事件，则有 $P(A)=0$；反之，若 $P(A)=0$，则 A 不一定是不可能事件.

(4) 若 $f(x)$在点 x 连续，则有 $F'(x)=f(x)$.

对于 $f(x)$在连续点 x 处有

$$f(x)=\lim_{\Delta x\to 0^+}\frac{F(x+\Delta x)-F(x)}{\Delta x}=\lim_{\Delta x\to 0^+}\frac{P\{x<X\leqslant x+\Delta x\}}{\Delta x} \tag{2.4.2}$$

式(2.4.2)表明 $f(x)$不是 X 取值 x 的概率，而是 X 落在区间$(x,x+\Delta x]$上的概率与区间长度 Δx 之比的极限. 因此，概率密度的性质中没要求 $f(x)\leqslant 1$. 从这里我们看到概率密度的定义与物理学中的线密度的定义类似，这也是为什么称 $f(x)$为概率密度的缘故.

例 2.4.1　设随机变量 X 具有概率密度

$$f(x)=\begin{cases} kx, & 0\leqslant x<3, \\ 2-\dfrac{x}{2}, & 3\leqslant x<4, \\ 0, & \text{其他}. \end{cases}$$

求：(1)确定常数 k；(2)求 X 的分布函数 $F(x)$；(3)求 $P\{1<X<\dfrac{7}{2}\}$.

解　(1) 由$\int_{-\infty}^{+\infty} f(x)\mathrm{d}x = 1$，即

$$\int_{-\infty}^{+\infty} f(x)\mathrm{d}x = \int_{-\infty}^{0} 0\mathrm{d}x + \int_{0}^{3} kx\mathrm{d}x + \int_{3}^{4}(2-\frac{x}{2})\mathrm{d}x + \int_{4}^{+\infty} 0\mathrm{d}x = 1,$$

解得 $k = \dfrac{1}{6}$，于是，X 的概率密度为

$$f(x) = \begin{cases} \dfrac{x}{6}, & 0 \leqslant x < 3, \\ 2 - \dfrac{x}{2}, & 3 \leqslant x < 4, \\ 0, & \text{其他}. \end{cases}$$

(2) 根据分布函数 $F(x)$ 的定义，先明确积分区间，后明确概率密度 $f(x)$ 的取值，再进行积分运算可得$F(x)$. 三个分段点 $x=0,3,4$ 将数轴分为 4 个区间$(-\infty,0)$，$[0,3)$，$[3,4)$，$[4,+\infty)$，依次加以分析，得

$$F(x) = \begin{cases} 0, & x < 0, \\ \int_{0}^{x} \dfrac{t}{6}\mathrm{d}t, & 0 \leqslant x < 3, \\ \int_{0}^{3} \dfrac{x}{6}\mathrm{d}x + \int_{3}^{x} \left(2 - \dfrac{t}{2}\right)\mathrm{d}t, & 3 \leqslant x < 4, \\ 1, & x \geqslant 4. \end{cases}$$

即

$$F(x) = \begin{cases} 0, & x < 0, \\ \dfrac{x^2}{12}, & 0 \leqslant x < 3, \\ -3 + 2x - \dfrac{x^2}{4}, & 3 \leqslant x < 4, \\ 1, & x \geqslant 4. \end{cases}$$

(3) $P\{1 < X < \dfrac{7}{2}\} = F\left(\dfrac{7}{2}\right) - F(1) = \dfrac{41}{48}$.

后面我们提到一个随机变量 X 的概率分布时，指的是它的分布函数；当 X 是连续型时也指它的概率密度函数，当 X 是离散型时也指它的分布律.

下面介绍三种重要的连续型随机变量.

1. 均匀分布

定义 2.4.2 设连续型随机变量 X 具有概率密度函数

$$f(x)=\begin{cases}\dfrac{1}{b-a}, & a<x<b,\\ 0, & \text{其他},\end{cases} \tag{2.4.3}$$

则称 X 在区间 (a,b) 上服从**均匀分布(uniform distribution)**,记为 $X\sim U(a,b)$.

易知 $f(x)\geqslant 0$,且 $\int_{-\infty}^{+\infty}f(x)\mathrm{d}x=1$.

均匀分布的意义:$X\sim U(a,b)$ 指 X 落在区间 (a,b) 中任意等长子区间内的概率是相同的,即 X 落在 (a,b) 子区间内的概率只与区间长度有关,而与区间的位置无关,类似于第 1 章中的几何概型.

由式(2.4.3)得 X 的分布函数为

$$F(x)=\begin{cases}0, & x<a,\\ \dfrac{x-a}{b-a}, & a\leqslant x<b,\\ 1, & x\geqslant b.\end{cases}$$

$f(x)$ 及 $F(x)$ 的图形分别如图 2-4-4 和图 2-4-5 所示.

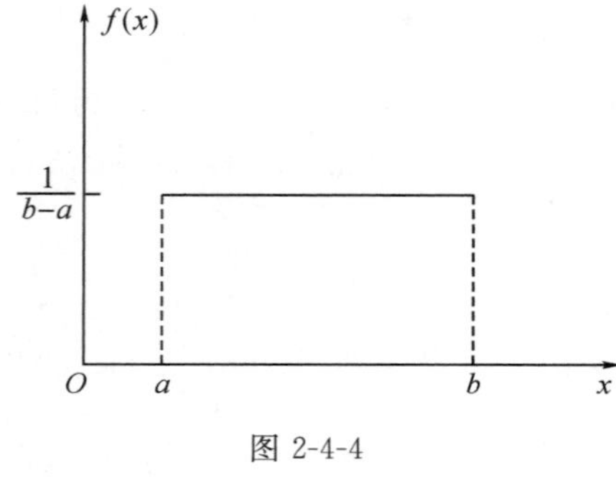

图 2-4-4

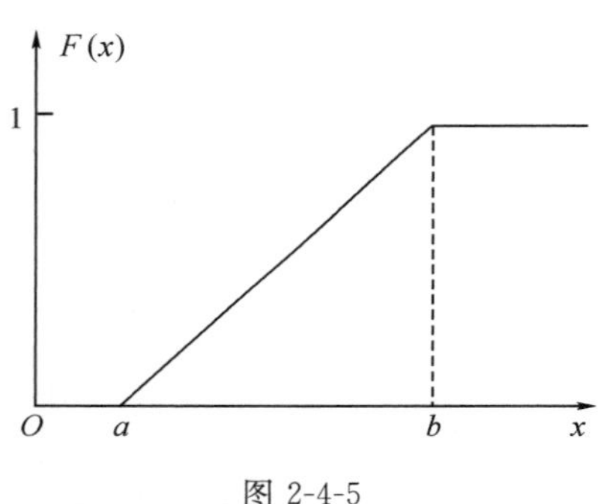

图 2-4-5

例 2.4.2 某厂生产的零件尺寸与规定尺寸的偏差 X(单位毫米)在区间 $(-5,5)$ 上服从均匀分布,试求偏差落在区间 $(-2,2)$ 的概率.

解 依题意,X 的概率密度为

$$f(x)=\begin{cases}\dfrac{1}{10}, & -5<x<5,\\ 0, & \text{其他}.\end{cases}$$

故所求概率为

$$P\{-2<X<2\}=\int_{-2}^{2}\frac{1}{10}\mathrm{d}x=\frac{2}{5}.$$

2. 指数分布

定义 2.4.3 设连续型随机变量 X 具有概率密度

$$f(x)=\begin{cases}\lambda \mathrm{e}^{-\lambda x}, & x>0,\\ 0, & x\leqslant 0,\end{cases} \tag{2.4.4}$$

其中，$\lambda>0$ 为常数，则称 X 服从参数为 λ 的**指数分布(index distribution)**，记作 $X\sim E(\lambda)$.

易知 $f(x)\geqslant 0$，且 $\int_{-\infty}^{+\infty}f(x)\mathrm{d}x=1$.

由式(2.4.4)不难算出 X 的分布函数为

$$F(x)=\begin{cases}1-\mathrm{e}^{-\lambda x}, & x>0,\\ 0, & 其他.\end{cases}$$

指数分布的概率密度及分布函数分别如图 2-4-6 和图 2-4-7 所示.

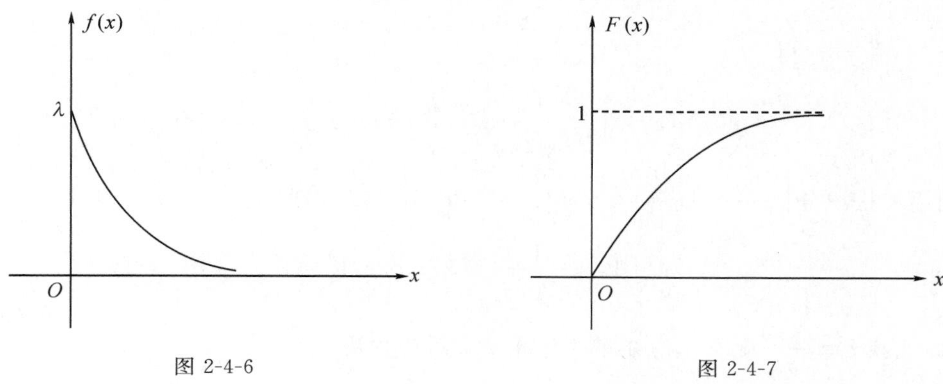

图 2-4-6　　　　图 2-4-7

指数分布的应用非常广泛，是常用的"寿命"分布之一，比如电子产品或元件的使用寿命. 也常用来描述间隔时间、服务时间等的分布，如相邻两次电话铃响的间隔时间，在某个服务系统中接受服务的时间等.

例 2.4.3　设维修一台某型号发动机所需的时间 X(单位:小时)服从参数为 $\lambda=1/2$ 的指数分布，求维修时间超过两小时的概率.

解　由题意，维修时间 X 的密度函数为

$$f(x)=\begin{cases}\dfrac{1}{2}\mathrm{e}^{-\frac{x}{2}}, & x>0,\\ 0, & x\leqslant 0.\end{cases}$$

故所求概率为

$$P\{X>2\}=\int_{2}^{+\infty}\frac{1}{2}\mathrm{e}^{-\frac{x}{2}}\mathrm{d}x=\mathrm{e}^{-1}\approx 0.368.$$

指数分布具有"无记忆性"，即对任意 $s>0,t>0$，有

$$P\{X>s+t\mid X>s\}=P\{X>t\}. \tag{2.4.5}$$

事实上，

$$\begin{aligned}P\{X>s+t\mid X>s\}&=\frac{P\{(X>s+t)\cap(X>s)\}}{P\{X>s\}}=\frac{P\{X>s+t\}}{P\{X>s\}}\\&=\frac{1-F(s+t)}{1-F(s)}=\frac{\mathrm{e}^{-\lambda(s+t)}}{\mathrm{e}^{-\lambda s}}=P\{X>t\}.\end{aligned}$$

等式(2.4.5)的直观意思是，在一台机器已经工作 s 小时的条件下，它还能继续工作 t 小时以上的概率就等于它一开始能工作 t 小时以上的概率(似乎它并不记得自己已经工作的时间)，故称为"无记忆性".

3. 正态分布

定义 2.4.4 设连续型随机变量 X 具有概率密度

$$f(x)=\frac{1}{\sqrt{2\pi}\sigma}e^{-\frac{(x-\mu)^2}{2\sigma^2}}, \ -\infty<x<+\infty \tag{2.4.6}$$

其中,μ,$\sigma(\sigma>0)$为常数,则称 X 服从参数为 μ 和 σ 的**正态分布(normal distribution)**或**高斯分布(Gaussian distribution)**,记为 $X\sim N(\mu,\sigma^2)$.

显然 $f(x)\geqslant 0$,下面证明$\int_{-\infty}^{+\infty}f(x)\mathrm{d}x=1$.

令$\frac{x-\mu}{\sigma}=t$,得

$$\int_{-\infty}^{+\infty}f(x)\mathrm{d}x=\int_{-\infty}^{+\infty}\frac{1}{\sqrt{2\pi}\sigma}e^{-\frac{(x-\mu)^2}{2\sigma^2}}\mathrm{d}x=\frac{1}{\sqrt{2\pi}}\int_{-\infty}^{+\infty}e^{-\frac{t^2}{2}}\mathrm{d}t,$$

利用泊松积分$\int_{-\infty}^{+\infty}e^{-x^2}\mathrm{d}x=\sqrt{\pi}$,有$\int_{-\infty}^{+\infty}e^{-\frac{t^2}{2}}\mathrm{d}t=\sqrt{2\pi}$,因此

$$\int_{-\infty}^{+\infty}\frac{1}{\sqrt{2\pi}\sigma}e^{-\frac{(x-\mu)^2}{2\sigma^2}}\mathrm{d}x=1.$$

注:变换 $t=\frac{x-\mu}{\sigma}$是在正态分布的计算中常用的方法.

密度函数 $f(x)$的图形如图 2-4-8 所示.

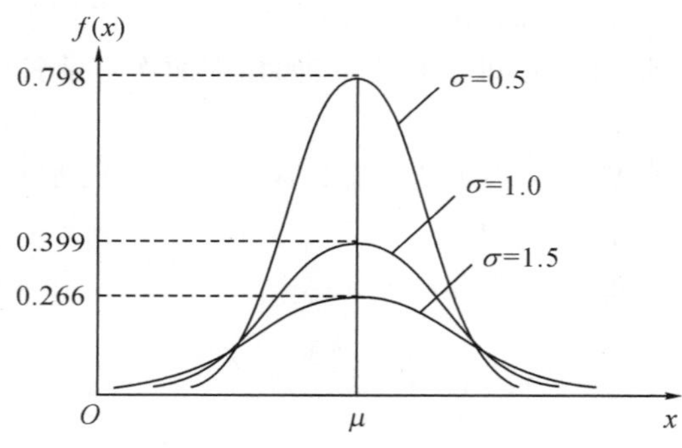

图 2-4-8

数学试验
正态分布

正态分布的图形特征如下:

(1)密度函数 $y=f(x)$曲线呈钟形,且关于直线 $x=\mu$ 对称;

(2)在 $x=\mu$ 处达到最大值$\frac{1}{\sqrt{2\pi}\sigma}$;

(3)曲线以 x 轴为水平渐近线.

正态分布在理论和应用中都占有极为重要的地位.实际中很多随机变量都服从或近似服从正态分布.比如人的身高、体重、测量误差、考试成绩、气体分子的运动位移等.数理统计部分将进一步说明正态分布的重要性.

设 $X\sim N(\mu,\sigma^2)$,由式(2.4.6)得 X 的分布函数为

$$F(x)=\frac{1}{\sqrt{2\pi}\sigma}\int_{-\infty}^{x}\mathrm{e}^{-\frac{(t-\mu)^2}{2\sigma^2}}\mathrm{d}t,-\infty<x<+\infty. \tag{2.4.7}$$

可以看到，如果用式(2.4.7)来求正态分布的分布函数，该积分是无法求出其解析表达式的. 为了解决这一问题，我们引入一个特殊的正态分布 —— 标准正态分布.

特别地，当 $\mu=0,\sigma=1$ 时，称 X 服从标准正态分布，记为 $X\sim N(0,1)$，其概率密度和分布函数分别用 $\phi(x),\Phi(x)$ 表示，即有

$$\phi(x)=\frac{1}{\sqrt{2\pi}}\mathrm{e}^{-\frac{x^2}{2}},-\infty<x<+\infty, \tag{2.4.8}$$

$$\Phi(x)=\frac{1}{\sqrt{2\pi}}\int_{-\infty}^{x}\mathrm{e}^{-\frac{t^2}{2}}\mathrm{d}t. \tag{2.4.9}$$

由 $\phi(x)$ 关于 y 轴的对称性及分布，函数的定义，易知 $\Phi(-x)=1-\Phi(x)$. 为便于计算，人们编制了 $\Phi(x)$ 的函数表，可供查用(见附表).

一般，若 $X\sim N(\mu,\sigma^2)$，我们只要通过一个线性变换就能将其转化成为标准正态分布，即任何正态分布的函数值最终都可通过查表解决问题. 以下给出一般的正态分布和标准正态分布的关系.

标准正态分布
分布函数表

引理 2.4.1　若 $X\sim N(\mu,\sigma^2)$，则

$$Y=\frac{X-\mu}{\sigma}\sim N(0,1).$$

(引理的证明将在下一节给出)

于是，若 $X\sim N(\mu,\sigma^2)$，则它的分布函数 $F(x)$可写成

$$F(x)=P\{X\leqslant x\}=P\left\{\frac{X-\mu}{\sigma}\leqslant\frac{x-\mu}{\sigma}\right\}=\Phi\left(\frac{x-\mu}{\sigma}\right).$$

对于任意的区间$(x_1,x_2]$，有

$$P\{x_1<X\leqslant x_2\}=P\left\{\frac{x_1-\mu}{\sigma}<\frac{X-\mu}{\sigma}\leqslant\frac{x_2-\mu}{\sigma}\right\}=\Phi\left(\frac{x_2-\mu}{\sigma}\right)-\Phi\left(\frac{x_1-\mu}{\sigma}\right) \tag{2.4.10}$$

若 $X\sim N(\mu,\sigma^2)$，由 $\Phi(x)$的函数表可得

$$P\{\mu-\sigma<X<\mu+\sigma\}=\Phi(1)-\Phi(-1)=2\Phi(1)-1=0.6826$$
$$P\{\mu-2\sigma<X<\mu+2\sigma\}=\Phi(2)-\Phi(-2)=2\Phi(2)-1=0.9544$$
$$P\{\mu-3\sigma<X<\mu+3\sigma\}=\Phi(3)-\Phi(-3)=2\Phi(3)-1=0.9973$$

注：由上可知，服从正态分布 $N(\mu,\sigma^2)$的随机变量 X 落在区间$(\mu-3\sigma,\mu+3\sigma)$内的概率为 0.9973，落在该区间外的概率不到 0.003. 也就是说，X 几乎不可能在区间$(\mu-3\sigma,\mu+3\sigma)$之外取值. 这就是人们所说的“$3\sigma$”规则.

例 2.4.4　恒温箱是根据温度调节器的设定温度进行调整的. 若将温度调节器设定为 d℃，那么箱内的实际温度 $X\sim N(d,\sigma^2)$.

(1)若 $d=90,\sigma=2$，求箱内实际温度在 89～91℃的概率；

(2)若 $\sigma=0.5$，要保证箱内实际温度有 95%的可能性不低于 90℃，问应将温度调节器设定为多少？

解　(1)由式(2.4.10)知所求概率为

$$P\{89\leqslant X\leqslant 91\}=\Phi\left(\frac{91-90}{2}\right)-\Phi\left(\frac{89-90}{2}\right)$$

$$=2\Phi(0.5)-1=2\times0.6915-1=0.3830.$$

(2)依题意,有

$$P\{X\geqslant90\}\geqslant0.95,\text{即 }1-\Phi\left(\frac{90-d}{0.5}\right)\geqslant0.95,$$

于是

$$\Phi\left(\frac{90-d}{0.5}\right)\leqslant0.05,$$

查表得

$$\frac{90-d}{0.5}\leqslant-1.645,$$

即

$$d\geqslant90.823.$$

故取 $d=91$℃即可满足要求.

习题 2.4

1. 已知 y 的密度函数为 $f(x)=\begin{cases}2x, & 0<x<1,\\ 0, & \text{其他.}\end{cases}$ 试求 $P\{X\leqslant0.6\}$;$P(X=0.6\}$;$F(x)$.

2. 设连续型随机变量 X 的密度函数为

$$f(x)=\begin{cases}\sin x, & 0\leqslant x\leqslant a,\\ 0, & \text{其他.}\end{cases}$$

试确定常数 a,并求 $P\left\{X>\frac{\pi}{6}\right\}$.

3. 设随机变量 X 服从[1,5]上的均匀分布,如果(1)$x_1<1<x_2<5$;(2)$1<x_1<5<x_2$,试求 $P\{x_1<X<x_2\}$.

4. 设随机变量 X 具有关于 y 轴对称的概率密度 $f(x)$,即 $f(x)=f(-x)$,其分布函数为 $F(x)$,试证明:对任意的 $a>0$,有

(1) $F(-a)=1-F(a)=\frac{1}{2}-\int_0^a f(x)\mathrm{d}x$;

(2)$P\{|X|<a\}=2F(a)-1$;

(3)$P\{|X|>a\}=2[1-F(a)]$.

5. 设 $X\sim N(3,2^2)$,(1)求 $P\{2<X\leqslant5\}$,$P\{|X|>2\}$,$P\{X>3\}$;(2)确定 c,使得 $P\{X>c\}=P\{X\leqslant c\}$;(3)设 d 满足 $P\{X>d\}\geqslant0.9$,问 d 至多为多少?

6. 已知连续型随机变量 X 的分布函数为

$$F(x)=\begin{cases}A+B\mathrm{e}^{-\frac{x^2}{2}}, & x>0,\\ 0, & \text{其他.}\end{cases}$$

求:(1)A,B;(2)密度函数 $f(x)$;(3)$P(1<X<2)$.

7. 一批钢材(线材)长度 $X(\mathrm{cm})\sim N(\mu,\sigma^2)$

(1) 若 $\mu=100$,$\sigma=2$,求这批钢材长度小于 97.8cm 的概率;

(2) 若 $\mu=100$,要使这批钢材的长度至少有 90%落在区间(97,103)内,问 σ 至多取

何值?

8. 某大型设备在任何长度为 t 的区间内发生故障的次数 $N(t)$ 服从参数为 λt 的泊松分布,记设备无故障运行时间为 T.

(1) 求 T 的概率分布函数;

(2) 已知设备无故障运行 10 小时,求再无故障运行 8 小时的概率.

§2.5　随机变量函数的分布

在很多实际问题中,我们关心的某个随机变量并不容易直接观测或统计出来,但它却跟某个(某些)容易观测统计的随机变量密切相关.如我们容易测量圆形零件的直径 X,所以 X 的分布情况是容易获得的,而我们关心的却是其面积 $Y=\frac{1}{4}\pi X^2$ 的分布.显然 Y 是随机变量 X 的函数.在这一节中,我们将讨论如何由已知的随机变量 X 的分布去求出它的某个函数 $Y=g(X)$的分布.以下我们分情况具体讨论.

例 2.5.1　设随机变量 X 具有如表 2-5-1 所示的分布律,试求:(1) $Y=2X$;(2) $Z=(X-1)^2$ 的分布律.

表 2-5-1

X	-1	0	1	2
p_k	0.3	0.2	0.1	0.4

解　(1)显然 Y 是离散型随机变量,要求分布律只需求出 Y 的取值和每个取值处的概率即可.

Y 的所有可能取值为 $-2,0,2,4$,由 $P\{Y=2k\}=P\{X=k\}=p_k$,得 Y 的分布律如表 2-5-2所示.

表 2-5-2

Y	-2	0	2	4
p_k	0.3	0.2	0.1	0.4

(2) Z 的所有可能取值为 0,1,4,则

$$P\{Z=0\}=P\{(X-1)^2=0\}=P\{X=1\}=0.1$$

$$P\{Z=1\}=P\{(X-1)^2=1\}=P\{X=0\}+P\{X=2\}=0.6$$

$$P\{Z=4\}=P\{(X-1)^2=4\}=P\{X=-1\}=0.3$$

故 Z 的分布律如表 2-5-3 所示.

表 2-5-3

Z	0	1	4
p_k	0.1	0.6	0.3

例 2.5.2　已知随机变量 X 的密度函数为 $f_X(x)$,求 $Y=2X+1$ 密度函数 $f_Y(y)$.

解 分别记 X,Y 的分布函数为 $F_X(x),F_Y(y)$，以示区别，下面先来求 $F_Y(y)$.

$$\begin{aligned}F_Y(y)&=P\{Y\leqslant y\}=P\{2X+1\leqslant y\}\\&=P\left\{X\leqslant\frac{y-1}{2}\right\}=F_X\left(\frac{y-1}{2}\right)\end{aligned}$$

于是 Y 的密度函数为

$$f_Y(y)=F'_Y(y)=f_X\left(\frac{y-1}{2}\right)\left(\frac{y-1}{2}\right)'=\frac{1}{2}f_X\left(\frac{y-1}{2}\right)$$

此例的解法完全可以应用于 X 的任何线性函数 $Y=aX+b\ (a\neq0)$，即得如下命题.

命题 2.5.1 设 X 的密度函数为 $f_X(x)$，则 $Y=aX+b\ (a\neq0)$ 的密度函数为

$$f_Y(y)=\frac{1}{|a|}f_X\left(\frac{y-b}{a}\right).$$

证明留给读者，注意 $a<0$ 的情况. 由此容易得到下面的常用结论.

定理 2.5.1 设 $X\sim N(\mu,\sigma^2)$，$Y=aX+b\ (a\neq0)$，则 $Y\sim N(a\mu+b,a^2\sigma^2)$.

特别地，若 $X\sim N(\mu,\sigma^2)$，则 $Y=\dfrac{X-\mu}{\sigma}\sim N(0,1)$（即取 $a=\dfrac{1}{\sigma},\ b=-\dfrac{\mu}{\sigma}$）.

以上做法具有普遍性. 先求 Y 的分布函数，再求 Y 的概率密度. 在求 Y 的分布函数时，设法将其转化为 X 的分布函数. 具体地说，由"$g(X)\leqslant y$"解出 X，得到一个与"$g(X)\leqslant y$"等价的 X 的不等式，并以后者代替"$g(X)\leqslant y$"，这一步是关键. 例如，在例 2.5.2 中以"$X\leqslant\dfrac{y-1}{2}$"代替"$2X+1$". 一般来说，我们都可以用这样的方法求连续型随机变量的函数的分布函数或密度函数. 下面我们仅针对 $Y=g(X)$，其中 $g(\cdot)$ 是严格单调函数的特别情况，可得出下面的一般结果.

定理 2.5.2 设随机变量 X 的密度函数为 $f_X(x)$，$-\infty<x<+\infty$，函数 $g(x)$ 在定义域 D 内处处可导且恒有 $g'(x)>0$［或恒有 $g'(x)<0$］，则 $Y=g(X)$ 是连续型随机变量，其密度函数为

$$f_Y(y)=\begin{cases}f_X[h(y)]\,|h'(y)|, & \alpha<y<\beta,\\0, & \text{其他},\end{cases}\tag{2.5.1}$$

其中，$\alpha=\min\limits_{x\in D}(g(x))$，$\beta=\max\limits_{x\in D}(g(x))$，$h(y)$ 是 $g(x)$ 的反函数.

例 2.5.3 设随机变量 X 在区间 $\left(-\dfrac{\pi}{2},\dfrac{\pi}{2}\right)$ 内服从均匀分布，$Y=\sin X$，试求随机变量 Y 的概率密度.

解 $Y=\sin X$ 对应的函数 $y=g(x)=\sin x$ 在 $\left(-\dfrac{\pi}{2},\dfrac{\pi}{2}\right)$ 内恒有 $g'(x)=\cos x>0$，并有反函数

$$x=h(y)=\arcsin y,\ h'(y)=\frac{1}{\sqrt{1-y^2}}.$$

又因 X 的密度函数为

$$f_X(x)=\begin{cases}\dfrac{1}{\pi}, & -\dfrac{\pi}{2}<x<\dfrac{\pi}{2},\\ 0, & 其他.\end{cases}$$

由式(2.5.1)得 $Y=\sin X$ 的密度函数为

$$f_Y(y)=\begin{cases}\dfrac{1}{\pi}\cdot\dfrac{1}{\sqrt{1-y^2}}, & -1<y<1,\\ 0, & 其他.\end{cases}$$

若在上题中 $X\sim U(0,\pi)$，此时 $y=g(x)=\sin x$ 在 $(0,\pi)$ 上不是单调函数，上述定理失败，应仍按例 2.5.2 的方法来做. 请读者自行求出其结果.

例 2.5.4 设 X 的密度函数为 $f_X(x)$，$-\infty<x<+\infty$，求 $Y=X^2$ 的密度函数.

解 分别记 X,Y 的分布函数为 $F_X(x)$，$F_Y(y)$，由分布函数的定义，知 Y 的分布函数 $F_Y(y)=P\{Y\leqslant y\}$.

当 $y\leqslant 0$ 时，显然有 $F_Y(y)=0$；

当 $y>0$ 时，有

$$\begin{aligned}F_Y(y)&=P\{Y\leqslant y\}=P\{X^2\leqslant y\}\\&=P\{-\sqrt{y}\leqslant X\leqslant\sqrt{y}\}\\&=F_X(\sqrt{y})-F_X(-\sqrt{y})\end{aligned}$$

将 $F_Y(y)$ 关于 y 求导，即得 Y 的密度函数为

$$f_Y(y)=\begin{cases}\dfrac{1}{2\sqrt{y}}[f_X(\sqrt{y})+f_X(-\sqrt{y})], & y>0,\\ 0, & y\leqslant 0.\end{cases}$$

特别地，如果 $X\sim N(0,1)$，则 $Y=X^2$ 的密度函数为

$$f_Y(y)=\begin{cases}\dfrac{1}{2\sqrt{\pi}}y^{-\frac{1}{2}}\mathrm{e}^{-\frac{y}{2}}, & y>0,\\ 0, & y\leqslant 0.\end{cases}$$

此时称 Y 服从自由度为 1 的 χ^2 分布.

习题 2.5

1. 设随机变量的分布律如表 2-5-4 所示.

表 2-5-4

X	0	$\frac{\pi}{2}$	π
p_k	$\frac{1}{4}$	$\frac{1}{2}$	$\frac{1}{4}$

试求：(1) $Y=2X-\pi$；(2)$Y=\cos X$ 分布律.

2. 设随机变量 X 在(0,1)内服从均匀分布，试求(1)$Y=\mathrm{e}^X$ 的概率密度；(2)$Y=-2\ln X$ 的概率密度；(3)$Y=X^2$ 的概率密度.

3. 设随机变量 X 的概率密度为

$$f(x)=\begin{cases}\dfrac{2x}{\pi^2} & 0<x<\pi\\ 0, & 其他.\end{cases}$$

求 $Y=\sin X$ 的概率密度.

4. 设随机变量 X 的概率密度为 $f(x)=\begin{cases}e^{-x}, & x>0,\\ 0, & 其他.\end{cases}$

设 $F(x)$ 是 X 的分布函数,求随机变量 $Y=F(X)$ 的密度函数.

5. 设 X 服从参数为 λ 的指数分布,$F(x)$ 为 X 的分布函数. 设 $Y=F(X)$,试证明 $Y\sim U(0,1)$.

重点分析

第 2 章小结

一、主要内容

本章引入了随机变量的概念,主要学习了离散型和连续型两类随机变量的相关内容.

对于离散型随机变量,一个最重要的概念就是分布律:

$$P\{X=x_k\}=p_k,k=1,2,\cdots$$

它直观简洁地反映了随机变量取值的统计规律性. 但不管是离散型的或非离散型的随机变量 X,都可以借助分布函数来描述.

$$F(x)=P\{X\leqslant x\},-\infty<x<+\infty$$

$$P\{a<X\leqslant b\}=F(b)-F(a),\forall\, a,b(a<b)\in R$$

分布律与分布函数有以下关系:

$$F(x)=P\{X\leqslant x\}=\sum_{x_k\leqslant x}P\{X=x_k\}$$

它们是一一对应的. 进而,根据分布律的不同,我们重点学习了三类离散型随机变量的分布:“0－1”分布,二项分布,泊松分布.

对于非离散型随机变量,本书只讨论连续型随机变量. 它的定义是从分布函数角度给出的.

设随机变量 X 的分布函数为 $F(x)$,若存在非负函数 $f(x)$,使对任意实数 x,有 $F(x)=\int_{-\infty}^{x}f(t)\mathrm{d}t$,则称 X 为连续型随机变量,$f(x)$ 称为概率密度.

由定义可知,连续型随机变量 X 的分布函数 $F(x)$ 与概率密度 $f(x)$ 是一一对应的,且用 $f(x)$ 来描述较为方便. 两者的关系如定义所示. 根据概率密度的不同,要求大家重点掌握三类连续型分布,分别是:均匀分布、指数分布和正态分布.

随机变量 X 的函数 $Y=g(X)$ 也是一个随机变量,要掌握如何由已知的 X 的分布(分布律或密度函数)去求得 $Y=g(X)$ 的分布(分布律或密度函数).

二、疑难分析

1. 随机变量与普通函数

随机变量是定义在随机试验的样本空间 Ω 上，对试验的每一个可能结果 $\omega\in\Omega$，都有唯一的实数 $X(\omega)$ 与之对应. 从定义可知：普通函数的取值是按一定法则给定的，而随机变量的取值是由统计规律性给出的，具有随机性；普通函数的定义域是一个区间，而随机变量的定义域是样本空间.

2. 分布函数 $F(x)$ 的连续性

定义是左连续或右连续只是一种习惯. 有的书籍定义分布函数 $F(x)$ 左连续，但大多数书籍定义分布函数 $F(x)$ 为右连续. 左连续与右连续的区别在于计算 $F(x)$ 时，$X=x$ 点的概率是否计算在内. 对于连续型随机变量，由于 $P\{X=x_1\}=0$，故定义左连续或右连续没有什么区别；对于离散型随机变量，由于 $P\{X=x_1\}\neq 0$，则定义左连续或右连续时 $F(x)$ 值就不相同，这时就要注意对 $F(x)$ 定义是左连续还是右连续.

三、例题解析

【例 2.1】 分析下列函数是否是分布函数. 若是分布函数，判断是哪类随机变量的分布函数.

(1) $F(x)=\begin{cases}0, & x<-2,\\ \dfrac{1}{2}, & -2\leqslant x<0,\\ 1, & x\geqslant 0.\end{cases}$　(2) $F(x)=\begin{cases}0, & x<0,\\ \sin x, & 0\leqslant x<\pi,\\ 1, & x\geqslant \pi.\end{cases}$

(3) $F(x)=\begin{cases}0, & x<0,\\ x+\dfrac{1}{2}, & 0\leqslant x<\dfrac{1}{2},\\ 1, & x\geqslant \dfrac{1}{2}.\end{cases}$

【分析】 可根据分布函数的定义及性质进行判断.

【解】 (1) $F(x)$ 在 $(-\infty,+\infty)$ 上单调不减且右连续. 同时，$\lim\limits_{x\to-\infty}F(x)=0$，$\lim\limits_{x\to+\infty}F(x)=1$. 故 $F(x)$ 是随机变量的分布函数. 由 $F(x)$ 的图形可知其是阶梯形曲线，故 $F(x)$ 是离散型随机变量的分布函数.

(2) 由于 $F(x)$ 在 $\left[\dfrac{\pi}{2},\pi\right]$ 上单调递减，故 $F(x)$ 不是随机变量的分布函数. 但只要将 $F(x)$ 中的 π 改为 $\dfrac{\pi}{2}$，$F(x)$ 就满足单调不减且右连续，且 $\lim\limits_{x\to-\infty}F(x)=0$，$\lim\limits_{x\to+\infty}F(x)=1$，这时 $F(x)$ 就是随机变量的分布函数. 由 $F(x)$ 可求得 $f(x)=F'(x)=\begin{cases}0, & \text{其他},\\ \cos x, & 0<x\leqslant\dfrac{\pi}{2}.\end{cases}$ 显然，$F(x)$ 是连续型随机变量的分布函数.

(3) $F(x)$ 在 $(-\infty,+\infty)$ 上单调不减且右连续，且 $F(-\infty)=0$，$F(+\infty)=1$，是随机变量的分布函数. 但 $F(x)$ 在 $x=0$ 和 $x=\dfrac{1}{2}$ 处不可导，故不存在密度函数 $f(x)$，使得

$\int_{-\infty}^{x} f(x)\mathrm{d}x = F(x)$. 同时，$F(x)$ 的图形也不是阶梯型曲线，因而 $F(x)$ 既非连续型也非离散型随机变量的分布函数.

【例 2.2】 盒中装有大小相等的球 10 个，编号分别为 0,1,2,…,9. 从中任取 1 个，观察号码是“小于 5”，等于 5”“大于 5”的情况. 试定义一个随机变量，求其分布律和分布函数.

【分析】 “任取 1 球的号码”是随机变量，它随着试验的不同结果而取不同的值. 根据号码是“小于 5”“等于 5”“大于 5”的三种情况，可定义该随机变量的取值. 进一步，可由随机变量的分布律与分布函数的定义，求出其分布律与分布函数.

【解】 分别用 ω_1、ω_2、ω_3 表示试验的三种结果“小于 5”“等于 5”“大于 5”，这时试验的样本空间为 $\Phi=\{\omega_1,\omega_2,\omega_3\}$，定义随机变量 X 为：$X=X(\omega)=\begin{cases}0, \omega=\omega_1,\\ 1, \omega=\omega_2,\\ 2, \omega=\omega_3.\end{cases}$

X 取每个值的概率为：$P\{X=0\}=\dfrac{1}{2}$，

$P\{X=1\}=\dfrac{1}{10}$，$P\{X=2\}=\dfrac{2}{5}$；故 X 的分布律如表 2-1 所示.

表 2-1

X	0	1	2
p_k	$\frac{1}{2}$	$\frac{1}{10}$	$\frac{2}{5}$

当 $x<0$ 时，$F(x)=P\{X\leqslant x\}=0$；

当 $0\leqslant x<1$ 时，$F(x)=P\{X\leqslant x\}=P\{X=0\}=\dfrac{1}{2}$；

当 $1\leqslant x<2$ 时，$F(x)=P\{X\leqslant x\}=P\{X=0\}+P\{X=1\}=\dfrac{3}{5}$；

当 $2\leqslant x$ 时，$F(x)=P\{X\leqslant x\}=P\{X=0\}+P\{X=1\}+P\{X=2\}=1$；

由此求得分布函数为：$F(x)=P\{X\leqslant x\}=\begin{cases}0, & x<0,\\ \dfrac{5}{10}, & 0\leqslant x<1,\\ \dfrac{6}{10}, & 1\leqslant x<2,\\ 1, & x\geqslant 2.\end{cases}$

【例 2.3】 设 1 小时内进入某图书馆的读者人数服从泊松分布. 已知 1 小时内无人进入图书馆的概率为 0.01. 求 1 小时内至少有 2 个读者进入图书馆的概率.

【分析】 1 小时内进入图书馆的人数是一个随机变量 X，且 $X\sim P(\lambda)$. 这样，$\{X=0\}$ 表示在 1 小时内无人进入图书馆，$\{X\geqslant 2\}$ 表示在 1 小时内至少有 2 人进入图书馆. 通过求参数 λ，进一步求 $P\{X\geqslant 2\}$.

【解】 设 X 为在 1 小时内进入图书馆的人数，则 $X\sim P(\lambda)$，这时：$P\{X=k\}=\dfrac{\lambda^k \mathrm{e}^{-\lambda}}{k!}$，$k=0,1,\cdots$，已知 $P\{X=0\}=\mathrm{e}^{-\lambda}=0.01$，故 $\lambda=2\ln 10$. 所求概率为：$P\{X\geqslant 2\}=1-\mathrm{e}^{-\lambda}-\lambda\mathrm{e}^{-\lambda}=$

$1-0.01(1+2\ln 10)=0.944$.

【例 2.4】 设随机变量 X 的密度函数为 $f(x)=\begin{cases}\dfrac{c}{\sqrt{1-x^2}}, & |x|<1,\\ 0, & \text{其他},\end{cases}$ 试求：

(1) 常数 c；(2) $P\{0\leqslant X\leqslant \frac{1}{2}\}$；(3) X 的分布函数.

【分析】 由密度函数的性质 $\int_{-\infty}^{+\infty}f(x)\mathrm{d}x=1$ 可求得常数 c；由密度函数在 $[0,\frac{1}{2}]$ 上的积分，得 $P\{0\leqslant X\leqslant \frac{1}{2}\}$；根据连续型随机变量分布函数的定义可求 X 的分布函数.

【解】 (1) 由 $1=\int_{-\infty}^{+\infty}f(x)\mathrm{d}x=\int_{-1}^{+1}\frac{c}{\sqrt{1-x^2}}\mathrm{d}x=c\cdot\arcsin x\Big|_{-1}^{+1}=c\pi$ 得：$c=\frac{1}{\pi}$；

(2) $P\{0\leqslant X\leqslant \frac{1}{2}\}=\int_0^{\frac{1}{2}}\frac{1}{\pi}\frac{1}{\sqrt{1-x^2}}\mathrm{d}x=\frac{1}{\pi}\arcsin x\Big|_0^{\frac{1}{2}}=\frac{1}{6}$；

(3) 当 $x\leqslant -1$ 时，$\{X\leqslant x\}$ 是不可能事件，所以 $F(x)=P\{X\leqslant x\}=0$；当 $|x|<1$ 时，$F(x)=\int_{-\infty}^{x}f(x)\mathrm{d}x=\int_{-1}^{x}\frac{1}{\pi}\frac{1}{\sqrt{1-x^2}}\mathrm{d}x=\frac{1}{\pi}\arcsin x\Big|_{-1}^{x}=\frac{1}{\pi}\arcsin x+\frac{1}{2}$；

当 $x\geqslant 1$ 时，$F(x)=\int_{-\infty}^{x}f(x)\mathrm{d}x=\int_{-1}^{1}\frac{1}{\pi}\frac{1}{\sqrt{1-x^2}}\mathrm{d}x=1$；

所以，X 的分布函数为

$$F(x)=\begin{cases}0, & x\leqslant -1,\\ \dfrac{1}{\pi}\arcsin x+\dfrac{1}{2}, & |x|<1,\\ 1, & x\geqslant 1.\end{cases}$$

【例 2.5】 设顾客在某银行窗口等待服务的时间 X(以分计) 服从指数分布，其概率密度为 $f_X(x)=\begin{cases}\dfrac{1}{5}, & x>0,\\ 0, & \text{其他},\end{cases}$ 某顾客在窗口等待服务，若超过 10 分钟，他就离开. 他一个月要到银行 5 次，以 Y 表示一个月内他未等到服务而离开窗口的次数，写出 Y 的分布律，并求 $P\{Y\geqslant 1\}$.

【分析】 显然，Y 为随机变量，取值为 0,1,2,3,4,5，且 $Y\sim B(5,p)$. 由 $p=P\{X>10\}$ 及分布律的定义，可求得 Y 的分布律，进而求 $P\{Y\geqslant 1\}$.

【解】 Y 的取值为 0,1,2,3,4,5，$Y\sim B(5,p)$. 由题意得

$$p=P\{X>10\}=\int_{10}^{+\infty}f_X(x)\mathrm{d}x=\int_{10}^{+\infty}\frac{1}{5}\mathrm{e}^{-\frac{x}{5}}\mathrm{d}x=\mathrm{e}^{-2},$$

故 Y 的分布律为

$$P\{X=k\}=C_5^k\mathrm{e}^{-2k}(1-\mathrm{e}^{-2})^{5-k},k=0,1,2,3,4,5,$$

如表 2-2 所示.

表 2-2

Y	0	1	2	3	4	5
p_k	$(1-e^{-2})^5$	$5e^{-2}(1-e^{-2})^4$	$10e^{-4}(1-e^{-2})^3$	$10e^{-6}(1-e^{-2})^2$	$5e^{-8}(1-e^{-2})$	e^{-10}

所以，$P\{Y\geqslant 1\}=1-P\{Y<1\}=1-P\{X=0\}=0.5167$.

【例 2.6】 某单位招聘 2500 人，按考试成绩从高分到低分依次录用，共有 10000 人报名，假设报名者的成绩 $X\sim N(\mu,\sigma^2)$，已知 90 分以上有 359 人，60 分以下有 1151 人，问被录用者中最低分为多少？

【分析】 已知成绩 $X\sim N(\mu,\sigma^2)$，但不知 μ、σ 的值，所以，本题的关键是求 μ、σ，再进一步根据正态分布标准化方法进行求解.

【解】 根据题意：$P\{X>90\}=\dfrac{359}{10000}=0.0359$，

故

$$P\{X\leqslant 90\}=1-P\{X>90\}=0.9641,$$

而

$$P\{X\leqslant 90\}=P\{\frac{X-\mu}{\sigma}\leqslant\frac{90-\mu}{\sigma}\}=\Phi(\frac{90-\mu}{\sigma})=0.9641,$$

通过查标准正态分布表，得：

$$\frac{90-\mu}{\sigma}=1.8 \tag{2.1}$$

同样，

$$P\{X<60\}=\frac{1151}{10000}=0.1151,$$

而

$$P\{X<60\}=P\{X\leqslant 60\}=P\{\frac{X-\mu}{\sigma}\leqslant\frac{60-\mu}{\sigma}\}=\Phi(\frac{60-\mu}{\sigma})=0.1151,$$

通过反查标准正态分布表，得：

$$\frac{60-\mu}{\sigma}=1.2 \tag{2.2}$$

由式(2.1)和式(2.2)两式解得：$\mu=72$，$\sigma=10$，所以 $X\sim N(72,10^2)$.

已知录用率为$\dfrac{2500}{10000}=0.25$，设被录用者中最低分为 x_0，则

$$P\{X\leqslant x_0\}=1-P\{X\geqslant x_0\}=0.75,$$

而

$$P\{X\leqslant x_0\}=P\{\frac{X-72}{10}\leqslant\frac{x_0-72}{10}\}=\Phi(\frac{x_0-72}{10})=0.75,$$

通过查标准正态分布表，得：$\dfrac{x_0-72}{10}\approx 0.675$，解得：$x_0\approx 78.75$

故被录用者中最低分为 79 分.

【例 2.7】 设 X 的分布律如表 2-3 所示.

表 2-3

X	1	2	3	4	5	6
p_k	$\frac{1}{4}$	$\frac{1}{6}$	$\frac{1}{12}$	$\frac{1}{8}$	$\frac{5}{24}$	$\frac{1}{6}$

求 $Y=\cos\frac{\pi}{2}X$ 的分布律.

【分析】 X 是离散型随机变量,Y 也是离散型随机变量.当 X 取不同值时,将 Y 那些取相等的值分别合并,并把相应的概率相加,从而得到 Y 的分布律.

【解】 X 与 Y 的对应关系如表 2-4 所示.

表 2-4

X	1	2	3	4	5	6
Y	0	-1	0	1	0	-1
p_k	$\frac{1}{4}$	$\frac{1}{6}$	$\frac{1}{12}$	$\frac{1}{8}$	$\frac{5}{24}$	$\frac{1}{6}$

由表 2-4 可知,Y 的取值只有 $-1,0,1$ 三种可能,由于

$$P\{Y=-1\}=P\{X=2\}+P\{X=6\}=\frac{1}{6}+\frac{1}{6}=\frac{1}{3},$$

$$P\{Y=0\}=P\{X=1\}+P\{X=3\}+P\{X=5\}=\frac{1}{4}+\frac{1}{12}+\frac{5}{24}=\frac{13}{24},$$

$$P\{Y=1\}=P\{X=4\}=\frac{1}{8},$$

所以,$Y=\cos\frac{\pi}{2}X$ 的分布律如表 2-5 所示.

表 2-5

Y	-1	0	1
p_k	$\frac{1}{3}$	$\frac{13}{24}$	$\frac{1}{8}$

【例 2.8】 设随机变量 X 服从正态分布 $N(\mu,\sigma^2)$,求随机变量函数 $Y=e^X$ 的概率密度.

【分析】 由于函数 $y=e^x$ 在 $(-\infty,+\infty)$ 上单调增加,且可导,故可按公式法求 Y 的概率密度.

【解】 由 $f_X(x)=\frac{1}{\sqrt{2\pi}}e^{-\frac{(x-\mu)^2}{2\sigma^2}}$,$-\infty<x<+\infty$ 知 $y=e^x>0$,所以 Y 的取值区间为 $(0,+\infty)$.当 $y\leqslant 0$ 时,$f_Y(y)=0$;当 $y>0$ 时,有反函数 $x=\ln y$,从而 $f_Y(y)=\frac{1}{\sqrt{2\pi}\sigma}e^{-\frac{(\ln y-\mu)^2}{2\sigma^2}}\cdot\frac{1}{y}=\frac{1}{\sqrt{2\pi}\sigma y}e^{-\frac{(\ln y-\mu)^2}{2\sigma^2}}$,由此得随机变量 Y 的概率密度为

$$f_Y(y)=\begin{cases}\frac{1}{\sqrt{2\pi}\sigma y}e^{-\frac{(\ln y-\mu)^2}{2\sigma^2}}, & y>0,\\ 0, & y\leqslant 0.\end{cases}$$

第2章总复习题

(A)

一、选择题

1. 任何一个连续型随机变量的概率密度 $f(x)$ 一定满足 (　　)

A. $0 \leqslant f(x) \leqslant 1$　　B. 在定义域内单调不减

C. $\int_{-\infty}^{+\infty} f(x)\mathrm{d}x = 1$　　D. $\lim\limits_{x \to +\infty} f(x) = 1$

2. 若连续型随机变量 X 的分布函数为 (　　)

$$F(x) = \begin{cases} 0, & x < 0, \\ Ax, & 0 \leqslant x < 1, \\ 1, & x \geqslant 1. \end{cases}$$

则 $A =$ (　　)

A. 0　　B. ln2　　C. 1　　D. e

3. 设 X 的密度函数为 $f(x)$，分布函数为 $F(x)$，且 $f(x) = f(-x)$. 那么对任意给定的 a 都有 (　　)

A. $f(-a) = 1 - \int_0^a f(x)\mathrm{d}x$　　B. $F(-a) = \frac{1}{2} - \int_0^a f(x)\mathrm{d}x$

C. $F(a) = F(-a)$　　D. $F(-a) = 2F(a) - 1$

4. 下列函数中，可作为某一随机变量的分布函数是 (　　)

A. $F(x) = 1 + \frac{1}{x^2}$　　B. $F(x) = \frac{1}{2} + \frac{1}{\pi}\arctan x$

C. $F(x) = \begin{cases} \frac{1}{2}(1 - \mathrm{e}^{-x}), & x > 0 \\ 0, & x \leqslant 0 \end{cases}$　　D. $F(x) = \int_{-\infty}^{x} f(t)\mathrm{d}t$，且 $\int_{-\infty}^{+\infty} f(t)\mathrm{d}t = 1$

5. 已知随机变量 X 的密度函数 $f(x) = \begin{cases} A\mathrm{e}^{-x}, & x \geqslant \lambda, \\ 0, & x < \lambda, \end{cases}$ $(\lambda > 0, A$ 为常数$)$，则概率 $P\{\lambda < x < \lambda + a\}(a > 0)$ 的值 (　　)

A. 与 a 无关，随 λ 的增大而增大　　B. 与 a 无关，随 λ 的增大而减小

C. 与 λ 无关，随 a 的增大而增大　　D. 与 λ 无关，随 a 的增大而减小

6. 设 $X \sim N(\mu, \sigma^2)$，那么当 σ 增大时，$P\{|X - \mu| < \sigma\}$ (　　)

A. 增大　　B. 减少　　C. 不变　　D. 增减不定

7. 设 $X \sim N(1,3)$，要使 $P(X \leqslant c) = \frac{1}{2}$，则 $c =$ (　　)

A. 1　　B. 2　　C. 3　　D. 4

二、填空题

1. 设 X 的分布列为 $\begin{pmatrix} 0 & 2 & 3 \\ 0.2 & 0.4 & \alpha \end{pmatrix}$，则 $\alpha=$ ______.

2. 设离散型随机变量 X 分布律为 $P\{X=k\}=5A\left(\frac{1}{2}\right)^k$，$k=1,2,\cdots$，则 $A=$ ______.

3. 已知随机变量 X 的密度为 $f(x)=\begin{cases} ax+b, & 0<x<1, \\ 0, & \text{其他}, \end{cases}$ 且 $P\{x>\frac{1}{2}\}=\frac{5}{8}$，则 $a=$ ______，$b=$ ______.

4. 设 $F_1(x)$ 与 $F_2(x)$ 分别为随机变量 X_1,X_2 的分布函数，为使 $F(x)=\frac{3}{5}F_1(x)-aF_2(x)$ 是某个随机变量的分布函数，a 应取值______.

5. 设 $X\sim N(2,\sigma^2)$，且 $P\{2<X<4\}=0.3$，则 $P\{X<0\}=$ ______.

三、计算题

1. 设离散型随机变量 X 的分布律为

$$P\{X=k\}=a\mathrm{e}^{-k},\quad k=1,2,\cdots$$

求：(1)常数 a；(2)$P(3<X<12)$.

2. 袋中有 5 只同样大小的球，编号为 1,2,3,4,5. 从袋中同时取 3 只球，以 X 表示取出球的最大号码，求 X 的分布律.

3. 已知离散型随机变量 X 的分布函数为

$$F(x)=\begin{cases} 0, & x<-2, \\ 0.1, & -2\leqslant x<0, \\ 0.7, & 0\leqslant x<1, \\ 0.8, & 1\leqslant x<3 \\ 1, & x\geqslant 3. \end{cases}$$

请写出 X 的分布律.

4. 某电话总机在长度为 t(单位：分钟)的时间内收到的呼唤次数服从参数为 $4t$ 的泊松分布，求：(1)一分钟内恰有 3 次呼唤的概率；(2)两分钟内呼唤次数大于 2 的概率.

5. 设 K 在(1,6)内服从均匀分布，求方程 $x^2+Kx+1=0$ 有实根的概率.

(B)

一、选择题

1. (2010 年考研真题)设随机变量的分布函数 $F(x)=\begin{cases} 0, & x<0, \\ 1/2, & 0\leqslant x<1, \\ 1-\mathrm{e}^{-x}, & x\geqslant 1, \end{cases}$ 则 $P\{X=1\}=$ (　　)

A. 0　　B. 1　　C. $\frac{1}{2}-e^{-1}$　　D. $1-e^{-1}$

2.(2010 年考研真题)设 $f_1(x)$为标准正态分布的概率密度,$f_2(x)$为$[-1,3]$上均匀分布的概率密度,$f(x)=\begin{cases} af_1(x), & x\leqslant 0, \\ bf_2(x), & x>0, \end{cases}$ $(a>0,b>0)$为概率密度,则应满足　(　　)

A. $2a+3b=4$　　B. $3a+2b=4$

C. $a+b=1$　　D. $a+b=2$

3. (2018 年考研真题)设随机变量 X 的概率密度 $f(x)$满足 $f(1+x)=f(1-x)$,且 $\int_0^2 f(x)\mathrm{d}x=0.6$,则 $P\{X<0\}=$　(　　)

A. 0.2　　B. 0.3　　C. 0.4　　D. 0.5

二、填空题

(2013 年考研真题)设随机变量 Y 服从参数为 1 的指数分布,a 为常数且大于零,则 $P\{Y\leqslant a+1|Y>a\}=$________.

三、计算题

1. 公共汽车车门的高度,是按男子与车门碰头的概率在 0.01 以下来设计的,设男子身高 X 服从 $\mu=168\text{cm},\sigma=7\text{cm}$ 的正态分布,问车门高度应如何确定?

2. 设随机变量 X 在区间$[2,5]$上服从均匀分布,现对 X 进行三次独立观测,试求至少有两次观测值大于 3 的概率.

3. 设随机变量 X 的密度函数为 $f(x)=\begin{cases} x, & 0\leqslant x<1, \\ 2-x, & 1\leqslant x<a, \\ 0, & \text{其他}. \end{cases}$,求 a 及分布函数 $F(x)$,$P\{-1<X\leqslant \frac{\sqrt{2}}{2}\}$,$P\{X>1\}$.

4. 假设一部机器在一天内发生故障的概率为 0.2,机器发生故障时全体停止工作.若一周 5 个工作日无故障,可获利润 10 万元;发生一次故障仍可获利润 5 万元;发生 2 次故障可获利润 0 万元,发生 3 次及以上故障就要亏损 2 万元,求一周内利润的分布律.

5. 设测量的随机误差 $X\sim N(0,10^2)$,试求 100 次独立重复测量,至少有三次测量误差的绝对值大于 19.6 的概率 α,并用泊松分布求 α 的近似值.

6. 设顾客排队等待服务的时间 X(以分计)服从 $\lambda=1/5$的指数分布,某顾客等待服务若超过 10 分钟,他就离开,他一个月要去等待服务 5 次,以 Y 表示一个月内他未等到服务而离开的次数,试求 Y 的分布律和 $P\{Y\geqslant 1\}$.

7. 某单位招聘 155 人,按考试成绩录用,共有 526 人报名,假设报名者考试成绩 $X\sim N(\mu,\sigma^2)$,已知 90 分以上 12 人,60 分以下 83 人,若从高分到低分依次录取,某人成绩为 78 分,问此人是否能被录取?

8. 设随机变量 X 服从参数为 λ 的指数分布,求 $Y=\min(X,2)$的分布函数.

9. 假设随机变量 X 服从(0,1)上的均匀分布,证明:随机变量

$$Y=-\frac{\ln(1-X)}{2}$$

服从参数为 2 的指数分布.

10.(2013 年考研真题)设随机变量 X 的概率密度为

$f(x)=\begin{cases}\frac{1}{9}x^2, & 0<x<3,\\ 0, & \text{其他},\end{cases}$ 令随机变量 $Y=\begin{cases}2 & x\leqslant 1,\\ x & 1<x<2,\\ 1 & x\geqslant 2.\end{cases}$

(1)求 Y 的分布函数；

(2)求概率 $P\{X\leqslant Y\}$.

11.(2015 年考研真题)设随机变量 X 的概率密度为 $f(x)=\begin{cases}2^{-x}\ln 2, & x>0,\\ 0, & x\leqslant 0.\end{cases}$ 对 X 进行独立重复的观测，直到 2 个大于 3 的观测值出现停止. 记 Y 为观测次数.

(1)求 Y 的概率分布；

(2)求 $E(Y)$.

第3章 多维随机变量及其分布

在许多实际问题中，随机试验的结果常常要用几个随机变量来描述. 例如，要对大学生的一个班(即样本空间 Ω)进行体检，指标分别是身高 H 和体重 W，现从中任取一个人(即样本点 ω)，一旦取定，都有唯一的身高和体重(即二维平面上的一个点)与之对应，这就构造了一个二维随机变量$(H(\omega),W(\omega))$. 由于人的选取是随机的，相应的身高和体重也是随机的，所以要研究其对应的分布. 二维随机变量$(H(\omega),W(\omega))$的性质不仅与 H、W 有关，而且还依赖于这两个随机变量的相互关系. 因此，分开逐个地研究随机变量 H 或 W 的性质是不够的，还需将随机变量 H 和 W 作为一个整体来研究.

本章主要讨论二维随机变量. 而从二维随机变量到 n 维随机变量的推广，在形式上并无实质性困难.

§3.1 二维随机变量

3.1.1 二维随机变量的分布函数

定义 3.1.1 设 E 是一个随机试验，它的样本空间是 Ω，设 $X=X(\omega)$ 和 $Y=Y(\omega)$ 是定义在 Ω 上的随机变量，由它们构成的向量(X,Y)称为**二维随机变量**或**二维随机向量(two-dimensional random variable)**.

注:(1)第 2 章讨论的随机变量也叫一维随机变量.

(2)X 和 Y 分别将样本点 ω 映射到 $X(\omega)$和 $Y(\omega)$，见图 3-1-1(a)部分；但如果将 X 和 Y 作为一个整体研究，则二维随机变量(X,Y)将样本点 ω 映射到平面上一个点$(X(\omega),Y(\omega))$，见图 3-1-1(b)部分.

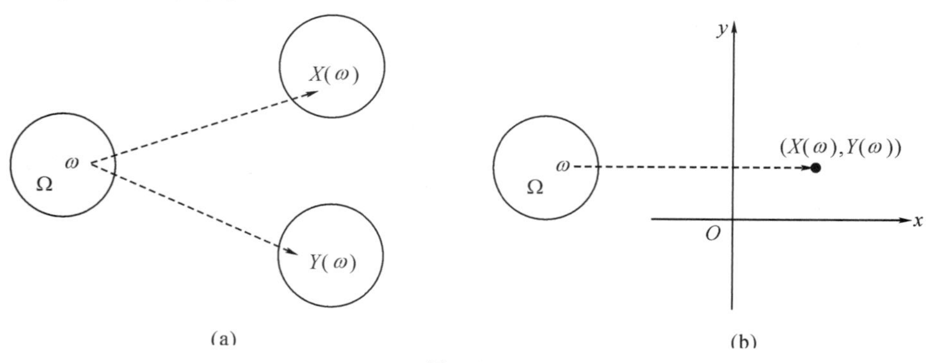

图 3-1-1

在第 2 章，我们利用了“分布函数”这个工具来研究一维随机变量的统计规律性，本章我们将继续沿用该工具来研究二维随机变量.

定义 3.1.2　设(X,Y)是二维随机变量，对于任意实数 x,y，二元函数

$$F(x,y)=P\{(X\leqslant x)\cap(Y\leqslant y)\}\underline{\text{记为}}P\{X\leqslant x,Y\leqslant y\} \tag{3.1.1}$$

称为二维随机变量(X,Y)的分布函数或随机变量 X 和 Y 的**联合分布函数(joint distribution function)**.

若将二维随机变量(X,Y)看作是平面上随机点的坐标，则分布函数 $F(x,y)$在点(x,y)的函数值就是随机点(X,Y)落入图 3-1-2 所示的以(x,y)为顶点的左下方无穷矩形区域内的概率.

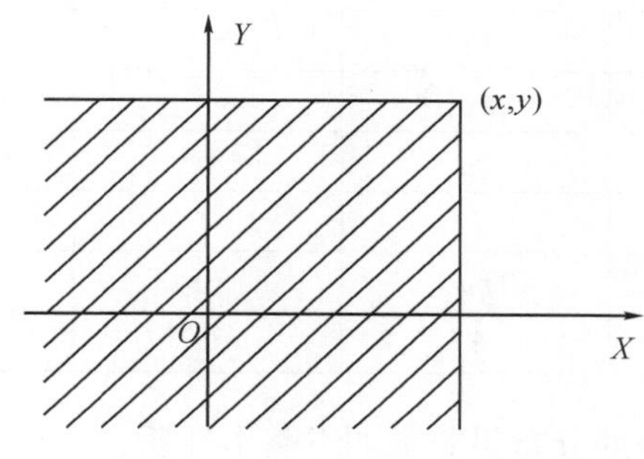

图 3-1-2

定理 3.1.1　设 $F(x,y)$为二维随机变量(X,Y)的分布函数，则 $F(x,y)$具有如下基本性质：

(1)非负性：$\forall x,y\in R$，有 $0\leqslant F(x,y)\leqslant 1$；

(2)规范性：$\forall x,y\in R$，有 $F(x,-\infty)=F(-\infty,y)=0,F(+\infty,+\infty)=1$；

(3)单调性：当 x(或 y)固定不变时，$F(x,y)$是 y(或 x)的单调不减函数；

(4)右连续性：$\forall x,y\in R$，有 $F(x+0,y+0)=F(x,y)$；

(5)特殊概率：若 $x_1<x_2,y_1<y_2$，则随机点(X,Y)落在图 3-1-3 中阴影矩形区域内的概率为

$$P\{x_1<X\leqslant x_2,y_1<Y\leqslant y_2\}=F(x_2,y_2)-F(x_1,y_2)-F(x_2,y_1)+F(x_1,y_1)\geqslant 0.$$

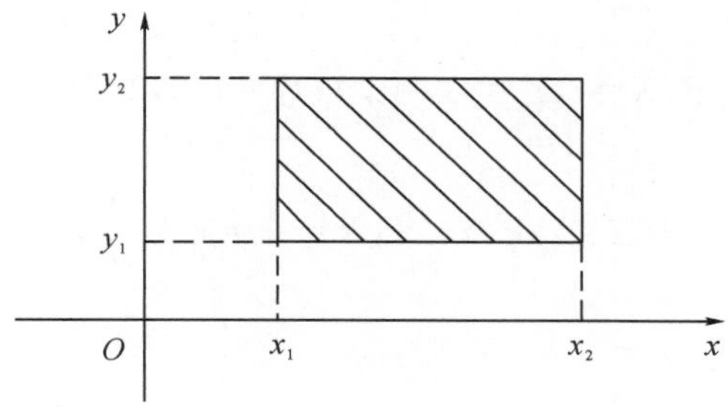

图 3-1-3

3.1.2 二维离散型随机变量及其分布律

定义 3.1.3 若(X,Y)只取有限对或可数对实数(x_i,y_j)，$i,j=1,2,\cdots$，则(X,Y)称为**二维离散型随机变量(two-dimensional discrete random variable)**.

定义 3.1.4 设(X,Y)的一切可能的取值为(x_i,y_j)，$i,j=1,2,\cdots$，称$P\{X=x_i,Y=y_j\}=p_{ij}$，$i,j=1,2,\cdots$为二维离散型随机变量(X,Y)的分布律或随机变量X和Y的联合分布律(joint distribution law). 其分布律也可用如表 3-1-1 所示的形式表示.

表 3-1-1

X	Y				
	y_1	y_2	$\cdots$	y_j	$\cdots$
x_1	p_{11}	p_{12}	$\cdots$	p_{1j}	$\cdots$
x_2	p_{21}	p_{22}	$\cdots$	p_{2j}	$\cdots$
$\vdots$	$\vdots$	$\vdots$	$\vdots$	$\vdots$	$\vdots$
x_i	p_{i1}	p_{i2}	$\cdots$	p_{ij}	$\cdots$
$\vdots$	$\vdots$	$\vdots$	$\vdots$	$\vdots$	$\vdots$

由概率的定义，得(X,Y)的分布律满足如下基本性质：

(1) $p_{ij}\geqslant 0$，$i,j=1,2,\cdots$；

(2) $\sum\limits_{i=1}^{\infty}\sum\limits_{j=1}^{\infty}p_{ij}=1$.

一般地，计算p_{ij}的方法如下：

$$\begin{aligned}p_{ij}&=P\{X=x_i,Y=y_j\}=P\{X=x_i\mid Y=y_j\}P\{Y=y_j\}\\&=P\{Y=y_j\mid X=x_i\}P\{X=x_i\}\end{aligned}$$

此时要求$P\{X=x_i\}\neq 0$；$P\{Y=y_j\}\neq 0$.

例 3.1.1 设随机变量X在 1,2,3,4 四个整数中等可能地取一个值，另一个随机变量Y在$1\sim X$中等可能地取一整数值. 试求(X,Y)的分布律.

解 X,Y的可能取值均为 1,2,3,4. 由于$P\{X=x_i,Y=y_j\}=P\{X$从$1\sim 4$中任取i，Y从$1\sim i$中任取$j\}$，故

当$j>i$时，

$$P\{X=i,Y=j\}=0,\ (i,j=1,2,3,4);$$

当$j\leqslant i$时，

$$P\{X=i,Y=j\}=P\{X=i\}P\{Y=j\mid X=i\}=\frac{1}{4}\times\frac{1}{i},\ (i,j=1,2,3,4).$$

其分布律如表 3-1-2 所示.

表 3-1-2

X	Y			
	1	2	3	4
1	$\frac{1}{4}$	0	0	0
2	$\frac{1}{8}$	$\frac{1}{8}$	0	0
3	$\frac{1}{12}$	$\frac{1}{12}$	$\frac{1}{12}$	0
4	$\frac{1}{16}$	$\frac{1}{16}$	$\frac{1}{16}$	$\frac{1}{16}$

将(X,Y)看成一个随机点的坐标，由定义 3.1.2 知离散型随机变量(X,Y)的分布函数为

$$F(x,y)=\sum_{x_i\leqslant x,y_j\leqslant y}p_{ij},$$

其中和式是对一切满足 $x_i\leqslant x,y_j\leqslant y$ 的 i,j 来进行求和. 另设 $D\subseteq R^2$ 为平面区域，则随机点(X,Y)的取值落在 D 内的概率为

$$P\{(X,Y)\in D\}=\sum_{(x_i,y_j)\in D}p_{ij}.$$

3.1.3　二维连续型随机变量及其概率密度函数

定义 3.1.5　随机变量(X,Y)，其分布函数为 $F(x,y)$. 若存在非负函数 $f(x,y)$，使得对任意实数 x,y，有

$$F(x,y)=\int_{-\infty}^{x}\int_{-\infty}^{y}f(u,v)\mathrm{d}u\mathrm{d}v,$$

则称(X,Y)为**二维连续型随机变量(two-dimensional continuous random variable)**，称 $f(x,y)$ 为二维随机变量(X,Y)的**概率密度函数**或者随机变量 X 和 Y 的**联合概率密度函数(joint probability density function)**.

二维随机变量(X,Y)的概率密度函数 $f(x,y)$ 具有如下基本性质：

(1) $f(x,y)\geqslant 0$；

(2) $\int_{-\infty}^{+\infty}\int_{-\infty}^{+\infty}f(x,y)\mathrm{d}x\mathrm{d}y=1$；

(3) 设 D 是 xOy 平面上的区域，则点(X,Y)落在 D 内的概率为

$$P\{(X,Y)\in D\}=\iint_D f(x,y)\mathrm{d}x\mathrm{d}y;$$

(4) 若 $f(x,y)$ 在点(x,y)连续，则有$\dfrac{\partial^2F(x,y)}{\partial x\partial y}=f(x,y)$.

例 3.1.2　设(X,Y)的概率密度函数为

$$f(x,y)=\begin{cases}axy, & 0<x<1,0<y<x;\\ 0, & \text{其他}.\end{cases}$$

求：(1) 常数 a 的值；(2)$P\{X+Y<1\}$；(3)$P\{X<\frac{1}{2}\}$.

解 (1) 由二维随机变量概率密度函数的性质，$\int_{-\infty}^{+\infty}\int_{-\infty}^{+\infty} f(x,y)\mathrm{d}x\mathrm{d}y = 1$，即$\iint\limits_{D} axy\mathrm{d}x\mathrm{d}y = 1$.

$$1 = \iint\limits_{\substack{0<x<1\\0<y<x}} axy\mathrm{d}x\mathrm{d}y = \int_0^1 \mathrm{d}x\int_0^x axy\mathrm{d}y = a\int_0^1 \frac{1}{2}xy^2\Big|_0^x \mathrm{d}x = \frac{a}{2}\int_0^1 x^3\mathrm{d}x = \frac{a}{8},$$

所以 $a = 8$.

从而(X,Y) 的概率密度函数为 $f(x,y) = \begin{cases} 8xy, & 0 < x < 1, 0 < y < x; \\ 0, & \text{其他}. \end{cases}$

(2) $P\{X+Y<1\} = \iint\limits_{D_1} 8xy\mathrm{d}x\mathrm{d}y = \int_0^{\frac{1}{2}}\mathrm{d}y\int_y^{1-y} 8xy\mathrm{d}x$ （D_1 见图 3-1-4）

$$= \int_0^{\frac{1}{2}} (4yx^2\big|_y^{1-y})\mathrm{d}y = \int_0^{\frac{1}{2}} 4y(1-2y)\mathrm{d}y$$

$$= \int_0^{\frac{1}{2}} 4y\mathrm{d}y - \int_0^{\frac{1}{2}} 8y^2\mathrm{d}y = 2y^2\big|_0^{\frac{1}{2}} - \frac{8}{3}y^3\big|_0^{\frac{1}{2}}$$

$$= 2\cdot\left(\frac{1}{2}\right)^2 - \frac{8}{3}\cdot\left(\frac{1}{2}\right)^3 = \frac{1}{2} - \frac{1}{3} = \frac{1}{6}.$$

(3) $P\{X<\frac{1}{2}\} = \iint\limits_{D_2} 8xy\mathrm{d}x\mathrm{d}y = \int_0^{\frac{1}{2}}\mathrm{d}x\int_0^x 8xy\mathrm{d}y$ （D_2 见图 3-1-5）

$$\int_0^{\frac{1}{2}} (4xy^2\big|_0^x)\mathrm{d}x = \int_0^{\frac{1}{2}} 4x^3\mathrm{d}x = \left(\frac{1}{2}\right)^4 = \frac{1}{16}.$$

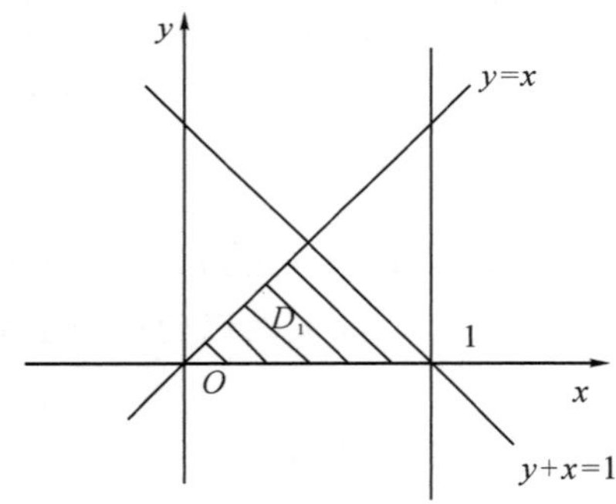

图 3-1-4

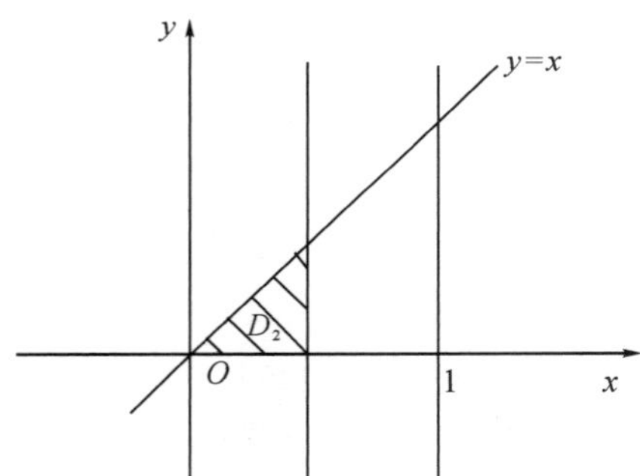

图 3-1-5

例 3.1.3 设(X,Y)的概率密度函数为

$$f(x,y) = \begin{cases} 1, & 0 < x < 1, 0 < y < 1; \\ 0, & \text{其他}. \end{cases}$$

求分布函数 $F(x,y)$.

解 (1) 当 $x<0$ 或 $y<0$ 时，

$$F(x,y) = \int_{-\infty}^{x}\int_{-\infty}^{y} 0\mathrm{d}x\mathrm{d}y = 0.$$

(2) 当 $0 \leqslant x < 1, 0 \leqslant y < 1$ 时，

$$F(x,y) = \int_0^x\int_0^y 1\mathrm{d}x\mathrm{d}y = xy.$$

(3) 当 $0 \leqslant x < 1, y \geqslant 1$ 时，

$$F(x,y) = \int_{-\infty}^{x}\int_{-\infty}^{y} f(u,v)\mathrm{d}u\mathrm{d}v = \int_{0}^{x}\int_{0}^{1} 1\ \mathrm{d}x\mathrm{d}y = x.$$

(4) 当 $1 \leqslant x, 0 \leqslant y < 1$ 时，

$$F(x,y) = \int_{-\infty}^{x}\int_{-\infty}^{y} f(u,v)\mathrm{d}u\mathrm{d}v = \int_{0}^{1}\int_{0}^{y} 1\ \mathrm{d}x\mathrm{d}y = y.$$

(5) 当 $x \geqslant 1, y \geqslant 1$ 时，

$$F(x,y) = \int_{0}^{1}\int_{0}^{1} 1\ \mathrm{d}x\mathrm{d}y = 1.$$

故

$$F(x,y) = \begin{cases} 0, & x < 0 \text{ 或 } y < 0; \\ xy, & 0 \leqslant x < 1, 0 \leqslant y < 1; \\ x, & 0 \leqslant x < 1, 1 \leqslant y; \\ y, & 1 \leqslant x, 0 \leqslant y < 1; \\ 1, & 1 \leqslant x, 1 \leqslant y. \end{cases}$$

例 3.1.4(二维均匀分布)　设 D 是平面上的有界区域，其面积为 $S(A)$，$0 < S(A) < +\infty$. 若二维随机变量 (X,Y) 具有概率密度函数

$$f(x,y) = \begin{cases} \dfrac{1}{S(A)}, & (x,y) \in D, \\ 0, & \text{其他}. \end{cases}$$

则称二维随机变量 (X,Y) 服从区域 D 上的均匀分布，记作 $(X,Y) \sim U(D)$. 容易验证 $f(x,y)$ 满足概率密度函数的基本性质.

设 (X,Y) 服从图 3-1-6 和图 3-1-7 所示的区域 D 上的均匀分布，求 (X,Y) 的概率密度函数.

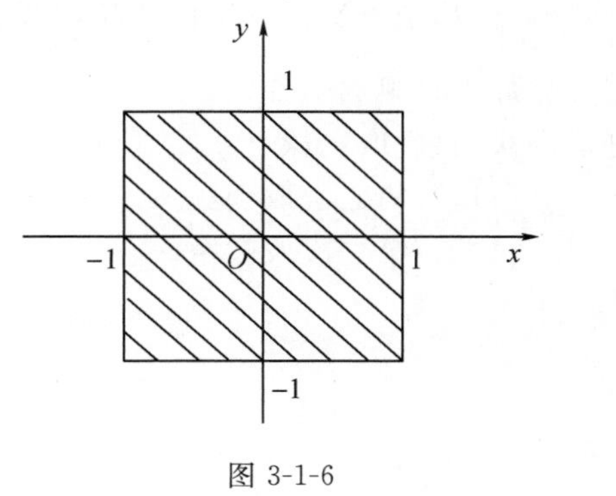

图 3-1-6

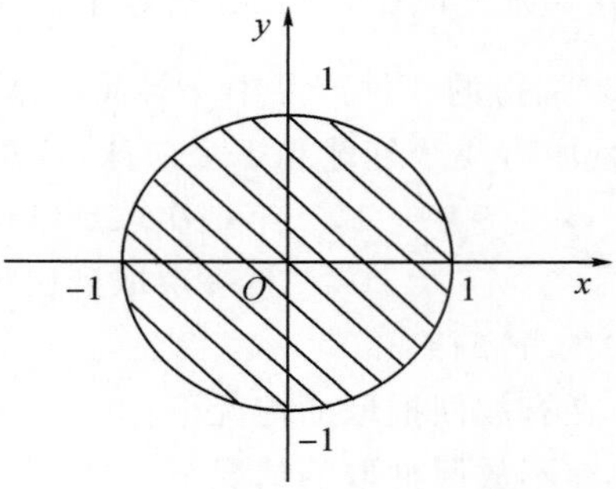

图 3-1-7

解　由图 3-1-6 知，区域 D 的面积 $S(D)=4$，故

$$f(x,y)=\begin{cases} \dfrac{1}{4}, & (x,y)\in D, \\ 0, & \text{其他}. \end{cases}$$

由图 3-1-7 知，区域 D 的面积 $S(D)=\pi$，故

$$f(x,y)=\begin{cases}\dfrac{1}{\pi}, & (x,y)\in D,\\ 0, & 其他.\end{cases}$$

例 3.1.5(二维正态分布) 设随机变量(X,Y)的概率密度函数为

$$f(x,y)=\frac{1}{2\pi\sigma_1\sigma_2\sqrt{1-\rho^2}}\exp\left\{-\frac{1}{2(1-\rho^2)}\left[\left(\frac{x-\mu_1}{\sigma_1}\right)^2-2\rho\frac{(x-\mu_1)(x-\mu_2)}{\sigma_1\sigma_2}+\left(\frac{y-\mu_2}{\sigma_2}\right)^2\right]\right\},$$

$(x,y)\in R^2$，其中，$-\infty<\mu_1<+\infty$，$-\infty<\mu_2<+\infty$，$\sigma_1>0$，$\sigma_2>0$，$|\rho|<1$，则称(X,Y)服从二维正态分布，记为

$$(X,Y)\sim N(\mu_1,\mu_2,\sigma_1^2,\sigma_2^2,\rho).$$

可以证明$\int_{-\infty}^{+\infty}\int_{-\infty}^{+\infty}f(x,y)\mathrm{d}x\mathrm{d}y=1$，$f(x,y)\geqslant 0$.

以上关于二维随机变量的讨论，可以推广到 n 维随机变量的情形. 一般地，设 E 是一个随机试验，它的样本空间是$\Omega=\{\omega\}$，设 $X_1=X_1(\omega)$，$X_2=X_2(\omega)$，$\cdots$，$X_n=X_n(\omega)$是定义在 Ω 上的随机变量，由它们构成的一个 n 维向量$(X_1,X_2,\cdots,X_n)$叫作 n 维随机向量或 n **维随机变量**(n-dimensional random variable). 则关于任意实变量 $x_1,x_2,\cdots,x_n$ 的 n 元函数

$$F(x_1,x_2,\cdots,x_n)=P\{X_1\leqslant x_1,X_2\leqslant x_2,\cdots,X_n\leqslant x_n\}$$

称为 n 维随机变量$(X_1,X_2,\cdots,X_n)$的分布函数. 它具有类似于二维随机变量的分布函数的性质.

习题 3.1

1. 把 3 个球随机地投入 3 个盒子中去，每个球投入各个盒子的可能性是相同的. 设随机变量 X 及 Y 分别表示投入第一个及第二个盒子中的球的个数，求(X,Y)的分布律.

2. 在一批产品中，一、二、三等品分别占$\frac{1}{2}$，$\frac{1}{4}$，$\frac{1}{4}$，从中每次抽取 1 件产品，有放回地抽取 3 次，求抽得的 3 件产品中一等品数 X 与二等品数 Y 的联合分布.

3. 盒中有 4 个红球和 1 个白球，从盒中任取两次，每次取一球. 令

$$X=\begin{cases}1, & 第一次取到红球,\\ 0, & 第一次取到白球,\end{cases}\qquad Y=\begin{cases}1, & 第二次取到红球,\\ 0, & 第二次取到白球,\end{cases}$$

求(X,Y)的分布律：

(1) 在有放回抽取的情况下；

(2) 在不放回抽取的情况下.

4. 设(X,Y)的分布律如表 3-1-3 所示.

表 3-1-3

X	Y		
	1	0	1
0	0.07	0.18	0.15
1	0.08	a	0.20

求：(1)a；(2)$P(X\leqslant 0,Y\leqslant 0)$；(3)$P(X\leqslant 0,Y<0)$.

5. 随机变量(X,Y)的分布函数为

$$F(x,y)=A\left(B+\arctan\frac{x}{2}\right)\left(C+\arctan\frac{y}{3}\right).$$

求：(1)系数 A、B、C 的值；(2)(X,Y)的概率密度函数.

6. 设随机变量(X,Y)的概率密度函数为

$$f(x,y)=\begin{cases}k\mathrm{e}^{-(3x+4y)}, & x>0,y>0,\\ 0, & \text{其他}.\end{cases}$$

求：(1)常数 k；(2)(X,Y)的分布函数；(3)$P\{0<X\leqslant 1,0<Y\leqslant 2\}$.

7. 设随机变量(X,Y)的概率密度函数为

$$f(x,y)=\begin{cases}kxy, & 0<x<1,0<y<1;\\ 0, & \text{其他}.\end{cases}$$

求：(1)常数 k；(2)$P\left\{X\leqslant\frac{1}{2},Y\leqslant\frac{1}{2}\right\}$；(3)$P\left\{X+Y>\frac{1}{2}\right\}$；(4)$P\left\{X>\frac{1}{2}\right\}$；(5)$P\left\{X=\frac{1}{2}\right\}$.

8. 设随机变量(X,Y)的概率密度函数为

$$f(x,y)=\begin{cases}A(R-\sqrt{x^2+y^2}), & \text{当 } x^2+y^2\leqslant R^2,\\ 0, & \text{当 } x^2+y^2>R^2.\end{cases}$$

求：(1)系数 A；

(2)随机变量(X,Y)落在圆 $x^2+y^2=r^2(r<R)$内的概率.

9. 求在 D 上服从均匀分布的随机变量(X,Y)的概率密度函数及分布函数，其中 D 为 x 轴、y 轴及直线 $y=2x+1$ 围成的三角形区域.

§3.2　边缘分布

二维随机变量(X,Y)的分量 X 和 Y 是一维随机变量，它们也有各自的分布函数，称为(X,Y)分别关于 X 和 Y 的边缘分布函数. 本节主要讨论二维离散型和连续型随机变量(X,Y)分别关于 X 和 Y 的边缘分布律和边缘概率密度函数.

定义 3.2.1　设二维随机变量(X,Y)的分布函数为 $F(x,y)$，而 X 和 Y 都是随机变量，将它们的分布函数分别记为 $F_X(x)$和 $F_Y(y)$，则 $F_X(x)$和 $F_Y(y)$分别称为二维随机变量(X,Y)关于 X 和 Y 的**边缘分布函数(marginal distribution functions)**.

注：二维随机变量(X,Y)的分布函数和边缘分布函数的关系为

$$F_X(x)=P\{X\leqslant x\}=P\{X\leqslant x,Y<+\infty\}=F(x,+\infty),$$

即
$$F_X(x)=F(x,+\infty), \tag{3.2.1}$$

同理
$$F_Y(y)=F(+\infty,y). \tag{3.2.2}$$

对于离散型随机变量，由式(3.2.1) 和式(3.2.2) 可得

$$F_X(x)=F(x,+\infty)=\sum_{x_i\leqslant x}\sum_{j=1}^{\infty}p_{ij}, \tag{3.2.3}$$

$$F_Y(y)=F(+\infty,y)=\sum_{y_j\leqslant y}\sum_{i=1}^{\infty}p_{ij}. \tag{3.2.4}$$

因此 X 和 Y 的分布律分别为

$$P\{X=x_i\}=\sum_j p_{ij},i=1,2,\cdots,$$
$$P\{Y=y_j\}=\sum_i p_{ij},j=1,2,\cdots.$$

定义 3.2.2 记

$$p_{i\cdot}=P\{X=x_i\}=\sum_j p_{i\cdot},i=1,2,\cdots, \tag{3.2.5}$$
$$p_{\cdot j}=P\{Y=y_j\}=\sum_i p_{\cdot j},j=1,2,\cdots; \tag{3.2.6}$$

分别称 $p_{i\cdot}(i=1,2,\cdots)$和 $p_{\cdot j}(j=1,2,\cdots)$为$(X,Y)$关于 X 和关于 Y 的**边缘分布律(marginal distribution law)**. 二维离散型随机变量(X,Y)的分布律及其边缘分布律也可用表 3-2-1来表示.

表 3-2-1

X	Y					
	y_1	y_2	$\cdots$	y_n	$\cdots$	$p_{i\cdot}$
x_1	p_{11}	p_{12}	$\cdots$	p_{1n}	$\cdots$	$p_{1\cdot}$
x_2	p_{21}	p_{21}	$\cdots$	p_{2n}	$\cdots$	$p_{2\cdot}$
$\vdots$	$\vdots$	$\vdots$	$\vdots$	$\vdots$	$\vdots$	$\vdots$
x_m	p_{m1}	p_{m2}	$\cdots$	p_{mn}	$\cdots$	$p_{m\cdot}$
$\vdots$	$\vdots$	$\vdots$	$\vdots$	$\vdots$	$\vdots$	$\vdots$
$p_{\cdot j}$	$p_{\cdot i}$	$p_{\cdot 2}$	$\cdots$	$p_{\cdot n}$	$\cdots$	1

定义 3.2.3 对于二维连续型随机变量(X,Y),设它的分布函数为 $F(x,y)$,概率密度函数为 $f(x,y)$,那么

$$F_X(x)=P\{X\leqslant x\}=P\{X\leqslant x,Y<+\infty\}=F(x,+\infty)$$
$$=\int_{-\infty}^{x}\left[\int_{-\infty}^{+\infty}f(u,y)\mathrm{d}y\right]\mathrm{d}u,$$

则

$$f_X(x)=F'_X(x)=\int_{-\infty}^{+\infty}f(x,y)\mathrm{d}y, \tag{3.2.7}$$

同理

$$f_Y(y)=F'_Y(y)=\int_{-\infty}^{+\infty}f(x,y)\mathrm{d}x. \tag{3.2.8}$$

分别称 $f_X(x)$和 $f_Y(y)$为(X,Y)关于 X 和 Y 的**边缘概率密度函数(marginal distribution density function)**.

例 3.2.1 一袋中有 4 张卡片,分别标有数字 1,2,2,3,依次从中抽取两张,用 X、Y 分别表示两次抽得的号码,在以下两种情况下,求(X,Y)的分布律及边缘分布律:(1)无放回地抽取;(2)有放回地抽取.

解 (1)无放回地连续抽取两次,(X,Y)的分布律及边缘分布律如表 3-2-2 所示.

(2)有放回抽取时,(X,Y)的分布律及边缘分布律如表 3-2-3 所示.

表 3-2-2

X	Y			
	1	2	3	$p_{i\cdot}$
1	0	$\frac{1}{6}$	$\frac{1}{12}$	$\frac{1}{4}$
2	$\frac{1}{6}$	$\frac{1}{6}$	$\frac{1}{6}$	$\frac{1}{2}$
3	$\frac{1}{12}$	$\frac{1}{6}$	0	$\frac{1}{4}$
$p_{\cdot j}$	$\frac{1}{4}$	$\frac{1}{2}$	$\frac{1}{3}$	1

表 3-2-3

X	Y			
	1	2	3	$p_{i\cdot}$
1	$\frac{1}{16}$	$\frac{1}{8}$	$\frac{1}{16}$	$\frac{1}{4}$
2	$\frac{1}{8}$	$\frac{1}{4}$	$\frac{1}{8}$	$\frac{1}{2}$
3	$\frac{1}{16}$	$\frac{1}{8}$	$\frac{1}{16}$	$\frac{1}{4}$
$p_{\cdot j}$	$\frac{1}{4}$	$\frac{1}{2}$	$\frac{1}{4}$	1

在例 3.2.1 的两表中，边缘分布律是完全相同的，而联合分布律却不同. 这表明，联合分布律可以确定边缘分布律，而边缘分布律不能确定联合分布律. 这也说明把多个随机变量作为一个整体研究是非常必要的.

例 3.2.2　设(X,Y)的概率密度函数为

$$f(x,y)=\begin{cases}3x, & 0<x<1,0<y<x;\\ 0, & \text{其他}.\end{cases}$$

求 X 与 Y 的边缘概率密度函数 $f_X(x)$和 $f_Y(y)$.

解　$$f_X(x)=\int_{-\infty}^{+\infty}f(x,y)\mathrm{d}y=\begin{cases}\int_0^x 3x\mathrm{d}y=3x^2, & 0<x<1,\\ 0, & \text{其他}.\end{cases}$$

$$f_Y(y)=\int_{-\infty}^{+\infty}f(x,y)\mathrm{d}x=\begin{cases}\int_y^1 3x\mathrm{d}x=\frac{3}{2}(1-y^2), & 0<y<1,\\ 0, & \text{其他}.\end{cases}$$

例 3.2.3　设二维随机变量$(X,Y)\sim N(\mu_1,\mu_2,\sigma_1^2,\sigma_2^2,\rho)$. 试求其二维随机变量的边缘概率密度.

解　令$\frac{x-\mu_1}{\sigma_1}=u,\frac{y-\mu_2}{\sigma_2}=v$，由例 3.1.5，

$$f_X(x)=\int_{-\infty}^{+\infty}f(x,y)\mathrm{d}y$$

$$=\frac{1}{2\pi\sigma_1\sigma_2\sqrt{1-\rho^2}}\int_{-\infty}^{+\infty}\exp\left\{-\frac{1}{2(1-\rho^2)}\left[\left(\frac{x-\mu_1}{\sigma_1}\right)^2-2\rho\left(\frac{x-\mu_1}{\sigma_1}\right)\left(\frac{y-\mu_2}{\sigma_2}\right)+\left(\frac{y-\mu_2}{\sigma_2}\right)^2\right]\right\}\mathrm{d}y$$

$$= \frac{1}{2\pi\sigma_1\sqrt{1-\rho^2}}\int_{-\infty}^{+\infty}\exp\left\{-\frac{1}{2(1-\rho^2)}\cdot(u^2-2\rho uv+v^2)\right\}dv$$

$$= \frac{1}{\sqrt{2\pi}\sigma_1}e^{-\frac{u^2}{2}}\int_{-\infty}^{+\infty}\frac{1}{\sqrt{2\pi(1-\rho^2)}}\exp\left\{-\frac{\rho^2u^2-2\rho uv+v^2}{2(1-\rho^2)}\right\}dv$$

$$= \frac{1}{\sqrt{2\pi}\sigma_1}e^{-\frac{u^2}{2}}\int_{-\infty}^{+\infty}\frac{1}{\sqrt{2\pi(1-\rho^2)}}\exp\left\{-\frac{(v-\rho u)^2}{2(1-\rho^2)}\right\}dv$$

$$= \frac{1}{\sqrt{2\pi}\sigma_1}e^{-\frac{u^2}{2}} = \frac{1}{\sqrt{2\pi}\sigma_1}\exp\left\{-\frac{(x-\mu_1)^2}{2\sigma_1^2}\right\}, -\infty < x < +\infty.$$

上式表明，$f_X(x)$ 是正态分布 $N(\mu_1,\sigma_1^2)$ 的概率密度函数. 同理可证 $f_Y(y)$ 是正态分布 $N(\mu_2,\sigma_2^2)$ 的概率密度函数，即

$$f_Y(y) = \frac{1}{\sqrt{2\pi}\sigma_2}e^{-\frac{(y-\mu_2)^2}{2\sigma_2^2}}, -\infty < y < +\infty.$$

由此可知，二维正态分布的两个边缘分布仍为正态分布.

数学试验
二维正态分布

习题 3.2

1．设离散型随机变量(X,Y)的概率分布如表 3-2-4 所示，求随机变量(X,Y)的边缘分布律.

表 3-2-4

X	Y						
	0	1	2	3	4	5	6
0	0.202	0.174	0.113	0.062	0.049	0.023	0.004
1	0	0.099	0.064	0.040	0.031	0.020	0.006
2	0	0	0.031	0.025	0.018	0.013	0.008
3	0	0	0	0.001	0.002	0.004	0.011

2．设(X,Y)的分布律如表 3-2-5 所示，求(X,Y)的边缘分布律.

表 3-2-5

X	Y		
	0	2	5
1	0.15	0.25	0.35
2	0.05	0.18	0.02

3．设二维随机变量(X,Y)的概率密度函数为

$$f(x,y)=\begin{cases}4.8y(2-x), & 0\leqslant x\leqslant 1, 0\leqslant y\leqslant x;\\ 0, & \text{其他}.\end{cases}$$

求(X,Y)的边缘概率密度函数.

4. 设二维随机变量(X,Y)的概率密度函数为

$$f(x,y)=\frac{1}{\pi^2(1+x^2)(1+y^2)},-\infty<x,y<+\infty,$$

求(X,Y)的边缘概率密度函数.

5. 设二维随机变量(X,Y)的概率密度函数为

$$f(x,y)=\begin{cases}C, & x^2\leqslant y\leqslant x,\\ 0, & \text{其他}.\end{cases}$$

(1)确定常数 C;(2)求(X,Y)的边缘概率密度函数.

§3.3　相互独立的随机变量

在第 1 章中,我们讨论了随机事件的相互独立性,本节将利用两个事件相互独立的概念引出随机变量的相互独立性.

定义 3.3.1　设 $F(x,y)$及 $F_X(x)$,$F_Y(y)$分别是二维随机变量(X,Y)的分布函数及边缘分布函数.若对于所有的 x,y,有

$$P\{X\leqslant x,Y\leqslant y\}=P\{X\leqslant x\}P\{Y\leqslant y\},\tag{3.3.1}$$

即

$$F(x,y)=F_X(x)F_Y(y),\tag{3.3.2}$$

则称随机变量 X 和 Y 是相互独立的.

随机变量相互独立

定理 3.1.1　(1)设(X,Y)是离散型二维随机变量,其分布律及边缘分布律分别为 p_{ij},$p_{i\cdot}$,$p_{\cdot j}$,则 X 与 Y 相互独立的充要条件是:

$$p_{ij}=p_{i\cdot}\times p_{\cdot j}\tag{3.3.3}$$

对一切 i,j 都成立.

(2)设(X,Y)是连续型二维随机变量,其概率密度函数及边缘密度函数分别为 $f(x,y)$,$f_X(x)$,$f_Y(x)$,则 X 与 Y 相互独立的充要条件是:

对任意实数 x,y,

$$f(x,y)=f_X(x)\cdot f_Y(y).\tag{3.3.4}$$

证明(2)　必要性:若 X 与 Y 相互独立,则

$$F(x,y)=F_X(x)\cdot F_Y(y),$$

而 $F(x,y)=\int_{-\infty}^{x}f_X(u)\mathrm{d}u\cdot\int_{-\infty}^{y}f_Y(v)\mathrm{d}v=\int_{-\infty}^{x}\int_{-\infty}^{y}f_X(u)f_Y(v)\mathrm{d}u\mathrm{d}v.$

由二维连续型随机变量(X,Y)的定义(定义 3.1.5)知,(X,Y)的概率密度为 $f_X(x)\cdot f_Y(y)$,即

$$f(x,y)=f_X(x)\cdot f_Y(y).$$

充分性:若 $f(x,y)=f_X(x)\cdot f_Y(y)$,则

$$\begin{aligned}F(x,y)&=\int_{-\infty}^{x}\int_{-\infty}^{y}f(u,v)\,\mathrm{d}u\mathrm{d}v=\int_{-\infty}^{x}\int_{-\infty}^{y}f_X(u)f_Y(v)\,\mathrm{d}u\mathrm{d}v\\&=\int_{-\infty}^{x}f_X(u)\,\mathrm{d}u\cdot\int_{-\infty}^{y}f_Y(v)\,\mathrm{d}v=F_X(x)\cdot F_Y(y).\end{aligned}$$

即 $F(x,y)=F_X(x)\cdot F_Y(y)$，故 X 与 Y 相互独立.

例 3.3.1 设二维随机变量 (X,Y) 的分布律如表 3-3-1 所示，问：X 与 Y 是否相互独立.

表 3-3-1

X	Y	
	y_1	y_2
x_1	$\frac{1}{18}$	$\frac{1}{9}$
x_2	$\frac{1}{9}$	$\frac{2}{9}$
x_3	$\frac{1}{6}$	$\frac{1}{3}$

解 X 与 Y 的边缘分布律分别如表 3-3-2 和表 3-3-3 所示.

表 3-3-2

X	Y		
	x_1	x_2	x_3
$p_{i\cdot}$	$\frac{1}{6}$	$\frac{1}{3}$	$\frac{1}{2}$

表 3-3-3

X	Y	
	y_1	y_2
$p_{\cdot j}$	$\frac{1}{3}$	$\frac{2}{3}$

逐一验证可知，

$$p_{ij}=p_{i\cdot}\times p_{\cdot j}\ (i=1,2,3;j=1,2)，故 X 与 Y 相互独立.$$

例 3.3.2 设 (X,Y) 的概率密度函数为

$$f(x,y)=\begin{cases}Axe^{-y}, & 0<x<1,0<y<x^2;\\ 0, & 其他.\end{cases}$$

(1)求常数 A；(2)求 (X,Y) 的边缘概率密度函数 $f_X(x)$ 与 $f_Y(y)$；(3)验证 X 与 Y 是否相互独立.

解 (1) 由概率密度函数的性质，$\int_{-\infty}^{+\infty}\int_{-\infty}^{+\infty}f(x,y)\mathrm{d}x\mathrm{d}y=1$，得

$$\iint\limits_D Axe^{-y}\mathrm{d}x\mathrm{d}y=1.$$

$$1=\iint\limits_D Axe^{-y}\mathrm{d}x\mathrm{d}y=\int_0^1\mathrm{d}x\int_0^{x^2}Axe^{-y}\mathrm{d}y=\int_0^1(Ax-Axe^{-x^2})\mathrm{d}x$$
$$=\frac{1}{2}A+\frac{1}{2}A(e^{-1}-1)=\frac{1}{2}Ae^{-1},$$

由此可得：$A=2e$.

所以 (X,Y) 的概率密度函数为

$$f(x,y)=\begin{cases}2xe^{1-y}, & 0<x<1,0<y<x^2;\\ 0, & 其他.\end{cases}$$

$$(2)\ f_X(x)=\int_{-\infty}^{+\infty}f(x,y)\mathrm{d}y=\begin{cases}\int_0^{x^2}2xe^{1-y}\mathrm{d}y=2ex(1-e^{-x^2}), & 0<x<1,\\ 0, & 其他.\end{cases}$$

$$f_Y(y)=\int_{-\infty}^{+\infty}f(x,y)\mathrm{d}x=\begin{cases}\int_{\sqrt{y}}^{1}2x\mathrm{e}^{1-y}\mathrm{d}x=\mathrm{e}^{1-y}(1-y), & 0<y<1,\\ 0, & \text{其他}.\end{cases}$$

(3)易知 $f_X(x)\cdot f_Y(y)\neq f(x,y)$，所以 X 与 Y 不相互独立.

例 3.3.3　设 $(X,Y)\sim N(\mu_1,\mu_2,\sigma_1^2,\sigma_2^2,\rho)$. 证明：$X$ 与 Y 相互独立的充要条件是 $\rho=0$.

证明　充分性：若 $\rho=0$，则有

$$f(x,y)=\frac{1}{2\pi\sigma_1\sigma_2}\exp\left\{-\frac{1}{2}\left[(\frac{x-\mu_1}{\sigma_1})^2+(\frac{y-\mu^2}{\sigma_2})^2\right]\right\}$$

$$=\frac{1}{\sqrt{2\pi}\sigma_1}\mathrm{e}^{-\frac{(x-\mu_1)^2}{2\sigma_1^2}}\cdot\frac{1}{\sqrt{2\pi}\sigma_2}\mathrm{e}^{-\frac{(y-\mu_2)^2}{2\sigma_2^2}}=f_X(x)\cdot f_Y(y).$$

故 X 与 Y 相互独立.

必要性：若 X 与 Y 相互独立，即对任意 x 和 y，有

$$f(x,y)=f_X(x)\cdot f_Y(y).$$

特别地，令 $x=\mu_1,y=\mu_2$，则有

$$f(\mu_1,\mu_2)=f_X(\mu_1)\cdot f_Y(\mu_2).$$

故

$$\frac{1}{2\pi\sigma_1\sigma_2\sqrt{1-\rho^2}}=\frac{1}{\sqrt{2\pi}\sigma_1}\cdot\frac{1}{\sqrt{2\pi}\sigma_2}.$$

从而 $\sqrt{1-\rho^2}=1$，即 $1-\rho^2=1,\rho=0$.

习题 3.3

1. 判别习题 3.2 第 1 题中的随机变量 X 与 Y 是否相互独立？

2. 已知二维离散型随机变量 (X,Y) 的分布律如表 3-3-4 所示，问：当 α、β 为何值时，X 与 Y 相互独立？

表 3-3-4

X	Y		
	1	2	3
1	$\frac{1}{6}$	$\frac{1}{9}$	$\frac{1}{18}$
2	$\frac{1}{3}$	α	β

3. 判别习题 3.2 第 4 题中的随机变量 X 与 Y 是否相互独立？

4. 已知 (X,Y) 的概率密度函数为

$$f(x,y)=\begin{cases}6xy(2-x-y), & 0\leqslant x\leqslant 1,\ 0\leqslant y\leqslant 1;\\ 0, & \text{其他}.\end{cases}$$

问：X 与 Y 是否相互独立.

5. 设随机向量(X,Y)的联合密度为

$$f(x,y)=\begin{cases}6x, & 0\leqslant x\leqslant y\leqslant 1;\\ 0, & \text{其他}.\end{cases}$$

(1)求(X,Y)分别关于X和Y的边缘概率密度$f_X(x)$,$f_Y(y)$;

(2)判断X,Y是否独立,并说明理由.

6. 设二维随机变量(X,Y)的分布函数为

$$F(x,y)=\begin{cases}1-\mathrm{e}^{-x}-\mathrm{e}^{-y}+\mathrm{e}^{-(x+y)}, & x\geqslant 0,\ y\geqslant 0;\\ 0, & \text{其他}.\end{cases}$$

讨论随机变量X与Y的独立性.

§*3.4 条件分布

在第1章中,我们介绍了条件概率的概念,由此很自然地引出条件分布的概念.在二维随机向量(X,Y)中,X与Y的关系除了相互独立以外,还有相依关系,即随机变量的取值往往彼此是有影响的,这种关系用条件分布能更好地表达出来.

3.4.1 离散型随机变量的条件分布

定义3.4.1 设(X,Y)为二维随机变量,若对于固定的i,有$P\{X=x_i\}>0$,则称

$$P\{Y=y_j\mid X=x_i\}=\frac{P\{X=x_i,Y=y_j\}}{P\{X=x_i\}}=\frac{p_{ij}}{p_{i\cdot}},\ j=1,2,\cdots \tag{3.4.1}$$

为在$X=x_i$的条件下随机变量Y的条件分布律.

同样,对固定的j,若$P\{Y=y_j\}>0$,则称

$$P\{X=x_i\mid Y=y_j\}=\frac{P\{X=x_i,Y=y_j\}}{P\{Y=y_j\}}=\frac{p_{ij}}{p_{\cdot j}},\ i=1,2,\cdots \tag{3.4.2}$$

为在$Y=y_j$的条件下随机变量X的条件分布律.

显然,对任意的j,

$$P\{Y=y_j\mid X=x_i\}=\frac{p_{ij}}{p_{i\cdot}}\geqslant 0;\ \sum_j\frac{p_{ij}}{p_{i\cdot}}=\frac{1}{p_{i\cdot}}\sum_j p_{ij}=1.$$

故式(3.4.1)确实为概率分布律.同理,式(3.4.2)也为概率分布律.

特别地,当X、Y相互独立时,对任意的x_i,若$p_{i\cdot}>0$,则在$X=x_i$的条件下Y的条件分布律为

$$P\{Y=y_j\mid X=x_i\}=\frac{p_{ij}}{p_{i\cdot}}=\frac{p_{i\cdot}\times p_{\cdot j}}{p_{i\cdot}}=p_{\cdot j}=P\{Y=y_j\} \tag{3.4.3}$$

即为Y的边缘分布律.

同样,当X、Y相互独立时,对任意的y_j,若$p_{\cdot j}>0$,则在$Y=y_j$的条件下X的条件分布律为

$$P\{X=x_i\mid Y=y_j\}=\frac{p_{ij}}{p_{\cdot j}}=\frac{p_{i\cdot}\times p_{\cdot j}}{p_{\cdot j}}=p_{i\cdot}=P\{X=x_i\} \tag{3.4.4}$$

即为X的边缘分布律.

例 3.4.1　在独立伯努利重复试验中，事件 A 出现的概率为 $p(0<p<1)$. 令 X 表示 A 在第一次出现时的试验次数，Y 表示 A 在第二次出现时总的试验次数，求 X,Y 的条件分布律.

解　X 的全部可能值为 $1,2,\cdots,m,\cdots$，Y 的全部可能值为 $2,3,\cdots,n,\cdots$，则 (X,Y) 的分布律为

$$p(m,n)=P\{X=m,Y=n\}=\begin{cases}P\{X=m\}P\{Y=n\mid X=m\}, & m<n,\\ 0, & m\geqslant n.\end{cases}$$

$$=\begin{cases}pq^{m-1}pq^{n-m-1}=p^2q^{n-2}, & m<n,\\ 0, & m\geqslant n.\end{cases}$$

其中，$q=1-p$.

$$p_{m\cdot}=P\{X=m\}=\sum_{n=2}^{\infty}p(m,n)=\sum_{n=m+1}^{\infty}p^2q^{n-2}=p^2\frac{q^{m-1}}{1-q}=pq^{m-1},m=1,2,\cdots,$$

$$p_{\cdot n}=P\{Y=n\}=\sum_{m=1}^{\infty}p(m,n)=\sum_{m=1}^{n-1}p^2q^{n-2}=(n-1)p^2q^{n-2},n=2,3,\cdots.$$

由式(3.4.1)、式(3.4.2)，所求条件分布律为

当 $m=1,2,\cdots,p_{m\cdot}>0$ 时，有

$$P\{Y=n\mid X=m\}=\frac{p(m,n)}{p_{m\cdot}}=\begin{cases}\dfrac{p^2q^{n-2}}{pq^{m-1}}=pq^{n-m-1}, & n=m+1,m+2\cdots,\\ 0, & n\leqslant m.\end{cases}$$

当 $n=2,3,\cdots,p_{\cdot n}>0$，有

$$P\{X=m\mid Y=n\}=\frac{p(m,n)}{p_{\cdot n}}=\begin{cases}\dfrac{p^2q^{n-2}}{(n-1)p^2q^{n-2}}=\dfrac{1}{n-1}, & m=1,2,\cdots,n-1,\\ 0, & m\geqslant n.\end{cases}$$

3.4.2　连续型随机变量的条件分布

对于连续型随机变量，由于 $P\{X=x\}=P\{Y=y\}=0$，不能直接用条件概率公式建立条件分布的概念. 为此，我们借助于极限方法来定义连续型随机变量的条件分布.

定义 3.4.2　设 (X,Y) 是二维连续型随机变量，且当 $\Delta y>0$ 时，$P\{y-\Delta y<Y\leqslant y+\Delta y\}>0$，若对任意的 x，极限

$$\lim_{\Delta y\to 0}P\{X\leqslant x\mid y-\Delta y<Y\leqslant y+\Delta y\}=\lim_{\Delta y\to 0}\frac{P\{X\leqslant x,y-\Delta y<Y\leqslant y+\Delta y\}}{P\{y-\Delta y<Y\leqslant y+\Delta y\}}$$

存在，则称此极限为**在条件 $Y=y$ 下 X 的条件分布函数**，记为 $F_{X\mid Y}(x\mid y)$.

类似地可定义 $F_{Y\mid X}(y\mid x)$.

若 $f(x,y)$ 在 (x,y) 处连续，且 $f_Y(y)>0$，则

$$\begin{aligned}F_{X\mid Y}(x\mid y)&=\lim_{\Delta y\to 0}\frac{P\{X\leqslant x,y-\Delta y<Y\leqslant y+\Delta y\}}{P\{y-\Delta y<Y\leqslant y+\Delta y\}}\\&=\lim_{\Delta y\to 0}\frac{F(x,y+\Delta y)-F(x,y-\Delta y)}{F_Y(y+\Delta y)-F_Y(y-\Delta y)}\\&=\lim_{\Delta y\to 0}\frac{[F(x,y+\Delta y)-F(x,y-\Delta y)]/2\Delta y}{[F_Y(y+\Delta y)-F_Y(y-\Delta y)]/2\Delta y}\end{aligned}$$

$$= \frac{\frac{\partial F(x,y)}{\partial y}}{\frac{\mathrm{d}F_Y(y)}{\mathrm{d}y}} = \frac{\int_{-\infty}^{x} f(u,y)\ \mathrm{d}u}{f_Y(y)}$$

$$= \int_{-\infty}^{x} \frac{f(u,y)}{f_Y(y)}\ \mathrm{d}u. \tag{3.4.5}$$

同理,若 $f_X(x) > 0, F_{Y|X}(y|x) = \int_{-\infty}^{y} \frac{f(x,v)}{f_X(x)}\ \mathrm{d}v.$ (3.4.6)

据上面结果,条件密度可定义如下:

定义 3.4.3 若 $f_Y(y)>0$,则称

$$f_{X|Y}(x|y)=\frac{f(x,y)}{f_Y(y)} \tag{3.4.7}$$

为在 $Y=y$ 条件下 X 的条件概率密度函数. 类似地称

$$f_{Y|X}(y|x)=\frac{f(x,y)}{f_X(x)} \tag{3.4.8}$$

为在 $X=x$ 条件下 Y 的条件概率密度函数.

例 3.4.2 设 $(X,Y)\sim N(\mu_1,\mu_2,\sigma_1^2,\sigma_2^2,\rho)$,求条件概率密度 $f_{X|Y}(x|y)$和 $f_{Y|X}(y|x)$.

解 令 $u=\frac{x-\mu_1}{\sigma_1}, v=\frac{y-\mu_2}{\sigma_2}$,由式(3.4.7)得

$$f_{X|Y}(x|y)=\frac{\exp[-\frac{1}{2(1-\rho^2)}(u^2-2\rho uv+v^2)]/2\pi\sigma_1\sigma_2\sqrt{1-\rho^2}}{\exp[-v^2/2]/\sqrt{2\pi}\sigma_2}$$

$$=\frac{1}{\sqrt{2\pi}\sigma_1\sqrt{1-\rho^2}}\exp[-\frac{1}{2(1-\rho^2)}(u^2-2\rho uv+\rho^2v^2)]$$

$$=\frac{1}{\sqrt{2\pi}\sqrt{1-\rho^2}\sigma_1}\exp[-(u-\rho v)^2/2(1-\rho^2)]$$

$$=\frac{1}{\sqrt{2\pi}\sqrt{1-\rho^2}\sigma_1}\exp[-\frac{1}{2(1-\rho^2)}(\frac{x-\mu_1}{\sigma_1}-\rho\frac{y-\mu_2}{\sigma_2})^2]$$

$$=\frac{1}{\sqrt{2\pi}\sqrt{1-\rho^2}\sigma_1}\exp\{-\frac{1}{2(1-\rho^2)\sigma_1^2}[x-(\mu_1+\frac{\sigma_1}{\sigma_2}\rho(y-\mu_2))]^2\}.$$

从而 $f_{X|Y}(x|y)$为 $N(\mu_1+\frac{\sigma_1}{\sigma_2}\rho(y-\mu_2),(1-\rho^2)\sigma_1^2)$的概率密度函数.

类似地,有

$$f_{Y|X}(y|x)=\frac{1}{\sqrt{2\pi}\sqrt{1-\rho^2}\sigma_2}\exp\{-\frac{1}{2(1-\rho^2)\sigma_2^2}[y-(\mu_2+\frac{\sigma_2}{\sigma_1}\rho(x-\mu_1))]^2\}.$$

即 $f_{Y|X}(y|x)$也为 $N(\mu_2+\frac{\sigma_2}{\sigma_1}\rho(x-\mu_1),(1-\rho^2)\sigma_2^2)$的概率密度函数.

综合上述情况可知,二维正态分布的两个条件分布仍为正态分布.

习题 3.4

1. 将一枚硬币连掷三次,以 X 表示三次中出现正面的次数,以 Y 表示三次中出现正面

的次数与反面次数差的绝对值.求：

(1)(X,Y)的分布律；(2)(X,Y)的边缘分布律；(3)在$Y=1$的条件下，X的条件分布律.

2. 设某班车在起点站上车的人数X服从参数为$\lambda>0$的泊松分布，每位乘客在途中下车的概率为$p(0<p<1)$，且中途下车与否相互独立.以Y表示中途下车的人数.

(1)求在发车时有n位乘客的条件下，中途有m位乘客下车的概率；

(2)写出(X,Y)的概率分布.

3. 设二维随机变量(X,Y)的概率密度函数为

$$f(x,y)=\begin{cases}e^{-y}, & 0<x<+\infty,\\ 0, & \text{其他}.\end{cases}$$

求：(1)(X,Y)的边缘概率密度函数；(2)判断X与Y是否相互独立；(3)求X和Y的条件概率密度函数.

§3.5　两个随机变量函数的分布

在概率论与数理统计的许多问题中，经常面临求随机变量函数的分布.下面我们对某些简单情形进行讨论.

3.5.1　和的分布

设(X,Y)的概率密度函数为$f(x,y)$，现求$Z=X+Y$的概率密度函数.

令$G=\{(x,y):x+y\leqslant z,z\in(-\infty,+\infty)\}$，则

$$\begin{aligned}F_Z(z)&=P\{Z\leqslant z\}=P\{X+Y\leqslant z\}\\&=\iint\limits_{x+y\leqslant z}f(x,y)\mathrm{d}x\mathrm{d}y=\int_{-\infty}^{+\infty}\left(\int_{-\infty}^{z-y}f(x,y)\mathrm{d}x\right)\mathrm{d}y\end{aligned}$$

固定z和y，令$x=u-y$，得

$$\int_{-\infty}^{z-y}f(x,y)\mathrm{d}x=\int_{-\infty}^{z}f(u-y,y)\mathrm{d}u.$$

于是

$$\begin{aligned}F_Z(z)&=\int_{-\infty}^{+\infty}\left(\int_{-\infty}^{z}f(u-y,y)\mathrm{d}u\right)\mathrm{d}y\\&=\int_{-\infty}^{z}\left(\int_{-\infty}^{+\infty}f(u-y,y)\mathrm{d}y\right)\mathrm{d}u.\end{aligned}$$

由概率密度函数的定义，即得Z的概率密度函数为

$$f_Z(z)=\int_{-\infty}^{+\infty}f(z-y,y)\mathrm{d}y. \tag{3.5.1}$$

由X,Y的对称性，有

$$f_Z(z)=\int_{-\infty}^{+\infty}f(x,z-x)\mathrm{d}x. \tag{3.5.2}$$

特别地，当X和Y相互独立时，设X与Y的边缘概率密度函数为$f_X(x)$与$f_Y(y)$，则式(3.5.1)和式(3.5.2)分别转化为

$$f_Z(z)=\int_{-\infty}^{+\infty}f_X(z-y)f_Y(y)\mathrm{d}y \text{ 和 } f_Z(z)=\int_{-\infty}^{+\infty}f_X(x)f_Y(z-x)\mathrm{d}x.$$

这两个公式称为卷积公式，记为 $f_X * f_Y$，即

$$f_X * f_Y=\int_{-\infty}^{+\infty}f_X(z-y)f_Y(y)\mathrm{d}y=\int_{-\infty}^{+\infty}f_X(x)f_Y(z-x)\mathrm{d}x.$$

例 3.5.1 设 X 与 Y 是两个相互独立的随机变量. 它们都服从 $N(0,1)$ 分布. 求 $Z=X+Y$ 的概率密度函数.

解 由题意，知

$$X\sim f_X(x)=\frac{1}{\sqrt{2\pi}}\mathrm{e}^{-\frac{x^2}{2}},Y\sim f_Y(y)=\frac{1}{\sqrt{2\pi}}\mathrm{e}^{-\frac{y^2}{2}}.$$

因 X,Y 相互独立，由式(3.5.2)，得

$$\begin{aligned}f_Z(z)&=\int_{-\infty}^{+\infty}f_X(x)f_Y(z-x)\ \mathrm{d}x=\int_{-\infty}^{+\infty}\frac{1}{\sqrt{2\pi}}\mathrm{e}^{-\frac{x^2}{2}}\cdot\frac{1}{\sqrt{2\pi}}\mathrm{e}^{-\frac{(z-x)^2}{2}}\mathrm{d}x\\&=\frac{1}{\sqrt{2\pi}}\mathrm{e}^{-\frac{z^2}{4}}\ \frac{1}{\sqrt{2\pi}}\int_{-\infty}^{+\infty}\mathrm{e}^{-(x-\frac{z}{2})^2}\mathrm{d}(x-\frac{z}{2})\\&=\frac{1}{\sqrt{2\pi}}\mathrm{e}^{-\frac{z^2}{4}}\cdot\frac{1}{\sqrt{2\pi}}\cdot\sqrt{\pi}=\frac{1}{\sqrt{2\pi}\sqrt{2}}\mathrm{e}^{-\frac{z^2}{2\times 2}},-\infty<z<+\infty.\end{aligned}$$

即 $Z=X+Y\sim N(0,2)$.

注：(1)设 X 与 Y 是两个相互独立的随机变量，

$$X\sim N(\mu_1,\sigma_1^2),Y\sim N(\mu_2,\sigma_2^2),$$

则 $Z=X+Y$ 仍服从正态分布，且有 $Z\sim N(\mu_1+\mu_2,\sigma_1^2+\sigma_2^2)$.

(2) (1)中的结论可以推广到 n 个相互独立的正态随机变量之和的情况，即若 $X_i\sim N(\mu_i,\sigma_i^2)(i=1,2,\cdots,n)$，且它们相互独立，则它们的和 $Z=X_1+X_2+\cdots+X_n$ 仍服从正态分布，且有 $Z\sim N(\mu_1+\mu_2+\cdots+\mu_n,\sigma_1^2+\sigma_2^2+\cdots+\sigma_n^2)$.

(3)有限个相互独立的正态随机变量的线性组合仍然服从正态分布.

3.5.2 $M=\max\{X,Y\},N=\min\{X,Y\}$的分布

设 X,Y 是相互独立的随机变量，它们的分布函数分别为 $F_X(x),F_Y(y)$. 求 $M=\max\{X,Y\}$和 $N=\min\{X,Y\}$的分布函数. 由分布函数的定义，有

$$\begin{aligned}F_M(z)&=P\{M\leqslant z\}=P\{\max\{X,Y\}\leqslant z\}=P\{X\leqslant z,Y\leqslant z\}\\&=P\{X\leqslant z\}P\{Y\leqslant z\}=F_X(z)F_Y(z).\end{aligned}$$

类似地，有

$$\begin{aligned}F_N(z)&=P\{N\leqslant z\}=P\{\min\{X,Y\}\leqslant z\}\\&=1-P\{\min\{X,Y\}>z\}=1-P\{X>z,Y>z\}\\&=1-P\{X>z\}P\{Y>z\}\\&=1-(1-F_X(z))(1-F_Y(z)).\end{aligned}$$

以上结果可以推广到 n 个相互独立的随机变量的情况. 设 $X_1,X_2,\cdots,X_n$ 是 n 个相互独立的随机变量. 它们的分布函数分别为 $F_{X_i}(x_i)(i=1,2,\cdots,n)$，则

$$M=\max\{X_1,X_2,\cdots,X_n\},N=\min\{X_1,X_2,\cdots,X_n\}$$

的分布函数分别为

$$F_M(z)=F_{X_1}(z)F_{X_2}(z)\cdots F_{X_n}(z)$$
$$F_N(z)=1-(1-F_{X_1}(z))(1-F_{X_2}(z))\cdots(1-F_{X_n}(z)).$$

注：当 $X_1,X_2,\cdots,X_n$ 相互独立且具有相同分布函数 $F(x)$ 时，有

$$F_M(z)=[F(z)]^n,\quad F_N(z)=1-[1-F(z)]^n.$$

例 3.5.2 设某种型号的灯泡的寿命(单位:h)近似地服从 $N(1000,20^2)$分布，先随机地选取四只灯泡，求其中没有一只灯泡的寿命小于1020小时的概率.

解 设 $X\sim N(1000,400)$，四只灯泡的寿命分别为 X_1,X_2,X_3,X_4，则它们相互独立，且与 X 有相同的分布. 记 $Z=\min\{X_1,X_2,X_3,X_4\}$，则所求概率为 $P\{Z\geqslant 1020\}$. 由于

$$P\{Z\geqslant 1020\}=1-P\{Z<1020\}=1-F_{\min}(1020),$$

由上面的注知，$F_{\min}(1020)=1-[1-F(1020)]^4$. 于是

$$P\{Z\geqslant 1020\}=[1-F(1020)]^4,$$

其中 $F(x)$ 是 X 的分布函数. 易得

$$F(1020)=P\{X\leqslant 1020\}=\Phi\left(\frac{1020-1000}{20}\right)=\Phi(1)=0.8413,$$

因此，

$$P\{Z\geqslant 1020\}=(1-0.8413)^4=0.00063.$$

习题 3.5

1. 设 X 和 Y 是两个相互独立的随机变量，并且服从区间$[0,1]$上的均匀分布，求 $X+Y$ 的概率密度函数.

2. 设 X 和 Y 是两个相互独立的随机变量，概率密度函数分别为

$$f_X(x)=\begin{cases}\frac{1}{2}e^{-\frac{x}{2}}, & x>0,\\ 0, & x\leqslant 0.\end{cases}\qquad f_Y(y)=\begin{cases}\frac{1}{2}e^{-\frac{y}{2}}, & y>0,\\ 0, & y\leqslant 0.\end{cases}$$

求 $X+Y$ 的概率密度函数.

3. 设 X 和 Y 是两个相互独立的随机变量，分别服从参数为 λ_1,λ_2 的泊松分布，证明：$X+Y$服从参数为 $\lambda_1+\lambda_2$ 的泊松分布.

4. 设随机变量 $X\sim U[0,1]$，$Y\sim U[0,2]$，并且 X 和 Y 相互独立，求 $\min\{X,Y\}$的概率密度函数.

5. 对某种电子装置的输出测量了5次，得到观察值 X_1,X_2,X_3,X_4,X_5. 设它们是相互独立的随机变量，且有相同的概率密度函数

$$f(x)=\begin{cases}\frac{x}{4}e^{-\frac{x^2}{8}}, & x\geqslant 0,\\ 0, & \text{其他}.\end{cases}$$

重点分析

求 $Z=\max\{X_1,X_2,X_3,X_4,X_5\}$的分布函数.

第 3 章小结

一、基本内容

本章以二维随机变量为例，主要讨论了多维随机变量的定义及其性质，并简单介绍了几种常用的分布. 要重点掌握二维随机变量的联合分布、边缘分布及随机变量的独立性.

由于多个随机变量放在一起研究，不但要研究各个变量的个别性质，而且要考虑到它们之间的联系，因而有联合分布函数、联合分布律、联合概率密度函数、边缘分布函数、边缘分布律、边缘密度函数的问题，还有随机变量独立性的问题.

随机变量的函数分布的推导，在数理统计和概率论的许多应用中都很重要，应当熟练掌握.

二、疑难分析

1. 事件$\{X\leqslant x,Y\leqslant y\}$表示事件$\{X\leqslant x\}$与$\{Y\leqslant y\}$的积事件，那么为什么 $P\{X\leqslant x,Y\leqslant y\}$不一定等于 $P\{X\leqslant x\}\cdot P\{Y\leqslant y\}$?

如同仅当事件 A、B 相互独立时，才有 $P(AB)=P(A)\cdot P(B)$一样，这里 $P\{X\leqslant x,Y\leqslant y\}$依乘法原理 $P\{X\leqslant x,Y\leqslant y\}=P\{X\leqslant x\}\cdot P\{Y\leqslant y|X\leqslant x\}$. 只有事件 $P\{X\leqslant x\}$与 $P\{Y\leqslant y\}$相互独立时，才有

$$P\{X\leqslant x,Y\leqslant y\}=P\{X\leqslant x\}\cdot P\{Y\leqslant y\},\text{因为 } P\{Y\leqslant y|X\leqslant x\}=P\{Y\leqslant y\}.$$

2. 在二维随机变量(X,Y)中，联合分布、边缘分布及条件之间存在什么样的关系?

由边缘分布与条件分布的定义与公式知，联合分布唯一确定边缘分布，因而也唯一确定条件分布. 反之，边缘分布与条件分布都不能唯一确定联合分布. 但由 $f(x,y)=f_X(x)\cdot f_{Y|X}(y|x)$知，一个条件分布和它对应的边缘分布，能唯一确定联合分布.

但是，如果 X、Y 相互独立，则 $P\{X\leqslant x,Y\leqslant y\}=P\{X\leqslant x\}\cdot P\{Y\leqslant y\}$，即 $F(x,y)=F_X(x)\cdot F_Y(y)$. 说明当 X、Y 独立时，边缘分布也唯一确定联合分布，从而条件分布也唯一确定联合分布.

3. 两个随机变量相互独立的概念与两个事件相互独立是否相同? 为什么?

两个随机变量 X、Y 相互独立，是指组成二维随机变量(X,Y)的两个分量 X、Y 中一个分量的取值不受另一个分量取值的影响，满足 $P\{X\leqslant x,Y\leqslant y\}=P\{X\leqslant x\}\cdot P\{Y\leqslant y\}$. 而两个事件的独立性，是指一个事件的发生不受另一个事件发生的影响，故有 $P(AB)=P(A)\cdot P(B)$. 两者可以说不是一个问题.

但是，组成二维随机变量(X,Y)的两个分量 X、Y 是同一试验 E 的样本空间上的两个一维随机变量，而 A、B 也是一个试验 E_1 的样本空间的两个事件. 因此，若把“$X\leqslant x$”“$Y\leqslant y$”看作两个事件，那么两者的意义近乎一致，从而独立性的定义几乎是相同的.

三、例题解析

【例 3.1】 设一盒内有 2 件次品，3 件正品，进行有放回地抽取和无放回地抽取. 设 X

为第一次抽取所得次品个数，Y 为第二次抽取所得次品个数. 试分别求出在两种抽取方式下：

(1) X 和 Y 的联合分布律；

(2) 二维随机变量 (X,Y) 的边缘分布律；

(3) X 与 Y 是否相互独立.

【分析】 求二维随机变量 (X,Y) 的边缘分布律，仅需求出概率 $P\{X=i,Y=j\}$. 由二维随机变量 (X,Y) 的边缘分布律的定义知 $p_{i\cdot}=\sum_j p_{ij}$，$p_{\cdot j}=\sum_i p_{ij}$；将联合分布律表中各列的概率相加，即得关于 X 的边缘分布律；将联合分布律表中各行的概率相加，即得关于 Y 的边缘分布律. X 与 Y 是否相互独立的问题可由二维离散型随机变量 X 与 Y 相互独立的充要条件来验证.

【解】 X、Y 都服从 0—1 分布，分别记

$$X=\begin{cases}0, \text{第一次取得正品,}\\ 1, \text{第一次取得次品.}\end{cases}\quad Y=\begin{cases}0, \text{第二次取得正品,}\\ 1, \text{第二次取得次品.}\end{cases}$$

(1) 在有放回抽样时，联合分布律为

$$P\{X=0,Y=0\}=\frac{3}{5}\cdot\frac{3}{5}=\frac{9}{25},\quad P\{X=0,Y=1\}=\frac{3}{5}\cdot\frac{2}{5}=\frac{6}{25},$$

$$P\{X=1,Y=0\}=\frac{2}{5}\cdot\frac{3}{5}=\frac{6}{25},\quad P\{X=1,Y=1\}=\frac{2}{5}\cdot\frac{2}{5}=\frac{4}{25},$$

可列成表，如表 3-1 所示.

在不放回抽样时，联合分布律为

$$P\{X=0,Y=0\}=\frac{3}{5}\cdot\frac{2}{4}=\frac{3}{10},\quad P\{X=0,Y=1\}=\frac{3}{5}\cdot\frac{2}{4}=\frac{3}{10},$$

$$P\{X=1,Y=0\}=\frac{2}{5}\cdot\frac{3}{4}=\frac{3}{10},\quad P\{X=1,Y=1\}=\frac{2}{5}\cdot\frac{1}{4}=\frac{1}{10},$$

可列成表，如表 3-2 所示.

表 3-1

X	Y	
	0	1
0	$\frac{9}{25}$	$\frac{6}{25}$
1	$\frac{6}{25}$	$\frac{4}{25}$

表 3-2

X	Y	
	0	1
0	$\frac{3}{10}$	$\frac{3}{10}$
1	$\frac{3}{10}$	$\frac{1}{10}$

(2) 在有放回抽样时，对表 3-1，按各列、各行相加，得关于 X、Y 的边缘分布律为表 3-3、表 3-4. 在不放回抽样时，对表 3-2，按各列、各行相加，得关于 X、Y 的边缘分布律为表 3-5、表 3-6.

表 3-3

X	0	1
$p_{\cdot i}$	$\frac{3}{5}$	$\frac{2}{5}$

表 3-4

Y	0	1
$p_{\cdot j}$	$\frac{3}{5}$	$\frac{2}{5}$

表 3-5

X	0	1
$p_{i\cdot}$	$\frac{3}{5}$	$\frac{2}{5}$

表 3-6

Y	0	1
$p_{\cdot j}$	$\frac{3}{5}$	$\frac{2}{5}$

(3)在有放回抽样时,因为 $p_{ij}=p_{i\cdot}\,p_{\cdot j}(i,j=0,1)$,所以 X 与 Y 相互独立;在不放回抽样时,因为 $p_{1\cdot}\,p_{\cdot 1}=\frac{2}{5}\cdot\frac{2}{5}=\frac{4}{25}\neq p_{11}=\frac{1}{10}$,所以 X 与 Y 不相互独立.

【例 3.2】 设(X,Y)的概率密度函数为 $f(x,y)=\begin{cases}Cxy, & 0<x<1,\ 0<y<1,\\ 0, & \text{其他}.\end{cases}$ 试求:

(1) 常数 C;(2) $f_X(x)$, $f_Y(y)$;(3) X 与 Y 是否相互独立.

【分析】 由概率密度函数 $f(x,y)$ 的性质:$\int_{-\infty}^{+\infty}\int_{-\infty}^{+\infty}f(x,y)\mathrm{d}x\mathrm{d}y=1$,确定常数 C,由边缘密度函数的定义:$f_X(x)=\int_{-\infty}^{+\infty}f(x,y)\mathrm{d}y$, $f_Y(x)=\int_{-\infty}^{+\infty}f(x,y)\mathrm{d}x$,计算广义积分得 $f_X(x)$, $f_Y(y)$. 关于 X 与 Y 是否相互独立的问题,可用二维连续型随机变量 X 与 Y 相互独立的充要条件来验证.

【解】 (1) 因为 $1=\int_{-\infty}^{+\infty}\int_{-\infty}^{+\infty}f(x,y)\mathrm{d}x\mathrm{d}y=\int_0^1\int_0^1 Cxy\,\mathrm{d}x\mathrm{d}y=\frac{C}{4}$,因此 $C=4$;

(2) 因为 $f_X(x)=\int_{-\infty}^{+\infty}f(x,y)\mathrm{d}y$,

当 $0<y<1, 0<x<1$ 时,$f_X(x)=\int_0^1 4xy\,\mathrm{d}y=2x$,当 x,y 为其他情况时,$f_X(x)=0$,所以 $f_X(x)=\begin{cases}2x, & 0<x<1,\\ 0, & \text{其他}.\end{cases}$ 同理 $f_Y(y)=\begin{cases}2y, & 0<y<1,\\ 0, & \text{其他}.\end{cases}$

(3) $f_X(x)f_Y(y)=\begin{cases}4xy, & 0<x<1, 0<y<1,\\ 0, & \text{其他},\end{cases}$ 则有

$$f(x,y)=f_X(x)f_Y(y)$$

因此,X 与 Y 相互独立.

【例 3.3】 设二维随机变量(X,Y)的密度函数为

$f(x,y)=\begin{cases}[\sin(x+y)]/2, & 0\leqslant x<\pi/2, 0\leqslant y<\pi/2;\\ 0, & \text{其他}.\end{cases}$,求$(X,Y)$的分布函数 $F(x,y)$.

【分析】 根据密度函数的定义可以看出分布函数 $F(x,y)=\int_{-\infty}^{x}\int_{-\infty}^{y}f(x,y)\mathrm{d}x\mathrm{d}y$ 与 (x,y) 所在的区域有关,可分区域分别进行讨论.

【解】 当 $x<0, y<0$ 时,$f(x,y)=0$,于是 $F(x,y)=0$;

当 $0\leqslant x<\frac{\pi}{2}, 0\leqslant y<\frac{\pi}{2}$ 时,$p(x,y)=\frac{1}{2}[\sin(x+y)]$,

$$\begin{aligned}F(x,y)&=\int_{-\infty}^{x}\int_{-\infty}^{y}p(x,y)\mathrm{d}x\mathrm{d}y=\frac{1}{2}\int_0^x\int_0^y\sin(x+y)\mathrm{d}x\mathrm{d}y\\&=\frac{1}{2}[\sin x+\sin y-\sin(x+y)];\end{aligned}$$

当 $x \geqslant \frac{\pi}{2}, 0 \leqslant y < \frac{\pi}{2}$ 时，

$$F(x,y)=\frac{1}{2}\int_0^{\frac{\pi}{2}}\int_0^y \sin(x+y)\mathrm{d}x\mathrm{d}y=\frac{1}{2}(1+\sin y-\cos y);$$

当 $0 \leqslant x < \frac{\pi}{2}, y \geqslant \frac{\pi}{2}$ 时，

$$F(x,y)=\frac{1}{2}\int_0^x\int_0^{\frac{\pi}{2}} \sin(x+y)\mathrm{d}x\mathrm{d}y=\frac{1}{2}(1+\sin x-\cos x);$$

当 $x \geqslant \frac{\pi}{2}, y \geqslant \frac{\pi}{2}$ 时，

$$F(x,y)=\frac{1}{2}\int_0^{\frac{\pi}{2}}\int_0^{\frac{\pi}{2}} \sin(x+y)\mathrm{d}x\mathrm{d}y=1,\text{所以}$$

$$F(x,y)=\begin{cases}0, & x<0,y<0;\\ [\sin x+\sin y-\sin(x+y)]/2, & 0\leqslant x<\pi/2,0\leqslant y<\pi/2;\\ (1+\sin y-\cos y)/2, & x\geqslant \pi/2,0\leqslant y<\pi/2;\\ (1+\sin x-\cos x)/2, & 0\leqslant x<\pi/2,y\geqslant \pi/2;\\ 1, & x\geqslant \pi/2,y\geqslant \pi/2.\end{cases}$$

【例 3.4】 随机变量 (X,Y) 的密度函数为 $f(x,y)=\begin{cases}\dfrac{2}{(1+x+y)^3}, & x>0,y>0;\\ 0, & \text{其他}.\end{cases}$ 求 $X=1$ 条件下 Y 的条件分布密度.

【分析】 通过 (X,Y) 的密度函数和边缘密度函数来求在 $X=1$ 条件下 Y 条件的分布密度.

【解】 当 $x>0$ 时，有 $f_X(x)=\int_0^{\infty}\frac{2}{(1+x+y)^3}\mathrm{d}y=\frac{1}{(1+x)^2}$；

故 $f_{Y|X}(y\mid x=1)=\dfrac{f(1,y)}{f_X(1)}=\begin{cases}\dfrac{8}{(2+y)^3}, & y>0,\\ 0, & y\leqslant 0.\end{cases}$

【例 3.5】 随机变量 (X,Y) 的密度函数为 $f(x,y)=\begin{cases}\mathrm{e}^{-y}, & x>0,y>x;\\ 0, & \text{其他}.\end{cases}$ 求 $P\{X>2\mid Y<4\}$.

【分析】 先求得边缘密度函数，再根据条件概率的定义进行求解.

【解】 因为

$f_X(x)=\begin{cases}\int_x^{+\infty}\mathrm{e}^{-y}\mathrm{d}y=\mathrm{e}^{-x}, x>0;\\ 0, \quad x\leqslant 0.\end{cases}$ $f_Y(y)=\begin{cases}\int_0^y\mathrm{e}^{-y}\mathrm{d}x=y\mathrm{e}^{-y}, y>0;\\ 0, \quad y\leqslant 0.\end{cases}$ 故

$P\{X>2,Y<4\}=\iint\limits_G f(x,y)\mathrm{d}x\mathrm{d}y=\int_2^4\int_2^y\mathrm{e}^{-y}\mathrm{d}x=\int_2^4(y-2)\mathrm{e}^{-y}\mathrm{d}y=\mathrm{e}^{-2}-3\mathrm{e}^{-4}$

又 $P(Y<4)=\int\limits_{y<4}f_Y(y)\mathrm{d}y=\int_0^4 y\mathrm{e}^{-y}\mathrm{d}y=1-5\mathrm{e}^{-4}$

所以 $P\{X>2\mid Y<4\}=\dfrac{\mathrm{e}^{-2}-3\mathrm{e}^{-4}}{1-5\mathrm{e}^{-4}}$.

【例 3.6】 设随机变量 X 和 Y 相互独立，有 $f_X(x)=\begin{cases}1, & 0\leqslant x\leqslant 1;\\ 0, & 其他.\end{cases}$ $f_Y(y)=\begin{cases}2y, & 0\leqslant y\leqslant 1;\\ 0, & 其他.\end{cases}$ 求随机变量 $Z=X+Y$ 的概率密度函数 $f_Z(z)$.

【分析】 可按分布函数的定义先求得 $F_Z(z)=P\{Z\leqslant z\}$，再进一步求得概率密度函数 $f_Z(z)$；在计算累次积分时要分各种情况进行讨论.

【解】 $F_Z(z)=P\{X+Y\leqslant z\}=\iint\limits_{x+y\leqslant z} f(x,y)\mathrm{d}x\mathrm{d}y$，积分仅当 $f(x,y)>0$ 时才不为 0，考虑 $f(x,y)>0$ 的区域与 $x+y\leqslant z$ 的取值，分四种情况计算(见图 3-1).

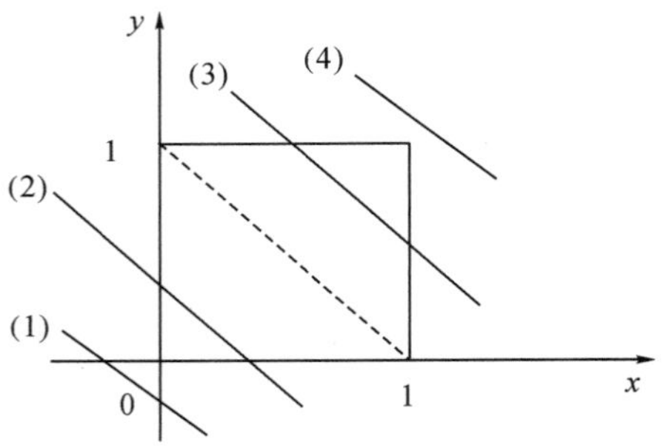

图 3-1

当 $z<0$ 时，$F_Z(z)=0$；

当 $0\leqslant z\leqslant 1$ 时，$F_Z(z)=\int_0^z\int_0^{z-x}2y\mathrm{d}y=\dfrac{z^3}{3}$；

当 $1<z\leqslant 2$ 时，

$$F_Z(z)=\int_0^{z-1}\int_0^1 2y\mathrm{d}y+\int_{z-1}^1\int_0^{z-x}2y\mathrm{d}y=z^2-\frac{z^3}{3}-\frac{1}{3};$$

当 $z>2$ 时，$F_Z(z)=1$；所以

$$F_Z(z)=\begin{cases}0, & z<0,\\ \dfrac{z^3}{3}, & 0\leqslant z\leqslant 1,\\ z^2-\dfrac{z^3}{3}-\dfrac{1}{3}, & 1<z\leqslant 2,\\ 1, & z>2.\end{cases}$$

$$f_Z(z)=F'_Z(z)=\begin{cases}z^2, & 0\leqslant z\leqslant 1,\\ 2z-z^2, & 1\leqslant z\leqslant 2,\\ 0, & 其他.\end{cases}$$

第 3 章总复习题

(A)

一、选择题

1. 设随机变量 X 和 Y 的概率密度函数均为

$$f(x)=\begin{cases}\mathrm{e}^{-x}, & x>0,\\ 0, & x\leqslant 0.\end{cases}$$

则(X,Y)的概率密度函数为__________.

A. $f(x,y)=\begin{cases}2\mathrm{e}^{-(x+y)}, & x>0,y<0.\\ 0, & 其他.\end{cases}$

B. $f(x,y)=\begin{cases} e^{-(x+y)}, & x>0,y<0; \\ 0, & 其他. \end{cases}$

C. $f(x,y)=\begin{cases} e^{-x}+e^{-y}, & x>0,y<0; \\ 0, & 其他. \end{cases}$

D. 以上结论均不正确.

2. 设随机变量 X 和 Y 相互独立,其分布律分别如下表:

Y	0	1
p	$\frac{1}{2}$	$\frac{1}{2}$

X	0	1
p	$\frac{1}{2}$	$\frac{1}{2}$

则以下结论正确的是__________.

A. $X=Y$　　B. $P\{X=Y\}=1$

C. $P\{X=Y\}=\frac{1}{2}$　　D. 以上都不正确

3. 设 $X\sim N(0,1)$,$Y\sim N(1,1)$,且它们相互独立,则__________.

A. $P\{X+Y\leqslant 0\}=\frac{1}{2}$　　B. $P\{X+Y\leqslant 1\}=\frac{1}{2}$

C. $P\{X-Y\leqslant 0\}=\frac{1}{2}$　　D. $P\{X-Y\leqslant 1\}=\frac{1}{2}$

4. 设 X 和 Y 为两个随机变量,且 $P\{X\geqslant 0,Y\geqslant 0\}=\frac{3}{7}$,$P\{X\geqslant 0\}=P\{Y\geqslant 0\}=\frac{4}{7}$,则 $P\{\max(X,Y)\geqslant 0\}=$　　(　　)

A. $\frac{16}{49}$　　B. $\frac{5}{7}$　　C. $\frac{3}{7}$　　D. $\frac{40}{49}$

二、填空题

1. 设二维随机变量(X,Y)的分布函数为

$$F(x,y)=\begin{cases} 1-e^{-x}-e^{-y}+e^{-(x+y)}, & x>0,y>0; \\ 0, & 其他. \end{cases}$$

则 $F_X(x)=$________;$p(X\leqslant 1,Y\leqslant 2)=$________.

2. 设二维随机变量(X,Y)的概率密度函数为

$$f(x,y)=\begin{cases} A\sin(x+y), & 0\leqslant x\leqslant \frac{\pi}{2},0\leqslant y\leqslant \frac{\pi}{2}; \\ 0, & 其他. \end{cases}$$

则 $A=$________.

3. 设二维随机变量(X,Y)的概率密度函数为

$$f(x,y)=\begin{cases} 15xy^2, & 0\leqslant y\leqslant x\leqslant 1, \\ 0, & 其他. \end{cases}$$

则 $f_X(x)=$________;$f_Y(y)=$________.

4. 若二维随机变量$(X,Y)\sim N(\mu_1,\sigma_1^2,\mu_2,\sigma_2^2,\rho)$,则 $X\sim$________;$Y\sim$________,且 X 与 Y 相互独立的充要条件为__________.

5. 设二维随机变量(X,Y)的分布律如下表：

X	Y		
	1	2	3
1	$\frac{1}{6}$	$\frac{1}{9}$	$\frac{1}{18}$
2	$\frac{1}{3}$	α	β

若 X 与 Y 独立，则 $\alpha=$________，$\beta=$________.

6. 设随机变量 X 与 Y 都服从正态分布 $N(0,\sigma^2)$，且 $P\{X\leqslant 1,Y\leqslant -1\}=\frac{1}{4}$，则 $P\{X>1,Y>-1\}=$__________.

三、解答题

1. 设二维随机变量(X,Y)的分布函数为

$$F(x,y)=\begin{cases}1-2^{-x}-2^{-y}+2^{-x-y}, & x\geqslant 0,y\geqslant 0,\\ 0, & \text{其他},\end{cases}$$

求 $P\{1<X\leqslant 2,\ 3<Y\leqslant 5\}$.

2. 盒中装有 3 个黑球，2 个白球. 现从中任取 4 个球，用 X 表示取到的黑球的个数，用 Y 表示取到的白球的个数，求(X,Y)的联合分布律和边缘分布律，并判断随机变量 X 与 Y 是否相互独立.

3. 设二维随机变量(X,Y)的概率密度函数为

$$f(x,y)=\begin{cases}a(6-x-y), & 0\leqslant x\leqslant 1,\ 0\leqslant y\leqslant 2;\\ 0, & \text{其他},\end{cases}$$

(1)确定常数 a；

(2)求 $P\{X\leqslant 0.5,\ Y\leqslant 1.5\}$；

(3)求 $P\{(X,Y)\in D\}$，其中 D 是由 $x=0$，$y=0$ 和 $x+y=1$ 这 3 条直线所围成的三角形区域.

4. 已知二维离散型随机变量(X,Y)的分布如下表所示，问当 α,β,γ 为何值时，X 与 Y 相互独立？

X	Y		
	-1	0	1
0	α	$\frac{1}{9}$	$\frac{1}{18}$
1	$\frac{1}{3}$	β	γ

5. 设二维随机变量(X,Y)的概率密度函数为

$$f(x,y)=\begin{cases}\frac{3}{2}xy^2, & 0\leqslant x\leqslant 2,\ 0\leqslant y\leqslant 1;\\ 0, & \text{其他},\end{cases}$$

求边缘密度函数 $f_X(x)$ 与 $f_Y(y)$，并判断随机变量 X 与 Y 是否相互独立.

6. 设二维随机变量 (X,Y) 的分布函数为

$$F(x,y)=\begin{cases}1-e^{-x}-e^{-y}+e^{-x-y}, & x>0,\ y>0;\\ 0, & \text{其他},\end{cases}$$

试判断随机变量 X 与 Y 是否相互独立.

7. 设随机变量 X 与 Y 相互独立，并且 $X\sim B(n,p)$，$Y\sim B(n,p)$，求 $X+Y$ 的分布律.

8. 设某种商品在一周内的需要量是一个随机变量，其概率密度函数为

$$f(x)=\begin{cases}xe^{-x}, & x>0,\\ 0, & \text{其他}.\end{cases}$$

如果各周的需要量相互独立，求两周需要量的概率密度函数.

(B)

一、选择题

1. 设随机变量 X 与 Y 相互独立，且服从标准正态分布 $N(0,1)$，则　　(　　)

A. $P\{X+Y\geqslant 0\}=\frac{1}{4}$　　B. $P\{X-Y\geqslant 0\}=\frac{1}{4}$

C. $P\{\max(X,Y)\geqslant 0\}=\frac{1}{4}$　　D. $P\{\min(X,Y)\geqslant 0\}=\frac{1}{4}$

2. 设随机变量 X 与 Y 具有相同的分布函数 $F(x)$，随机变量 $Z=X+Y$ 的分布函数为 $G(z)$，则对任意实数 x，必有　　(　　)

A. $G(2x)=2F(x)$　　B. $G(2x)=F^2(x)$

C. $G(2x)\leqslant 2F(x)$　　D. $G(2x)\geqslant 2F(x)$

3. 设随机变量 (X,Y) 服从二维正态分布，且 X 与 Y 不相关，$f_X(x)$，$f_Y(y)$ 分别表示 X，Y 的概率密度，则在 $Y=y$ 的条件下，X 的条件概率密度 $f_{X|Y}(x|y)$ 为　　(　　)

A. $f_X(x)$　　B. $f_Y(y)$　　C. $f_X(x)f_Y(y)$　　D. $\frac{f_X(x)}{f_Y(y)}$

4. (2009 年考研真题)设随机变量 X 与 Y 相互独立，且 X 服从标准正态分布 $N(0,1)$，Y 的分布律为 $P\{Y=0\}=P\{Y=1\}=\frac{1}{2}$. 记 $F_Z(z)$ 为随机变量 $Z=XY$ 的分布函数，其函数图像间断点个数为　　(　　)

A. 0　　B. 1　　C. 2　　D. 3

5. (2011 年考研真题)设随机变量 X 与 Y 相互独立，且都服从区间 $(0,1)$ 上的均匀分布，则 $P\{X^2+Y^2\leqslant 1\}=$　　(　　)

A. $\frac{1}{4}$　　B. $\frac{1}{2}$　　C. $\frac{\pi}{8}$　　D. $\frac{\pi}{4}$

6. (2011 年考研真题)设 $F_1(x)$，$F_2(x)$ 为两个分布函数，其相应的概率密度 $f_1(x)$，$f_2(x)$ 是连续函数，则必为概率密度的是　　(　　)

A. $f_1(x)f_2(x)$　　B. $2f_2(x)F_1(x)$

C. $f_1(x)F_2(x)$　　D. $f_1(x)F_2(x)+f_2(x)F_1(x)$

7. (2012 年考研真题)设随机变量 X 与 Y 相互独立,且分别服从参数为 1 与参数为 4 的指数分布,则 $p\{x<y\}=$ ( )

A. $\frac{1}{5}$ B. $\frac{1}{3}$ C. $\frac{2}{5}$ D. $\frac{4}{5}$

二、填空题

1. (2006 年考研真题)设随机变量 X 与 Y 相互独立,且均服从区间$[0,3]$上的均匀分布,则 $P\{\max(X,Y)\leqslant 1\}=$________.

2. 已知测量误差在$[-0.5,0.5]$上服从均匀分布,X_i 表示第 i 次独立测量所产生的误差,则 $P\{\max(X_1,X_2,X_3,X_4)\geqslant 0.4,\min(X_1,X_2,X_3,X_4)\leqslant -0.4\}=$________.

3. 设随机变量 X_1 与 X_2 相互独立,其分布函数分别为

$$F_{X_1}(x)=\begin{cases}0, & x<0,\\ \frac{1}{4}, & 0\leqslant x<1,\\ 1, & x\geqslant 1.\end{cases}\quad F_{X_2}(x)=\begin{cases}0, & x<0,\\ \frac{x+1}{2}, & 0\leqslant x\leqslant 1,\\ 1, & x>1.\end{cases}$$

则 X_1+X_2 的分布函数 $F_{X_1+X_2}(x)=$________.

三、解答题

1. 把三个球等可能地放入编号为 1,2,3 的三个盒子中,每盒容球数无限,记 X 与 Y 分别表示落入 1 号与 2 号盒中的球数,求:

(1)在 $Y=0$ 的条件下,随机变量 X 的条件分布律;

(2)在 $X=2$ 的条件下,随机变量 Y 的条件分布律.

2. 设随机变量(X,Y)的概率密度函数为

$$f(x,y)=\begin{cases}\frac{21x^2y}{4}, & x^2\leqslant y\leqslant 1,\\ 0, & \text{其他}.\end{cases}$$

求:(1)条件密度函数 $f_{X|Y}(x|y)$,并写出 $f_{X|Y}\left(x\middle|\frac{1}{3}\right)$;

(2)计算条件概率 $P\left\{Y\geqslant\frac{2}{3}\middle|X=\frac{1}{4}\right\}$.

3. 设 X 与 Y 分别服从参数为 λ_1, λ_2 的泊松分布,并且相互独立,求 $Z=X+Y$ 的分布律.

4. 设随机变量 X 与 Y 相互独立,其概率密度函数分别为

$$f_X(x)=\begin{cases}1 & 0\leqslant x\leqslant 1,\\ 0, & \text{其他},\end{cases}\quad f_Y(y)=\begin{cases}e^{-y} & y\geqslant 0,\\ 0, & y\leqslant 0.\end{cases}$$

求 $Z=2X+Y$ 的概率密度函数.

5. 设随机变量(X,Y)的概率密度函数为

$$f(x,y)=\begin{cases}xe^{-y}, & 0<x<y<+\infty,\\ 0, & \text{其他}.\end{cases}$$

求 $M=\max(X,Y)$ 与 $N=\min(X,Y)$ 的概率密度函数.

6. 设随机变量 X 与 Y 独立同分布，且 $f_X(x)=f_Y(x)=\begin{cases} e^{-x}, & x>0, \\ 0, & x\leqslant 0. \end{cases}$

证明　(1)$X+Y$ 与 $\dfrac{X}{Y}$ 相互独立；(2)$X+Y$ 与 $\dfrac{X}{X+Y}$ 也是相互独立的.

7. 设随机变量 $X_1,X_2,\cdots,X_n$ 相互独立，且服从区间 $[0,a]$ 上的均匀分布，$X=\min\{X_1,X_2,\cdots,X_n\}$，$Y=\max\{X_1,X_2,\cdots,X_n\}$，求随机变量 X 与 Y 的概率密度函数.

8. 设随机变量 $X_1,X_2,\cdots,X_n$ 相互独立，且都服从参数为 $\lambda>0$ 的指数分布，试求 $X=X_1+X_2+\cdots+X_n$，求随机变量 X 的概率密度函数.

9.(2009 年考研真题)袋中有 1 个红球，2 个黑球与 3 个白球，现有放回地从袋中取两次，每次取一球，以 X,Y,Z 分别表示两次取球所取得的红球、黑球与白球的个数.

(1)求 $P\{X=1\mid Z=0\}$；

(2)求二维随机变量 (X,Y) 的概率分布.

10. (2010 年考研真题)设二维随机变量 $(X+Y)$ 的概率密度为 $f(x,y)=Ae^{-2x^2+2xy-y^2}$，$-\infty<x<+\infty$，$-\infty<y<\infty$，求常数 A 及条件概率密度 $f_{Y|X}(Y|X)$.

11. (2016 年考研真题) 设二维随机变量 (X, Y) 在区域 $D=\{(x,y)\mid 0<x<1,x^2<y<\sqrt{x}\}$ 上服从均匀分布，令 $U=\begin{cases} 1, & X\leqslant Y, \\ 0, & X>Y. \end{cases}$

(1)写出 (X,Y) 的概率密度.

(2)问 U 与 X 是否相互独立？并说明理由.

(3)求 $Z=U+X$ 的分布函数 $F(z)$.

第 4 章　随机变量的数字特征

从前面的学习可以知道，随机变量的分布(分布律、概率密度函数或分布函数)全面地描述了随机变量取值的统计规律性，由分布可以算出有关随机变量事件的概率. 但是，要得到某些随机变量的分布是很困难的. 在实际问题中，我们往往更关注随机变量分布的某些特征，而不需要知道它的完整的分布. 例如，在评价一批棉花的质量时，既要注意纤维的平均长度，又要注意纤维长度与平均长度之间的偏离程度，平均长度大，偏离程度小，则质量就较好. 由分布可以算得相应随机变量的均值、方差等特征数，这些特征数各从一个侧面描述了分布的特征.

本章，我们从一些问题的实际背景出发，重点介绍随机变量的一些重要数字特征：数学期望、方差、协方差与相关系数，并简要介绍矩与协方差矩阵.

§4.1　数学期望

平均值是实际生活中最常用的一个数字特征，它对评判事物、作出决策等具有重要作用. 本节要研究的问题就是：已知随机变量的分布，如何求其均值，也就是数学期望.

4.1.1　数学期望的定义

大家都知道，要求 n 个数 $x_1,x_2,\cdots,x_n$ 的算术平均值，就是把这 n 个数相加然后除以 n 即可.

如果这 n 个数中有相同的，那情况又会怎样呢？我们来看下面的例子.

例 4.1.1　已知一名射手 100 次射击的成绩如表 4-1-1 所示.

表 4-1-1

环数(i)	10	9	8	7	6	5
次数(n_i)	50	10	15	10	5	10

人们常常使用平均中靶环数来对射手的射击水平做出综合评价，记平均中靶环数为 $\overline{x}$，则有

$$\overline{x}=\frac{1}{n}\sum_{i=0}^{10}k\cdot n_k=\frac{10\times 50+9\times 10+8\times 15+7\times 10+6\times 5+5\times 10}{100}=8.6(\text{环})$$

由第 1 章知道，其中的 $\frac{n_i}{n}$ 是“射中 i 环”这一事件的频率，可记为 f_i，于是

$$\bar{x} = \sum_{i=0}^{10} x_i \cdot f_i$$

即这里的平均就是用频率为权数的一种加权平均.

由于频率的值依赖于试验结果,具有随机性,如果再让该射手射击 100 次,就会得到与前面的频率值不一样的一组频率值,因此算出的平均中靶环数与前面的结果会不一样.要完整描述该射手真实水平,就是要求出该射手射中环数 X 的概率分布.由于概率是频率的稳定值,如果在计算平均值的过程中,用概率代替相应的频率就可以排除这种随机性,称这种"稳定的"平均值为随机变量 X 的数学期望.综上所述,数学期望刻画了随机变量 X 的所有可能取值在概率意义下的平均值.

下面给出数学期望严格的数学定义.

定义 4.1.1　设离散型随机变量 X 的分布律为:$P\{X=x_k\}=p_k, k=0,1,2,\cdots,n$,若级数 $\sum_{k=1}^{\infty} x_k p_k$ 绝对收敛,则称其为随机变量 X 的数学期望(Mathematical expectation),简称为期望或均值(mean),记为 $E(X)$,即

$$E(X) = \sum_{k=1}^{\infty} x_k p_k$$

若级数 $\sum_{k=1}^{\infty} x_k p_k$ 不绝对收敛,则称随机变量 X 的数学期望不存在.

数学试验
数学期望

以上定义中,要求级数绝对收敛,是因为随机变量的取值可正可负,取值次序可先可后,由无穷级数的理论知道,如果此级数绝对收敛,则可保证其和不受次序变动的影响.由于有限项的和不受次序变动的影响,故取有限个可能值的随机变量的数学期望总是存在的.

对于连续型随机变量,只需在离散型随机变量数学期望的定义中将分布列改为概率密度函数,将求和改为积分,则可类似得到连续型随机变量数学期望的定义.其意义仍然体现了随机变量的所有可能取值在概率意义下的平均值.

定义 4.1.2　设连续型随机变量 X 的概率密度函数为 $f(x)$,若积分 $\int_{-\infty}^{+\infty} x f(x)\mathrm{d}x$ 绝对收敛,则称其为 X 的**数学期望(mathematical expectation)** 或 **均值(mean)**,记为 $E(X)$,即

$$E(X) = \int_{-\infty}^{+\infty} x f(x)\mathrm{d}x;$$

若积分 $\int_{-\infty}^{+\infty} x f(x)\mathrm{d}x$ 不绝对收敛,则称随机变量 X 的数学期望不存在.

例 4.1.2　设某地区一个月内发生重大交通事故数 X 是一个随机变量,它的分布律为

X	0	1	2	3	4	5	6
P	0.301	0.362	0.216	0.087	0.026	0.006	0.002

试求该地区发生重大交通事故的月平均数.

解
$$\begin{aligned}E(X)=&0\times 0.301+1\times 0.362+2\times 0.216+3\times 0.087+4\times 0.026+\\&5\times 0.006+6\times 0.002=1.201\end{aligned}$$

所以该地区发生重大交通事故的月平均数为 1.201 起.

例 4.1.3 设随机变量 X 的概率密度函数为

$$f(x)=\begin{cases}x, & 0\leqslant x<1,\\ 2-x, & 1\leqslant x<2,\\ 0, & \text{其他}.\end{cases}$$

求 $E(X)$.

解

$$E(X)=\int_{-\infty}^{+\infty}xf(x)\mathrm{d}x=\int_0^1 x\cdot x\mathrm{d}x+\int_1^2 x\cdot(2-x)\mathrm{d}x=\frac{x^3}{3}\bigg|_0^1+\left(x^2-\frac{x^3}{3}\right)_1^2=1.$$

下面举一个随机变量数学期望不存在的例子.

例 4.1.4 设随机变量 X 服从柯西分布,密度函数为

$$f(x)=\frac{1}{\pi(1+x^2)},-\infty<x<+\infty,$$

由于积分$\int_{-\infty}^{+\infty}\frac{|x|\mathrm{d}x}{\pi(1+x^2)}=\infty$,因而 $E(X)$ 不存在.

数学期望的理论意义是深刻的,它是消除随机性的主要手段,这在后面各个章节中会清楚地体会到.

数学期望在实际中应用广泛,下面举一些例子告诉大家数学期望应用的广泛性.

例 4.1.5 在一个人数为 N 的人群中普查某种疾病,为此要抽验 N 个人的血.如果将每个人的血分别检验,则共需检验 N 次.为了能减少工作量,统计学家提出一种方法:按 k 个人一组进行分组,把同组 k 个人的血样混合后检验,如果这混合血样呈阴性反应,就说明此 k 个人的血都呈阴性反应,此 k 个人都无疾病,因而这 k 个人只需要检验一次就够了,相当于每个人检验$\frac{1}{k}$次,检验的工作量明显减少了.如果这混合血样呈阳性反应,就说明此 k 个人中至少有一个人的血呈阳性反应,则再对此 k 个人的血样分别进行检验,因而这 k 个人的血要检验 $1+k$ 次,相当于每个人检验 $1+\frac{1}{k}$次,这时增加了检验次数.假设该疾病的发病率为 p,且得此疾病相互独立.试问此种方法能否减少平均检验次数?

解 令 X 为该人群中每个人需要的验血次数,则 X 的分布律为

X	$\frac{1}{k}$	$1+\frac{1}{k}$
P	$(1-P)^k$	$1-(1-p)^k$

所以每人平均验血次数为

$$E(X)=\frac{1}{k}(1-p)^k+\left(1+\frac{1}{k}\right)[1-(1-p)^k]=1-(1-p)^k+\frac{1}{k}.$$

因此,只要选择 k 使

$$1-(1-p)^k+\frac{1}{k}<1,\text{ 即}(1-p)^k>\frac{1}{k},$$

就可减少验血次数,而且还可适当选择 k 使其达到最小.譬如,当 $p=0.1$ 时对不同的 k,$E(X)$的值如表 4-1-1 所示.从表中可以看出,当 $k\geqslant34$ 时,平均验血次数超过 1,即比分别检验的工作量还大;而当 $k\leqslant33$ 时,平均验血次数在不同程度上得到了减少,特别在 $k=4$

时，平均验血次数最少，验血工作量可减少 40%.

表 4-1-1

k	2	3	4	5	8	10	30	33	34
$E(X)$	0.690	0.604	0.594	0.610	0.695	0.751	0.991	0.994	1.0016

我们也可以对不同的发病率 p 计算出最佳的分组人数 k_0，如表 4-1-2 所示. 从表中也可以看出：发病率 p 越小，则分组检验的效益越大. 譬如在 $p=0.01$ 时，若取 11 人为一组进行验血，则验血工作量可减少 40%左右. 这正是美国第二次世界大战期间大量征兵时，对新兵验血所采用的减少工作量的措施.

表 4-1-2

p	0.14	0.10	0.08	0.06	0.04	0.02	0.01
k_0	3	4	4	5	6	8	11
$E(X)$	0.697	0.594	0.534	0.466	0.384	0.274	0.205

4.1.2　常见分布的数学期望

1. 0—1 分布

设随机变量 X 服从 0—1 分布，分布律为

X	0	1
P	$1-p$	p

则 $E(X)=0\cdot(1-p)+1\cdot p=p$.

2. 二项分布

设随机变量 $X\sim B(n,p)$，分布律为

$$P\{X=k\}=C_n^k p^k(1-p)^{n-k}, k=0,1,2,\cdots,n.$$

则

$$E(X)=\sum_{k=1}^{n}kC_n^k p^k(1-p)^{n-k}=np\sum_{k=0}^{n}C_{n-1}^{k-1}p^{k-1}(1-p)^{n-k}$$
$$=np\sum_{k=0}^{n-1}C_{n-1}^{k}p^k(1-p)^{n-1-k}=np[p+(1-p)]^{n-1}=np$$

注：这个和的计算比较复杂，本节最后将利用性质来计算这一数学期望.

3. 泊松分布

设随机变量 $X\sim P(\lambda)$，分布律为

$$P\{X=k\}=\frac{\lambda^k}{k!}e^{-\lambda}, k=0,1,2,\cdots.$$

则

$$E(X)=\sum_{k=0}^{\infty}k\frac{\lambda^k}{k!}e^{-\lambda}=\lambda e^{-\lambda}\sum_{k=1}^{\infty}\frac{\lambda^{k-1}}{(k-1)!}=\lambda e^{-\lambda}\sum_{k=0}^{\infty}\frac{\lambda^k}{k!}=\lambda e^{-\lambda}\cdot e^{\lambda}=\lambda.$$

4. 均匀分布

设随机变量 X 服从$[a,b]$上的均匀分布,概率密度为

$$f(x)=\begin{cases}\dfrac{1}{b-a}, & a\leqslant x\leqslant b,\\ 0, & \text{其他}.\end{cases}$$

则
$$E(X)=\int_a^b xf(x)\mathrm{d}x=\int_a^b\frac{x}{b-a}\mathrm{d}x=\frac{b^2-a^2}{2(b-a)}=\frac{a+b}{2}.$$

5. 指数分布

设随机变量 X 服从参数为 λ 的指数分布,概率密度函数为

$$f(x)=\begin{cases}\lambda\mathrm{e}^{-\lambda x}, & x\geqslant 0,\\ 0, & x<0.\end{cases}$$

则
$$E(X)=\int_{-\infty}^{+\infty}xf(x)\mathrm{d}x=\int_0^{+\infty}\lambda x\mathrm{e}^{-\lambda x}\mathrm{d}x=-\int_0^{+\infty}x\mathrm{d}\mathrm{e}^{-\lambda x}$$
$$=-x\mathrm{e}^{-\lambda x}\Big|_0^{+\infty}+\int_0^{+\infty}\mathrm{e}^{-\lambda x}\mathrm{d}x=-\frac{1}{\lambda}\mathrm{e}^{-\lambda x}\Big|_0^{+\infty}=\frac{1}{\lambda}$$

6. 正态分布

设随机变量 $X\sim N(\mu,\sigma^2)$,密度函数为 $f(x)=\dfrac{1}{\sqrt{2\pi}\sigma}\mathrm{e}^{-\frac{(x-\mu)^2}{2\sigma^2}}(-\infty<x<+\infty)$,则

$$E(X)=\int_{-\infty}^{+\infty}xf(x)\mathrm{d}x=\int_{-\infty}^{+\infty}\frac{x}{\sqrt{2\pi}\sigma}\mathrm{e}^{-\frac{(x-\mu)^2}{2\sigma^2}}\mathrm{d}x$$

令$\dfrac{x-\mu}{\sigma}=t$,则 $E(X)=\mu\displaystyle\int_{-\infty}^{+\infty}\frac{1}{\sqrt{2\pi}}\mathrm{e}^{-\frac{t^2}{2}}\mathrm{d}t+\sigma\int_{-\infty}^{+\infty}\frac{t}{\sqrt{2\pi}}\mathrm{e}^{-\frac{t^2}{2}}\mathrm{d}t=\mu.$

4.1.3 随机变量函数的数学期望

在许多实际问题中,我们往往需要求出随机变量函数的数学期望.例如已知圆半径 R 服从区间[1,2]上的均匀分布,要求圆面积 $S=\pi R^2$ 的数学期望.一种方法是,先由 R 的分布求出 S 的概率密度函数,然后按定义求出 S 的数学期望.但是,要求出 S 的概率密度函数往往会比较复杂.

下面不加证明地给出计算随机变量函数的数学期望的定理.

定理 4.1.1 设 $Y=g(X)$为随机变量 X 的函数,且假设 $E(Y)$存在,

(1)设 X 是离散型随机变量,它的分布律为 $p_k=P(X=x_k),k=1,2,\cdots$,则

$$E(Y)=E[g(X)]=\sum_{k=1}^{\infty}g(x_k)p_k.$$

(2) 设 X 是连续型随机变量,它的概率密度为 $f(x)$,则

$$E(Y)=E[g(X)]=\int_{-\infty}^{+\infty}g(x)f(x)\mathrm{d}x.$$

定理的重要性在于:求 $E(Y)=E[g(X)]$时,不必知道 $Y=g(X)$ 的分布,而只需知道 X 的分布就可以了.这给求随机变量函数的数学期望带来了很大方便.

上面的定理可以推广到二维以上的情形.

定理 4.1.2 设 $Z=g(X,Y)$ 是随机变量(X,Y) 的函数,且 $E(Z)$ 存在,则

(1) 若(X,Y) 是二维离散型随机变量,联合分布律为:

$$p_{ij} = P(X = x_i, Y = y_j), i,j = 1,2,\cdots$$

则有 $E(Z) = E[g(X,Y)] = \sum_{i=1}^{\infty}\sum_{j=1}^{\infty} g(x_i, y_j) p_{ij}$.

(2) 若(X,Y)是二维连续型随机变量，联合密度函数为 $f(x,y)$，则有

$$E(Z) = E[g(X,Y)] = \int_{-\infty}^{+\infty}\int_{-\infty}^{+\infty} g(x,y) f(x,y) \mathrm{d}x\mathrm{d}y.$$

例 4.1.6　设随机变量 X 的分布律为

X	0	1	2	3
P	$\frac{1}{2}$	$\frac{1}{4}$	$\frac{1}{8}$	$\frac{1}{8}$

求数学期望 $E(X), E(X^2), E\left(\frac{1}{1+X}\right)$.

解

$$E(X) = 0\times\frac{1}{2} + 1\times\frac{1}{4} + 2\times\frac{1}{8} + 3\times\frac{1}{8} = \frac{7}{8};$$

$$E(X^2) = 0^2\times\frac{1}{2} + 1^2\times\frac{1}{4} + 2^2\times\frac{1}{8} + 3^2\times\frac{1}{8} = \frac{15}{8};$$

$$E\left(\frac{1}{1+X}\right) = \frac{1}{1+0}\times\frac{1}{2} + \frac{1}{1+1}\times\frac{1}{4} + \frac{1}{1+2}\times\frac{1}{8} + \frac{1}{1+3}\times\frac{1}{8} = \frac{67}{96}.$$

例 4.1.7　设随机变量 X 服从区间$(0,\pi)$上的均匀分布，求

(1)$E(X)$；(2)$E(\sin X)$；(3) $E(X^2)$.

解　X 的概率密度函数为 $f(x) = \begin{cases} \frac{1}{\pi}, & 0 < x < \pi, \\ 0, & \text{其他}, \end{cases}$ 所以

(1) $E(X) = \int_0^{\pi} \frac{1}{\pi} x \mathrm{d}x = \frac{1}{2\pi}x^2 \Big|_0^{\pi} = \frac{\pi}{2}$;

(2) $E(\sin X) = \int_0^{\pi} \sin x \cdot \frac{1}{\pi}\mathrm{d}x = -\frac{1}{\pi}\cos x \Big|_0^{\pi} = \frac{2}{\pi}$;

(3) $E(X^2) = \int_0^{\pi} x^2 \cdot \frac{1}{\pi}\mathrm{d}x = \frac{1}{3\pi}x^3 \Big|_0^{\pi} = \frac{\pi^2}{3}$.

例 4.1.8　设二维离散型随机变量(X,Y)的联合分布律为

X \ Y	0	1	2	3
1	0	3/8	3/8	0
3	1/8	0	0	1/8

求：$E(X), E(Y), E(XY)$.

解　先求出关于 X 与 Y 的边缘分布律.

X	1	3
P	$\frac{3}{4}$	$\frac{1}{4}$

Y	0	1	2	3
P	$\frac{1}{8}$	$\frac{3}{8}$	$\frac{3}{8}$	$\frac{1}{8}$

于是 $E(X)=1\times\frac{3}{4}+3\times\frac{1}{4}=\frac{3}{2}$;

$$E(Y)=0\times\frac{1}{8}+1\times\frac{3}{8}+2\times\frac{3}{8}+3\times\frac{1}{8}=\frac{3}{2},$$

$$E(XY)=(1\times0)\times0+(1\times1)\times\frac{3}{8}+(1\times2)\times\frac{3}{8}+(1\times3)\times0+$$
$$(3\times0)\times\frac{1}{8}+(3\times1)\times0+(3\times2)\times0+(3\times3)\times\frac{1}{8}=\frac{9}{4}.$$

例 4.1.9 设 (X,Y) 的联合概率密度函数为

$$f(x,y)=\begin{cases}(x+y)/3, & 0\leqslant x\leqslant 2,\ 0\leqslant y\leqslant 1;\\ 0, & \text{其他}.\end{cases}$$

求:$E(X)$,$E(Y)$,$E(XY)$.

解 由定理 4.1.2,有

$$E(X)=\iint\limits_D xf(x,y)\mathrm{d}x\mathrm{d}y=\int_0^2 x\mathrm{d}x\int_0^1\frac{x+y}{3}\mathrm{d}y=\frac{1}{6}\int_0^2 x(2x+1)\mathrm{d}x=\frac{11}{9};$$

$$E(Y)=\iint\limits_D yf(x,y)\mathrm{d}x\mathrm{d}y=\int_0^2\mathrm{d}x\int_0^1\frac{xy+y^2}{3}\mathrm{d}y=\frac{1}{18}\int_0^2(3x+2)\mathrm{d}x=\frac{5}{9};$$

$$E(XY)=\iint\limits_D xyf(x,y)\mathrm{d}x\mathrm{d}y=\int_0^2 x\mathrm{d}x\int_0^1 y\,\frac{x+y}{3}\mathrm{d}y$$
$$=\int_0^2 x\left(\frac{x}{6}+\frac{1}{9}\right)\mathrm{d}x=\frac{1}{18}[x^3+x^2]_0^2=\frac{2}{3}.$$

4.1.4 数学期望的性质

随机变量的数学期望具有如下一些性质(假设下面所提及的随机变量的数学期望均存在):

性质 1 设 c 是常数,则有 $E(c)=c$;

性质 2 设 X 是随机变量,c 是常数,则有 $E(cX)=cE(X)$;

性质 3 设 X,Y 是随机变量,则有 $E(X+Y)=E(X)+E(Y)$;(该性质可推广到有限个随机变量之和的情况)

性质 4 设 X,Y 是相互独立的随机变量,则有 $E(XY)=E(X)E(Y)$.

性质 1、2 由定义容易证明,读者可自行完成.下面来证明性质 3、4(仅就连续型情形给出证明,离散型情形类似可证).

性质 3 的证明:

$$E(X+Y)=\int_{-\infty}^{+\infty}\int_{-\infty}^{+\infty}(x+y)f(x,y)\mathrm{d}x\mathrm{d}y$$
$$=\int_{-\infty}^{+\infty}\int_{-\infty}^{+\infty}xf(x,y)\mathrm{d}x\mathrm{d}y+\int_{-\infty}^{+\infty}\int_{-\infty}^{+\infty}yf(x,y)\mathrm{d}x\mathrm{d}y=E(X)+E(Y).$$

性质 4 的证明：设二维连续型随机变量 (X,Y) 的联合概率密度为 $f(x,y)$，其边缘概率密度为 $f_X(x)$，$f_Y(y)$，又 X 和 Y 相互独立，因此 $f(x,y)=f_X(x)f_Y(y)$，所以

$$
\begin{aligned}
E(XY) &= \int_{-\infty}^{+\infty} xyf(x,y)\,\mathrm{d}x\mathrm{d}y \\
&= \int_{-\infty}^{+\infty} xf_X(x)\,\mathrm{d}x \cdot \int_{-\infty}^{+\infty} yf_Y(y)\,\mathrm{d}y = E(X)E(Y).
\end{aligned}
$$

注：由性质 4，若 X 与 Y 相互独立，则有 $E(XY)=E(X)E(Y)$. 但反之不成立，即由 $E(XY)=E(X)E(Y)$ 不能推出 X 与 Y 相互独立.

例如，在例 4.1.8 中，我们已经计算出

$$E(XY)=E(X)E(Y)=\frac{9}{4},$$

由 $P\{X=1,Y=0\}=0$，$P\{X=1\}=\frac{3}{4}$，$P\{Y=0\}=\frac{1}{8}$，显然有

$$P\{X=1,Y=0\}\neq P\{X=1\}\cdot P\{Y=0\}$$

故 X 与 Y 不独立.

利用数学期望的性质，可以使得某些数学期望的计算变得更为简捷.

前面介绍了二项分布数学期望的计算，大家会发现求和比较复杂，利用性质 3 来计算则会简单很多，下面来介绍这个方法.

例 4.1.10　设随机变量 $X\sim B(n,p)$，求 $E(X)$.

解　令 X 为 n 重伯努利试验中事件 A 发生的次数，则 $X\sim B(n,p)$，其中在一次试验中 A 发生的概率 $P(A)=p$，令

$$X_i=\begin{cases}1, & \text{第 } i \text{ 次试验中 } A \text{ 发生}, \\ 0, & \text{否则},\end{cases} \quad i=1,2,\cdots,n,$$

则 $\sum_{i=1}^{n} X_i = X$，且 $P\{X_i=0\}=1-p$，$P\{X_i=1\}=p$，因此 $E(X_i)=1-p$. 所以

$$E(X)=\sum_{i=1}^{n} E(X_i)=np.$$

注：本题将随机变量 X 分解成若干个随机变量之和，然后由性质 3，利用随机变量和的数学期望等于随机变量的数学期望之和来求数学期望，这种处理方法具有一定的普遍意义.

习题 4.1

1. 设随机变量 X 的分布律为

X	-2	0	2
P	0.4	0.3	0.3

求 $E(X)$，$E(X^2)$，$E(3X^2+5)$.

2. 设 X 的密度函数为

$$f(x)=\begin{cases}\mathrm{e}^{-x}, & x>0, \\ 0, & x\leqslant 0,\end{cases}$$

(1)求 $Y=2X$ 的数学期望;(2)求 $Y=\mathrm{e}^{-2X}$ 的数学期望.

3. 设随机变量 X 的概率密度为 $f(x)=\begin{cases}\frac{3}{8}x^2, & 0<x<2,\\ 0, & \text{其他},\end{cases}$ 求 $E(X),E(X^2),E\left(\frac{1}{X^2}\right)$.

4. 某工程队完成某项工程的时间 X(单位:月)是一个随机变量,它的分布律为

X	10	11	12	13
P	0.4	0.3	0.2	0.1

(1)试求该工程队完成此项工程的平均月数;

(2)设该工程队所获利润为 $Y=50(13-X)$,单位为万元,试求工程队的平均利润;

(3)若工程队调整安排,完成该项工程的时间 X_1(单位:月)的分布为

X	10	11	12
P	0.5	0.4	0.1

则其平均利润可增加多少?

5. 设随机变量(X,Y)的联合概率密度函数为 $f(x,y)=\begin{cases}12y^2, & 0<y<x<1,\\ 0, & \text{其他},\end{cases}$ 求 $E(X),E(Y),E(XY),E(X^2+Y^2)$.

6. 设随机变量(X,Y)的联合分布列为

X	Y		
	−1	0	1
1	0.2	0.1	0.1
2	0.1	0	0.1
3	0	0.3	0.1

(1)求 $E(X),E(Y)$;(2)设 $Z_1=\frac{Y}{X}$,求 $E(Z_1)$;(3)设 $Z_2=(X-Y)^2$,求 $E(Z_2)$.

§4.2 方　差

随机变量的数学期望反映了随机变量取值的平均,是随机变量的一个重要的数字特征.但是在一些场合,仅仅知道平均值是不够的.

前面曾提到在检验棉花的质量时,既要注意纤维的平均长度,还要注意纤维长度与平均长度的偏离程度.那么,用怎样的量去度量这个偏离程度呢?用 $E[X-E(X)]$ 来描述是不行的,因为这时正负偏差会抵消;用 $E(|E(X-E(X)|)$ 来描述原则上是可以的,但有绝对值不便计算;因此,通常用 $E\{[X-E(X)]^2\}$ 来描述随机变量与均值的偏离程度.这个数字特征就是我们这一节要介绍的方差.

4.2.1　方差的定义

数学试验
方差

定义 4.2.1　设随机变量 X，若 $E\{[X-E(X)]^2\}$ 存在，则称其为 X 的**方差(Variance)**，记为 $D(X)$（或 $\mathrm{Var}(X)$），即 $D(X)=E\{[X-E(X)]^2\}$，称方差的算术平方根 $\sqrt{D(X)}$ 为随机变量 X 的**标准差**，记为 $\sigma(X)$ 或 σ_X.

方差与标准差的功能相似，它们都是用来描述随机变量取值的集中与分散程度的两个数字特征，方差与标准差越小，随机变量的取值越集中；方差与标准差越大，随机变量的取值越分散.

方差与标准差之间的差别主要在于量纲上，由于标准差与所讨论的随机变量、数学期望有相同的量纲，其加减 $E(X)\pm k\sigma(X)$ 是有意义的（k 为正实数），所以在实际中，人们比较乐意选用标准差，但标准差的计算必须通过方差才能算得.

从方差的定义知道，随机变量 X 的方差就是随机变量 X 的函数 $(X-E(X))^2$ 的数学期望，由随机变量函数的数学期望公式，可以得到：

当 X 是离散型随机变量时，分布律为 $p_k=P(X=x_k)$，$k=1,2,\cdots$，则有

$$D(X)=\sum_{k=1}^{\infty}[x_k-E(X)]^2p_k \tag{4.2.1}$$

当 X 是连续型随机变量时，概率密度为 $f(x)$，则有

$$D(X)=\int_{-\infty}^{+\infty}[x-E(X)]^2f(x)\mathrm{d}x \tag{4.2.2}$$

利用式(4.2.1) 和式(4.2.2)，即方差的定义，可以计算随机变量的方差，然而利用数学期望的性质可得

$$\begin{aligned}D(X)&=E\{[X-E(X)]^2\}=E\{X^2-2X\cdot E(X)+[E(X)]^2\}\\&=E(X^2)-2E(X)\cdot E(X)+[E(X)]^2=E(X^2)-[E(X)]^2.\end{aligned}$$

从而得到一个计算方差的较为简单的公式：

$$D(X)=E(X^2)-[E(X)]^2.$$

例 4.2.1　设随机变量 X 的分布律为

X	0	1	2
P	$\frac{1}{2}$	$\frac{3}{8}$	$\frac{1}{8}$

求 $D(X)$.

解

$$E(X)=0\times\frac{1}{2}+1\times\frac{3}{8}+2\times\frac{1}{8}=\frac{5}{8},$$

$$E(X^2)=0^2\times\frac{1}{2}+1^2\times\frac{3}{8}+2^2\times\frac{1}{8}=\frac{7}{8},$$

$$D(X)=E(X^2)-[E(X)]^2=\frac{7}{8}-\left(\frac{5}{8}\right)^2=\frac{31}{64}.$$

例 4.2.2 设随机变量 X 的概率密度函数为

$$f(x)=\begin{cases}x, & 0\leqslant x<1,\\ 2-x, & 1\leqslant x<2\\ 0, & \text{其他}.\end{cases}$$

求 $D(X)$.

解

$$E(X)=\int_{-\infty}^{+\infty}xf(x)\mathrm{d}x=\int_0^1 x\cdot x\mathrm{d}x+\int_1^2 x\cdot(2-x)\mathrm{d}x$$

$$=\frac{x^3}{3}\Big|_0^1+\left(x^2-\frac{x^3}{3}\right)_1^2=1.$$

$$E(X^2)=\int_0^1 x^2\cdot x\mathrm{d}x+\int_1^2 x^2\cdot(2-x)\mathrm{d}x=\frac{x^4}{4}\Big|_0^1+\left(\frac{2x^3}{3}-\frac{x^4}{4}\right)_1^2=\frac{7}{6}.$$

$$D(X)=E(X^2)-[E(X)]^2=\frac{7}{6}-1^2=\frac{1}{6}.$$

4.2.2 方差的性质

以下均假定随机变量的方差是存在的.

性质 4.2.1 设 c 是常数,则有 $D(c)=0$.

证明 设 c 是常数,则 $D(c)=E[(c-E(c))^2]=E[(c-c)^2]=0$.

性质 4.2.2 设 c 是常数,则有 $D(cX)=c^2D(X)$.

证明 设 c 是常数,则

$D(cX)=E[(cX-E(cX))^2]=E[(cX-cE(X))^2]=c^2E[(X-E(X))^2]=c^2D(X)$.

更一般地,设 a,b 是常数,有 $D(aX+b)=a^2D(X)$.读者可以自行证明.

性质 4.2.3 设随机变量 X,Y 相互独立,则有 $D(X\pm Y)=D(X)+D(Y)$.

证明

$$\begin{aligned}D(X\pm Y)&=E[(X\pm Y)^2]-[E(X\pm Y)]^2\\&=E[X^2+Y^2\pm 2XY]-[[E(X)]^2+[E(Y)]^2\pm 2E(X)E(Y)]\\&=E(X^2)-[E(X)]^2+E(Y^2)-[E(Y)]^2\pm 2[E(XY)-E(X)E(Y)]\\&=D(X)+D(Y)\pm 2[E(XY)-E(X)E(Y)],\end{aligned}$$

又因为当 X,Y 独立时,$E(XY)=E(X)E(Y)$,故 $D(X\pm Y)=D(X)+D(Y)$.

这个结论可以推广到有限多个相互独立随机变量的情形,即

若 $X_1,X_2,\cdots,X_n$ 相互独立,则有 $D\left(\sum\limits_{i=1}^{n}X_i\right)=\sum\limits_{i=1}^{n}D(X_i)$.

4.2.3 常见分布的方差

1. 0—1 分布

设随机变量 X 服从 0—1 分布,分布律为

$$D(X)=E(X^2)-[E(X)]^2=p-p^2=p(1-p).$$

2. 二项分布

设随机变量 $X\sim B(n,p)$,分布律为

$$P\{X=k\}=C_n^k p^k(1-p)^{n-k},k=0,1,2,\cdots,n.$$

用定义计算方差则会比较复杂,这里我们用性质4.2.3来计算.

令X为n重伯努利试验中事件A发生的次数,则$X\sim B(n,p)$,其中在一次试验中A发生的概率$P(A)=p$,令

$$X_i=\begin{cases}1, & \text{第 } i \text{ 次试验中 } A \text{ 发生},\\ 0, & \text{否则},\end{cases}\quad i=1,2,\cdots,n,$$

则$\sum\limits_{i=1}^{n}X_i=X$,且$P\{X_i=0\}=1-p$,$P\{X_i=1\}=p$,因此$D(X_i)=p(1-p)$.又因为$X_1$,$X_2$,$\cdots$,$X_n$相互独立,则由性质4.2.3,有

$$D(X)=\sum_{i=1}^{n}D(X_i)=np(1-p).$$

3. 泊松分布

设随机变量$X\sim P(\lambda)$,分布律为

$$P\{X=k\}=\frac{\lambda^k}{k!}\mathrm{e}^{-\lambda},k=0,1,2,\cdots.$$

由4.1节知,$E(X)=\lambda$,又

$$\begin{aligned}E(X^2)&=\sum_{k=0}^{\infty}k^2\frac{\lambda^k}{k!}\mathrm{e}^{-\lambda}=\sum_{k=0}^{\infty}k(k-1)\frac{\lambda^k}{k!}\mathrm{e}^{-\lambda}+\sum_{k=0}^{\infty}k\frac{\lambda^k}{k!}\mathrm{e}^{-\lambda}\\&=\lambda^2\mathrm{e}^{-\lambda}\sum_{k=2}^{\infty}\frac{\lambda^{k-2}}{(k-2)!}+\lambda=\lambda^2\mathrm{e}^{-\lambda}\sum_{k=0}^{\infty}\frac{\lambda^k}{k!}+\lambda=\lambda^2+\lambda.\end{aligned}$$

因此$D(X)=E(X^2)-[E(X)]^2=\lambda$.

4. 均匀分布

设随机变量X服从$[a,b]$上的均匀分布,概率密度为

$$f(x)=\begin{cases}\dfrac{1}{b-a}, & a\leqslant x\leqslant b,\\ 0, & \text{其他},\end{cases}$$

由4.1节知,$E(X)=\dfrac{a+b}{2}$,又

$$E(X^2)=\int_a^b x^2f(x)\mathrm{d}x=\int_a^b\frac{x^2}{b-a}\mathrm{d}x=\frac{a^2+ab+b^2}{3},$$

所以$D(X)=E(X^2)-[E(X)]^2=\left(\dfrac{a+b}{2}\right)^2-\dfrac{a^2+ab+b^2}{3}=\dfrac{(b-a)^2}{12}$.

5. 指数分布

设随机变量X服从参数为λ的指数分布,概率密度函数为

$$f(x)=\begin{cases}\lambda\mathrm{e}^{-\lambda x}, & x\geqslant 0,\\ 0, & x<0.\end{cases}$$

由4.1节知,$E(X)=\dfrac{1}{\lambda}$,又

$$\begin{aligned}E(X^2)&=\int_0^{+\infty}x^2f(x)\mathrm{d}x=\int_0^{+\infty}\lambda x^2\mathrm{e}^{-\lambda x}\mathrm{d}x=-\int_0^{+\infty}x^2\mathrm{d}\mathrm{e}^{-\lambda x}\\&=-x^2\mathrm{e}^{-\lambda x}\Big|_0^{+\infty}+\int_0^{+\infty}2x\mathrm{e}^{-\lambda x}\mathrm{d}x\end{aligned}$$

$$=-\frac{2}{\lambda}\int_{0}^{+\infty}x\mathrm{d}e^{-\lambda x}=-\frac{2}{\lambda}xe^{-\lambda x}\Big|_{0}^{+\infty}+\frac{2}{\lambda}\int_{0}^{+\infty}e^{-\lambda x}\mathrm{d}x$$

$$=-\frac{2}{\lambda^2}e^{-\lambda x}\Big|_{0}^{+\infty}=\frac{2}{\lambda^2};$$

故 $D(X)=E(X^2)-[E(X)]^2=\frac{1}{\lambda^2}$.

6. 正态分布

设随机变量 $X\sim N(\mu,\sigma^2)$，密度函数为 $f(x)=\frac{1}{\sqrt{2\pi}\sigma}e^{-\frac{(x-\mu)^2}{2\sigma^2}}(-\infty<x<+\infty)$，则

$$D(X)=\int_{-\infty}^{+\infty}(x-\mu)^2f(x)\mathrm{d}x=\int_{-\infty}^{+\infty}\frac{(x-\mu)^2}{\sqrt{2\pi}\sigma}e^{-\frac{(x-\mu)^2}{2\sigma^2}}\mathrm{d}x$$

令 $\frac{x-\mu}{\sigma}=t$，则

$$D(X)=\sigma^2\int_{-\infty}^{+\infty}\frac{t^2}{\sqrt{2\pi}}e^{-\frac{t^2}{2}}\mathrm{d}t=-\sigma^2\int_{-\infty}^{+\infty}\frac{t}{\sqrt{2\pi}}\mathrm{d}(e^{-\frac{t^2}{2}})$$

$$=-\frac{\sigma^2t}{\sqrt{2\pi}}e^{-\frac{t^2}{2}}\Bigg|_{-\infty}^{+\infty}+\sigma^2\int_{-\infty}^{+\infty}\frac{1}{\sqrt{2\pi}}e^{-\frac{t^2}{2}}\mathrm{d}t=\sigma^2.$$

习题 4.2

1. 设随机变量 X 服从泊松分布，且 $P\{X=1\}=P\{X=2\}$，求 $E(X)$，$D(X)$.

2. 已知 $E(X)=-2$，$E(X^2)=5$，求 $D(1-3X)$.

3. 某产品的次品率为 0.1，检验员每天检验 4 次，每次随机地取 10 件产品进行检验，如果发现其中的次品数多于 1，就去调整设备. 以 X 表示一天中调整设备的次数，试求 $D(X)$.（设该产品是否为次品是相互独立的）

4. 设随机变量 X 的概率密度函数为 $f(x)=\begin{cases}ax+bx^2, & 0<x<1,\\ 0, & \text{其他},\end{cases}$ 如果已知 $D(X)=0.5$，试计算 $D(X)$.

5. 设随机变量 $X\sim N(1,2)$，Y 服从参数为 3 的泊松分布，且 X，Y 独立，求 $E(XY)$ 与 $D(XY)$.

6. 设随机变量 X 的概率密度为 $f(x)=\begin{cases}\frac{1}{2}\sin x, & 0<x<\pi,\\ 0, & \text{其他}.\end{cases}$ 试求 $D(\sin(X))$.

§4.3 协方差与相关系数

对于多维随机变量，由联合分布可以确定出边缘分布，因此可以计算出各个分量的数学期望和方差. 除此之外，联合分布还含有两个分量间相互关联的信息，协方差和相关系数就是反映两个随机变量相依关系的数字特征.

4.3.1 协方差的定义(definition of covariance)

定义 4.3.1　设二维随机变量(X,Y),如果数学期望$E[X-E(X)][Y-E(Y)]$存在,则称其为随机变量 X 与 Y 的**协方差(covariance)**,记为$\mathrm{Cov}(X,Y)$,即

$$\mathrm{Cov}(X,Y)=E[(X-E(X))(Y-E(Y))]. \tag{4.3.1}$$

按定义,当(X,Y)是离散型随机变量时,联合分布律为

$$P\{X=x_i,Y=y_j)=p_{ij},i,j=1,2,\cdots,$$

则

$$\mathrm{cov}(X,Y)=\sum_{i,j}[x_i-E(X)][y-E(Y)]p_{ij}. \tag{4.3.2}$$

当(X,Y)是连续型随机变量时,联合概率密度 j:

$$\mathrm{cov}(X,Y)=\int_{-\infty}^{+\infty}\int_{-\infty}^{+\infty}[x-E(x)][y-E(Y)]f(x,y)\mathrm{d}x\mathrm{d}y, \tag{4.3.3}$$

和方差一样,利用数学期望的性质可以得到协方差简化的计算公式:

$$\mathrm{cov}(X,Y)=E(XY)-E(X)E(Y). \tag{4.3.4}$$

事实上:

$$\begin{aligned}E[(X-E(X))(Y-E(Y))]&=E[XY-E(Y)X-E(X)Y+E(X)E(Y)]\\&=E(XY)-E(Y)E(X)-E(X)E(Y)+E(X)E(Y)\\&=E(XY)-E(X)E(Y).\end{aligned}$$

例 4.3.1　设二维离散型随机变量(X,Y)的联合分布律为

X \ Y	−1	0	2
0	0.1	0.2	0
1	0.3	0.05	0.1
2	0.15	0	0.1

求协方差$\mathrm{cov}(X,Y)$.

解　先求出关于 X 与 Y 的边缘分布律.

X	0	1	2
P	0.3	0.45	0.25

Y	−1	0	2
P	0.55	0.25	0.2

因此

$$E(X)=0\times0.3+1\times0.45+2\times0.25=0.95,$$

$$E(Y)=(-1)\times0.55+0\times0.25+2\times0.2=-0.15,$$

$$\begin{aligned}E(XY)=&0\times(-1)\times0.1+0\times0\times0.2+0\times2\times0\\&+1\times(-1)\times0.3++1\times0\times0.05++1\times2\times0.1\\&+2\times(-1)\times0.15+2\times0\times0+2\times2\times0.1=0,\end{aligned}$$

于是,$\mathrm{cov}(X,Y)=E(XY)-E(X)E(Y)=0-0.95\times(-0.15)=0.1425$.

例 4.3.2　设(X,Y)的联合概率密度函数为

$$f(x,y)=\begin{cases}\dfrac{(x+y)}{3}, & 0\leqslant x\leqslant2,\ 0\leqslant y\leqslant1\\0, & \text{其他}\end{cases}$$

求 $\mathrm{cov}(X,Y)$.

解 由例 4.1.9,有

$$E(X)=\frac{11}{9},E(Y)=\frac{5}{9},E(XY)=\frac{2}{3},$$

所以 $\mathrm{cov}(X,Y)=E(XY)-E(X)E(Y)=\frac{2}{3}-\frac{11}{9}\times\frac{5}{9}=-\frac{1}{81}$.

4.3.2 协方差的性质(properties of covariance and correlation coefficient)

随机变量(X,Y)的协方差具有如下一些性质：

(1) $D(X\pm Y)=D(X)+D(Y)\pm 2\mathrm{Cov}(X,Y)$,特别地,当 X 与 Y 相互独立时,

$$D(X\pm Y)=D(X)+D(Y);$$

(2) $\mathrm{Cov}(X,Y)=\mathrm{Cov}(Y,X)$;

(3) 若 C 为常数,则 $\mathrm{Cov}(X,C)=0$;

(4) $\mathrm{Cov}(aX,bY)=ab\mathrm{Cov}(X,Y)$;

(5) $\mathrm{Cov}(X_1+X_2,Y)=\mathrm{Cov}(X_1,Y)+\mathrm{Cov}(X_2,Y)$;

(6) 若 X 与 Y 相互独立,则 $\mathrm{Cov}(X,Y)=0$,反之,若 $\mathrm{Cov}(X,Y)=0$,X 与 Y 不一定相互独立.

4.3.3 相关系数的定义

数学试验
相关系数

定义 4.3.2 设 X,Y 为两个随机变量,它们的方差存在且均不为零,则称 $\rho_{XY}=\frac{\mathrm{Cov}(X,Y)}{\sqrt{D(X)}\sqrt{D(Y)}}$为随机变量 X 与 Y 的**相关系数(correlation coefficient)**. 有时也记 ρ_{XY}为ρ. 特别地,当 $\rho_{XY}=0$ 时,称 X 与 Y 不相关.

根据上述定义,相关系数实际上是标准化了的随机变量$\frac{X-E(X)}{\sqrt{D(X)}}$与$\frac{Y-E(Y)}{\sqrt{D(Y)}}$的协方差,这是因为

$$\begin{aligned}\rho_{XY}&=\frac{\mathrm{Cov}(X,Y)}{\sqrt{D(X)}\sqrt{D(Y)}}=E\left[\frac{(X-E(X))(Y-E(Y))}{\sqrt{D(X)}\sqrt{D(Y)}}\right]\\&=E\left[\frac{(X-E(X))(Y-E(Y))}{\sqrt{D(X)}\sqrt{D(Y)}}\right]-E\left[\frac{(X-E(X))}{\sqrt{D(X)}}\right]\cdot E\left[\frac{(Y-E(Y))}{\sqrt{D(Y)}}\right]\\&=\mathrm{cov}\left(\frac{(X-E(X))}{\sqrt{D(X)}},\frac{(Y-E(Y))}{\sqrt{D(Y)}}\right).\end{aligned}$$

上面第三个等号成立是因为 $E\left[\frac{(X-E(X))}{\sqrt{D(X)}}\right]=E\left[\frac{(Y-E(Y))}{\sqrt{D(Y)}}\right]=0$.

4.3.4 相关系数的性质

性质 1 $|\rho_{XY}|\leqslant 1$.

性质 2 若 X 与 Y 相互独立,则 $\rho_{XY}=0$;反之,若 $\rho_{XY}=0$,则 X 与 Y 不一定相互独立.

性质 3 $|\rho_{XY}|=1$ 的充分必要条件是存在常数 a,b,使得 $P\{Y=aX+b\}=1$.

性质 3 说明了，当 $|\rho_{XY}|=1$ 时随机变量 X 与 Y 具有完全的线性关系，因此当 $\rho=1$ 时称 X 与 Y 完全正相关；当 $\rho=-1$ 时称 X 与 Y 完全负相关；当 $\rho=0$ 时称 X 与 Y 不相关（这里的不相关指的是没有线性关系，但它们之间可以存在其他函数关系）. 上述分析表明，相关系数 ρ 是描述随机变量 X 与 Y 的线性关系强弱的一个数字特征. $|\rho_{XY}|$ 越大，表示 X 与 Y 之间的线性相关程度越强.

需要注意的是，随机变量的不相关与相互独立在本质上是不相同的两个概念，由性质 2 知，当 X 与 Y 相互独立时，X 与 Y 一定不相关，但反之不一定正确. 下面给出一个例子来说明.

例 4.3.3　设随机变量 X 服从 $[-\pi,\pi]$ 上的均匀分布，$Y=X^2$，则 $\rho_{XY}=0$.

证明　X 的概率密度函数为 $f(x)=\begin{cases}\dfrac{1}{2\pi}, & -\pi<x<\pi,\\ 0, & \text{其他},\end{cases}$

$$E(X)=\frac{1}{2\pi}\int_{-\pi}^{\pi}x\mathrm{d}x=0,\quad E(XY)=E(X^3)=\frac{1}{2\pi}\int_{-\pi}^{\pi}x^3\mathrm{d}x=0,$$

于是 $\mathrm{Cov}(X,Y)=E(XY)-E(X)E(Y)=0$，从而 $\rho_{XY}=0$，即 X 与 Y 不相关.

注：本例中 X 与 Y 不相关，说明 X 与 Y 之间不存在线性关系，但是它们存在着其他的函数关系，即 $Y=X^2$，因此可以证明 X 与 Y 是不独立的.

例 4.3.4　设 (X,Y) 服从二维正态分布 $N(\mu_1,\mu_2,\sigma_1^2,\sigma_2^2,\rho)$，则 $\rho_{XY}=\rho$.

证明　由二维正态分布的边缘概率密度知：

$E(X)=\mu_1, E(Y)=\mu_2, D(X)=\sigma_1^2, D(Y)=\sigma_2^2$. 因此

$$\begin{aligned}\mathrm{cov}(X,Y)&=E[(X-\mu_1)(Y-\mu_2)]\\&=\frac{1}{2\pi\sigma_1\sigma_2\sqrt{1-\rho^2}}\int_{-\infty}^{+\infty}\int_{-\infty}^{+\infty}(x-\mu_1)(y-\mu_2)\times\\&\quad\exp\left\{-\frac{1}{2(1-\rho^2)}\left[\frac{(x-\mu_1)^2}{\sigma_1^2}-2\rho\frac{(x-\mu_1)}{\sigma_1}\cdot\frac{(y-\mu_2)}{\sigma_2}+\frac{(y-\mu_2)^2}{\sigma_2^2}\right]\right\}\mathrm{d}x\mathrm{d}y\end{aligned}$$

令 $t=\dfrac{1}{\sqrt{1-\rho^2}}\left(\dfrac{y-\mu_2}{\sigma_2}-\rho\dfrac{x-\mu_1}{\sigma_1}\right), u=\dfrac{x-\mu_1}{\sigma_1}$，则有

$$\begin{aligned}\mathrm{cov}(X,Y)&=\frac{1}{2\pi}\int_{-\infty}^{+\infty}\int_{-\infty}^{+\infty}(\sigma_1\sigma_2\sqrt{1-\rho^2}\,tu+\rho\sigma_1\sigma_2u^2)\mathrm{e}^{-(u^2+t^2)/2}\mathrm{d}t\mathrm{d}u\\&=\frac{\rho\sigma_1\sigma_2}{2\pi}\left(\int_{-\infty}^{+\infty}u^2\mathrm{e}^{-u^2/2}\mathrm{d}u\right)\left(\int_{-\infty}^{+\infty}\mathrm{e}^{-t^2/2}\mathrm{d}u\right)+\\&\quad\frac{\sigma_1\sigma_2\sqrt{1-\rho^2}}{2\pi}\left(\int_{-\infty}^{+\infty}u^2\mathrm{e}^{-u^2/2}\mathrm{d}u\right)\left(\int_{-\infty}^{+\infty}t\mathrm{e}^{-t^2/2}\mathrm{d}u\right)\\&=\frac{\rho\sigma_1\sigma_2}{2\pi}\sqrt{2\pi}\cdot\sqrt{2\pi}=\rho\sigma_1\sigma_2,\end{aligned}$$

于是
$$\rho_{XY}=\frac{\mathrm{cov}(X,Y)}{\sqrt{D(X)}\sqrt{D(Y)}}=\rho.$$

这就是说，二维正态随机变量 (X,Y) 的概率密度中的参数量 ρ 就是 X 与 Y 的相关系数，因而，二维正态随机变量的分布完全可由 X 与 Y 各自的数学期望、方差以及它们的相关系数所确定.

注：在第 3 章中，我们已经得到，若(X,Y)服从二维正态分布，则 X 与 Y 独立的充分必要条件是$\rho=0$. 现在知道 ρ 就是 X 与 Y 的相关系数，因此可以得到如下结论：

若(X,Y)服从二维正态分布，则 X 与 Y 独立，当且仅当 X 与 Y 不相关.

习题 4.3

1. 设 X 服从参数为$\frac{1}{2}$的指数分布，$Y=3X-2$，试求 $E(Y)$，$D(Y)$，$\mathrm{cov}(X,Y)$及 ρ_{XY}.

2. 设随机变量(X,Y)的联合概率密度为 $f(x,y)=\begin{cases}\frac{1}{8}(x+y), & 0\leqslant x\leqslant 2, 0\leqslant y\leqslant 2;\\ 0, & \text{其他}.\end{cases}$

求 $E(X)$，$E(Y)$，$\mathrm{cov}(X,Y)$，ρ_{XY}，$D(X+Y)$.

3. 设随机变量(X,Y)的联合分布列为

X	Y		
	-1	0	1
-1	1/8	1/8	1/8
0	1/8	0	1/8
1	1/8	1/8	1/8

证明 X 与 Y 不相关，且 X 与 Y 不相互独立.

4. 设随机变量(X,Y)的联合概率密度函数为 $f(x,y)=\begin{cases}\frac{1}{\pi}, & x^2+y^2\leqslant 1,\\ 0, & \text{其他}.\end{cases}$

证明 X 与 Y 不相关，且 X 与 Y 不相互独立.

5. 设随机变量 X 与 Y 的联合分布列为

X	Y		
	-1	0	1
0	0.07	0.18	0.15
0	0.08	0.18	0.15
1	0.08	0.32	0.20

试求 X^2 和 Y^2 的协方差 $\mathrm{cov}(X^2,Y^2)$.

§4.4 矩(Moment)及协方差矩阵

4.4.1 单个随机变量的矩

单个随机变量的特征描述还可以选择随机变量的幂函数的数学期望来表述，这就是单

个随机变量的**矩(moment)**.

定义 4.4.1　设 X 是随机变量，

若 $E(X^k), k=1,2,\cdots$ 存在，称它为 X 的 k 阶原点矩，简称 **k 阶原点矩**；

若 $E\{[X-E(X)]^k\}, k=1,2,\cdots$ 存在，称它为 **X 的 k 阶中心矩**.

4.4.2　两个随机变量的混合矩

两个随机变量间的关系特征描述可以选择两个随机变量的混合幂函数的数学期望来表达，这就是两个随机变量的混合矩.

定义 4.4.2　设 X 和 Y 是随机变量，

若 $E(X^kY^l), k,l=1,2,\cdots$ 存在，称它为 X 和 Y 的 **$k+l$ 阶混合原点矩**；

若 $E\{[X-E(X)]^k[Y-E(Y)]^l\} k,l=1,2,\cdots$ 存在，称它为 X 和 Y 的 **$k+l$ 阶混合中心矩**.

显然，X 的数学期望 $E(X)$ 是 X 的一阶原点矩，方差 $D(X)$ 是 X 的二阶中心矩，协方差 $\mathrm{Cov}(X,Y)$ 是 X 和 Y 的二阶混合中心矩，两个随机变量的混合矩构成协方差矩阵.

定义 4.4.3　设 X 和 Y 是随机变量，将两个随机变量 X 和 Y 的四个二阶混合中心矩：

$C_{11}=E\{[X-E(X)][X-E(X)]\}=E\{[X-E(X)]^2\}$

$C_{12}=E\{[X-E(X)][Y-E(Y)]\}$

$C_{21}=E\{[Y-E(Y)][X-E(X)]\}$

$C_{22}=E\{[Y-E(Y)][Y-E(Y)]\}=E\{[Y-E(Y)]^2\}$

排成二阶方阵：$\Sigma=\begin{pmatrix} C_{11} & C_{12} \\ C_{21} & C_{22} \end{pmatrix}$，称此方阵为 (X,Y) 的**协方差矩阵(covariance matrix)**.

类似地，可定义 n 维随机变量 $(X_1,X_2,\cdots,X_n)$ 的协方差矩阵. 如果

$$C_{ij}=\mathrm{cov}(X_i,X_j)=E\{[X_i-E(X_i)][X_j-E(X_j)]\}, i,j=1,2,\cdots,n,$$

都存在，则称矩阵 $\Sigma=\begin{pmatrix} C_{11} & C_{12} & \cdots & C_{1n} \\ C_{21} & C_{22} & \cdots & C_{2n} \\ \cdots & \cdots & \cdots & \cdots \\ C_{n1} & C_{n2} & \cdots & C_{nn} \end{pmatrix}$ 为 $(X_1,X_2,\cdots,X_n)$ 的协方差矩阵.

例 4.4.1　(n 维正态分布) 设 n 维随机变量 $(X_1,X_2,\cdots,X_n)$ 的协方差矩阵为 Σ，数学期望向量为 $\mu=(E(X_1),E(X_2),\cdots,E(X_n))^T$，又记 $x=(x_1,x_2,\cdots,x_n)^T$，如果随机变量 $(X_1, X_2,\cdots,X_n)$ 的概率密度函数为

$$f(x_1,x_2,\cdots,x_n)=f(x)=\frac{1}{(2\pi)^{\frac{n}{2}}|\Sigma|^{\frac{1}{2}}}\exp\left\{-\frac{1}{2}(x-\mu)^T\Sigma^{-1}(x-\mu)\right\}.$$

则称随机变量 $(X_1,X_2,\cdots,X_n)$ 服从 n 维正态分布，记为 $X\sim N(\mu,\Sigma)$.

在 $n=2$ 的场合，若 $(X,Y)\sim(\mu_1,\mu_2,\sigma_1^2,\sigma_2^2,\rho)$，则数学期望向量

$$\mu=(\mu_1,\mu_2)^T.$$

协方差矩阵 $\Sigma=\begin{pmatrix} \sigma_1^2 & \rho\sigma_1\sigma_2 \\ \rho\sigma_1\sigma_2 & \sigma_2^2 \end{pmatrix}$，

将它们代入上式，则可以得到 (X,Y) 的联合概率密度函数为

$$f(x,y)=\frac{1}{2\pi\sigma_1\sigma_2\sqrt{1-\rho^2}}\exp\left\{-\frac{1}{2(1-\rho^2)}\left[\frac{(x-\mu_1)^2}{\sigma_1^2}-2\rho\frac{(x-\mu_1)}{\sigma_1}\cdot\frac{(y-\mu_2)}{\sigma_2}+\frac{(y-\mu_2)^2}{\sigma_2^2}\right]\right\}.$$

n 维正态分布是一种重要的多维分布，它在概率论、数理统计和随机过程中都占有重要地位.

本章内容提要

1. 随机变量的数学期望

设离散型随机变量 X 的分布律为 $P\{X=x_k\}=p_k, k=1,2,\cdots$，如果级数 $\sum_{k=1}^{\infty}x_kp_k$ 绝对收敛，则称级数的和为随机变量 X 的数学期望.

设连续型随机变量 X 的密度函数为 $p(x)$，如果广义积分 $\int_{-\infty}^{+\infty}xp(x)\mathrm{d}x$ 绝对收敛，则称此积分值 $E(X)=\int_{-\infty}^{+\infty}xp(x)\mathrm{d}x$ 为随机变量 X 的数学期望.

数学期望有如下性质：

(1) 设 C 是常数，则 $E(C)=C$.

(2) 设 C 是常数，则 $E(CX)=CE(X)$.

(3) 若 X_1、X_2 是随机变量，则 $E(X_1+X_2)=E(X_1)+E(X_2)$；

对任意 n 个随机变量 $X_1,X_2,\cdots,X_n$，有

$$E(X_1+X_2+\cdots+X_n)=E(X_1)+E(X_2)+\cdots+E(X_n).$$

(4) 若 X_1、X_2 相互独立，则 $E(X_1X_2)=E(X_1)E(X_2)$；

对任意 n 个相互独立的随机变量 $X_1,X_2,\cdots,X_n$，有

$$E(X_1X_2\cdots X_n)=E(X_1)E(X_2)\cdots E(X_n).$$

2. 随机变量函数的数学期望

设离散型随机变量 X 的分布律为 $P\{X=x_k\}=p_k, k=1,2,\cdots$，则 X 的函数 $Y=g(X)$ 的数学期望为 $E[g(x)]=\sum_{k=1}^{\infty}g(x_k)p_k, k=1,2\cdots$，式中级数绝对收敛.

设连续型随机变量 X 的密度函数为 $p(x)$，则 X 的函数 $Y=g(X)$ 的数学期望为 $E[g(x)]=\int_{-\infty}^{+\infty}g(x)p(x)\mathrm{d}x$，式中积分绝对收敛.

3. 随机变量的方差

设 X 是一个随机变量，则 $D(X)=Var(X)=E\{[X-E(X)]^2\}$ 称为 X 的方差. $\sqrt{D(X)}=\sigma(X)$ 称为 X 的标准差或均方差.

计算方差也常用公式 $D(X)=E(X^2)-[E(X)]^2$.

方差具有如下性质：

(1) 设 C 是常数，则 $D(C)=0$.

(2) 设 C 是常数，则 $D(CX)=C^2D(X)$.

(3) 若 X_1、X_2 相互独立，则 $D(X_1+X_2)=D(X_1)+D(X_2)$.

对任意 n 个相互独立的随机变量 $X_1,X_2,\cdots,X_n$，有

$$D(X_1+X_2+\cdots+X_n)=D(X_1)+D(X_2)+\cdots+D(X_n).$$

(4)$D(X)=0$ 的充要条件是：存在常数 C，使 $P\{X=C\}=1(C=E(X))$.

4. 几种常见分布的数学期望与方差

(1)$X\sim(0-1)$. $E(X)=p,D(X)=p(1-p)$.

(2)$X\sim B(n,p)$. $E(X)=np,D(X)=np(1-p)$.

(3)$X\sim H(n,M,N)$. $E(X)=\dfrac{nM}{N},D(X)=\dfrac{nM(N-M)(N-n)}{N^2(N-1)}$.

(4)$X\sim\pi(\lambda)$. $E(X)=\lambda,D(X)=\lambda$.

(5)$X\sim G(p)$. $E(X)=\dfrac{1}{p},D(X)=\dfrac{1-p}{p^2}$.

(6)$X\sim U(a,b)$. $E(X)=\dfrac{a+b}{2},D(X)=\dfrac{(b-a)^2}{12}$.

(7)$X\sim e(\lambda)$. $E(X)=\dfrac{1}{\lambda},D(X)=\dfrac{1}{\lambda^2}$.

(8)$X\sim N(\mu,\sigma^2)$. $E(X)=\mu,D(X)=\sigma^2$.

5. 矩

设 X 是随机变量，则 $\alpha_k=E(X^k),k=1,2,\cdots$ 称为 X 的 k 阶原点矩.

如果 $E(X)$ 存在，则 $\mu_k=E\{[X-E(X)]^k\},k=1,2,\cdots$ 称为 X 的 k 阶中心矩.

设(X,Y) 是二维随机变量，则 $\alpha_{kl}=E(X^kY^l),k,l=1,2,\cdots$ 称为(X,Y) 的 $k+l$ 阶混合原点矩；$\mu_{kl}=E\{[X-E(X)]^k\cdot[Y-E(Y)]^l\},k,l=1,2,\cdots$ 称为(X,Y) 的 $k+l$ 阶混合中心矩.

6. 二维随机变量的数字特征

(1) (X,Y) 的数学期望 $E(X,Y)=[E(X),E(Y)]$；

若(X,Y) 是离散型随机变量，则

$$E(X)=\sum_{i=1}^{\infty}\sum_{j=1}^{\infty}x_ip_{ij},E(Y)=\sum_{i=1}^{\infty}\sum_{j=1}^{\infty}y_ip_{ij}.$$

若(X,Y) 是连续型随机变量，则

$$E(X)=\int_{-\infty}^{+\infty}\int_{-\infty}^{+\infty}xp(x,y)\mathrm{d}x\mathrm{d}y,E(Y)=\int_{-\infty}^{+\infty}\int_{-\infty}^{+\infty}yp(x,y)\mathrm{d}x\mathrm{d}y.$$

这里，级数与积分都是绝对收敛的.

(2)(X,Y) 的方差 $D(X,Y)=[D(X),D(Y)]$；

若(X,Y) 是离散型随机变量，则

$$D(X)=\sum_{i=1}^{\infty}\sum_{j=1}^{\infty}[x_i-E(X)]^2p_{ij},D(Y)=\sum_{i=1}^{\infty}\sum_{j=1}^{\infty}[y_i-E(Y)]^2p_{ij}.$$

若(X,Y) 是连续型随机变量，则

$$D(X)=\int_{-\infty}^{+\infty}\int_{-\infty}^{+\infty}[x-E(X)]^2p(x,y)\mathrm{d}x\mathrm{d}y,D(Y)=\int_{-\infty}^{+\infty}\int_{-\infty}^{+\infty}[y-E(Y)]^2p(x,y)\mathrm{d}x\mathrm{d}y.$$

这里，级数与积分都是绝对收敛的.

7. 协方差与相关系数

随机变量(X,Y) 的协方差为 $\mathrm{cov}(X,Y)=E\{[X-E(X)][Y-E(Y)]\}$. 它是 $1+1$ 阶混合中心矩，有计算公式：

$$\text{cov}(X,Y)=E(XY)-E(X)E(Y).$$

随机变量(X,Y)的相关系数为$\rho_{XY}=\dfrac{\text{cov}(X,Y)}{\sqrt{DX}\ \sqrt{DY}}$.

相关系数具有如下性质：

(1) $|\rho_{XY}|\leqslant 1$；

(2) $|\rho_{XY}|=1\Leftrightarrow$ 存在常数a,b,使$P\{Y=aX+b\}=1$,即X与Y以概率1线性相关；

(3) 若X,Y独立,则$\rho_{XY}=0$,即X,Y不相关.反之,不一定成立.

疑难分析

1. 随机变量的数字特征在概率论中有什么意义？

知道一个随机变量的分布函数,就掌握了这个随机变量的统计规律性.但求得一个随机变量的分布函数是不容易的,而且往往也没有这个必要.随机变量的数字特征则比较简单易求,也能满足我们研究分析具体问题的需要,所以在概率论中的很多应用,同时也刻画了随机变量的某些特征,有重要的实际意义.

例如,数学期望反映了随机变量取值的平均值,表现为具体问题中的平均长度、平均时间、平均成绩、期望利润、期望成本等；方差反映了随机变量取值的波动程度；偏态系数、峰态系数则反映了随机变量取值的对称性和集中性.因此,在不同的问题上考察不同的数字特征,可以简单而切实地解决我们面临的实际问题.

2. 在数学期望定义中为什么要求级数和广义积分绝对收敛？

首先,数学期望是一个有限值；其次,数学期望反映随机变量取值的平均值.因此,对级数和广义积分来说,绝对收敛保证了值的存在,且对级数来说,又与项的次序无关,从而更便于运算求值.而由于连续型随机变量可以离散化,从而广义积分与无穷级数有同样的意义.要求级数和广义积分绝对收敛是为了保证数学期望的存在与求出.

3. 相关系数ρ_{XY}反映了随机变量X和Y之间的什么关系？

相关系数ρ_{XY}是用随机变量X和Y的协方差和标准差来定义的,它反映了随机变量X和Y之间的相关程度.当$|\rho_{XY}|=1$时,称X与Y依概率1线性相关；当$\rho_{XY}=0$时,称X与Y不相关；当$0<\rho_{XY}<1$时,又分为强相关与弱相关.

4. 两个随机变量X与Y相互独立和不相关是一种什么样的关系？

(1) 若X、Y相互独立,则X、Y不相关.因为X、Y独立,则$E(XY)=E(X)E(Y)$,故$\text{cov}(X,Y)=E(XY)-E(X)E(Y)=0$,从而$\rho_{XY}=0$,所以$X$、$Y$不相关.

(2) 若X、Y不相关,则X、Y不一定独立.如：

$$p(x,y)=\begin{cases}1/\pi & x^2+y^2\leqslant 1,\\ 0, & \text{其他}.\end{cases}$$

由$E(X)=E(Y)=0$,$D(X)=D(Y)=1/4$,$\text{cov}(X,Y)=0$,$\rho_{XY}=0$,知X、Y不相关,但$p_X(x)=2\sqrt{1-x^2}/\pi$,$p_Y(y)=2\sqrt{1-y^2}/\pi$,$p(x,y)\neq p_X(x)p_y(Y)$,故X、Y不独立.

(3) 若X、Y相关,则X、Y一定不独立.可由反证法说明.

(4) 若X、Y不独立,则X、Y不一定不相关.因为X、Y不独立,$E(XY)\neq E(X)E(Y)$,但

若 $E(X)=E(Y)=E(XY)=0$ 时，可以有 $\rho_{XY}=0$，从而可以有 X、Y 不相关.

但是，也有特殊情况，如 (X,Y) 服从二维正态分布时，X、Y 不相关与 X、Y 独立是等价的.

例题解析

【例 4.1】 设随机变量 X 的分布律为 $P\{X=k\}=\alpha^k/(1+\alpha)^{k+1}$，$\alpha>0$，$k=0,1,\cdots$，求 $E(X)$ 和 $D(X)$.

【分析】 可直接按离散型随机变量的期望和方差的定义进行计算.

【解】 $E(X)=\sum\limits_{k=0}^{\infty}k\cdot\dfrac{\alpha^k}{(1+\alpha)^{k+1}}=\dfrac{\alpha}{(1+\alpha)^2}\cdot\sum\limits_{k=1}^{\infty}k\left(\dfrac{\alpha}{1+\alpha}\right)^{k-1}=\alpha$；

同理 $E(X^2)=\sum\limits_{k=1}^{\infty}k^2\cdot\dfrac{\alpha^k}{(1+\alpha)^{k+1}}=\dfrac{\alpha}{(1+\alpha)^2}\cdot\sum\limits_{k=1}^{\infty}k^2\left(\dfrac{\alpha}{1+\alpha}\right)^{k-1}=\alpha(1+2\alpha)$，

所以 $D(X)=E(X^2)-[E(X)]^2=\alpha(1+\alpha)$.

【例 4.2】 设 (X,Y) 的概率密度函数为 $p(x,y)=\begin{cases}\dfrac{3}{16}xy, & 0\leqslant x\leqslant 2,\ 0\leqslant y\leqslant x^2,\\ 0, & \text{其他}.\end{cases}$ 求：

(1) $E(X)$，$E(Y)$；(2) $D(X)$，$D(Y)$；(3) $\mathrm{cov}(X,Y)$，ρ_{XY}.

【分析】 由数学期望的定义及方差、协方差、相关系数的计算公式，首先需求出关于 X、Y 的边缘密度函数 $p_X(x)$、$p_Y(y)$，然后再分别求数学期望、方差、协方差、相关系数等.

【解】 (1) $p_X(x)=\int_0^{x^2}\dfrac{3xy}{16}\cdot\mathrm{d}y=\dfrac{3x^5}{32}$，$0\leqslant x\leqslant 2$，

$$p_Y(y)=\int_0^2\frac{3xy}{16}\cdot\mathrm{d}x=\frac{3y(4-y)}{32},\ 0\leqslant y\leqslant 4,$$

所以 $$E(X)=\int_0^2 x\cdot\frac{3x^5}{32}\cdot\mathrm{d}x=\frac{12}{7},\ E(Y)=\int_0^4 y\cdot\frac{3y(4-y)}{32}\cdot\mathrm{d}y=2.$$

(2) $E(X^2)=\int_0^2 x^2\cdot\dfrac{3x^5}{32}\cdot\mathrm{d}x=3$，$E(Y^2)=\int_0^4 y^2\cdot\dfrac{3y(4-y)}{32}\cdot\mathrm{d}y=\dfrac{24}{5}$

所以 $D(X)=3-(\dfrac{12}{7})^2=\dfrac{3}{49}$，$D(Y)=\dfrac{24}{5}-2^2=\dfrac{4}{5}$；

(3) $E(XY)=\int_0^2\int_0^{x^2}xy\cdot\dfrac{3xy}{16}\cdot\mathrm{d}x\mathrm{d}y=\dfrac{32}{9}$，所以

$$\mathrm{cov}(X,Y)=E(XY)-E(X)E(Y)=\frac{8}{63};$$

$$\rho_{XY}=\mathrm{cov}(X,Y)/[\sqrt{DX}\sqrt{DY}]=\frac{4\sqrt{15}}{27}\approx 0.574.$$

【例 4.3】 设 $X\sim N(\mu,\sigma^2)$，$Y\sim N(\mu,\sigma^2)$，且 X、Y 相互独立，试求 $Z_1=\alpha X+\beta Y$ 和 $Z_2=\alpha X-\beta Y$ 的相关系数. α、β 为不等于零的常数.

【分析】 求函数的数字特征，可有以下三种方法：(1) 先求函数的概率分布，再依公式计算数字特征；(2) 直接依随机变量函数数字特征的公式计算；(3) 利用数字特征的有关定

理计算.

【解】 $\mathrm{cov}(Z_1,Z_2)=\mathrm{cov}(\alpha X+\beta Y,\alpha X-\beta Y)$

$$=\alpha^2\mathrm{cov}(X,Y)-\alpha\beta\mathrm{cov}(X,Y)+\alpha\beta\mathrm{cov}(X,Y)-\beta^2\mathrm{cov}(X,Y)$$

$$=\alpha^2D(X)-\beta^2D(Y)=(\alpha^2-\beta^2)\sigma^2;$$

而 $D(Z_1)=D(\alpha X+\beta Y)=\alpha^2\sigma^2+\beta^2\sigma^2=D(Z_2)$，所以

$$\rho_{Z_1Z_2}=\frac{(\alpha^2-\beta^2)\sigma^2}{(\alpha^2+\beta^2)\sigma^2}=\frac{\alpha^2-\beta^2}{\alpha^2+\beta^2}.$$

【例 4.4】 设 $X_1,X_2,\cdots,X_n$ 是相互独立的随机变量，且 $E(X_i)=\mu,D(X_i)=\sigma^2$，$i=1,2,\cdots,n$. 记 $\overline{X}=\frac{1}{n}\sum_{i=1}^{n}X_i,S^2=\frac{1}{n-1}\sum_{i=1}^{n}(X_i-\overline{X})^2$. 证明：

(1) $E(\overline{X})=\mu,D(\overline{X})=\frac{\sigma^2}{n}$；(2) $E(S^2)=\sigma^2$.

【分析】 运用随机变量数字特征的某些性质及一定的技巧进行证明.

【证明】 (1) $E(\overline{X})=E\left[\frac{1}{n}\sum_{i=1}^{n}X_i\right]=\frac{1}{n}\sum_{i=1}^{n}E(X_i)=\mu$，

$$D(\overline{X})=D\left[\frac{1}{n}\sum_{i=1}^{n}X_i\right]=\frac{1}{n^2}\sum_{i=1}^{n}D(X_i)=\frac{1}{n^2}\cdot n\sigma^2=\frac{\sigma^2}{n}.$$

(2) $E(S^2)=\frac{1}{n-1}E\{\sum_{i=1}^{n}[(X_i-\mu)-(\overline{X}-\mu)]^2\}$

$$=\frac{1}{n-1}\sum_{i=1}^{n}E[(X_i-\mu)^2]-nE(\overline{X}-\mu)^2=\frac{1}{n-1}\left[n\sigma^2-n\cdot\frac{\sigma^2}{n}\right]=\sigma^2.$$

第 4 章总复习题

(A)

一、选择题

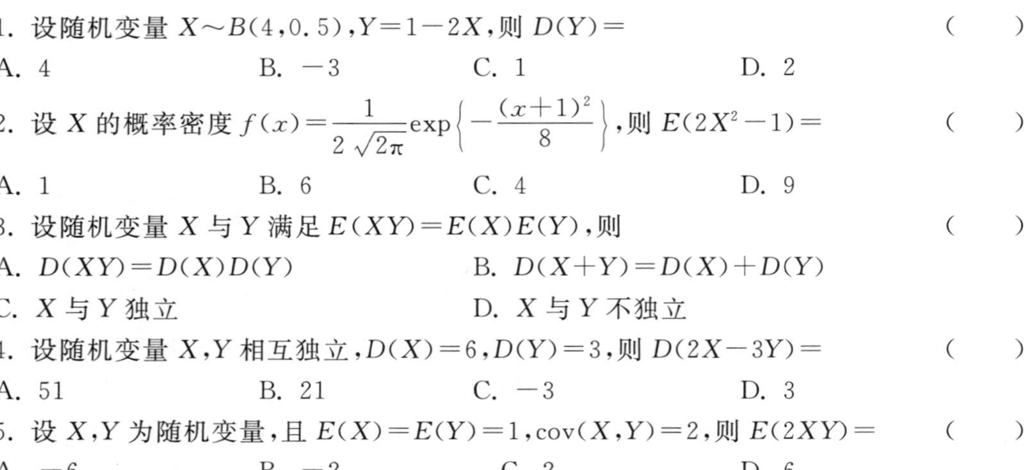

1. 设随机变量 $X\sim B(4,0.5)$，$Y=1-2X$，则 $D(Y)=$ ( )

A. 4　　B. -3　　C. 1　　D. 2

2. 设 X 的概率密度 $f(x)=\frac{1}{2\sqrt{2\pi}}\exp\left\{-\frac{(x+1)^2}{8}\right\}$，则 $E(2X^2-1)=$ ( )

A. 1　　B. 6　　C. 4　　D. 9

3. 设随机变量 X 与 Y 满足 $E(XY)=E(X)E(Y)$，则 ( )

A. $D(XY)=D(X)D(Y)$　　B. $D(X+Y)=D(X)+D(Y)$

C. X 与 Y 独立　　D. X 与 Y 不独立

4. 设随机变量 X,Y 相互独立，$D(X)=6,D(Y)=3$，则 $D(2X-3Y)=$ ( )

A. 51　　B. 21　　C. -3　　D. 3

5. 设 X,Y 为随机变量，且 $E(X)=E(Y)=1$，$\mathrm{cov}(X,Y)=2$，则 $E(2XY)=$ ( )

A. -6　　B. -2　　C. 2　　D. 6

6. 设随机变量 X 与 Y 相互独立且同分布，记 $U=X-Y$，$V=X+Y$，则 U 与 V　(　　)

A. 独立　　B. 不独立　　C. 相关系数不为 0　　D. 相关系数为 0

7. 将一枚硬币重复掷 n 次，以 X 和 Y 分别表示正面向上和反面向上的次数，则 X 和 Y 的相关系数等于　(　　)

A. 1　　B. 0　　C. $\frac{1}{2}$　　D. 1

二、填空题

1. 若随机变量 X 服从区间(2,5)上的均匀分布，则 $E(X)=$________.

2. 设 $X\sim B(n,p)$，且已知 $E(X)=15$，$D(X)=10$，则 $n=$________，$p=$________.

3. 设 X 表示 10 次独立重复射击中击中目标的次数，已知每次击中的概率 $p=0.6$，则 $D(X)=$________.

4. 设随机变量 X 服从参数为 λ 的泊松分布，且 $E[(X-1)(X-2)]=1$，则 $\lambda=$________.

5. 已知 $D(X)=25$，$D(Y)=36$，$\rho(X,Y)=0.4$，则 $D(X-Y)=$________.

6. 设随机变量 $X\sim U(-1,2)$，$Y=\begin{cases}1, & X>0,\\ 0, & X=0,\\ -1, & X<0,\end{cases}$ 则 $D(Y)=$________.

三、计算题

1. 设随机变量 X 的分布律为

X	0	1	2	3
P	0.2	0.2	0.3	0.3

求 $E(X)$，$D(X)$.

2. 设随机变量 X 的概率分布为

X	-2	-1	0	1	2
P	1/8	1/8	1/2	1/8	1/8

又 $Y=X^2$，求 $E(Y)$，$D(Y)$.

3. 设随机变量 X 的概率密度为 $f(x)=\begin{cases}\frac{1}{2}x, & 0<x<2,\\ 0, & \text{其他}.\end{cases}$ 求 $P(X>1)$，$E(X)$ 及 $D(X)$.

4. 设随机变量 X,Y 的概率密度分别为 $f(x)=\begin{cases}2\mathrm{e}^{-2x}, & x\geqslant 0,\\ 0, & x<0,\end{cases}$ $f(y)=\begin{cases}4\mathrm{e}^{-4y} & y\geqslant 0,\\ 0, & y<0.\end{cases}$ 若 X,Y 相互独立，求 $E(XY)$，$D(X+2Y)$.

5. 某车间生产的圆盘其直径服从区间(a,b)上的均匀分布,试求圆盘面积的数学期望.

6. 设随机变量(X,Y)的联合分布律为

X	Y		
	−1	0	1
−1	1/6	1/12	0
0	1/4	0	0
1	1/12	1/4	1/6

求$E(X)$,$E(Y)$,$E(XY)$,$D(X)$,$D(Y)$,$D(X-2Y)$,$\text{cov}(X,Y)$及ρ_{XY}.

7. 盒子里装有3只黑球,2只白球,2只红球,从中任取4只,以X表示取到黑球的只数,以Y表示取到红球的只数,求:

(1) (X,Y)的联合分布律以及两个边缘分布律;

(2) $E(X)$,$E(Y)$,$D(X)$,$D(Y)$,$\text{cov}(X,Y)$,ρ_{XY}.

8. 设随机变量(X,Y)的联合概率密度为$f(x,y)=\begin{cases}2-x-y, & 0\leqslant x\leqslant 1,0\leqslant y\leqslant 1;\\ 0, & \text{其他}.\end{cases}$

求$E(X)$,$E(Y)$,$E(XY)$,$D(X)$,$D(Y)$,$D(X-2Y)$,$\text{cov}(X,Y)$及ρ_{XY}.

9. 设随机变量X与Y的数学期望都为2,方差分别为1和4,相关系数为$\rho_{xy}=0.5$.

(1) 求$E(X-Y)$,$\text{var}(X-Y)$;

(2) 若由切比雪夫不等式得到$P(|X-Y|\geqslant 6)\leqslant t$,求$t$的值.

10. 一商店经销某商品,每周进货数量X与顾客对该种商品的需求量Y是相互独立的随机变量,且都服从[10,20]的均匀分布.商店出售一件商品盈利1000元.若需求超过进货量,商店从其他商店调剂,则每件盈利500元.求:此商店经销该商品每周所得利润的数学期望.

11. 设随机变量X_1,X_2,X_3相互独立,其中$X_1\sim U(0,6)$,X_2服从参数为$\frac{1}{2}$的指数分布,X_3服从参数为3的泊松分布,$Y=X_1-2X_2+3X_3$,求$E(Y)$,$D(Y)$.

(B)

1.(研2003) 已知甲、乙两箱中装有同种产品,其中甲箱装有3件合格品和3件次品,乙箱中仅装有3件合格品,从甲箱中任取3件产品放入乙箱后,求:

(1)乙箱中次品件数X的数学期望;

(2)从乙箱中任取一件产品是次品的概率.

2.(研2004) 设随机变量X服从参数为λ的指数分布,则$P(X>\sqrt{D(X)})=$____.

3.(研2004) 设随机变量$X_1,X_2,\cdots,X_n(n>1)$独立同分布,且其方差为$\sigma^2>0$,令$Y=\frac{1}{n}\sum_{i=1}^{n}X_i$,则有 (　　)

A. $\text{cov}(X_1,Y)=\frac{\sigma^2}{n}$　　　　B. $\text{cov}(X_1,Y)=\sigma^2$

C. $D(X_1+Y)=\dfrac{(n+2)\sigma^2}{n}$　　　　D. $D(X_1-Y)=\dfrac{(n+2)\sigma^2}{n}$

4.（研 2008）设随机变量 X 服从参数为 λ 的泊松分布，则 $P(X=E(X^2))=$________.

5.（研 2009）设随机变量 X 的分布函数为 $F(x)=0.3\Phi(x)+0.7\Phi\left(\dfrac{x-1}{2}\right)$，其中 $\Phi(x)$ 为标准正态分布的分布函数，则 $E(X)=$　　（　　）

A. 0　　B. 0.3　　C. 0.7　　D. 1.

6.（研 2011）设随机变量 X 的概率分布为 $P(X=k)=\dfrac{c}{k!}$，$k=0,1,2,\cdots$，则 $E(X^2)=$________.

7.（研 2011）设二维随机变量 $(X,Y)\sim N(\mu,\mu,\sigma^2,\sigma^2,0)$，则 $E(XY^2)=$________.

8.（研 2011）设随机变量 X 与 Y 相互独立，且 $E(X)$ 与 $E(Y)$ 存在，记 $U=\max\{X,Y\}$，$V=\min\{X,Y\}$，则 $E(UV)=$（　　）

A. $E(U)\cdot E(V)$　B. $E(X)\cdot E(Y)$　C. $E(U)\cdot E(Y)$　D. $E(X)\cdot E(V)$

9.（研 2012）将长度为 1 米的木棒随机地截成两段，则两段长度的相关系数为（　　）.

A. 1　　B. $\dfrac{1}{2}$　　C. $-\dfrac{1}{2}$　　D. -1

10.（研 2012）设随机变量 (X,Y) 的联合分布律为

X	Y		
	0	1	2
0	1/4	0	1/4
1	0	1/3	0
2	1/12	0	1/12

(1)求 $P(X=2Y)$；(2)$\mathrm{cov}(X-Y,Y)$.

11.（研 2015）设随机变量 X 与 Y 不相关，且 $E(X)=2$，$E(Y)=1$，$D(X)=3$，则 $E(X(X+Y-2))=$　　（　　）

A. -3　　B. 3　　C. -5　　D. 5

12.（研 2015）设随机变量 X 的概率密度为 $f(x)=\begin{cases}2^{-x}\ln 2, & x>0,\\ 0, & x\leqslant 0,\end{cases}$ 对 X 进行独立重复的观测，直到第 2 个大于 3 的观测值出现停止，记 Y 为观测次数，求：

(1)Y 的概率分布；(2)$E(Y)$.

第 5 章　极限定理

极限定理在概率论与数理统计的理论研究和应用中都占有重要地位. 本章主要讲述相互独立的随机变量序列最基本的两种类型的极限定理——“大数定律”(law of large number)和“中心极限定理”(central limit theorem). 通常,在一定条件下,一个随机变量序列的算术平均值构成的序列,在某种意义下收敛到某一定数的相关定理称为“大数定律”;而在一定条件下,独立随机变量序列部分和的极限分布是正态分布的相关定理称为“中心极限定理”.

§5.1　大数定律

在第 1 章提到过事件发生的频率具有稳定性,即随着试验次数的增加,事件发生的频率会与某一定值非常接近. 于是就将这一定值定义为该事件发生的概率. 但这里的非常接近究竟是什么意思? 用数学语言给出准确的描述是一个非常重要的问题,这涉及概率论的基础. 本节我们将叙述并证明该问题,为此,先给出大数定律以及与之相关的概念.

定义 5.1.1　设 $Y_1, Y_2, \cdots, Y_n, \cdots$ 是一个随机变量序列,a 是一个常数,若对任意 $\varepsilon>0$,有

$$\lim_{n\to\infty} P\{|Y_n - a| < \varepsilon\} = 1, \tag{5.1.1}$$

或等价地

$$\lim_{n\to\infty} P\{|Y_n - a| > \varepsilon\} = 0, \tag{5.1.2}$$

则称序列 $Y_1, Y_2, \cdots, Y_n, \cdots$ **依概率收敛**于 a,记为 $Y_n \xrightarrow{P} a$.

$Y_n \xrightarrow{P} a$ 的直观解释是:对于任意小的 $\varepsilon>0$,Y_n 与 a 的偏差大于 ε 是可能的,但是当 n 很大时,出现这种偏差的可能性很小. 因此,当 n 很大时,就有很大的把握保证 Y_n 很接近于 a.

定义 5.1.2　如果随机变量序列 $X_1, X_2, \cdots, X_n, \cdots$ 的算术平均值 $\frac{1}{n}\sum_{i=1}^{n} X_i$ 依概率收敛于 $\frac{1}{n}\sum_{i=1}^{n} E(X_i)$,即对任意 $\varepsilon > 0$,有

$$\lim_{n\to\infty} P\left\{\left|\frac{1}{n}\sum_{i=1}^{n} X_i - \frac{1}{n}\sum_{i=1}^{n} E(X_i)\right| < \varepsilon\right\} = 1, \tag{5.1.3}$$

则称随机变量序列 $X_1, X_2, \cdots, X_n, \cdots$ 服从**大数定律**.

随机变量序列 $X_1, X_2, \cdots, X_n, \cdots$ 服从大数定律表明,可以以很大的概率保证 X_1, X_2,

$\cdots, X_n, \cdots$ 的前 n 的算术平均 $\frac{1}{n}\sum_{i=1}^{n} X_i$ 与它的数学期望 $\frac{1}{n}\sum_{i=1}^{n} E(X_i)$ 是很接近的.

下面的切比雪夫不等式是证明切比雪夫大数定律所需的预备知识,并且可以用来估计概率.

定理 5.1.1(切比雪夫不等式)　设随机变量 X 的数学期望为 $E(X)=\mu$,方差为 $D(X)=\sigma^2$,则对任意正数 ε,都有

$$P\{|X-\mu|\geqslant\varepsilon\}\leqslant\frac{\sigma^2}{\varepsilon^2}. \tag{5.1.4}$$

数学家简介
切比雪夫

证明　仅对连续型随机变量证明.

设 X 的概率密度为 $f(x)$,则有

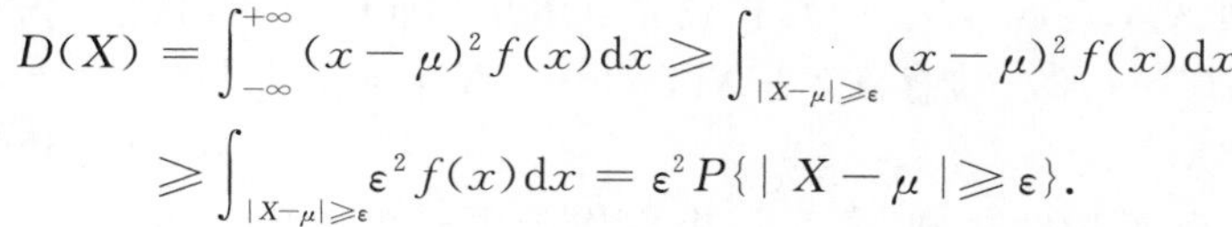

$$\begin{aligned}D(X)&=\int_{-\infty}^{+\infty}(x-\mu)^2 f(x)\mathrm{d}x\geqslant\int_{|X-\mu|\geqslant\varepsilon}(x-\mu)^2 f(x)\mathrm{d}x\\&\geqslant\int_{|X-\mu|\geqslant\varepsilon}\varepsilon^2 f(x)\mathrm{d}x=\varepsilon^2 P\{|X-\mu|\geqslant\varepsilon\}.\end{aligned}$$

所以

$$P\{|X-\mu|\geqslant\varepsilon\}\leqslant\frac{\sigma^2}{\varepsilon^2}.$$

式(5.1.4)或 $P\{|X-E(X)|<\varepsilon\}\geqslant 1-\frac{D(X)}{\varepsilon^2}$,我们称该不等式为**切比雪夫不等式(Chebyshev inequality)**.

对离散型随机变量,只需将上述证明中的概率密度换成分布律,将积分运算改为求和运算,用同样的方法可以得到证明.

切比雪夫不等式的一个主要作用是在已知期望和方差的条件下,可以估计概率 $P\{|X-\mu|\geqslant\varepsilon\}$,下面举例说明它的应用.

例 5.1.1　已知正常男性成人血液中,每毫升白细胞数的平均值 7300,标准差是 700,利用切比雪夫不等式估计每毫升血液所含白细胞数在 5200 到 9400 之间的概率.

解　设 X 为每毫升血液所含白细胞数,则 $E(X)=np=7300$,$D(X)=490000$,所以由切比雪夫不等式,有

$$\begin{aligned}P(5200\leqslant X\leqslant 9400)&=P(|X-E(X)|\leqslant 2100)\\&=1-P(|X-E(X)|>2100)\geqslant 1-\frac{D(X)}{2100^2}=0.889.\end{aligned}$$

下面用切比雪夫不等式来证明切比雪夫大数定律.

定理 5.1.2　切比雪夫大数定律(Chebyshev law of large Number)

设随机变量序列 $X_1, X_2, \cdots, X_n, \cdots$ 互相独立且服从相同的分布,$E(X_i)=\mu$,$D(X_i)=\sigma^2(i=1,2,\cdots)$,则 $X_1, X_2, \cdots, X_n, \cdots$ 服从大数定律.

证明　由于

$$E(\overline{X})=\frac{1}{n}\sum_{i=1}^{n}E(X_i)=\frac{1}{n}n\mu=\mu,$$

$$D(\overline{X})=\frac{1}{n^2}\sum_{i=1}^{n}D(X_i)=\frac{1}{n^2}n\sigma^2=\frac{\sigma^2}{n},$$

对任意的 $\varepsilon>0$,有切比雪夫不等式可得

$$1 \geq P\{|\bar{X}-\mu|<\varepsilon\} \geq 1-\frac{\sigma^2/n}{\varepsilon^2}.$$

取极限得到

$$\lim_{n\to\infty} P\{|\bar{X}-\mu|<\varepsilon\}=1, \tag{5.1.5}$$

即 $\bar{X}\xrightarrow{P}\mu$.

定理 5.1.2 实际上是切比雪夫大数定律的特殊情况，有关更加一般的切比雪夫大数定律读者可以自行学习. 下面的辛钦(*Hincen*)大数定律是定理 5.1.2 的另一种一般形式. 其证明方法已经超出本书范围，故仅叙述如下：

定理 5.1.3　辛钦大数定律(Hincen Law of Large Number)

设随机变量序列 $X_1,X_2,\cdots,X_n,\cdots$ 互相独立且服从相同的分布，且数学期望 $E(X_i)=\mu(i=1,2,\cdots)$ 存在，则 $X_1,X_2,\cdots,X_n,\cdots$ 服从大数定律.

数学家简介
辛钦

辛钦大数定律也称平均数法则. 它是一个在实际中经常使用的重要大数定律. 例如，当测量一个物理量时，我们总希望能多测几次，然后取这几次的平均值作为这个物理量的近似值. 经验表明：测量的次数越多，近似的程度越好. 如果令 μ 表示要测量的物理量的真实值，$X_1,X_2,\cdots,X_n$ 是 n 次重复测量的测量值，则由辛钦大数定律知 $\frac{1}{n}\sum_{i=1}^{n}X_i$ 依概率收敛于 μ，即可以以很大的概率保证 $\frac{1}{n}\sum_{i=1}^{n}X_i$ 是很接近 μ，这正是上述经验的理论说明.

由切比雪夫大数定律可以证明得到下面的伯努利大数定律，该大数定律则回答了本节一开始提出的问题，即用数学语言准确地表达了频率是稳定于概率的.

定理 5.1.4　伯努利大数定律(Bernoulli Law of Large Number)

设 μ_n 表示 n 次重复独立试验中事件 A 发生的次数，且在每次试验中 A 发生的概率 $P(A)=p$，则事件 A 发生的频率 $\frac{\mu_n}{n}$ 依概率收敛于 p，即 $\forall\varepsilon>0$，

$$\lim_{n\to\infty} P\left(\left|\frac{\mu_n}{n}-p\right|>\varepsilon\right)=0. \tag{5.1.6}$$

数学试验
伯努利大数定律

证明　令

$$X_i=\begin{cases}1, & \text{第 } i \text{ 次试验中 } A \text{ 发生},\\ 0, & \text{否则}.\end{cases}$$

其中，$X_1,X_2,\cdots,X_n,\cdots$ 相互独立，且均服从参数为 p 的0—1分布，$E(X_i)=p$，$D(X_i)=p(1-p)(i=1,2,\cdots)$.

因此 $\frac{1}{n}\sum_{i=1}^{n}X_i=\frac{\mu_n}{n}$，$\frac{1}{n}\sum_{i=1}^{n}E(X_i)=p$，由切比雪夫大数定律知依概率收敛于 $\frac{1}{n}\sum_{i=1}^{n}E(X_i)$，即 $\frac{\mu_n}{n}$ 依概率收敛于 p.

定理 5.1.4 我们称之为伯努利大数定律(Bernoulli Law of Large Number)，它表明事件 A 发生的频率 $\frac{\mu_n}{n}$ 依概率收敛于事件 A 的概率 p，也就是说，当 n 很大时事件发生的频率与概率有较大偏差的可能性很小. 根据实际推断原理，当试验次数很大时，就可以利用事件

发生的频率来近似地代替事件的概率.

习题 5.1

1. 一颗骰子连续掷 4 次,点数总和记为 X. 试用切比雪夫不等式估计 $P(10<X<18)$.

2. 设随机变量 X 与 Y 的数学期望分别为 -2 与 2,方差分别为 1 和 4,而相关系数为 -0.5,根据切比雪夫不等式估计 $P(|X+Y|\geqslant 18)$.

3. 设在每次试验中,事件 A 发生的概率为 $p=\frac{1}{4}$.

(1) 进行 300 次重复独立实验,以 X 记 A 发生的次数,用切比雪夫不等式估计 X 与 $E(X)$ 的偏差不大于 50 的概率.

(2) 问:是否可以以 0.925 的概率保证,在 1000 次试验中,A 发生的次数在 200 到 300 之间?

§5.2　中心极限定理

正态分布在随机变量的一切可能分布中占有特殊的重要地位,这不仅是因为实践中的大量随机变量服从正态分布,而且还有一些随机变量虽然不服从正态分布,但它们以正态分布为极限分布. 这一结果主要来自于人们观察到一些独立随机变量的和,当随机变量的个数无限增加时,其分布趋于正态分布. 独立的随机变量序列的部分和的极限分布是正态分布的相关定理称为"中心极限定理". 本节主要介绍独立同分布中心极限定理和德莫佛—拉普拉斯(De Moivre-laplace)中心极限定理及其应用.

定理 5.2.1　独立同分布中心极限定理

设随机变量 $X_1, X_2, \cdots, X_n, \cdots$ 独立同分布,且期望和方差存在:$E(X_i)=\mu, D(X_i)=\sigma^2>0 (i=1,2,\cdots)$,则对任意实数 x 有

$$\lim_{n\to\infty} P\left\{\frac{\sum_{i=1}^{n} X_i - n\mu}{\sqrt{n}\sigma} \leqslant x\right\} = \int_{-\infty}^{x} \frac{1}{\sqrt{2\pi}} \mathrm{e}^{-\frac{x^2}{2}} \mathrm{d}x \tag{5.2.1}$$

该定理也称为林德贝格 — 勒维(Lindeberg-Levy) 中心极限定理,本定理的证明超出了本书的要求,故略.

数学试验

中心极限定理

定理说明当 n 充分大时,$\frac{\sum_{i=1}^{n} X_i - n\mu}{\sqrt{n}\sigma}$ 近似服从标准正态分布 $N(0,1)$,即 $\sum_{i=1}^{n} X_i$ 近似服从正态分布 $N(n\mu, n\sigma^2)$. 这在理论上有着十分重要的意义:一般来说随机变量之和 $\sum_{i=1}^{n} X_i$ 的分布函数很难求出,但定理表

明，当 n 充分大时，可以用正态分布对 $\sum_{i=1}^{n} X_i$ 作理论分析和实际计算；此外，定理也说明当 n 充分大时，独立同分布的随机变量 $X_1, X_2, \cdots, X_n, \cdots$ 的算术平均 $\overline{X} = \frac{1}{n}\sum_{i=1}^{n} X_i$ 近似地服从正态分布. 这个结果是数理统计中大样本统计推断的基础.

例 5.2.1 设各零件的重量都是随机变量，它们互相独立，且服从相同的分布，其数学期望为 0.5kg，均方差为 0.1kg，问 5000 只零件的总重量超过 2510kg 的概率是多少？

解 设 $X_i(i=1,2,\cdots,5000)$ 表示第 i 个零件的重量，则 $X_1, X_2, \cdots, X_{5000}$ 独立同分布，且 $E(X_i)=0.5, D(X_i)=0.01, i=1,2,\cdots,5000$，由独立同分布的中心极限定理知

$$\frac{\sum_{i=1}^{5000} X_i - 5000 \times 0.5}{\sqrt{5000 \times 0.01}} = \frac{\sum_{i=1}^{5000} X_i - 2500}{\sqrt{50}}$$

近似地服从 $N(0,1)$ 分布，所以

$$P\left(\sum_{i=1}^{5000} X_i > 2510\right) = P\left(\frac{\sum_{i=1}^{5000} X_i - 2500}{\sqrt{50}} > \frac{2510-2500}{\sqrt{50}}\right)$$

$$\approx 1 - \Phi(\sqrt{2}) = 1 - 0.9215 = 0.0785.$$

例 5.2.2 计算机在进行加法运算时，对每个加数取整(取为最接近于它的整数). 设所有的取整误差相互独立且都服从区间$(-0.5,0.5)$上的均匀分布.

(1) 求在 1500 个数相加时，误差总和的绝对值超过 15 的概率.

(2) 欲使误差总和的绝对值小于 10 的概率不小于 90%，最多能允许几个数相加？

解 (1) 设 $X_i(i=1,2,\cdots,1500)$ 表示第 i 个数取整后的误差，则 $X_1, X_2, \cdots, X_{1500}$ 独立同分布，且 $E(X_i)=0, D(X_i)=1/12, i=1,2,\cdots,5000$，由独立同分布的中心极限定理知

$$\frac{\sum_{i=1}^{1500} X_i - 1500 \times 0}{\sqrt{1500 \times \frac{1}{12}}} = \frac{\sum_{i=1}^{1500} X_i}{5\sqrt{5}}$$

近似地服从 $N(0,1)$ 分布，所以

$$P\left(\left|\sum_{i=1}^{1500} X_i\right| > 15\right) = P\left(\left|\frac{\sum_{i=1}^{5000} X_i}{5\sqrt{5}}\right| > \frac{15}{5\sqrt{5}}\right)$$

$$\approx 2\left[1 - \Phi\left(\frac{3}{\sqrt{5}}\right)\right] = 2 \times (1 - 0.9099) = 0.1802.$$

(2) 设欲使误差总和的绝对值小于 10 的概率不小于 90%，最多能允许 N 个数相加，设 $X_i(i=1,2,\cdots,N)$ 是第 i 个数取整后的误差，则同样地由独立同分布的中心极限定理知 $\sum_{i=1}^{N} X_i \Big/ \sqrt{N/12}$ 近似地服从 $N(0,1)$ 分布，由题知 $P\left(\left|\sum_{i=1}^{N} X_i\right| \leqslant 10\right) \geqslant 0.9$，而

$$P\left(\left|\sum_{i=1}^{1500} X_i\right| \leqslant 10\right) = P\left(\left|\frac{\sum_{i=1}^{5000} X_i}{\sqrt{N/12}}\right| \leqslant \frac{10}{\sqrt{N/12}}\right) \approx 2\Phi\left(\frac{10}{\sqrt{N/12}}\right) - 1 \geqslant 0.9.$$

即 $\Phi(\frac{10}{\sqrt{N/12}}) \geqslant 0.95$，查标准正态分布表得 $\frac{10}{\sqrt{N/12}} \geqslant 1.65$，即 $N \leqslant 441$，所以欲使误差总和的绝对值小于 10 的概率不小于 90%，最多能允许 441 个数相加.

下面的德莫佛—拉普拉斯中心极限定理是独立同分布中心极限定理的一个推论.

定理 5.2.2　德莫佛—拉普拉斯中心极限定理(DeMovire-Laplace Theorem)

数学家简介
德莫斯—拉普拉斯

设随机变量 Y_n 服从二项分布 $B(n,p)$，则有

$$\lim_{n\to\infty} P\left\{\frac{Y_n - np}{\sqrt{np(1-p)}} \leqslant x\right\} = \int_{-\infty}^{x} \frac{1}{\sqrt{2\pi}} e^{-\frac{x}{2}} dx \qquad (5.2.2)$$

证明　设随机变量 Y_n 服从二项分布 $B(n,p)$，则 $Y_n = \sum_{i=1}^{n} X_i$，X_1，X_2，…，X_n 相互独立且都服从 0－1 分布 $B(1,p)$，则 $E(X_i) = p$，$D(X_i) = p(1-p)$，由独立同分布中心极限定则有

$$\lim_{n\to\infty} P\left\{\frac{Y_n - np}{\sqrt{np(1-p)}} \leqslant x\right\} = \int_{-\infty}^{x} \frac{1}{\sqrt{2\pi}} e^{-\frac{x}{2}} dx$$

定理说明二项分布的极限分布是正态分布，当 n 充分大时，若 Y_n 服从二项分布 $B(n,p)$，则 $\frac{Y_n - np}{\sqrt{np(1-p)}}$ 近似服从标准正态分布 $N(0,1)$，即 Y_n 近似服从正态分布 $N(np,np(1-p))$. 因此当 n 充分大时，可以用该定理进行二项分布概率的近似计算.

在实际使用时，当 n 充分大时，有下列近似计算公式：

(1) $P\{Y_n \leqslant a\} \approx \Phi(\frac{a-np}{\sqrt{np(1-p)}})$；

(2) $P\{a < Y_n \leqslant b\} \approx \Phi(\frac{b-np}{\sqrt{np(1-p)}}) - \Phi(\frac{a-np}{\sqrt{np(1-p)}})$；

(3) $P\{Y_n > a\} \approx 1 - \Phi(\frac{a-np}{\sqrt{np(1-p)}})$.

以下举例说明定理的应用.

例 5.2.3　某工厂有 400 台同类型的设备，且每台设备独立工作，故障率为 2%，求同时有两台以上的设备出故障的概率.

解　设 X 表示同时出故障的设备数，则 $X \sim B(400,0.02)$，则由德莫佛—拉普拉斯中心极限定理知 $\frac{X-400\times 0.02}{\sqrt{400\times 0.02\times 0.98}} = \frac{X-8}{2.8}$ 近似地服从 $N(0,1)$ 分布，所以

$$P(X>2) = P\left(\frac{X-8}{2.8} > \frac{2-8}{2.8}\right) \approx 1-\Phi(-2.14) = \Phi(2.14) = 0.9838.$$

例 5.2.4　设某地有甲乙两个电影院竞争 1000 名观众，观众选择电影院是独立随机的，问每个电影院应设多少个座位才能保证观众因缺少座位而离去的概率小于 0.01?

解　由于两个电影院情况相同，故仅考虑甲电影院. 设甲需要设 N 个座位，选择甲电影院的观众总数为 X，则 $X \sim B(1000, 1/2)$，由德莫佛—拉普拉斯中心极限定理知 $\frac{X-1000\times 0.5}{\sqrt{1000\times 0.5\times 0.5}} = \frac{X-500}{5\sqrt{10}}$ 近似地服从 $N(0,1)$ 分布，故

$$P\{X>N\}=1-P\{X\leqslant N\}\approx 1-\Phi(\frac{N-500}{5\sqrt{10}})<0.01$$

查标准正态分布表得$\frac{N-500}{5\sqrt{10}}\geqslant 2.33$，于是 $N\geqslant 536.8$，因而每个电影院至少设 537 个座位才符合要求.

例 5.2.5 某公司受一化妆品公司的委托，调查某一品牌的化妆品在该地区的购买率 $p(0<p<1)$. 如果保证以 95% 的把握使购买该化妆品人数的频率与购买率 p 相差不超过 0.05. 试问至少要调查多少人?

解 设 X 为调查的 n 个人中购买此化妆品的人数，人与人之间是否购买此化妆品相互独立，则 $X\sim B(n,p)$，由题知，要求 n，应使

$$P\left\{\left|\frac{X}{n}-p\right|\leqslant 0.05\right\}\geqslant 0.95$$

由德莫佛—拉普拉斯中心极限定理知$\frac{X-np}{\sqrt{np(1-p)}}$近似地服从 $N(0,1)$分布，故

$$P\left\{\left|\frac{X}{n}-p\right|\leqslant 0.05\right\}=P\left\{\left|\frac{X-np}{\sqrt{np(1-p)}}\right|\leqslant\frac{0.05n}{\sqrt{np(1-p)}}\right\}$$

$$\approx 2\Phi(\frac{0.05n}{\sqrt{np(1-p)}})-1\geqslant 0.95,$$

所以 $\Phi\left(\frac{0.05n}{\sqrt{np(1-p)}}\right)\geqslant 0.975$，查表得$\frac{0.05n}{\sqrt{np(1-p)}}\geqslant 1.96$，于是

$$n\geqslant\frac{1.96^2}{0.05^2}p(1-p)\geqslant 4\times\frac{1.96^2}{0.05^2}=384.16,$$

即至少应调查 385 人，才能保证以 95% 的把握使购买该化妆品人数的频率与购买率 p 相差不超过 0.05.

补充与注记

大数定律是一类描述当试验次数很大时所呈现的概率性质的定律. 有些随机事件无规律可循，但不少却是有规律的，这些“有规律的随机事件”，在大量重复出现的条件下，往往呈现必然的统计特性，这个规律就是大数定律.

由于随机变量序列向常数的收敛有多种不同的形式，按其收敛为依概率收敛，以概率 1 收敛或均方收敛，分别有弱大数定律、强大数定律和均方大数定律. 常用的大数定律有：伯努利大数定律、辛钦大数定律、柯尔莫哥洛夫强大数定律和重对数定律.

“中心极限定理”术语是波利亚(G. Polya)于 1920 年引入的. 中心极限定理是概率论中研究随机变量序列部分和分布的一类定理. 该定理断言在适当条件下，大量独立随机变量和的概率分布近似于正态分布. 它是概率论的重要内容，也是数理统计学的基石之一. 在长达两个世纪的时期内极限定理是概率论的中心研究课题. 19 世纪后半叶，随着数学基础的逐步加强，俄罗斯开始形成自己的数学学派，这就是以切比雪夫为首的圣彼得堡概率论学派. 该学派的中流砥柱则是马尔可夫(A. A. Markov)和李雅普诺夫(A. M. Lyapunov). 他们师徒互相合作，分别用矩方法和特征函数法第一次严格证明了中心极限定理，发展了中心极限定理理论，奠定了现代概率论的基础. 正是圣彼得堡概率论学派把概率论从濒临衰亡境地挽救出来，并恢复为一门数学学科.

习题 5.2

1. 螺钉的质量是随机变量,其均值是 50g,标准差是 5g,求一盒螺钉(100 个)的质量超过 5100g 的概率.

2. 设有 30 个同类型的电子器件 $D_1,D_2,\cdots,D_{30}$,若 $D_i(i=1,2,\cdots,30)$的使用寿命服从参数为 $\lambda=0.1$ 的指数分布,令 T 为 30 个器件各自正常使用的总计时间,求 $P\{T>350\}$.

3. 由 100 个相互独立起作用的部件组成的一个系统在运行过程中,每个部件能正常工作的概率都为 90%.为了使整个系统能正常运行,至少必须有 85%的部件在正常工作,求整个系统能正常运行的概率.

4. 经调查统计,某城市的市民在一年里遭遇交通事故的概率为千分之一,为此,一家保险公司决定在这个城市开一种交通事故险,每个投保人每年缴付 16(书上是 18)元保险费,一旦发生事故,将得到 1 万元的赔偿.经调查,预计有 10 万人购买这种保险,假设其他成本为 40 万元,问保险公司亏本的概率有多大? 平均利润是多少?

5. 据以往经验,某种电子元件的寿命服从参数 $\lambda=0.01$ 的指数分布.现随机取 16 只,假设它们的寿命是相互独立的,求这 16 只元件的寿命总和大于 1920 小时的概率.

6. 某社交网站有 10000 个相互独立的用户,且每个用户在任一时刻访问该网站的概率是 0.5,求在任一时刻有超过 5100 个用户访问该网站的概率.

7. 设某生产线上组装每件产品的时间服从指数分布,平均需要 10 分钟,且各件产品的组装时间是相互独立的.

(1) 试求组装 100 件产品需要 15～20 小时的概率;

(2) 保证有 95%的可能性,问 16 个小时内最多可以组装多少件产品?

重点分析

第 5 章小结

一、基本内容

1. 切比雪夫不等式

设随机变量 X 的数学期望 $E(X)=\mu$,方差 $D(X)=\sigma^2$,则对任意正数 ε,有不等式 $P\{|X-\mu|\geqslant\varepsilon\}\leqslant\frac{\sigma^2}{\varepsilon^2}$ 或 $P\{|X-\mu|<\varepsilon\}>1-\frac{\sigma^2}{\varepsilon^2}$ 成立.

2. 大数定律

(1)切比雪夫大数定理:设 $X_1,X_2,\cdots,X_n,\cdots$ 是相互独立的随机变量序列,数学期望 $E(X_i)$ 和方差 $D(X_i)$ 都存在,且 $D(X_i)<C(i=1,2,\cdots)$,则对任意给定的 $\varepsilon>0$,有

$$\lim_{n\to\infty}P\left\{\left|\frac{1}{n}\sum_{i=1}^{n}[X_i-E(X_i)]\right|<\varepsilon\right\}=1.$$

(2) 伯努利大数定理:设 n_A 是 n 次重复独立试验中事件 A 发生的次数,p 是事件 A 在一

次试验中发生的概率,则对于任意给定的 $\varepsilon > 0$,有 $\lim\limits_{n\to\infty} P\{|\frac{n_A}{n} - p| < \varepsilon\} = 1$.

伯努利大数定理给出了当 n 很大时,A 发生的频率 $\frac{n_A}{A}$ 依概率收敛于 A 的概率,证明了频率的稳定性.

3. 中心极限定律

(1) 独立同分布中心极限定理:设 $X_1, X_2, \cdots, X_n, \cdots$ 是独立同分布的随机变量序列,有有限的数学期望和方差,$E(X_i) = \mu, D(X_i) = \sigma^2 \neq 0 (i = 1, 2, \cdots)$,则对任意实数 x,随机变量 $Y_n = \frac{\sum\limits_{i=1}^{n}(X_i - \mu)}{\sqrt{n}\sigma} = \frac{\sum\limits_{i=1}^{n} X_i - n\mu}{\sqrt{n}\sigma}$ 的分布函数 $F_n(x)$ 满足 $\lim\limits_{n\to\infty} F_n(x) = \lim\limits_{n\to\infty} P\{Y_n \leqslant x\} = \int_{-\infty}^{x} \frac{1}{\sqrt{2\pi}} e^{-t^2/2} dt$.

(2) 李雅普诺夫定理:设 $X_1, X_2, \cdots, X_n, \cdots$ 是不同分布且相互独立的随机变量,它们分别有数学期望和方差:$E(X_i) = \mu_i, D(X_i) = \sigma_i^2 \neq 0 (i = 1, 2, \cdots)$. 记 $B_n^2 = \sum\limits_{i=1}^{n} \sigma_i^2$,若存在正数 δ, 使得当 $n \to \infty$ 时, 有 $\frac{1}{B_n^{2+\delta}} \sum\limits_{i=1}^{n} E\{|X_i - \mu_i|^{2+\delta}\} \to 0$, 则随机变量 $Z_n = \frac{\sum\limits_{i=1}^{n} X_i - E(\sum\limits_{i=1}^{n} X_i)}{\sqrt{D(\sum\limits_{i=1}^{n} X_i)}} = \frac{\sum\limits_{i=1}^{n} X_i - \sum\limits_{i=1}^{n} \mu_i}{B_n}$ 的分布函数 $F_n(x)$ 对于任意的 x,满足

$$\lim_{n\to\infty} F_n(x) = \lim_{n\to\infty}\left\{\frac{\sum\limits_{i=1}^{n} X_i - \sum\limits_{i=1}^{n} \mu_i}{B_n} \leqslant x\right\} = \int_{-\infty}^{x} \frac{1}{\sqrt{2\pi}} e^{-t^2/2} dt.$$

当 n 很大时,$Z_n \dot{\sim} N(0,1)$,$\sum\limits_{i=1}^{n} X_i \dot{\sim} N(\sum\limits_{i=1}^{n} \mu_i, B_n^2)$.

(3) 德莫佛—拉普拉斯定理:设随机变量 $\eta_n (n = 1, 2, \cdots)$ 服从参数为 $n, p (0 < p < 1)$ 的二项分布,则对于任意的 x,恒有

$$\lim_{n\to\infty} P\left\{\frac{\eta_n - np}{\sqrt{np(1-p)}} \leqslant x\right\} = \int_{-\infty}^{x} \frac{1}{\sqrt{2\pi}} e^{-t^2/2} dt.$$

二、疑难分析

1. 依概率收敛的意义是什么?

依概率收敛即以概率 1 收敛. 随机变量序列 $\{x_n\}$ 依概率收敛于 a,说明对于任给的 $\varepsilon > 0$,当 n 很大时,事件"$|x_n - a| < \varepsilon$"的概率接近于 1. 但正因为是概率,所以不排除小概率事件"$|x_n - a| < \varepsilon$"发生. 依概率收敛是不确定现象中关于收敛的一种说法.

2. 大数定律在概率论中有何意义?

大数定律给出了在试验次数很大时频率和平均值的稳定性,从理论上肯定了用算术平均值代替均值,用频率代替概率的合理性,它既验证了概率论中一些假设的合理性,又为数理

统计中用样本推断总体提供了理论依据.所以说,大数定律是概率论中最重要的基本定律.

3. 中心极限定理有何实际意义?

许多随机变量本身并不属于正态分布,但它们的极限分布是正态分布.中心极限定理阐明了在什么条件下,原来不属于正态分布的一些随机变量其总和分布渐进地服从正态分布.为我们利用正态分布来解决这类随机变量的问题提供了理论依据.

4. 大数定律与中心极限定理有何异同?

相同点:都是通过极限理论来研究概率问题,研究对象都是随机变量序列,解决的都是概率论中的基本问题,因而在概率论中有重要意义.不同点:大数定律研究概率或平均值的极限,而中心极限定理则研究随机变量总和的分布极限.

三、例题解析

【例 5.1】 设每次试验中某事件 A 发生的概率为 0.8,请用切比雪夫不等式估计:n 需要多大,才能使得在 n 次重复独立试验中事件 A 发生的频率在 $0.79 \sim 0.81$ 的概率至少为 0.95?

【分析】 根据切比雪夫不等式进行估计,须记住不等式.

【解】 设 X 表示 n 次重复独立试验中事件 A 出现的次数,则 $X \sim B(n,0.8)$,A 出现的频率为 $\frac{X}{n}$,$E(X)=0.8n$,$D(X)=0.8\times 0.2n=0.16n$,

$$P\left\{0.79<\frac{X}{n}<0.81\right\}=P\{|X-0.8n|<0.01n\}\geqslant 1-\frac{D(X)}{(0.01n)^2}=1-\frac{0.16n}{0.0001n^2}$$

$$=1-\frac{1600}{n},$$

由题意得 $1-\frac{1600}{n}\geqslant 0.95$,$n\geqslant 32000$.可见,做 32000 次重复独立试验中可使事件 A 发生的频率在 $0.79 \sim 0.81$ 的概率至少为 0.95.

【例 5.2】 证明:(马尔可夫定理) 如果随机变量序列 $X_1,X_2,\cdots,X_n,\cdots$,满足

$$\lim_{n\to\infty}\frac{1}{n^2}D\left(\sum_{k=1}^{n}X_k\right)=0,$$

则对任给 $\varepsilon>0$,有 $\lim\limits_{n\to\infty}P\left\{\left|\frac{1}{n}\sum\limits_{k=1}^{n}X_k-\frac{1}{n}E\left(\sum\limits_{k=1}^{n}X_k\right)\right|<\varepsilon\right\}=1$.

【证明】 $E\left(\frac{1}{n}\sum\limits_{k=1}^{n}X_k\right)=\frac{1}{n}\sum\limits_{k=1}^{n}E(X_k)$,$D\left(\frac{1}{n}\sum\limits_{k=1}^{n}X_k\right)=\frac{1}{n^2}D\left(\sum\limits_{k=1}^{n}X_k\right)$,由切贝雪夫不等式,得

$$\lim_{n\to\infty}P\left\{\left|\frac{1}{n}\sum_{k=1}^{n}X_k-\frac{1}{n}E\left(\sum_{k=1}^{n}X_k\right)\right|<\varepsilon\right\}\geqslant 1-\frac{D\left(\sum\limits_{k=1}^{n}X_k\right)}{n^2\varepsilon^2},$$

根据题设条件,当 $n\to\infty$ 时,$\lim\limits_{n\to\infty}P\left\{\left|\frac{1}{n}\sum\limits_{k=1}^{n}X_k-\frac{1}{n}E\left(\sum\limits_{k=1}^{n}X_k\right)\right|<\varepsilon\right\}\geqslant 1$.

但概率小于等于 1,故马尔可夫定理成立.

【例 5.3】 一本书共有 100 万个印刷符号.排版时每个符号被排错的概率为 0.0001,校对时每个排版错误被改正的概率为 0.9,求校对后错误不多于 15 个的概率.

【分析】 根据题意构造一个独立同分布的随机变量序列，具有有限的数学期望和方差，然后建立一个标准化的随机变量，应用中心极限定理求得结果.

【解】 设随机变量 $X_n=\begin{cases}1, & \text{第 } n \text{ 个印刷符号校对后仍印错},\\ 0, & \text{其他}.\end{cases}$ 则 $X_n(n\geqslant 1)$ 是独立同分布随机变量序列，有 $p=P\{X_n=1\}=0.0001\times 0.1=10^{-5}$. 作 $Y_n=\sum_{k=1}^{n}X_K,(n=10^6)$，$Y_n$ 为校对后错误总数. 按中心极限定理(德莫佛 — 拉普拉斯中心极限定理)，有

$$P\{Y_n\leqslant 15\}=P\left\{\frac{Y_n-np}{\sqrt{npq}}\leqslant\frac{15-np}{\sqrt{npq}}\right\}=\Phi(5/[10^3\sqrt{10^{-5}(1-10^{-5})}])\approx\Phi(1.58)$$
$$=0.9495.$$

第 5 章总复习题

(A)

1. 设随机变量 X 的数学期望 $E(X)=\mu$，方差 $\mathrm{var}(X)=\sigma^2$，则由切比雪夫不等式 $P(|X-\mu|<4\sigma)\geqslant$ ( )

A. $\frac{8}{9}$ B. $\frac{15}{16}$ C. $\frac{9}{10}$ D. $\frac{1}{10}$

2. 在每次试验中，事件 A 发生的概率为 0.5，利用切比雪夫不等式估计：在 1000 次独立试验中，事件 A 发生的次数 X 在 400～600 的概率.

3. 每次射击中，命中目标的炮弹数的均值为 2，方差为 1.5^2，求在 1000 次独立射击中有 180～220 发炮弹命中目标的概率.

4. 设某公路段过往车辆发生交通事故的概率为 0.0001，车辆间发生交通事故与否相互独立，若在某个时间区间内恰有 10 万辆车辆通过，试求在该时间内发生交通事故的次数不多于 15 次的概率的近似值.

5. 某组织在某一区域进行选举，经过初期民意调查得知该区域选民对 A 候选人的支持力度，假定 100 名合法选民的选举行为是相互独立的，且推选 A 候选人的概率都为 0.6，A 候选人只有获得 50%以上的选票才能胜出. 试用中心极限定理求 A 候选人在该地区选举获胜的概率.

6. 设一生产线生产的产品成箱包装，每箱的重量是随机的，假设每箱平均重 50kg，标准差为 5kg，若用最大载重量为 $5t$ 的汽车承运，问汽车最多可以装多少箱产品才能保证不超载的概率大于 0.977.

7. 建设银行某支行为支付某日到期的国家建设银行债券须准备一笔现金. 已知该债券在支行所在地区发售了 10000 张，每张须支付本金与利息 1500 元. 设持券人(一人一券)到期日去支行兑换的概率为 0.6，问该支行应准备多少现金才能以 99.9%的把握满足客户的兑换？

8. 在天平上重复称量一件物品，设各次称量结果相互独立且服从正态分布 $N(\mu,0.2^2)$，若以$\overline{X_n}$表示 n 次称量结果的平均值，问 n 至少取多大，使得 $P\{|\overline{X_n}-\mu|\geqslant 0.1\}<0.05$.

第 6 章　数理统计的基本概念

前面我们已经研究了概率论的基本内容，概率论是研究随机现象统计规律性的一门数学分支．它是从一个数学模型出发去研究它的性质和统计规律性；下面将要研究的内容是应用十分广泛的一门数学分支——数理统计，它也是研究大量随机现象的统计规律性．不同的是数理统计是以概率论为理论基础，利用观测随机现象所得到的数据来选择、构造数学模型（即研究随机现象）．其研究方法是归纳法（部分到整体）．对研究对象的客观规律性做出各种合理性的估计、判断和预测，为决策者和决策行动提供理论依据和建议．数理统计的内容十分丰富，这里我们将主要介绍数理统计的基本概念，重点研究参数估计和假设检验．

§6.1　总体和样本

6.1.1　总体、个体

在数理统计中，我们把所研究的全部元素组成的集合称为**总体(collectivity)**；而把组成总体的每个元素称为**个体(unit)**．

在研究某批灯泡的平均寿命时，该批灯泡的全体就组成了总体，而其中每个灯泡就是个体；若研究某校男学生的身高和体重的分布情况时，该校的全体男学生组成了总体，而每个男学生就是个体．

但对于具体问题，由于我们关心的不是每个个体的种种具体特性，而是它的某一项或几项数量指标 X（可以是向量）和该数量指标 X 在总体中的分布情况．在上述例子中，X 是表示灯泡的寿命或男大学生的身高和体重．在试验中，抽取了若干个个体就观察到了 X 的这样或那样的数值，因而这个数量指标 X 是一个随机变量（或向量），而 X 的分布就完全描写了总体中我们所关心的那个数量指标的分布状况．由于我们关心的正是这个数量指标，为了表述方便我们以后就把总体和**数量指标 X 可能取值的全体组成的集合**等同起来．

定义 6.1.1　把研究对象的全体（通常为数量指标 X 可能取值的全体组成的集合）称为**总体**；总体中的每个元素称为**个体**．

我们对总体的研究，就是对相应的随机变量 X 的分布的研究，所谓总体的分布也就是数量指标 X 的分布，因此，X 的分布函数和数字特征分别称为总体的**分布函数**和**数字特征**．今后将不区分总体与相应的随机变量，笼统地称为总体 X．根据总体中所包括个体的总数，将总体分为有限总体和无限总体．

例 6.1.1 考察一块试验田中小麦穗的重量：

总体 X 为所有小麦穗重量的全体(无限总体)，个体为每个麦穗重 x. 对应的分布为

$$F(x)=P\{\xi\leqslant x\}=\frac{\leqslant x\text{ 的麦穗数}}{\text{总麦穗数}}=\frac{1}{\sqrt{2\pi}\sigma}\int_{-\infty}^{x}\mathrm{e}^{-\frac{(t-\mu)^2}{2\sigma^2}}\mathrm{d}t\sim N(\mu,\sigma^2),\ 0<x<+\infty.$$

例 6.1.2 考察一位狙击手的射击情况：

总体 X 为此狙击手反复无限次射击所得结果全体；个体为每次射击结果(对应于靶上的一点).

$$\text{个体数量化 } x=\begin{cases}1, & \text{射中},\\ 0, & \text{未中}.\end{cases}$$

1 在总体中的比例 p 为命中率；0 在总体中的比例 $1-p$ 为未命中率. 总体 X 由无数个 0,1 构成，其分布为两点分布 $B(1,p)$，有

$$P\{X=1\}=p,P\{X=0\}=1-p.$$

6.1.2 样本与样本空间

数理统计的研究对象是受随机性影响的数据，这些通过观察或试验得到的数据称为**样本或子样(sample)**，这些观察或试验过程称为抽样(sample). 为了对总体的分布进行各种研究，就必须对总体进行抽样观察.

一般地，我们都是从总体中抽取一部分个体进行观察，然后根据观察所得数据来推断总体的性质. 按照一定规则从总体 X 中抽取的一组个体$(X_1,X_2,\cdots,X_n)$称为总体的一个样本，显然，样本为一随机向量.

为了能更多更好地得到总体的信息，需要进行多次重复、独立的抽样观察(一般进行 n 次)，若对抽样要求：

(1) **代表性**：每个个体被抽到的机会一样，保证了 $X_1,X_2,\cdots,X_n$ 的分布相同，与总体一样；

(2) **独立性**：$X_1,X_2,\cdots,X_n$ 相互独立.

那么，符合“代表性”和“独立性”要求的样本$(X_1,X_2,\cdots,X_n)$称为**简单随机样本(simple random sample)**. 易知，对有限总体而言，有放回的随机样本为简单随机样本，无放回的抽样不能保证 $X_1,X_2,\cdots,X_n$ 的独立性；但对无限总体而言，无放回随机抽样也能得到简单随机样本，我们本书则主要研究简单随机样本.

对每一次观察都得到一组数据 $x_1,x_2,\cdots,x_n$，由于抽样是随机的，所以观察值 $x_1,x_2,\cdots,x_n$ 也是随机的. 为此，给出如下定义.

定义 6.1.2 设总体 X 的分布函数为$F(x)$，若 $X_1,X_2,\cdots,X_n$ 是具有同一分布函数 $F(x)$的相互独立的随机变量，则称 $X_1,X_2,\cdots,X_n$ 为从总体 X 中得到的容量为 n 的**简单随机样本(simple random sample)**，简称样本. 把它们的观察值 $x_1,x_2,\cdots,x_n$ 称为样本值.

定义 6.1.3 把样本 $X_1,X_2,\cdots,X_n$ 的所有可能取值构成的集合称为**样本空间(sample space)**.

显然，一个样本值 $x_1,x_2,\cdots,x_n$ 是样本空间的一个点.

例 6.1.3 设 $X_i\sim N(\mu_i,\sigma^2)(i=1,2,\cdots,5)$，(1)$\mu_1,\mu_2,\cdots,\mu_5$ 不全等；(2)$\mu_1=\mu_2=\cdots=\mu_5$. 问：$X_1,X_2,\cdots,X_5$ 是否为简单随机样本？

分析 相互独立且与总体同分布的样本是简单随机样本，由此进行验证.

解 (1)由于 $X_i \sim N(\mu_i,\sigma^2)(i=1,2,\cdots,5)$，且 $\mu_1,\mu_2,\cdots,\mu_5$ 不全等，所以 $X_1,X_2,\cdots,X_5$ 不是同分布，因此 $X_1,X_2,\cdots,X_5$ 不是简单随机样本.

(2)由于 $\mu_1=\mu_2=\cdots=\mu_5$，那么 $X_1,X_2,\cdots,X_5$ 服从相同的分布，但不知道 $X_1,X_2,\cdots,X_5$ 是否相互独立，因此 $X_1,X_2,\cdots,X_5$ 不一定是简单随机样本.

6.1.3 样本的分布

设总体 X 的分布函数为 $F(x)$，$X_1,X_2,\cdots,X_n$ 是 X 的一个样本，则其联合分布函数为

$$F^*(x_1,x_2,\cdots,x_n)=\prod_{i=1}^{n}F(x_i).$$

例 6.1.4 设总体 $X\sim B(1,p)$，$X_1,X_2,\cdots X_n$ 为其一个简单随机样本，则样本空间 $\Omega=\{(x_1,x_2,\cdots,x_n)\mid x_i=0,1;i=1,2,\cdots,n\}$，因为 $P\{X=x\}=p^x\cdot(1-p)^{1-x},x=0,1$；所以样本的联合分布列为

$$\begin{aligned}P\{X_1=x_1,X_2=x_2,\cdots,X_n=x_n\}&=P\{X_1=x_1\}P\{X_2=x_2\}\cdots P\{X_n=x_n\}\\&=p^{x_1}(1-p)^{1-x_1}.\,p^{x_2}(1-p)^{1-x_2}\cdots p^{x_n}(1-p)^{1-x_n},x_i=0,1,i=1,2,\cdots,n.\end{aligned}$$

注：由于推断总体实质上是推断总体的分布，即解决一个实际统计问题，往往归结为总体分布的确定，所以我们也常称总体的分布是该问题的统计模型(statistics model).

6.1.4* 参数与参数空间

如前所述，数理统计问题的分布一般来说是未知的，需要通过样本来推断.但如果对总体绝对一无所知，那么所能做出的推断的可信度一般也极为有限.在很多情况下，往往是知道总体所具有的分布形式，而不知道的仅仅是分布中的参数.这在实际中是大量能见到的，因为分布的总体形式我们往往可以通过具体的应用背景或以往的经验加以确定.

例 6.1.4 考虑如何由样本 $X_1,X_2,\cdots,X_n$ 的实际背景确定统计模型，即总体 X 的分布：

(1) 样本记录随机抽取的 n 件产品的正品、废品情况；

(2) 样本表示同一批 n 个电子元件的寿命(单位：h)；

(3) 样本表示同一批 n 件产品的某一尺寸(单位：mm)；

通过分析或经验，我们容易知道：

(1) X 服从两点分布，其概率分布为 $p^x(1-p)^{1-x},x=0,1$，所需确定的是参数 $p\in[0,1]$.

(2) X 通常服从指数分布，其密度函数

$$f(x;\lambda)=\begin{cases}\lambda e^{-\lambda x}, & x>0,\\0, & x\leqslant 0.\end{cases}$$

所需确定的是参数 $\lambda>0$.

(3) X 通常服从正态分布 $N(\mu,\sigma^2)$，其密度函数为

$$f(x;\mu,\sigma^2)=\frac{1}{\sqrt{2\pi}\sigma}e^{-\frac{(x-\mu)^2}{2\sigma^2}},x\in R$$

所需确定的是参数 (μ,σ^2)，其中 $\mu\in R,\sigma^2>0$，对于每个总体，我们称其分布中参数的一切可能取值的集合为参数空间(Parameter space)，记为 Θ.

今后对于统计推断,如果总体的分布为形式已知,仅对参数进行推断,我们就称之为**参数推断(Parameter deduce)**(估计,检验);否则,称为**非参数推断(Non-parameter deduce)**.

习题 6-1

1. 在数理统计中,____________________称为样本.

2. 我们通常所说的样本称为简单随机样本,它具有的两个特点是________________________________.

3. 设总体 X 服从正态分布 $N(\mu,\sigma^2)$,$(X_1,X_2,\cdots X_n)$是来自总体的样本,求样本$(X_1,X_2,\cdots X_n)$的联合概率密度.

4. 设总体 $X\sim P(\lambda)$,$X_1,X_2,\cdots,X_n$ 是取自 X 的简单随机样本,求$(X_1,X_2,\cdots,X_n)$的概率分布.

§6.2* 直方图与经验分布函数

6.2.1 直方图

设 $X_1,X_2,\cdots,X_n$ 是总体 X 的一个样本,又设总体具有概率密度 f,那么如何用样本来推断 f? 注意到现在的样本是一组实数,因此,一个直观的办法是将实轴划分为若干小区间,记下诸观察值 X_i 落在每个小区间中的个数,根据大数定律中频率近似概率的原理,从这些个数来推断总体在每一小区间上的密度.具体做法如下:

(1) 找出 $X_{(1)}=\min\limits_{1\leqslant i\leqslant n}X_i$,$X_{(n)}=\max\limits_{1\leqslant i\leqslant n}X_i$.取 a 略小于 $X_{(i)}$,b 略大于 $X_{(n)}$;

(2) 将$[a,b]$分成 m 个小区间,$m<n$,小区间长度可以不等,设分点为

$$a=t_0<t_1<\cdots<t_m<b$$

在分小区间时,注意每个小区间中都要有若干观察值,而且观察值不要落在分点上.

(3) 记 n_j=落在小区间$(t_{j-1},t_j]$中观察值的个数(频数),计算频率 $f_j=\dfrac{n_j}{n}$,列表分别记下各小区间的频数、频率.

数学试验
直方图

(4) 在直角坐标系的横轴上,标出 $t_0,t_1,\cdots,t_m$ 各点,分别以$(t_{j-1},t_j]$为底边,作高为 $f_j/\Delta t_j$ 的矩形,$\Delta t_j=t_j-t_{j-1}$,$j=1,2,\cdots,m$,即得**直方图(vertical grapy)**,如图 6-2-1 所示.

实际上,我们就是用直方图对应的分段函数

$$\Phi_n(x)=\frac{f_j}{\Delta t_j},x\in(t_{j-1},t_j],j=1,2,\cdots,m$$

来近似推断总体的密度函数 $f(x)$.这样做为什么合理? 我们引进"唱票随机变量",对每个小区间$(t_{j-1},t_j]$,定义

$$\xi_i=\begin{cases}1,若\ X_j\in(t_{j-1},t_j]\\0,若\ X_j\notin(t_{j-1},t_j]\end{cases},\ i,j=1,2,\cdots,n$$

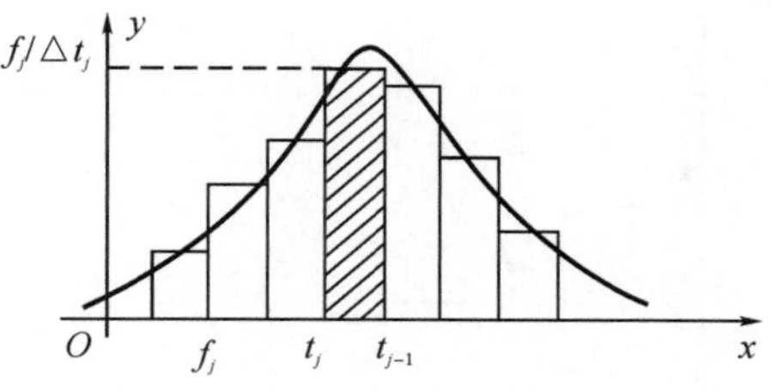

图 6-2-1

则 ξ_i 是独立同分布于两点分布：

$$P\{\xi_i=x\}=p^x(1-p)^{1-x},x=0 \text{ 或 } 1$$

其中 $p=P\{X\in(t_{j-1},t_j)\}$，由柯尔莫哥洛夫强大数定律，我们有

$$f_j=\frac{n_j}{n}=\frac{1}{n}\sum_{j=1}^{n}\xi_i\to E\xi_i=p$$

$$=P\{X\in(t_{j-1},t_j]\}=\int_{t_{j-1}}^{t_j}f(x)\mathrm{d}x(n\to\infty)$$

以概率为 1 成立，于是当 n 充分大时，就可用 f_j 来近似代替上式右边以 $f(x)(x\in(t_{j-1},t_j])$ 为曲边的曲边梯形的面积，而且若 m 充分大，Δt_j 较小时，我们就可用小矩形的高度 $\Phi_n(x)=t_j/\Delta t_j$ 来近似取代 $f(x)$，$x\in(t_{j-1},t_j]$.

6.2.2　经验分布函数

对于总体 X 的分布函数 F(未知)，设有它的样本 $X_1,X_2,\cdots,X_n$，我们同样可以从样本出发，找到一个已知量来近似它，这就是经验分布函数 $F_n(x)$. 它的构造方法是这样的，设 $X_1,X_2,\cdots,X_n$ 诸观察值按从小到大可排成

$$X_{(1)}\leqslant X_{(2)}\leqslant\cdots\leqslant X_{(n)} \tag{5.5}$$

定义

$$F_n(x)=\begin{cases}0, & x\leqslant X_{(1)},\\ \dfrac{k}{n}, & X_{(k)}<x\leqslant X_{(k+1)},k=1,2,\cdots,n-1,\\ 1, & x>X_{(n)}.\end{cases}$$

$F_n(x)$只在 $x=X_{(k)}$，$k=1,2,\cdots,n$ 处有跃度为$1/n$的间断点，若有 l 个观察值相同，则 $F_n(x)$ 在此观察值处的跃度为l/n. 对于固定的 x，$F_n(x)$即表示事件$\{X\leqslant x\}$在 n 次试验中出现的频率，即

$$F_n(x)=\frac{1}{n}\{\text{落在}(-\infty,x)\text{中 } X_i \text{ 的个数}\}.$$

用与直方图分析相同的方法可以论证 $F_n(x)\to F(x)$，$n\to\infty$以概率为 1 成立. 经验分布函数的图形如图 6-2-2 所示.

实际上，$F_n(x)$还一致地收敛于 $F(x)$. 所谓格里文科定理，它指出了这一更深刻的结论，即

$$P\{\lim_{n\to\infty}D_n=0\}=1,$$

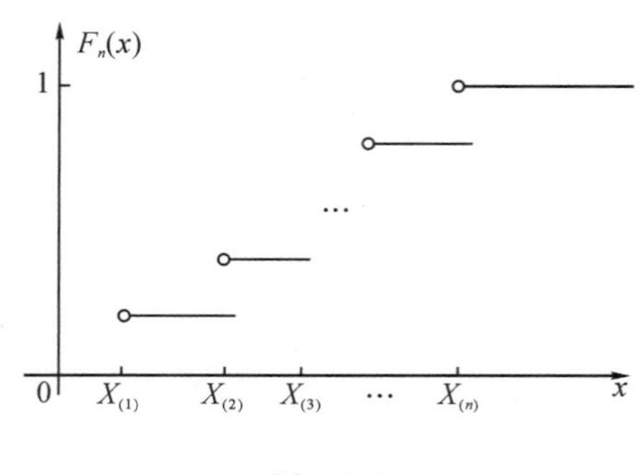

图 6-2-2

其中，$D_n=\sup\limits_{-\infty<x<\infty}|F_n(x)-F(x)|$.

§6.3　样本的数字特征

由第 4 章我们知道，随机变量的数字特征能够反映随机事件的某些重要的概率特征. 从第一节可知，样本也是一组随机变量（随机向量），为了详细刻画样本观察值中所包含总体 X 的信息及样本值的分布情况，下面我们研究样本的数字特征.

6.3.1　样本均值与样本方差

定义 6.3.1　设 $X_1,X_2,\cdots,X_n$ 是来自总体 X 的一个样本，称 $\overline{X}=\dfrac{1}{n}\sum\limits_{i=1}^{n}X_i$ 为**样本均值(sample average)**.

$$S^2=\frac{1}{n-1}\sum_{i=1}^{n}(X_i-\overline{X})^2=\frac{1}{n-1}\sum_{i=1}^{n}(X_i^2-2\overline{X}X_i+\overline{X}^2)=\frac{1}{n-1}(\sum_{i=1}^{n}X_i^2-2n\overline{X}^2+n\overline{X}^2)$$
$$=\frac{1}{n-1}(\sum_{i=1}^{n}X_i^2-n\overline{X}^2)$$

为**样本方差(sample variance)**.

$$S=\sqrt{S^2}=\sqrt{\frac{1}{n-1}\sum_{i=1}^{n}(X_i-\overline{X})^2}$$

为**样本标准差(sample standard variance)**.

样本均值与样本方差分别刻画了样本的位置特征及分散性特征.

6.3.2　矩

1. 总体矩

设总体 X 的分布函数为 $F(x)$，则称 $m_k=E(X^k)$（假设它存在）为总体 X 的 **k 阶原点矩(sample korder origin moment)**；称 $\mu_k=E[(X-E(X))^k]$ 为总体 X 的 **k 阶中心矩(sample korder central moment)**.

把总体的各阶中心矩和原点矩统称为总体矩，表示总体 X 的数字特征.

特别地：$m_1 = E(X)$；$\mu_2 = D(x)$ 是总体 X 的期望和方差.

仿此，下面给出样本矩的定义.

2. 样本矩

定义 6.3.2　设 $X_1, X_2, \cdots, X_n$ 是来自总体 X 的一个样本，则称

$A_k = \frac{1}{n}\sum_{i=1}^{n} X_i^k, k = 1,2,3,\cdots$ 为样本的 **k 阶原点矩(sample korder origin moment)**

$B_k = \frac{1}{n}\sum_{i=1}^{n}(X_i - \overline{X})^k, k = 1,2,3,\cdots$ 为样本值的 **k 阶中心矩(sample korder central moment)**.

特别地，$A_1 = \overline{X}$，但 B_2 与 S^2 却不同，由 S^2 与 B_2 的计算式可知：

$$B_2 = \frac{n-1}{n}S^2.$$

当 $n \to \infty$ 时，$B_2 = S^2$，所以常利用 B_2 来计算 S^2.

注：$A_k \xrightarrow{P} m_k$，$(n \to \infty)$，$k = 1,2,\cdots$，这就是下一章要介绍的矩估计的理论根据.

由上述定义可知：样本均值、样本方差、样本均方差、样本矩都是关于样本的函数，而样本本身又是随机变量. 因此，上述关于样本的数字特征也是随机变量.

设 $x_1, x_2, \cdots, x_n$ 为样本 $X_1, X_2, \cdots, X_n$ 的观测值，则样本矩对应观测值分别为

$$\overline{x} = \frac{1}{n}\sum_{i=1}^{n} x_i,$$

$$s^2 = \frac{1}{n-1}\sum_{i=1}^{n}(x_i - \overline{x})^2, \qquad s = \sqrt{s^2} = \sqrt{\frac{1}{n-1}\sum_{i=1}^{n}(x_i - \overline{x})^2},$$

$$a_k = \frac{1}{n}\sum_{i=1}^{n} x_i^k, \qquad b_k = \frac{1}{n}\sum_{i=1}^{n}(x_i - \overline{x})^k,\ k = 1,2,3,\cdots.$$

注：在不至于混淆的情况下，这些值也分别称为样本均值、样本方差、样本标准差、样本 k 阶原点矩、样本 k 阶中心矩.

例 6.3.1　从某班级的英语期末考试成绩中，随机抽取 10 名同学的成绩分别为：100，85，70，65，90，95，63，50，77，86

(1) 试写出总体、样本、样本值、样本容量；

(2) 求样本均值、样本方差及二阶原点矩.

解　(1) 总体：该班级所有同学的英语期末考试成绩 X；

样本：$(X_1, X_2, X_3, \cdots, X_{10})$；

样本值：$(x_1, x_2, \cdots, x_n) = (100,85,70,65,90,95,63,50,77,86)$；

样本容量：$n = 10$

(2)
$$\overline{x} = \frac{1}{10}\sum_{i=1}^{10} x_i = \frac{1}{10}(100 + 85 + \cdots + 86) = 78.1$$

$$s^2 = \frac{1}{n-1}\sum_{i=1}^{n}(x_i - \overline{x})^2 = \frac{1}{9}[21.9^2 + 6.9^2 + \cdots + 7.9^2] = 252.5$$

$$a_2 = \frac{1}{n}\sum_{i=1}^{n} x_i^2 = \frac{1}{10}\sum_{i=1}^{10} x_i^2 = \frac{1}{10}(100^2 + 85^2 + 70^2 + \cdots + 86^2) = 6326.9$$

例 6.3.2 设总体服从参数为 λ 的指数分布,分布密度为 $p(x;\lambda)=\begin{cases}\lambda e^{-\lambda x}, & x>0,\\ 0, & x\leqslant 0.\end{cases}$ 求 $E\overline{X}$,$D\overline{X}$ 和 ES^2.

分析 利用已知指数分布的期望、方差和它们的性质进行计算.

解 由于 $EX_i=1/\lambda, DX_i=1/\lambda^2(i=1,2,\cdots,n)$,所以

$$E\overline{X}=E\left(\frac{1}{n}\sum_{i=1}^{n}X_i\right)=\frac{1}{n}\sum_{i=1}^{n}E(X_i)=\frac{1}{\lambda};$$

$$D\overline{X}=D\left(\frac{1}{n}\sum_{i=1}^{n}X_i\right)=\frac{1}{n^2}\sum_{i=1}^{n}D(X_i)=\frac{1}{n\lambda^2};$$

$$ES^2=E\left[\frac{1}{n-1}\sum_{i=1}^{n}(X_i-\overline{X})^2\right]=\frac{1}{n-1}\sum_{i=1}^{n}D(X_i)=\frac{n}{n-1}\cdot\frac{1}{n\lambda^2}=\frac{1}{(n-1)\lambda^2}.$$

习题 6.3

1. 比赛中前 30 名女运动员的成绩如下:139 140 140 143 144 145 146 146 148 148 148 151 151 151 152 152 152 152 153 153 153 153 153 154 154 155 155 155 155 155,试求平均成绩、标准差.

2. 设 $n=10$ 时,样本的一组观测值为(4,6,4,3,5,4,5,8,4,7),则样本均值为__________,样本方差为__________.

3. 设随机变量 $X_1,X_2,\cdots,X_n$ 相互独立且服从相同的分布,$EX=\mu,DX=\sigma^2$,令 $\overline{X}=\frac{1}{n}\sum_{i=1}^{n}X_i$,则 $E(\overline{X})=$ ______;$D(\overline{X})=$ __________.

4. 设 $X_1,X_2,\cdots,X_n$ 是来自总体的一个样本,样本均值 $\overline{X}=$ ______________,则样本标准差 $S=$ ______________;样本方差 $S^2=$ ______________;样本的 k 阶原点矩为______________;样本的 k 阶中心矩为____________.

5. 设 $X\sim N(\mu,\sigma^2)$,$X_1,X_2,\cdots,X_n$ 是来自 X 的简单随机样本,求样本$(X_1,X_2,\cdots,X_n)$的概率密度和样本均值$\overline{X}$ 的概率密度.

6. 在总体 $X\sim N(52\ ,6.3^2)$ 中随机地抽取一个容量为 36 的样本,求样本均值$\overline{X}$ 落在 50.8 与 53.8 之间的概率.

§6.4 抽样分布

有了总体和样本的概念,能否直接利用样本来对总体进行推断呢?一般来说是不能的,其需要根据研究对象的不同,构造出样本的各种不同函数,然后利用这些函数对总体的性质进行统计推断.为此,我们首先介绍数理统计的另一重要概念——**统计量(statistic)**.

6.4.1 统计量

定义 6.4.1 设 $X_1,X_2,\cdots,X_n$ 是来自总体 X 的一个样本,$g(X_1,X_2,\cdots,X_n)$是样本的

函数，若 g 中不含任何未知参数，则称 $g(X_1,X_2,\cdots,X_n)$ 是一个**统计量(statistic)**.

设 $x_1,x_2,\cdots,x_n$ 是对应于样本 $X_1,X_2,\cdots,X_n$ 的样本值，则称 $g(x_1,x_2,\cdots,x_n)$ 是 $g(X_1,X_2,\cdots,X_n)$ 的观察值.

事实上 6.3 中的样本矩都是统计量；再如 (X_1,X_2) 是来自总体 $X\sim N(1,\sigma^2)$（σ 未知）的一个样本，则 X_1+X_2-1，$\min(X_1,X_2)$ 都是统计量，而 σX_1 就不是统计量.

注：$X_1,X_2,\cdots,X_n$ 是随机变量，而统计量是样本 $X_1,X_2,\cdots,X_n$ 的函数，所以统计量也是随机变量.

统计量是我们对总体的分布函数或数字特征进行统计推断的最重要的基本概念，所以寻求统计量的分布成为数理统计的基本问题之一. 我们把统计量的分布称为**抽样分布(sampling distribution)**. 然而要求出一个统计量的精确分布十分困难. 在实际问题中，大多总体都服从正态分布，这里我们通过在总体都服从正态分布的情况下，求出一些重要统计量的精确分布，来介绍统计推断的基本思想方法.

6.4.2　三大分布

一般地，我们把 χ^2 分布、t 分布、F 分布统称为“统计三大分布”.

1. χ^2 分布

χ^2 分布是 1900 年卡尔 · 皮尔逊提出的. 由于实际收集到的数据与理论数据分布总存在一些差异，需要一种方法来判断实际数据是否能够很好地拟合目标分布，于是他提出了“拟合优度”的概念，构造出了一种对其检验的统计量即 χ^2 统计量.

数学家小传
卡尔 · 皮尔逊

定义 4.4.2　设 $X_1,X_2,\cdots,X_n$ 是来自总体 $X\sim N(0,1)$ 的一个样本，则称统计量：$\chi^2=\sum_{i=1}^{n}X_i^2$ 所服从的分布是自由度为 n 的 **χ^2 分布(χ^2 distribution)**，记作 $\chi^2\sim\chi^2(n)$.

如图 6-4-1 所示，$\chi^2(n)$ 的概率密度函数为

$$f(x,n)=\begin{cases}\dfrac{1}{2^{\frac{n}{2}}\Gamma(\frac{n}{2})}x^{\frac{n}{2}-1}\mathrm{e}^{-\frac{x}{2}}, & x>0,\\ 0, & x\leqslant 0,\end{cases}$$

其中，$\Gamma(\frac{n}{2})=\int_0^{\infty}x^{\frac{n}{2}-1}\mathrm{e}^{-x}\mathrm{d}x$，$\Gamma\left(\frac{1}{2}\right)=\sqrt{\pi}$

显然，$f(x)\geqslant 0$ 且 $\int_{-\infty}^{+\infty}f(x)\mathrm{d}x=1$，即符合密度函数性质.

事实上，$\chi^2=\sum_{i=1}^{n}X_i^2\sim\Gamma(\frac{n}{2},\frac{1}{2})$

χ^2 分布具有以下性质：

(1) χ^2 分布的可加性：设 $\chi_1^2\sim\chi^2(n_1)$，$\chi_2^2\sim\chi^2(n_2)$，且 χ_1^2 与 χ_2^2 相互独立，则 $\chi_1^2+\chi_2^2\sim\chi^2(n_1+n_2)$；

(2) 若 $\chi^2\sim\chi^2(n)$，则 $E(\chi^2)=n$，$D(\chi^2)=2n$.

事实上，因为 $X_i\sim N(0,1)$，$i=1,2,\cdots,n$，故：

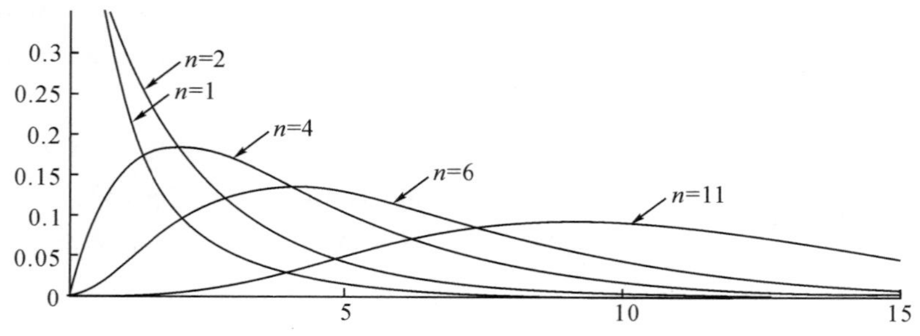

图 6-4-1 $\chi^2(n)$ 的概率密度函数

$$E(X_i^2)=D(X_i)=1,$$

$$D(X_i^2)=E(X_i^4)-[E(X_i^2)]^2=\frac{1}{\sqrt{2\pi}}\int_{-\infty}^{+\infty}x^4\mathrm{e}^{\frac{-x^2}{2}}\mathrm{d}x-1=3-1=2,i=1,2,\cdots,n$$

所以

$$E(\chi^2)=E(\sum_{i=1}^{n}X_i^2)=\sum_{i=1}^{n}E(X_i^2)=n;$$

$$D(\chi^2)=D(\sum_{i=1}^{n}X_i^2)=\sum_{i=1}^{n}D(X_i^2)=2n.$$

注:(1)设 $X_1,X_2,\cdots,X_n$ 为来自总体 $X\sim N(\mu,\sigma^2)$ 的一个样本,μ,σ^2 为已知常数,则统计量 $\chi^2=\frac{1}{\sigma^2}\sum_{i=1}^{n}(X_i-\mu)^2\sim\chi^2(n)$.

(2)图 6-4-1 描绘了 $\chi^2(n)$分布密度函数在 $n=1,2,4,6,11$ 时的图形. 可以看出,随着 n 的增大,$f(x)$的图形趋于"平缓",其图形中面积的重心亦逐步往右下移动. 另外,费歇尔(R. A. Fisher)曾证明,当 n 较大时,$\sqrt{2\chi^2(n)}$ 近似服从 $N(\sqrt{2n-1},1)$.

(3)罗纳德·费歇尔(Sir Ronald Aylmer Fisher),现代统计学与现代演化论的奠基者之一;安德斯·哈尔德称他是"一位几乎独自建立现代统计科学的天才";理查·道金斯则认为他是"达尔文最伟大的继承者".

2. t 分布

定义 4.4.3 设 $X\sim N(0,1)$,$Y\sim\chi^2(n)$,且 X 与 Y 相互独立,则称统计量 $T=\frac{X}{\sqrt{\frac{Y}{n}}}$所服从的分布是自由度为 n 的 **t 分布(t distribution)**,记为 $T\sim t(n)$,t 分布又称为**学生氏分布(student distribution)**.

t 分布的概率密度函数为

$$f(x,n)=\frac{\Gamma(\frac{n+1}{2})}{\sqrt{n\pi}\cdot\Gamma(\frac{n}{2})}(1+\frac{x^2}{n})^{-\frac{n+1}{2}},-\infty<x<+\infty.$$

图 6-4-2 画出了 $f(x)$的图形,其特点如下:

(1)$f(x)$关于 $x=0$ 对称.

(2)$f(x)$在 $x=0$ 达最大值.

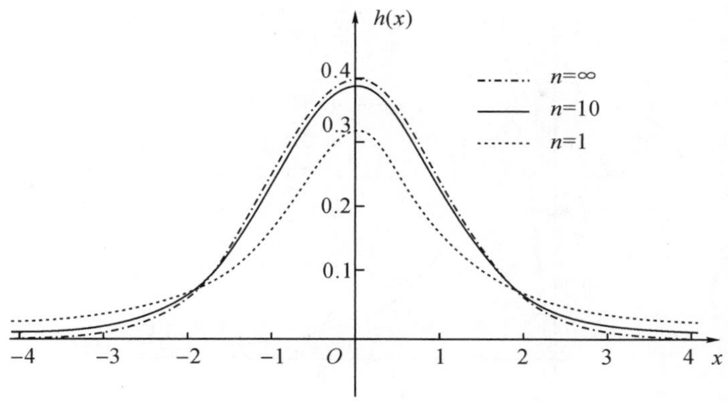

图 6-4-2　t 分布的概率密度函数

(3)$f(x)$的 x 轴为水平渐近线.

(4)当 n 充分大时,其图形类似于标准正态变量概率密度函数的图形,利用 Γ 函数的性质可得$\lim\limits_{x\to\infty}f(x)=\dfrac{1}{\sqrt{2\pi}}\mathrm{e}^{-\frac{x^2}{2}}$;即 $n\to\infty$时,t 分布$\to N(0,1)$;一般地,当 $n>30$ 时,t 分布与$N(0,1)$非常接近.

(5)当 n 较小时,t 分布与 $N(0,1)$有较大的差异,且对$\forall t_0\in R$ 有

$$P\{|T|\geqslant t_0\}\geqslant P\{|X|\geqslant t_0\},$$

其中,$X\sim N(0,1)$,即 t 分布的尾部比 $N(0,1)$的尾部具有更大的概率.

(6)若 $T\sim t(n)$,则 $n>1$ 时,$E(T)=0$;$n>2$ 时,$D(T)=\dfrac{n}{n-2}$.

注:t 分布的推导由威廉·戈塞特(William Gosset)于 1908 年首先发表,当时他还在都柏林的健力士酿酒厂工作.因为不能以他本人的名义发表,所以论文使用了学生这一笔名.之后 t 检验以及相关理论经由 R. A. Fisher 的工作发扬光大,而正是他将此分布称为学生分布.

数学家小传
威廉·戈塞特

3. F 分布

定义 4.4.4　设 $X\sim\chi^2(m)$,$Y\sim\chi^2(n)$,且 X 与 Y 相互独立,则称统计量 $F=\dfrac{X/m}{Y/n}$服从自由度为(m,n)的 **F 分布(F distribution)**,记作:$F\sim F(m,n)$,其中,m 为第一自由度,n 为第二自由度.

由定义知,若 $T\sim t(n)$,则 $T^2\sim F(1,n)$.

$F(m,n)$的概率密度函数为

$$f(x)=\begin{cases}\dfrac{\Gamma[(n_1+n_2)/2]}{\Gamma(n_1/2)\Gamma(n_2/2)}\left(\dfrac{n_1}{n_2}\right)^{\frac{n_1}{2}}x^{\frac{n_1}{2}-1}\left(1+\dfrac{n_1}{n_2}x\right)^{-(n_1+n_2)/2}, & x\geqslant 0,\\ 0, & x<0.\end{cases}$$

$f(x)$的图像如图 6-4-3 所示.

F 分布的性质如下:

(1)密度曲线不对称(偏态);

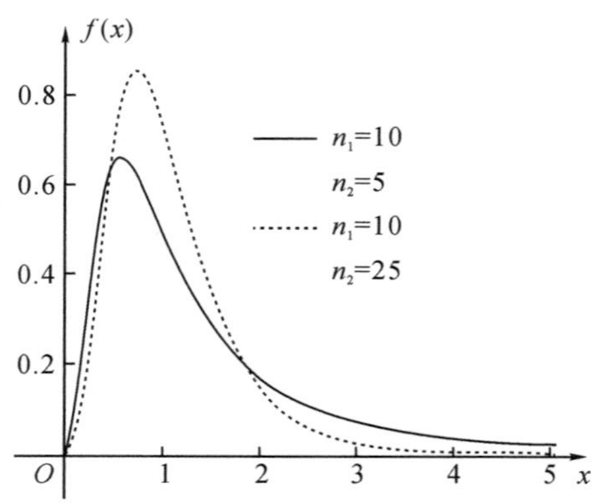

图 6-4-3　F 分布的概率密度函数

(2)若 $F \sim F(m,n)$，则 $\frac{1}{F} \sim F(n,m)$；

(3)若 $F \sim F(m,n)$，当 $n>2$ 时，$E_F=\frac{n}{n-2}$；当 $n>4$ 时，$E(F^2)=\frac{n^2(m+2)}{(n-2)(n-4)}$，$D(F)=\frac{n^2(2m+2n-4)}{m(n-2)^2(n-4)}$.

(提示：利用 $\Gamma(\alpha)=(\alpha-1)\Gamma(\alpha-1)$).

注：F 分布是以统计学家 R. A. Fisher 姓氏的第一个字母命名的.

6.4.3　分位数

定义 6.4.5　设随机变量 X 的分布函数为 $F(x)$，对于给定的正数 $\alpha(0<\alpha<1)$，若有 x_α 满足 $F(x_\alpha)=P\{X\geqslant x_\alpha\}=\alpha$，则称 x_α 为 X 的**(上侧)α 分位数**(或 **α 分位点**). 其表示方法如下：

(1)$N(0,1)$ 的 α 分位数 μ_α 满足：$\int_{\mu_\alpha}^{+\infty}\frac{1}{\sqrt{2\pi}}e^{-\frac{x^2}{2}}dx=\alpha$. 由标准正态分布的对称性可知：$-\mu_\alpha=\mu_{1-\alpha}$，如图 6-4-4 所示.

(2)$\chi^2(n)$ 分布的 α 分位数 $\chi^2_\alpha(n)$ 满足：$\int_{\chi^2_\alpha(n)}^{+\infty}f_{\chi^2(n)}(x)dx=\alpha$，由附表 5 查其值：

当 $n\geqslant 45$ 时，$\chi^2_\alpha(n)\approx\frac{1}{2}(u_\alpha+\sqrt{2n-1})^2$ 或 $\approx n+\sqrt{2n}\cdot u_\alpha$，如图 6-4-5 所示.

(3)t 分布的 α 分位数 $t_\alpha(n)$ 满足：$\int_{t_\alpha(n)}^{+\infty}f_{t(n)}(x)dx=\alpha$，由附表 5 可查出其值. 由于 $n>30$ 时，$t(n)$ 分布接近于 $N(0,1)$，所以当 $n>45$ 时，可查 $N(0,1)$ 分布分位数表. 由 t 分布的对称性可知：$-t_\alpha=t_{1-\alpha}$，如图 6-4-6 所示.

(4)F 分布的 α 分位数 $F_\alpha(m,n)$ 满足：$\int_{F_\alpha(m,n)}^{+\infty}f_{F(m,n)}(x)dx=\alpha$，由 $F(m,n)$ 分布性质，有：$F_\alpha(m,n)=\frac{1}{F_{1-\alpha}(n,m)}$，如图 6-4-7 所示.

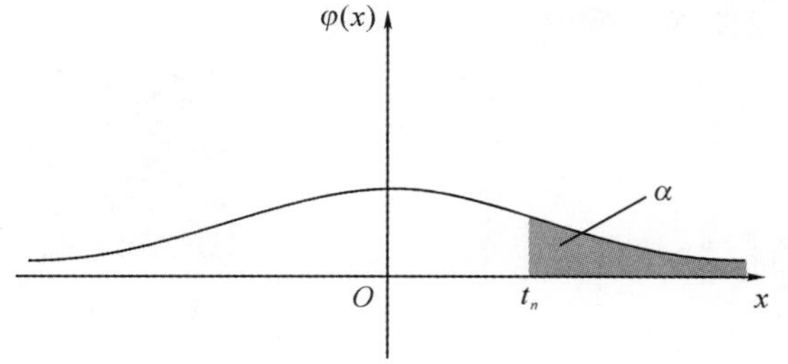

图 6-4-4　标准正态分布的上 α 分位点

图 6-4-5　$\chi^2(n)$分布的上 α 分位点

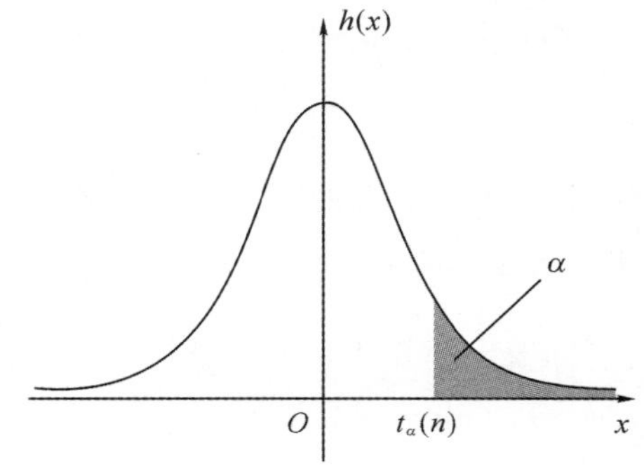

图 6-4-6　t 分布的上 α 分位点

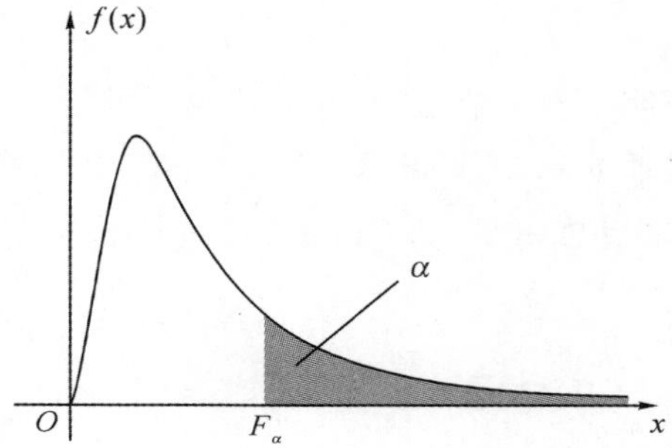

图 6-4-7　F 分布的上 α 分位点

例题 6.4.1　求下列分位数：

(1)$u_{0.1}$，其中 u_α 为 $N(0,1)$的 α 分位数；

(2)$t_{0.25}(4)$；

(3)$F_{0.99}(14,10)$；

(4)$\chi^2_{0.025}(50)$.

解　(1)从 $\Phi(x)$表中知，应有 $P(X\leqslant u_{0.1})=1-0.1=0.9$，表中查不到 $1-\alpha=0.9000$，取表中接近的数应在 0.8997 与 0.9015 之间，从表头查出相应的 u_α 为 1.28 与 1.29，故取 $u_{0.9}\approx 1.285$.

(2)若 t 分布表没有 $\alpha=0.25$. 可直接查表得 $t_{0.25}(4)=0.741$.

(3)从 F 分布表中，查不到 $F_{0.99}(14,10)$，可查出 $F_{0.01}(10,14)=3.94$，故 $F_{0.99}(14,10)=\dfrac{1}{3.94}\approx 0.254$.

(4)从 $\chi^2(n)$表上查不到 $\chi^2_{0.975}(50)$，需利用 6.4.3 中的式子，查出 $u_{0.975}=-1.96$，即

$$\chi^2_{0.975}(50)\approx\frac{1}{2}(-1.96+\sqrt{2\times 50-1})^2\approx 31.92$$

6.4.4　正态总体的样本均值与方差的分布

在概率统计问题中，正态分布占据着十分重要的位置. 这是由于正态分布不仅有许多十分优良性质和非常完美的结果，便于进行较深入的理论研究；而且在应用中，许多量的概率分布或者是正态分布，或者是接近于正态分布. 我们着重来讨论一下正态总体下的抽样分布，其中最重要的统计量自然是样本均值 $\overline{X}$ 和样本方差 S^2.

定理 6.4.1 设 $X_1, X_2, \cdots, X_n$ 是来自总体 $X \sim N(\mu, \sigma^2)$ 的一个样本，则

(1) 样本均值 $\overline{X} \sim N(\mu, \frac{\sigma^2}{n})$；

(2) $\frac{(n-1)S^2}{\sigma^2} \sim \chi^2(n-1)$；

(3) $\overline{X}$ 与 S^2 相互独立；

(4) $\frac{\overline{X}-\mu}{S/\sqrt{n-1}} \sim t(n-1)$.

数学试验
样本均值与方差的抽样分析

其中，$\overline{X}$ 为样本均值，S^2 为样本方差，即

$$\overline{X} = \frac{1}{n}\sum_{i=1}^{n} X_i, S^2 = \frac{1}{n-1}\sum_{i=1}^{n}(X_i - \overline{X})^2.$$

证明 参考节末“基本定理的证明”.

定理 6.4.2* 设 $X_1, X_2, \cdots, X_m$ 是来自总体 $X \sim N(\mu_1, \sigma_1^2)$ 的一个样本，$(Y_1, Y_2, \cdots, Y_n)$ 是来自总体 $Y \sim N(\mu_2, \sigma_2^2)$ 的一个样本，且 X 与 Y 相互独立，则

(1) $\frac{(\overline{X}-\overline{Y})-(\mu_1-\mu_2)}{\sqrt{\frac{\sigma_1^2}{m}+\frac{\sigma_2^2}{n}}} \sim N(0,1)$；

(2) $\frac{S_1^2/\sigma_1^2}{S_2^2/\sigma_2^2} \sim F(m-1, n-1)$；

(3) 当 $\sigma_1^2 = \sigma_2^2 = \sigma^2$ 时，$\frac{(\overline{X}-\overline{Y})-(\mu_1-\mu_2)}{\sqrt{\frac{(m-1)S_1^2+(n-1)S_2^2}{m+n-2}(\frac{1}{m}+\frac{1}{n})}} \sim t(m+n-2)$.

其中，$\overline{X}, S_1^2, \overline{Y}, S_2^2$ 分别为相应样本的样本均值和样本方差，则

$$\overline{X} = \frac{1}{m}\sum_{i=1}^{m} X_i, S_1^2 = \frac{1}{m-1}\sum_{i=1}^{m}(X_i - \overline{X})^2$$

$$\overline{Y} = \frac{1}{n}\sum_{i=1}^{n} Y_i, S_2^2 = \frac{1}{n-1}\sum_{i=1}^{n}(Y_i - \overline{Y})^2$$

证明 略

例 6.4.2 设 $X \sim N(\mu, \sigma^2)$，$X_1, X_2, \cdots, X_n$ 是取自总体的简单随机样本，$\overline{X}$ 为样本均值，S_n^2 为样本二阶中心矩，S^2 为样本方差，问下列统计量：

(1) $\frac{nS_n^2}{\sigma^2}$；(2) $\frac{\overline{X}-\mu}{S_n/\sqrt{n-1}}$；(3) $\frac{\sum_{i=1}^{n}(X_i-\mu)^2}{\sigma^2}$ 各服从什么分布？

分析 利用已知统计量的分布进行分析.

解 (1) 由于 $\frac{(n-1)S^2}{\sigma^2} \sim \chi^2(n-1)$，又有 $S_n^2 = \frac{1}{n}\sum_{i=1}^{n}(X_i - \overline{X})^2 = \frac{n-1}{n}S^2$，

$nS_n^2 = (n-1)S^2$，因此 $\frac{nS_n^2}{\sigma^2} \sim \chi^2(n-1)$；

(2) 由于 $\frac{\overline{X}-\mu}{S/\sqrt{n}} \sim t(n-1)$，又有 $\frac{S}{\sqrt{n}} = \frac{S_n}{\sqrt{n-1}}$，因此

$$\frac{\overline{X}-\mu}{S_n/\sqrt{n-1}} \sim t(n-1);$$

(3) 由 $X_i \sim N(\mu,\sigma^2)(i=1,2,\cdots,n)$ 得

$$\frac{X_i-\mu}{\sigma} \sim N(0,1)(i=1,2,\cdots,n),$$

由 χ^2 分布的定义得

$$\frac{\sum_{i=1}^{n}(X_i-\mu)^2}{\sigma^2} \sim \chi^2(n).$$

例 6.4.3　设总体 $X \sim N(\mu,4)$，$X_1,X_2,\cdots,X_n$ 是取自总体的简单随机样本，$\overline{X}$ 为样本均值. 问样本容量 n 取多大时有：

(1)$E(|\overline{X}-\mu|^2) \leqslant 0.1$；

(2)$P\{|\overline{X}-\mu| \leqslant 0.1\} \geqslant 0.95$.

解　(1)要使 $E(|\overline{X}-\mu|^2)=D(\overline{X})=D(X)/n=4/n\leqslant 0.1$，即有 $n\geqslant 40$，故取 $n=40$.

(2)由定理 6.4.1，即有 $\dfrac{\overline{X}-\mu}{\sqrt{\frac{\sigma^2}{n}}}\sim N(0,1)$，

$$\begin{aligned}P\{|\overline{X}-\mu|\leqslant 0.1\}&=P\{|\overline{X}-\mu|/\sqrt{D(X)/n}\leqslant 0.1\sqrt{n/4}\}\\&\approx\Phi(0.05\sqrt{n})-\Phi(-0.05\sqrt{n})\\&=2\Phi(0.05\sqrt{n})-1\geqslant 0.95,\end{aligned}$$

即有

$$\Phi(0.05\sqrt{n})\geqslant 0.975, 0.05\sqrt{n}\geqslant 1.96, n\geqslant 1536.64, \text{故取 } n=1537.$$

例 6.4.4　设总体 $X\sim N(3,\sigma^2)$，$X_1,X_2,\cdots,X_{10}$ 是取自总体的简单随机样本，样本方差 $S^2=4$，求样本均值 $\overline{X}$ 落在 2.1253 到 3.8747 之间的概率.

解　由定理 6.4.1，有

$$\frac{\overline{X}-3}{\sqrt{S^2/10}}\sim t(9)$$

所以 $P(2.1253\leqslant\overline{X}\leqslant 3.8747)=P\left(\dfrac{2.1253-3}{\sqrt{\frac{4}{10}}}\leqslant\dfrac{\overline{X}-3}{\sqrt{\frac{4}{10}}}\leqslant\dfrac{3.8747-3}{\sqrt{\frac{4}{10}}}\right)$

$$=P\left(-1.3830\leqslant\frac{\overline{X}-3}{\sqrt{\frac{4}{10}}}\leqslant 1.3830\right).$$

由 t 分布表 $t_{0.1}(9)=1.3830$，根据 t 分布的对称性及分位点的意义知，所求概率为

$$P(2.1253\leqslant\overline{X}\leqslant 3.8747)=1-2\times 0.1=0.8.$$

例 6.4.5　设总体 $X\sim N(\mu,4)$，$X_1,X_2,\cdots,X_{10}$ 是取自总体的简单随机样本，求样本方差 $S^2>2.622$ 的概率.

解　由定理 6.4.1，有

$$\frac{(10-1)S^2}{4}\sim\chi^2(10-1),$$

$$P\{S^2>2.622\}=P\left\{\frac{9}{4}S^2>\frac{9}{4}\times 2.622\right\}=P\left\{\frac{9}{4}S^2>5.8995\right\}.$$

数理统计发展简史

由 χ^2 分布表知，$\chi^2_{0.75}(9)=5.899$，因此，所求概率为

$$P\{S^2>2.622\}\approx 0.75$$

附注　基本定理的证明

因为 $X_1,X_2\cdots,X_n$ 相互独立同分布，均服从 $N(\mu,\sigma^2)$ 分布，所以其联合分布密度函数为

$$\frac{1}{(\sqrt{2\pi}\sigma)^n}e^{-\frac{1}{2\sigma^2}\sum\limits_{i=1}^{n}(x_i-\mu)^2}=\frac{1}{(\sqrt{2\pi}\sigma)^n}e^{-\frac{1}{2\sigma^2}\left(\sum\limits_{i=1}^{n}x_i^2-2\mu\sum\limits_{i=1}^{n}x_i+n\mu^2\right)}$$

设 A 为正交阵，且假设它的第一列元素全为 $\frac{1}{\sqrt{n}}$（注意这样的正交阵是存在的），作正交变换.

$$\begin{pmatrix}Y_1\\Y_2\\\vdots\\Y_n\end{pmatrix}=A\begin{pmatrix}X_1\\X_2\\\vdots\\X_n\end{pmatrix},$$

由正交变换的性质 $\sum\limits_{i=1}^{n}X_i^2=\sum\limits_{i=2}^{n}Y_i^2$ 且 $\sum\limits_{i=1}^{n}X_i^2=\sqrt{n}Y_1$，可以得到 $(Y_1,Y_2,\cdots Y_n)$ 密度函数为

$$\frac{1}{(\sqrt{2\pi}\sigma)^n}e^{-\frac{1}{2\sigma^2}\left(\sum\limits_{i=1}^{n}y_i^2-2\mu\sqrt{n}y_1+n\mu^2\right)}=\frac{1}{\sqrt{2\pi}\sigma}e^{-\frac{1}{2\sigma^2}(y_1-\mu\sqrt{n})^2}\prod_{i=2}^{n}\frac{1}{\sqrt{2\pi}\sigma}e^{-\frac{y_i^2}{2\sigma^2}}$$

因此，$Y_1,Y_2,\cdots Y_n$ 相互独立，且 $Y_1\sim N(\sqrt{n}\mu,\sigma^2)$，$Y_i\sim N(0,\sigma^2)$，$i=1,2,3\cdots,n$.

易知，Y_1 与 $Y_2^2,Y_3^2,\cdots Y_n^2$ 相互独立，且有

$$\frac{\sum\limits_{i=2}^{n}Y_i^2}{\sigma^2}\sim\chi^2(n-1)$$

另外

$$\sum_{i=2}^{n}Y_i^2=(n-1)S^2,$$

所以

$$\frac{(n-1)S^2}{\sigma^2}\sim\chi^2(n-1).$$

又 $\overline{X}=\frac{Y_1}{\sqrt{n}}$，于是 $\overline{X}\sim N(\mu,\frac{\sigma^2}{\sqrt{n}})$，并且 $\overline{X}$ 与 S^2 相互独立.

设 $X_1,X_2,\cdots,X_n$ 为出自 $N(\mu,\sigma^2)$ 的子样，则

$$T=\frac{\overline{X}-\mu}{S/\sqrt{n}}\sim t(n-1)$$

这是因为 $\overline{X}\sim N(\mu,\sigma^2/n)$，则

$$\frac{\overline{X}-\mu}{\sigma/\sqrt{n}}\sim N(0,1),$$

又由$\frac{(n-1)S^2}{\sigma^2} \sim \chi^2(n-1)$ 及$\overline{X}$与S^2独立知

$$\frac{\frac{\overline{X}-\mu}{\sigma/\sqrt{n}}}{\sqrt{\frac{(n-1)S^2}{\sigma^2}/(n-1)}} = \frac{\overline{X}-\mu}{S/\sqrt{n}} = T \sim t(n-1);$$

定理得到证明.

习题 6.4

一、选择题

1. 样本 X_1, X_2, X_3, X_4 取自正态分布总体 X，$EX=\mu$ 为已知，而 $DX=\sigma^2$ 未知，则下列随机变量中不能作为统计量的是　　(　　)

A. $\overline{X} = \frac{1}{4}\sum_{i=1}^{4} X_i$　　B. $X_1 + X_4 + 2\mu$

C. $k = \frac{1}{\sigma^2}\sum_{i=1}^{4}(X_i - \overline{X})^2$　　D. $S^2 = \frac{1}{3}\sum_{i=1}^{4}(X_i - \overline{X})^2$

2. 设 $X_1, X_2, \cdots, X_n$ 是来自 $X \sim \chi^2(n)$ 的简单随机样本，则 $E\overline{X}$，$D\overline{X}$ 分别为　　(　　)

A. $n, 2$　　B. $n, 2n$　　C. $2, n$　　D. $2n, n$

3. 设随机变量 $X \sim N(0,1)$，$Y \sim \chi^2(n)$，且 X 与 Y 相互独立，则$\frac{X}{\sqrt{Y}}\sqrt{n}$ 服从______分布.

(　　)

A. $N(0,1)$　　B. $\chi^2(n-1)$　　C. $t(n)$　　D. $F(1,n)$

4. 假设 $X \sim N(0,1)$，$\overline{X} = \frac{1}{n}\sum_{i=1}^{n} X_i$，$S^2 = \frac{1}{n-1}\sum_{i=1}^{n}(X_i - \overline{X})^2$，服从自由度为$(n-1)$的 χ^2 分布的随机变量是　　(　　)

A. $\sum_{i=1}^{n} X_i^2$　　B. S^2　　C. $(n-1)\overline{X}^2$　　D. $(n-1)S^2$

5. 设随机变量 $X \sim N(\mu, 2^2)$，$Y \sim \chi^2(n)$，且 X 与 Y 相互独立，$T = \frac{X-\mu}{2\sqrt{Y}}\sqrt{n}$，则下列结论正确的是　　(　　)

A. T 服从 $t(n-1)$ 分布　　B. T 服从 $t(n)$ 分布

C. T 服从正态分布 $N(0,1)$　　D. T 服从 $F(1,n)$ 分布

6. 设 $X \sim N(0,\sigma^2)$，则服从自由度为 $n-1$ 的 t 分布的随机变量是　　(　　)

A. $\frac{\sqrt{n}\overline{X}}{S}$　　B. $\frac{\sqrt{n-1}\,\overline{X}}{S}$

C. $\frac{\sqrt{n}\overline{X}}{S^2}$　　D. $\frac{\sqrt{n-1}\,\overline{X}}{S^2}$

7. 在下列结果中不正确的是 ( )

A. 若 $X \sim N(0,1)$，$Y \sim N(0,1)$ 且 X,Y 相互独立，则 $X^2+Y^2 \sim \chi^2(2)$

B. 若 $X \sim \chi^2(n_1)$，$Y \sim \chi^2(n_2)$，则 $X+Y \sim \chi^2(n_1+n_2)$

C. 若总体 $X \sim N(\mu,\sigma^2)$，设 $X_1,X_2,\cdots,X_n$ 是来自总体 X 的样本，$\overline{X}$ 是样本均值，则 $E[\frac{1}{\sigma^2}\sum_{i=1}^{n}(X_i-\overline{X})^2]=n-1$，$D[\frac{1}{\sigma^2}\sum_{i=1}^{n}(X_i-X)^2]=2n-2$

D. 若 $X \sim \chi^2(10)$，则 $D(X)=20$

8. 样本在$(X_1,X_2,\cdots,X_n)$ 取自标准正态分布总体 $N(0,1)$，$\overline{X},S$ 分别为样本平均数及标准差，则 ( )

A. $\overline{X} \sim N(0,1)$　　B. $n\overline{X} \sim N(0,1)$

C. $\sum_{i=1}^{n}X_i^2 \sim \chi^2(n)$　　D. $\overline{X}/S \sim t(n-1)$

9. X 服从正态分布且 $EX=-1$，$EX^2=4$，$\overline{X}=\frac{1}{n}\sum_{i=1}^{n}X_i$ 服从的分布为 ( )

A. $N(-1,\frac{3}{n})$　　B. $N(-1,\frac{4}{n})$　　C. $N(-\frac{1}{n},4)$　　D. $N(-\frac{1}{n},\frac{3}{n})$.

10. 设随机变量 $X \sim N(\mu,\sigma^2)$，$Y \sim \chi^2(n)$，$T=\frac{X-\mu}{\sqrt{Y}}\sqrt{n}$，则 ( )

A. T 服从 $t(n-1)$ 分布　　B. T 服从 $t(n)$ 分布

C. T 服从 $N(0,1)$ 分布　　D. T 服从 $F(1,n)$ 分布

二、填空题

1. $X_1,X_2,\cdots,X_{10}$ 是来自总体 $X \sim N(0,0.3^2)$ 的一个样本，则 $P\{\sum_{i=1}^{10}X_i^2 \geqslant 1.44\}=$ ________.

2. 设 $X_1,X_2,\cdots,X_n$ 是来自 0—1 分布($P\{X=0\}=1-p$，$P\{X=1\}=p$)的简单随机样本，$\overline{X}$ 是样本均值，则 $E(\overline{X})=$ ________，$D(\overline{X})=$ ________.

3. 设 $X_1,X_2,\cdots,X_n$ 是来自总体的一个样本，称________为统计量.

4. 已知样本 $X_1,X_2,\cdots,X_{16}$ 取自正态分布总体 $N(2,1)$，$\overline{X}$ 为样本均值，已知 $P\{\overline{X}\geqslant\lambda\}=0.5$，则 $\lambda=$ ________.

5. 设总体 $X \sim N(\mu,\sigma^2)$，$\overline{X}$ 是样本均值，S_n^2 是样本方差，n 为样本容量，则常用的随机变量 $\frac{(n-1)S_n^2}{\sigma^2}$ 服从________分布.

6. 设 $X_1,X_2,\cdots,X_n$ 为来自正态总体 $X \sim N(\mu,\sigma^2)$ 的一个简单随机样本，则样本均值 $\overline{X}=\frac{1}{n}\sum_{i=1}^{n}X_i$ 服从________，若 a_i 为常数($a_i \neq 0,i=1,2,\cdots,n$)，则 $\sum_{i=1}^{n}a_iX_i$ 服从________.

7. 设 $X_1,X_2,\cdots,X_7$ 为总体 $X \sim N(0, 0.5^2)$ 的一个样本，则 $P(\sum_{i=1}^{7}X_i^2>4)=$ ________.

8. 设 $X_1, X_2, \cdots, X_6$ 为总体 $X \sim N(0,1)$ 的一个样本，且 cY 服从 χ^2 分布，这里，$Y = (X_1 + X_2 + X_3)^2 + (X_4 + X_5 + X_6)^2$，则 $c =$ ________.

三、计算

重点分析

1. 设 $X \sim N(\mu, \sigma^2)$，$X_1, X_2 \cdots, X_{2n}$ 是总体 X 的容量为 $2n$ 的样本，其样本均值为 $\overline{X} = \dfrac{1}{2n}\sum_{i=1}^{2n} X_i$，试求统计量 $Z = \sum_{i=1}^{n}(X_i + X_{n+i} - 2\overline{X})^2$ 的数学期望及方差.

2. 假设样本 $X_1, X_2, \cdots, X_{10}$ 和 $Y_1, Y_2, \cdots, Y_5$ 分别取自两个独立总体 X 与 Y，$X \sim N(10, 2^2)$，$Y \sim N(20, 2^2)$，求它们的样本分布函数，$\overline{X}$、$\overline{Y}$ 的分布密度函数，并计算 $P\{\overline{X} - \overline{Y} \geqslant -11\}$.

第 6 章小结

一、基本内容

本章中介绍了数理统计的基本概念.总体、个体、简单随机样本和统计量是数理统计中最基本的概念，应正确理解，样本均值、样本方差、样本矩、顺序统计量和经验分布函数是数理统计中常用的统计量，要掌握它们的计算方法，并会求样本均值、样本方差、样本矩的数学期望.了解直方图的作法.

χ^2 分布、t 分布、F 分布是数理统计中常用的几种分布，要知道这几种分布的定义及性质，知道分布的分位数的概念并会查表计算，知道正态总体样本均值、样本方差和一些常用统计量的分布.

二、疑难分析

1. 为什么要引进统计量?为什么统计量中不能含有未知参数?

引进统计量的目的是将杂乱无序的样本值归结为一个便于进行统计推断和研究分析的形式，集中样本所含信息，使之更易揭示问题实质.

如果统计量中仍含有未知参数，就无法依靠样本观测值求出未知参数的估计值，因而就失去了利用统计量估计未知参数的意义.

2. 什么是自由度?

所谓自由度，通常是指不受任何约束，可以自由变动的变量的个数.在数理统计中，自由度是对随机变量的二次型(或称为二次统计量)而言的.因为一个含有 n 个变量的二次型 $\sum_{i=1}^{n}\sum_{j=1}^{n} a_{ij}X_iX_j\,(a_{ij} = a_{ji}, i, j = 1, 2, \cdots, n)$ 的秩是指对称矩阵 $A = (a_{ij})_{n\times n}$ 的秩，它的大小反映 n 个变量中能自由变动的无约束变量的多少.我们所说的自由度，就是二次型的秩.

第 6 章总复习题

(A)

一、选择题

1. 设总体 X 服从正态分布，$E(X)=-1$，$E(X^2)=4$，则 $\overline{X}=\frac{1}{n}\sum_{i=1}^{n}X_i$ 服从的分布是 ( )

A. $N(-1,\frac{3}{n})$　B. $N(-1,\frac{4}{n})$　C. $N(-\frac{1}{n},4)$　D. $N(-\frac{1}{n},\frac{1}{n})$

2. 设随机变量 $X\sim N(0,1)$，$Y\sim N(0,1)$，则 ( )

A. $X+Y$ 服从正态分布　B. X^2+Y^2 服从 χ^2 分布

C. X^2/Y^2 服从 F 分布　D. X^2 和 Y^2 服从 χ^2 分布

3. 设总体 X 的概率密度为 $f(x)$，而 $X_1,X_2,\cdots,X_n$ 是来自总体 X 的简单随机样本，$\overline{X}$，$X_{(1)}$ 和 $X_{(n)}$ 相应为 $X_1,X_2,\cdots,X_n$ 的样本均值、最小观测值和最大观测值，则 $f(x)$ 是 ( )

A. $X_{(1)}$ 的概率密度　B. $X_{(n)}$ 的概率密度

C. X_1 的概率密度　D. $\overline{X}$ 的概率密度

二、填空题

1. 设 $X_1,X_2,\cdots,X_n$ 是来自总体 $X\sim U[a,b]$ 的样本，则 $E(\overline{X})=$ ______，$D(\overline{X})=$ ______，$E(S^2)=$ ______.

2. 设总体 $X\sim N(\mu,\sigma^2)$，则 $\frac{\overline{X}-\mu}{\sigma/\sqrt{n}}\sim$ ______ . 当 σ 未知，且为小样本时 $\frac{\overline{X}-\mu}{S/\sqrt{n}}\sim$ ______.

3. 设 X_1,X_2,X_3,X_4 相互独立同服从标准正态分布，$\overline{X}$ 是算术平均值，则 $4\overline{X}^2$ 服从参数为 ________ 的 ________ 分布.

4. 设随机变量 X 服从自由度为 (f_1,f_2) 的 F 分布，则随机变量 $Y=\frac{1}{X}$ 服从参数为 ________ 的 ________ 分布

5. 设 X 服从自由度为 ν 的 t 分布，则 $Y=X^2$ 服从参数为 ______ 的 ______ 分布.

三、计算题

6. 已知 $X\sim t(n)$，求证 $X^2\sim F(1,n)$.

7. 设 $X_1,X_2,\cdots,X_4$ 是来自正态总体 $N(0,4)$ 的样本，证明：统计量 Y 服从 $\chi^2(2)$ 分布，这里，$Y=0.05(X_1-2X_2)^2+0.01(3X_3-4X_4)^2$.

8. 设 $X_1,X_2,\cdots,X_9$ 是来自正态总体 X 的样本，$Y_1=\frac{1}{6}\sum_{i=1}^{6}X_i$，$Y_2=\frac{1}{3}\sum_{i=7}^{9}X_i$，$S^2=$

$\frac{1}{2}\sum_{i=7}^{9}(X_i - Y_2)^2$，$Z = \frac{\sqrt{2}(Y_1 - Y_2)}{S}$，证明：统计量 Z 服从自由度为 2 的 t 分布.

(B)

一、填空题

1. 设 X_1, X_2, X_3, X_4 是来自正态总体 $N(0, 2^2)$ 的简单随机样本，记

$$X = a(X_1 - 2X_2)^2 + b(3X_3 - 4X_4)^2,$$

则当 $a=$______，$b=$______ 时，统计量 X 服从 χ^2 分布，其自由度为______.

2. 假设总体 $X \sim N(0, 3^2)$，$X_1, X_2, \cdots, X_8$ 是来自总体 X 的简单随机样本，则统计量 $Y = \frac{X_1 + X_2 + X_3 + X_4}{\sqrt{X_5^2 + X_6^2 + X_7^2 + X_8^2}}$ 服从参数为________的________分布.

3. 设 $(X_1, X_2, \cdots, X_{15})$ 是来自正态总体 $N(0, 9)$ 的简单随机样本，则统计量

$$Y = \frac{1}{2}\ \frac{X_1^2 + X_2^2 + \cdots + X_{10}^2}{X_{11}^2 + X_{12}^2 + \cdots + X_{15}^2}$$

的概率分布是参数为____________的________________分布.

4. 设总体 $X \sim N(a, 2)$，$Y \sim N(b, 2)$ 且独立；基于分别来自总体 X 和 Y 的容量相应为 m 和 n 的简单随机样本，得样本方差 S_x^2 和 S_y^2，则统计量

$$T = \frac{1}{2}\left[(m-1)S_x^2 + (n-1)S_y^2\right]$$

服从参数为____________的____________分布.

5. 设 $\overline{X}$ 和 $\overline{Y}$ 是两个样本均值，基于来自同一正态总体 $N(\mu, \sigma^2)$ 的两个相互独立且容量相同的简单随机样本，则满足 $P\{|\overline{X} - \overline{Y}| > \sigma\} \leqslant 0.05$ 的最小样本容量 $n \geqslant$____.

二、解答题

1. 设总体 $X \sim N(20, 3)$，从中抽取容量为 10，15 的两个独立的样本，求这两个样本均值之差的绝对值大于 0.3 的概率.

2. 设 $X_1, X_2, \cdots X_{2n}$ 是来自总体 $X \sim N(0, \sigma^2)$ 的样本，求下列统计量的分布：

(1) $Y_1 = \frac{X_1^2 + X_3^2 + \cdots + X_{2n-1}^2}{X_2^2 + X_4^2 + \cdots X_{2n}^2}$；

(2) $Y_2 = \frac{X_1 + X_3 + \cdots X_{2n-1}}{\sqrt{X_2^2 + X4 + \cdots X_{2n}^2}}$.

3. 分别从方差为 20 与 35 的正态总体中抽取容量为 8 和 10 的两个样本，求第一个样本的方差是第二个样本方差的 20 倍的概率.

4*. 设总体 $X \sim N(\mu, \sigma^2)$，而 $(X_1, X_2, \cdots, X_n, X_{n+1})$ 是来自正态总体 X 的简单随机样本；$\overline{X}$ 和 S^2 相应为根据 $(X_1, X_2, \cdots, X_n)$ 计算的样本均值和样本方差. 利用正态总体的样本均值和样本方差的性质，证明统计量

$$t = \frac{X_{n+1} - \overline{X}}{S}\sqrt{\frac{n}{n+1}}$$

服从自由度为 $\nu = n-1$ 的 t 分布.

5*. 假设总体 $X_i(i=1,2)$服从正态分布 $N(\mu_i,\sigma_i^2)$；X_1 和 X_2 相互独立；由来自总体 $X_i(i=1,2)$的简单随机样本，得样本均值$\overline{X}_i$ 和样本方差 S_i^2.

(1) 利用正态总体样本均值和样本方差的性质，证明 4 个随机变量$\overline{X}_1,S_1^2,\overline{X}_2,S_2^2$ 相互独立.

(2) 假设 $\mu_1=\mu_2=\mu$，证明 $E(\alpha_1\overline{X}_1+\alpha_2\overline{X}_2)=\mu$，其中 α_i 是统计量：

$$\alpha_i=\frac{S_i^2}{S_1^2+S_2^2},\ i=1,2.$$

第7章 参数估计

从本章开始，我们将讨论数理统计的核心内容：统计推断，可以说数理统计的各个分支都是以它为基础发展起来的. 统计推断就是由样本来推断总体. 统计推断的任务就是如何有效地利用样本观测数据中的信息对总体的某些特征(分布或分布中的参数)作出尽可能精确而又可靠的判断. 统计推断的基本问题可以分为两大类：统计估计问题和假设检验问题. 本章主要介绍参数估计问题的基本思想和方法，以及评价估计量好坏的一些常见标准.

在实际应用中，经常会遇到这样一类问题：根据问题本身的专业知识和以往的经验或恰当的统计方法，可以确定总体分布的类型，但其中含有未知参数，需要利用样本对其进行估计，这就是参数估计问题. 参数估计的方式有两种：一种是点估计；另一种是区间估计.

§7.1 点估计

设总体 X 的分布函数为 $F(x;\theta)$，其中 θ 是未知参数(θ 可以是向量，即含多个未知参数)，$X_1,X_2,\cdots,X_n$ 是取自总体 X 的一个样本，$x_1,x_2,\cdots,x_n$ 是样本值. 点估计问题就是要构造一个适当的统计量 $\hat{\theta}(X_1,X_2,\cdots,X_n)$，用其取值 $\hat{\theta}(x_1,x_2,\cdots,x_n)$ 作为未知参数 θ 的近似值. 我们称 $\hat{\theta}(X_1,X_2,\cdots,X_n)$ 为 θ 的**估计量**，称 $\hat{\theta}(x_1,x_2,\cdots,x_n)$ 为 θ 的**估计值**. 估计量与估计值统称为**点估计(point estimate)**，并简记为 $\hat{\theta}$.

在这里，如何构造估计量没有明确的规定，只要它满足一定的合理性就行. 下面介绍两种常用的构造估计量的方法：矩估计法和极大似然估计法.

7.1.1 矩估计法

样本取自总体，根据大数定律，样本矩依概率收敛于总体矩，因而很自然地想到用样本矩来估计与之对应的总体矩. 由此，在19世纪末英国统计学家 K. 皮尔逊(K. Pearson)提出了一个求参数点估计的替换原则：用样本矩去替换总体矩(矩可以是原点矩也可以是中心矩)，用样本矩的函数去替换相应的总体矩的函数，这就是矩估计法.

定义 7.1.1 设总体 X 的分布函数中含有未知参数 $\theta_1,\theta_2,\cdots,\theta_k$，假设 X 的 $1\sim k$ 阶原点矩 $E(X^j)(j=1,2,\cdots,k)$ 都存在，一般来说，它们是 $\theta_1,\theta_2,\cdots,\theta_k$ 的函数，以样本的 j 阶原点矩去估计总体的 j 阶原点矩，即

$$\widehat{E(X^j)}=\frac{1}{n}\sum_{i=1}^{n}X_i^j,j=1,2,\cdots,k. \tag{7.1.1}$$

这是一个包含 k 个未知参数和 k 个方程的联立方程组，一般来说，可以从中解出

$$\hat{\theta}_j=\hat{\theta}_j(X_1,X_2,\cdots,X_n),j=1,2,\cdots,k$$

作为 $\theta_1,\theta_2,\cdots,\theta_k$ 的估计. 这种估计未知参数的方法称为**矩估计法**,所得的估计量称为**矩估计量(moment estimate)**,相应的估计值称为**矩估计值**. 矩估计量与矩估计值统称为**矩估计**.

例 7.1.1 设总体 X 服从二项分布 $B(m,p)$,p 未知,$X_1,X_2,\cdots,X_n$ 是来自总体 X 的一个样本,求参数 p 的矩估计.

解 $E(X)=mp$,解得 $p=\dfrac{E(X)}{m}$,以样本矩估计总体矩,就得 p 的矩估计为 $\hat{p}=\dfrac{\overline{X}}{m}$.

例 7.1.2 设总体 X 的概率密度为

$$f(x)=\begin{cases}\dfrac{2}{\theta^2}(\theta-x), & 0<x<\theta,\\ 0, & \text{其他},\end{cases}$$

$\theta>0$ 未知,$X_1,X_2,\cdots,X_n$ 是来自总体 X 的样本,求 θ 的矩估计.

解 $E(X)=\int_{-\infty}^{+\infty}xf(x)\mathrm{d}x=\int_0^{\theta}x\,\dfrac{2}{\theta^2}(\theta-x)\mathrm{d}x=\dfrac{\theta}{3}$,

解得 $\theta=3E(X)$,从而得 θ 的矩估计为 $\hat{\theta}=3\overline{X}$.

此例中,考虑到 $E(X^2)=\int_0^{\theta}x^2\,\dfrac{2}{\theta^2}(\theta-x)\mathrm{d}x=\dfrac{\theta^2}{6}$,$\theta=\sqrt{6E(X^2)}$,

于是 θ 的矩估计也可取为 $\hat{\theta}=\sqrt{6\cdot\dfrac{1}{n}\sum\limits_{i=1}^{n}X_i^2}$.

这就说明矩估计不是唯一的,这是矩估计法的一个缺点. 所以通常采用低阶矩来进行估计.

例 7.1.3 设 $X_1,X_2,\cdots,X_n$ 是来自总体 X 的样本,且总体的期望 μ 和方差 $\sigma^2>0$ 都存在,求 μ 和 σ^2 的矩估计.

解 由于 $E(X)=\mu,E(X^2)=\sigma^2+\mu^2$,解得

$$\begin{cases}\mu=E(X),\\ \sigma^2=E(X^2)-[E(X)]^2,\end{cases}$$

从而得 μ 和 σ^2 的矩估计分别为

$$\hat{\mu}=\overline{X},\hat{\sigma}^2=\frac{1}{n}\sum_{i=1}^{n}X_i^2-\overline{X}^2=\frac{1}{n}\sum_{i=1}^{n}(X_i-\overline{X})^2\overset{\text{记为}}{=}S_n^2.$$

此例说明无论总体服从何种分布,总体均值 μ 的矩估计都是样本均值 $\overline{X}$,总体方差(即总体的二阶中心矩)σ^2 的矩估计都是样本的二阶中心矩 S_n^2,也即第 6 章中提及的 B_2. 更一般地,如果总体参数 θ 被表示为至少前 m 阶矩(原点矩或中心矩)的函数,则在此函数表达式中将总体矩换成相应的样本矩,便得到 θ 的矩估计.

例 7.1.4 设 $X_1,X_2,\cdots,X_n$ 是来自总体 $X\sim U(a,b)$ 的样本,试求 a,b 的矩估计.

解 由 $E(X)=\dfrac{a+b}{2},D(X)=\dfrac{(b-a)^2}{12}$,

令
$$\begin{cases}\dfrac{a+b}{2}=\overline{X},\\[2mm] \dfrac{(b-a)^2}{12}=S_n^2,\end{cases}$$

解得 a 和 b 的矩估计分别为

$$\hat{a}=\overline{X}-\sqrt{3}\,S_n,\hat{b}=\overline{X}+\sqrt{3}\,S_n.$$

矩估计法的思想非常简单.尽管矩估计法有一些缺点:一是要求所需要的总体矩存在;二是矩估计的结果往往不唯一;三是在总体分布类型已知的情况下,未能充分利用总体分布所提供的信息.但由于矩估计法在估计总体的均值、方差等数字特征时,不需要知道总体的分布类型,因此矩估计法仍然是实际中经常使用的一种点估计方法.

7.1.2 极大似然估计法

矩估计法不需要涉及总体的分布类型,但实际问题中经常遇到总体分布类型已知的情况,在估计参数时,我们应充分利用这些已知信息.下面介绍的极大似然估计法就是总体分布类型已知时的参数估计方法,是基于"概率最大的事件最可能发生"这一原理而引入的一种参数估计方法;最早是由高斯在19世纪20年代初针对正态分布提出的,费歇尔在20世纪20年代初再次提出这种想法并证明了它的一些性质,从而使极大似然估计法得到了广泛的应用.

下面先通过一个简单的例子介绍极大似然原理.

极大似然估计原理

例7.1.5 设一个盒子中装有黑球和白球,只知两种球的数量比为3∶1,但不知哪种颜色的球多,也就是说从盒中任取一球为黑球的概率p可能是$\frac{3}{4}$,也可能是$\frac{1}{4}$.现在有放回地从盒中抽取两球,结果全为黑球,试问盒中是黑球多还是白球多?

这个问题似乎从直观上就可以回答是黑球多,我们不妨从概率上来分析一下这个判断.当抽取一个球出现黑球的概率为p时,有放回地抽取m个出现X个黑球的概率为二项概率

$$f(x;p)=P(X=x)=C_m^x p^x(1-p)^{m-x},x=0,1,\cdots,m.$$

现抽取两个全是黑球的概率应为$f(2;p)=C_2^2p^2=p^2$.若$p=\frac{3}{4}$,则$f(2;p)=\frac{9}{16}$;若$p=\frac{1}{4}$,则$f(2;p)=\frac{1}{16}$.这就是说,盒中黑球多时取到两个都是黑球的概率比盒中白球多时取到两个都是黑球的概率大得多,或者说使$x=2$的样本来自$p=\frac{3}{4}$的总体比来自$p=\frac{1}{4}$的总体的可能性大得多.因此,根据"概率最大的事件最可能发生"的原理,我们作出盒中是黑球多的判断.也可以说,这样的推断跟实际情况"最像"."极大似然"指的是"最可能"或"最像".

从参数估计的角度上说,问题就是:对总体的参数p有$\hat{p}_1=\frac{3}{4}$,$\hat{p}_2=\frac{1}{4}$两种可供作为估计值的选择,自然应选使得观测结果出现的概率最大的$\hat{p}_1=\frac{3}{4}$作为p的估计.

一般地,如果对于未知参数θ可供作为估计值的选择有多个,自然应该选择使得观测结果出现概率最大的那个$\hat{\theta}$作为θ的估计.也就是说,在一次抽样中,若得到样本观测值$x_1,x_2,\cdots,x_n$,则应选择使得这组观测值$x_1,x_2,\cdots,x_n$出现的概率为最大的$\hat{\theta}(x_1,x_2,\cdots,x_n)$作为未知参数$\theta$的估计.这就是极大似然估计法的原理.

下面分别就离散型总体和连续型总体进行讨论.

(1)若总体 X 为离散型,其分布律为 $P(X=x)=f(x;\theta),\theta\in\Theta$,其中 $\theta=(\theta_1,\theta_2,\cdots,\theta_k)$ 是待估计的未知参数,Θ 是 θ 的可能取值范围,则样本 $X_1,X_2,\cdots,X_n$ 取样本值 $x_1,x_2,\cdots,x_n$ 的概率为

$$\begin{aligned}L(\theta) &= L(x_1,x_2,\cdots,x_n;\theta)\\ &= P(X_1=x_1,X_2=x_2,\cdots,X_n=x_n)=\prod_{i=1}^{n}f(x_i;\theta),\end{aligned} \tag{7.1.2}$$

其取值随 θ 的取值而变化,它是 θ 的函数,我们称 $L(\theta)$ 为样本的**似然函数(the likelihood function)**.

(2)若总体 X 为连续型,其概率密度为 $f(x;\theta),\theta\in\Theta$,其中 $\theta=(\theta_1,\theta_2,\cdots,\theta_k)$是待估计的未知参数,$\Theta$ 是 θ 的可能取值范围.此时,由于样本 $X_1,X_2,\cdots,X_n$ 取样本值 $x_1,x_2,\cdots,x_n$ 的概率为 0,为此考虑样本 $X_1,X_2,\cdots,X_n$ 在 $x_1,x_2,\cdots,x_n$ 附近取值的概率,而这一概率可以用"$(X_1,X_2,\cdots,X_n)$落在点$(x_1,x_2,\cdots,x_n)$的以 $\mathrm{d}x_1,\mathrm{d}x_2,\cdots,\mathrm{d}x_n$ 为无穷小边长的 n 维长方体中"的概率表示,近似为

$$P(x_1\leqslant X_1<x_1+\mathrm{d}x_1,\cdots,x_n\leqslant X_n<x_n+\mathrm{d}x_n)\approx\prod_{i=1}^{n}f(x_i;\theta)\mathrm{d}x_i,$$

它是 θ 的函数,对其求极大值点等价于对

$$L(\theta)=\prod_{i=1}^{n}f(x_i;\theta) \tag{7.1.3}$$

求极大值点.这一函数 $L(\theta)$就是连续型场合下的**似然函数**.

似然函数 $L(\theta)$的取值大小反映了样本值 $x_1,x_2,\cdots,x_n$ 出现的可能性大小,根据极大似然原理,我们应取使 $L(\theta)$达到最大的$\hat{\theta}$作为 θ 的估计.

定义 7.1.2 若对任意给定的样本观测值 $x_1,x_2,\cdots,x_n$,存在 $\hat{\theta}=\hat{\theta}(x_1,x_2,\cdots,x_n)$,使得

$$L(\hat{\theta})=\max_{\theta\in\Theta}L(\theta),$$

则称 $\hat{\theta}=\hat{\theta}(x_1,x_2,\cdots,x_n)$为 θ 的**极大似然估计值**.称相应的统计量 $\hat{\theta}(X_1,X_2,\cdots,X_n)$为 θ 的**极大似然估计量**.它们统称为 θ 的**极大似然估计(maximum likelihood estimate, MLE)**.

由于 $\ln L(\theta)$与 $L(\theta)$有相同的极值点,而求 $\ln L(\theta)$的极值点往往更容易,因此一般通过对 $\ln L(\theta)$求极值来获取极大似然估计.

例 7.1.6 设总体 $X\sim B(1,p)$,p 未知,$X_1,X_2,\cdots,X_n$ 是来自总体 X 的一个样本,求参数 p 的极大似然估计.

解 设 $x_1,x_2,\cdots,x_n$ 是相应于样本 $X_1,X_2,\cdots,X_n$ 的一个样本值;由于 X 的分布律为

$$P(X=x)=p^x(1-p)^{1-x},x=0,1,$$

得似然函数

$$L(p)=\prod_{i=1}^{n}P(X=x_i)=\prod_{i=1}^{n}p^{x_i}(1-p)^{1-x_i}=p^{\sum\limits_{i=1}^{n}x_i}(1-p)^{n-\sum\limits_{i=1}^{n}x_i},$$

取对数得

$$\ln L(p)=(\sum_{i=1}^{n}x_i)\ln p+(n-\sum_{i=1}^{n}x_i)\ln(1-p),$$

令

$$\frac{\mathrm{d}\ln L(p)}{\mathrm{d}p}=\sum_{i=1}^{n}x_i\cdot\frac{1}{p}-(n-\sum_{i=1}^{n}x_i)\frac{1}{1-p}=0,$$

解得 p 的极大似然估计值为 $\hat{p}=\frac{1}{n}\sum_{i=1}^{n}x_i=\bar{x}$，极大似然估计量为 $\hat{p}=\bar{X}$.

由于 $E(X)=p$，所以我们可得 p 的矩估计也为 $\hat{p}=\bar{X}$.

本例给出了生产过程中估计产品废品率的方法：设产品分不合格品与合格品两类，我们可引入一随机变量 X 表示任取一个产品的情况，$X=1$ 表示不合格，$X=0$ 表示合格，并设产品的不合格品率（即废品率）为 p，则 $X\sim B(1,p)$；$\bar{x}$ 是抽取到的产品的废品率，由本例结果，$\hat{p}=\bar{x}$，说明我们可用抽取到的产品的废品率来估计整批产品的废品率.

例 7.1.7　设 $x_1,x_2,\cdots,x_n$ 是来自总体 $X\sim N(\mu,\sigma^2)$ 的一组样本值，求 μ 和 σ^2 的极大似然估计.

解　X 的概率密度为

$$f(x;\mu,\sigma^2)=\frac{1}{\sqrt{2\pi}\,\sigma}\exp\left[-\frac{1}{2\sigma^2}(x-\mu)^2\right],$$

得似然函数

$$\begin{aligned}L(\mu,\sigma^2)&=\prod_{i=1}^{n}\frac{1}{\sqrt{2\pi}\sigma}\exp\left[-\frac{1}{2\sigma^2}(x_i-\mu)^2\right]\\&=(2\pi)^{-\frac{n}{2}}(\sigma^2)^{-\frac{n}{2}}\exp\left[-\frac{1}{2\sigma^2}\sum_{i=1}^{n}(x_i-\mu)^2\right],\end{aligned}$$

取对数得

$$\ln(L)=-\frac{n}{2}\ln(2\pi)-\frac{n}{2}\ln(\sigma^2)-\frac{1}{2\sigma^2}\sum_{i=1}^{n}(x_i-\mu)^2,$$

令

$$\begin{cases}\dfrac{\partial\ln L}{\partial\mu}=\dfrac{1}{\sigma^2}\sum\limits_{i=1}^{n}(x_i-\mu)=0,\\\dfrac{\partial\ln L}{\partial\sigma^2}=-\dfrac{n}{2\sigma^2}+\dfrac{1}{2(\sigma^2)^2}\sum\limits_{i=1}^{n}(x_i-\mu)^2=0.\end{cases}$$

解得 μ 和 σ^2 的极大似然估计为

$$\hat{\mu}=\bar{x},\hat{\sigma}^2=\frac{1}{n}\sum_{i=1}^{n}(x_i-\bar{x})^2=s_n^2.$$

可见，对于正态总体来说，μ 与 σ^2 的矩估计与极大似然估计是相同的.

极大似然估计有一个简单而有用的性质：如果 $\hat{\theta}$ 是 θ 的极大似然估计，则对任一函数 $g(\theta)$，$g(\hat{\theta})$ 是它的极大似然估计；这一性质称为极大似然估计的**不变性**.

根据极大似然估计的不变性，对正态总体来说，标准差 σ 的极大似然估计为 s_n.

例 7.1.8　设总体 X 在 $[0,\theta]$ 上服从均匀分布（$\theta>0$），$x_1,x_2,\cdots,x_n$ 为样本值，求 θ 的极大似然估计.

解　X 的概率密度为 $f(x;\theta)=\begin{cases}\dfrac{1}{\theta} & 0\leqslant x\leqslant\theta,\\0, & \text{其他}.\end{cases}$

得似然函数

$$L(\theta)=\begin{cases}\dfrac{1}{\theta^n}, & 0\leqslant x_1,x_2,\cdots,x_n\leqslant\theta,\\0, & \text{其他}.\end{cases}$$

利用求导方式无法得到结果. 而由 $L(\theta)$ 的形式知，当 θ 取到最小值时，$L(\theta)$ 达到最大. 由于 $0\leqslant x_1,x_2,\cdots,x_n\leqslant\theta$ 等价于

$$0\leqslant\min\{x_1,x_2,\cdots,x_n\}\leqslant\max\{x_1,x_2,\cdots,x_n\}\leqslant\theta,$$

故 θ 的极大似然估计为 $\hat{\theta}=\max\{x_1,x_2,\cdots,x_n\}$.

本例中，由于 $E(X)=\dfrac{\theta}{2}$，所以 θ 的矩估计为 $\hat{\theta}=2\bar{x}$. 由此可见，对于同一个参数，用不同的估计方法求出的点估计可能不一样.

习题 7.1

1. 设总体 X 服从参数为 λ 的泊松分布，其中 λ 未知，$X_1,X_2,\cdots,X_n$ 是从总体中抽取的一个样本，$x_1,x_2,\cdots,x_n$ 为样本值，试求参数 λ 的矩估计和极大似然估计.

2. 设总体 X 的分布律为

X	1	2	3
P	θ^2	$2\theta(1-\theta)$	$(1-\theta)^2$

其中，$\theta(0<\theta<1)$ 为未知参数，已知取得了样本值 $x_1=1,x_2=2,x_3=1$，试求 θ 的矩估计值和极大似然估计值.

3. 设总体 X 服从参数为 λ 的指数分布，其中 λ 未知，$X_1,X_2,\cdots,X_n$ 为总体的一个样本，$x_1,x_2,\cdots,x_n$ 为样本值，试求参数 λ 的矩估计和极大似然估计.

4. 设总体 X 的概率密度为 $f(x)=\begin{cases}(\theta+1)x^{\theta}, & 0<x<1,\\ 0, & \text{其他}.\end{cases}$

其中，$\theta>-1$ 为未知参数，$X_1,X_2,\cdots,X_n$ 为总体 X 的一个样本，$x_1,x_2,\cdots,x_n$ 为样本值，试求 θ 的矩估计和极大似然估计.

§7.2 估计量的评选标准

在参数的点估计中，如例 7.1.8 表明，同一参数可以得到不同的估计. 因而我们很自然会问，当总体的同一个参数存在不同的估计量时，应该选用哪一个更好？这就需要给出评价估计量好坏的标准.

数理统计中，根据不同的要求给出了很多估计量的评价标准，对同一估计量采用不同的评价标准可能会得到不同的结论，因此在评价某一个估计量的好坏时，首先应说明是在哪一个标准下进行评价. 下面我们只介绍几个最常用的标准：无偏性、有效性和相合性.

7.2.1 无偏性

估计量是样本的函数，是一个随机变量，其取值随样本取值的不同而不同. 一个很自然的要求是希望估计值围绕着被估计参数的真值而摆动，也即要求 $\hat{\theta}$ 的数学期望等于 θ 的真值. 由此引入无偏性标准.

定义 7.2.1　设 $\hat{\theta}=\hat{\theta}(X_1,X_2,\cdots,X_n)$ 是未知参数 θ 的估计量，若对任意 $\theta\in\Theta$（Θ 是 θ 的可能取值范围），都有

$$E(\hat{\theta})=\theta, \tag{7.2.1}$$

则称 $\hat{\theta}$ 是 θ 的**无偏估计量(unbiased estimate)**.

一个估计量如果不是无偏的，就称它是有偏估计量，并称 $E(\hat{\theta})-\theta$ 为估计量 $\hat{\theta}$ 的偏差，在科学技术中也称为 $\hat{\theta}$ 的系统误差. 无偏性是评价估计量好坏的一个重要标准，无偏估计的实际意义在于：估计量没有系统误差，只有随机误差.

例 7.2.1　设 $X_1,X_2,\cdots,X_n$ 是来自总体 X 的一个样本，则样本均值 $\overline{X}$ 是总体均值 μ 的无偏估计量，样本方差 $S^2=\dfrac{1}{n-1}\sum\limits_{i=1}^{n}(X_i-\overline{X})^2$ 是总体方差 σ^2 的无偏估计量.

证明　因为 $E(\overline{X})=E\left(\dfrac{1}{n}\sum\limits_{i=1}^{n}X_i\right)=\dfrac{1}{n}\sum\limits_{i=1}^{n}E(X_i)=\dfrac{1}{n}\cdot n\mu=\mu$,

$$D(\overline{X})=D\left(\frac{1}{n}\sum_{i=1}^{n}X_i\right)=\frac{1}{n^2}\sum_{i=1}^{n}D(X_i)=\frac{1}{n^2}\cdot n\sigma^2=\frac{\sigma^2}{n},$$

$$E(\overline{X}^2)=D(\overline{X})+E^2(\overline{X})=\frac{\sigma^2}{n}+\mu^2,$$

所以

$$E\left[\sum_{i=1}^{n}(X_i-\overline{X})^2\right]=E\left[\sum_{i=1}^{n}X_i^2-n\overline{X}^2\right]=\sum_{i=1}^{n}E(X_i^2)-nE(\overline{X}^2)$$

$$=\sum_{i=1}^{n}E(X^2)-nE(\overline{X}^2)=\sum_{i=1}^{n}(\sigma^2+\mu^2)-n\left(\frac{\sigma^2}{n}+\mu^2\right)=(n-1)\sigma^2,$$

而

$$E(S^2)=E\left[\frac{1}{n-1}\sum_{i=1}^{n}(X_i-\overline{X})^2\right]=\sigma^2,$$

所以 $\overline{X}$ 和 S^2 分别是 μ 及 σ^2 的无偏估计量.

由例 7.2.1 我们得到一个重要结论：无论总体服从什么样的分布，样本均值 $\overline{X}$ 和样本方差都是总体均值和总体方差 σ^2 的无偏估计量.

注：(1) 样本的二阶中心矩 $S_n^2=\dfrac{1}{n}\sum\limits_{i=1}^{n}(X_i-\overline{X})^2$ 不是总体方差 σ^2 的无偏估计，这是因为它的期望等于 $\dfrac{n-1}{n}\sigma^2$. 但由于 $n\to+\infty$ 时，$\dfrac{n-1}{n}\sigma^2\to\sigma^2$，所以我们称样本的二阶中心矩 S_n^2 是 σ^2 的渐近无偏估计. 样本的二阶中心矩 S_n^2 是作为总体的二阶中心矩（即总体方差 σ^2）的估计而引入的，由于它不是无偏估计，因而对其进行修正引入 S^2，使得 S^2 成为 σ^2 的无偏估计，因此 S^2 也叫**修正（或无偏）的样本方差**.

(2) 如果 $\hat{\theta}$ 是 θ 的一个无偏估计，$g(\theta)$ 是 θ 的一个实值函数，那么 $g(\hat{\theta})$ 不一定是 $g(\theta)$ 的无偏估计.

例如，总体 $X\sim N(\mu,\sigma^2)$，$\overline{X}$ 是 μ 的无偏估计，但 $\overline{X}^2$ 不是 μ^2 的无偏估计，这是因为 $E(\overline{X}^2)=\dfrac{\sigma^2}{n}+\mu^2\neq\mu^2$.

例 7.2.2　设 $X_1,X_2,\cdots,X_n$ 是来自总体 X 的样本，试问 $a_i(i=1,2,\cdots,n)$ 满足什么条件时，统计量 $T=\sum\limits_{i=1}^{n}a_iX_i$ 是总体均值 μ 的无偏估计.

解 由于 $E(T)=E(\sum\limits_{i=1}^{n}a_iX_i)=\sum\limits_{i=1}^{n}a_iE(X_i)=(\sum\limits_{i=1}^{n}a_i)\mu\overset{令}{=}\mu$,

因此当 $\sum\limits_{i=1}^{n}a_i=1$ 时 $T=\sum\limits_{i=1}^{n}a_iX_i$ 是 μ 的无偏估计.

由此可见一个未知参数可以有不同的无偏估计量.

7.2.2 有效性

由例 7.2.2 知,一个参数的无偏估计可以有很多,因此需要进一步讨论如何在无偏估计中进行选择.由无偏估计的定义说明无偏估计量的取值在真值周围摆动,我们自然希望摆动的范围越小越好,即估计量的取值越集中越好,而取值的集中程度可以用方差来衡量,因此人们常用无偏估计的方差大小作为度量无偏估计优劣的标准,这就引出了有效性的概念.

定义 7.2.2 设 $\hat{\theta}_1$ 和 $\hat{\theta}_2$ 是参数 θ 的两个无偏估计量,若对任意 $\theta\in\Theta$,都有

$$D(\hat{\theta}_1)<D(\hat{\theta}_2),\tag{7.2.2}$$

则称 $\hat{\theta}_1$ 比 $\hat{\theta}_2$ 更有效.

例 7.2.3 设总体 X 的均值 μ 及方差 σ^2 都存在,$X_1,X_2,\cdots,X_n$ 是来自总体 X 的样本,由例 7.2.2 知,$\overline{X}$ 以及每一 $X_i(i=1,2,\cdots,n)$ 都是 μ 的无偏估计,试问哪一个更有效($n\geqslant 2$)?

解 因为 $D(\overline{X})=\dfrac{\sigma^2}{n},D(X_i)=\sigma^2$,

当 $n\geqslant 2$ 时,$D(\overline{X})<D(X_i)$,所以 $\overline{X}$ 比每一 $X_i(i=1,2,\cdots,n)$ 更有效.

同理,可以推得:$\overline{X}$ 是所有 μ 的无偏估计 $\sum\limits_{i=1}^{n}a_iX_i(\sum\limits_{i=1}^{n}a_i=1)$ 中最有效的估计.

7.2.3 相合性

前面我们引入了无偏性及有效性两个评价标准,有效性是对无偏估计而言的.而在实际应用中,有些无偏估计的其他性质往往不太好,因此,有时也使用有偏估计.其实更一般的评价标准是要求均方误差 $E[(\hat{\theta}-\theta)^2]$ 越小越好,在均方误差的标准下有些有偏估计会优于无偏估计.但是有一个基本的标准是所有的估计都应该满足:由于估计量依赖于样本容量 n,我们自然希望随着样本容量的增大,估计量的值会越来越精确,即估计量的值稳定于被估计参数的真值,这就是估计量的相合性(或者称为一致性).

定义 7.2.3 设 $\hat{\theta}$ 是未知参数 θ 的估计量,若对任意 $\theta\in\Theta$,$\hat{\theta}$ 依概率收敛于 θ,即对任意 $\varepsilon>0$,有

$$\lim_{n\to\infty}P\{|\hat{\theta}-\theta|<\varepsilon\}=1,\tag{7.2.3}$$

则称 $\hat{\theta}$ 是 θ 的**相合估计量或一致估计量(consistent estimate)**.

例 7.2.4 设 $X_1,X_2,\cdots,X_n$ 是来自总体 X 的样本,且总体的 k 阶原点矩 $E(X^k)$ 存在(k 为正整数),则样本的 k 阶原点矩 $\dfrac{1}{n}\sum\limits_{i=1}^{n}X_i^k$ 是 $E(X^k)$ 的相合估计.特别地,样本均值 $\overline{X}$ 是总体均值 $E(X)=\mu$ 的相合估计.

证明 对指定的 k,$X_1^k,X_2^k,\cdots,X_n^k$ 相互独立且与 X^k 同分布,则 $E(X_i^k)=E(X^k)(i=1,2,\cdots,n)$,于是由大数定律得,对任意 $\varepsilon>0$,有

$$\lim_{n\to\infty}P\left\{\left|\frac{1}{n}\sum_{i=1}^{n}X_i^k-E(X^k)\right|<\varepsilon\right\}=1,$$

所以$\frac{1}{n}\sum_{i=1}^{n}X_i^k$ 是 $E(X^k)$ 的相合估计.

证明估计的相合性需要用到依概率收敛的性质及各种大数定理,比较复杂.但有两个结论对相合性的判断非常有用:

(1) 设$\hat{\theta}$是 θ 的估计量,若$\lim\limits_{n\to\infty}E(\hat{\theta})=\theta$,$\lim\limits_{n\to\infty}D(\hat{\theta})=0$,则$\hat{\theta}$是 θ 的相合估计.

(2) 设$\hat{\theta}$是 θ 的相合估计,$g(\theta)$是 θ 的连续函数,则 $g(\hat{\theta})$是 $g(\theta)$的相合估计.

由以上结论可以推出,样本方差是总体方差 σ^2 的相合估计,样本标准差 S 是总体标准差 σ 的相合估计.

习题 7.2

1. 设总体 $X\sim U(\theta,2\theta)$,其中$\theta>0$是未知参数,$X_1,X_2,\cdots,X_n$ 是取自该总体的样本,试求 θ 的矩估计,并说明它是否是 θ 的无偏估计?

2. 设总体 X 的均值与方差都存在,X_1,X_2,X_3 是取自总体 X 的样本,试说明以下统计量都是总体均值 μ 的无偏估计,并指出哪一个更有效?

$$T_1=\frac{1}{6}X_1+\frac{1}{3}X_2+\frac{1}{2}X_3,T_2=\frac{1}{5}X_1+\frac{3}{5}X_2+\frac{1}{5}X_3,T_3=\frac{1}{3}X_1+\frac{1}{3}X_2+\frac{1}{3}X_3.$$

3. 设 $X_1,X_2,\cdots,X_n$ 是取自总体 X 的样本,$\overline{X}$ 为样本均值,S^2 为样本方差,且 $E(X)=\mu,D(X)=\sigma^2$,

(1)试求 c 使得 $c\sum_{i=1}^{n-1}(X_{i+1}-X_i)^2$ 是 σ^2 的无偏估计;

(2)试求 c 使得$(\overline{X})^2-cS^2$ 是 μ^2 的无偏估计.

§7.3　区间估计

7.3.1　区间估计的概念

参数的点估计只给出了未知参数 θ 的近似值,未能反映这种近似的精确程度.而在实际应用中,人们在测量或计算一个未知量时,不仅要得到近似值,还需要给出近似值的精确程度(也即近似值的误差范围,可通过真值的取值范围给出).因此,在参数估计中,对于未知参数 θ,除了求出它的点估计$\hat{\theta}$外,我们还希望估计出未知参数 θ 的取值范围以及这个范围包含未知参数 θ 真值的可信程度.这样的范围通常以区间的形式给出,同时还给出此区间包含参数 θ 真值的可信程度.这种形式的估计称为区间估计.在区间估计理论中,目前一般采用奈曼(J. Neyman)在 20 世纪 30 年代提出的置信区间,其作用是将置信区间与假设检验对应起来.

定义 7.3.1　设总体 X 的分布中含有未知参数 θ,$\theta\in\Theta$(Θ 是 θ 的可能取值范围),X_1,X_2,

$\cdots,X_n$ 是来自总体 X 的一个样本，若有统计量$\hat{\theta}_1=\hat{\theta}_1(X_1,X_2,\cdots,X_n)$和$\hat{\theta}_2=\hat{\theta}_2(X_1,X_2,\cdots,X_n)$，对于给定的 $\alpha(0<\alpha<1)$，使得对任意 $\theta\in\Theta$ 有

$$P(\hat{\theta}_1<\theta<\hat{\theta}_2)=1-\alpha, \tag{7.3.1}$$

则称随机区间$(\hat{\theta}_1,\hat{\theta}_2)$为参数 θ 的**置信度**(或置信水平)为 **$1-\alpha$ 的双侧置信区间**，或简称为 θ 的 $1-\alpha$ 置信区间，$\hat{\theta}_1$ 和$\hat{\theta}_2$ 分别称为 θ 的双侧置信下限和双侧置信上限.

数学家简介
奈曼

注：(1)当 X 是连续型总体时，对于给定的 α，我们总能按 $P(\hat{\theta}_1<\theta<\hat{\theta}_2)=1-\alpha$ 求出置信区间. 而当 X 是离散型总体时，对于给定的 α，一般找不到区间$(\hat{\theta}_1,\hat{\theta}_2)$使得 $P(\hat{\theta}_1<\theta<\hat{\theta}_2)$刚好等于 $1-\alpha$，此时我们应找区间使得 $P(\hat{\theta}_1<\theta<\hat{\theta}_2)$至少为 $1-\alpha$，且尽可能接近 $1-\alpha$.

数学试验
置信区间的
频率解释

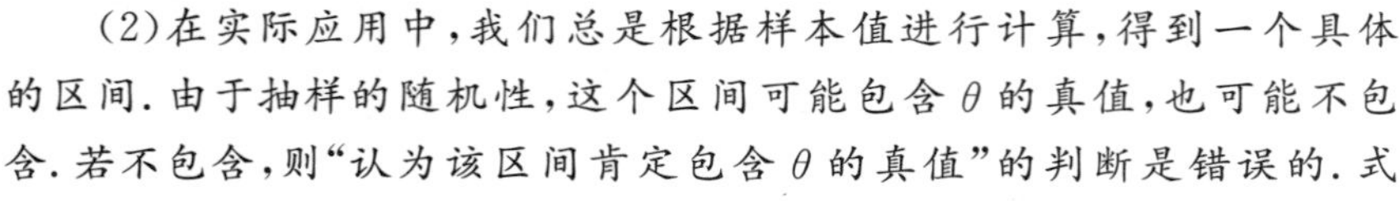

(2)在实际应用中，我们总是根据样本值进行计算，得到一个具体的区间. 由于抽样的随机性，这个区间可能包含 θ 的真值，也可能不包含. 若不包含，则“认为该区间肯定包含 θ 的真值”的判断是错误的. 式(7.3.1)表明，在大量的重复抽样中(每次样本容量一样)，判断错了的情况平均只占 $100\alpha\%$. 因此 α 就是出现错误判断的概率，也可以说，“求得的区间包含 θ 的真值”这一陈述的可信程度为$1-\alpha$. α是个小概率，常用的 α 取 0.1,0.05,0.01 等. 此外，要注意置信区间是一个随机区间，它会因样本取值的不同而不同.

(3)置信区间不是唯一的，确定一个置信区间，既要考虑置信度 $1-\alpha$，又要顾及估计的精确程度(精度). 我们自然希望估计的可信程度和精确程度都越高越好. 实际上，这两个要求往往相互矛盾. 因为估计的精度可以用区间的长度来刻画，长度越大，精度越低，而当样本容量 n 固定时，置信区间的长度随置信度 $1-\alpha$ 的增大而变大. 也就是说，置信度越高，则精度越低；反之，精度越高，则置信度越低. 那么如何化解这一矛盾呢？奈曼提出，在保证置信度$1-\alpha$的前提下，使置信区间的长度尽可能地短.

7.3.2 枢轴量法

例 7.3.1 设总体 $X\sim N(\mu,\sigma^2)$，σ^2 已知，$X_1,X_2,\cdots,X_n$ 是来自总体 X 的样本，试求 μ 的 $1-\alpha$ 置信区间.

解 按置信区间的定义，需要求两个统计量$\hat{\mu}_1$ 和$\hat{\mu}_2$，使得

$$P(\hat{\mu}_1<\mu<\hat{\mu}_2)=1-\alpha \tag{7.3.2}$$

考虑到$\overline{X}$是 μ 的无偏估计，且

$$U=\frac{\overline{X}-\mu}{\sigma/\sqrt{n}}\sim N(0,1) \tag{7.3.3}$$

其中，U 是包含待估参数 μ 的样本函数，其分布已知且不依赖于未知参数，在求置信区间的过程中起到最关键的作用，我们称它为**枢轴量(pivotal quantity)**；相应的求置信区间的方法称为**枢轴量法**.

于是，式(7.3.2)转化为对枢轴量 U 求一区间(a,b)使得

$$P\left(a<\frac{\overline{X}-\mu}{\sigma/\sqrt{n}}<b\right)=1-\alpha,$$

由图 7-3-1 可看出这样的区间(a,b)不是唯一的，我们经常用**双侧等概率**(或**等尾**)的方

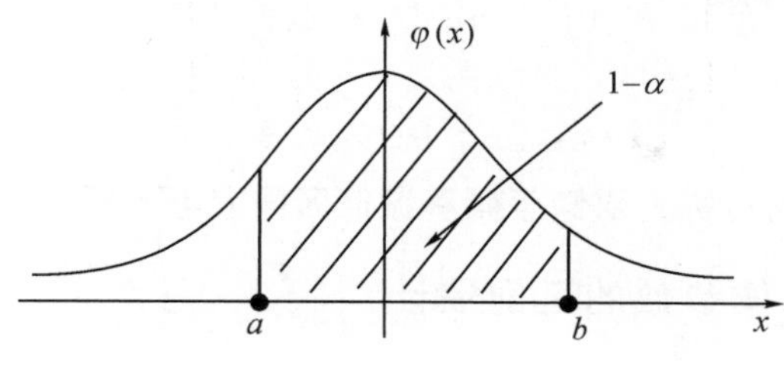

图 7-3-1

式处理. 一般,像标准正态分布那样的密度曲线是单峰对称的情况,当样本容量 n 固定时,这样确定的置信区间是长度最短的.

如图 7-3-2 所示,由标准正态分布的分位点定义,可取 $u_{\frac{\alpha}{2}}$,使

$$P(-u_{\frac{\alpha}{2}}<\frac{\overline{X}-\mu}{\sigma/\sqrt{n}}<u_{\frac{\alpha}{2}})=1-\alpha. \tag{7.3.4}$$

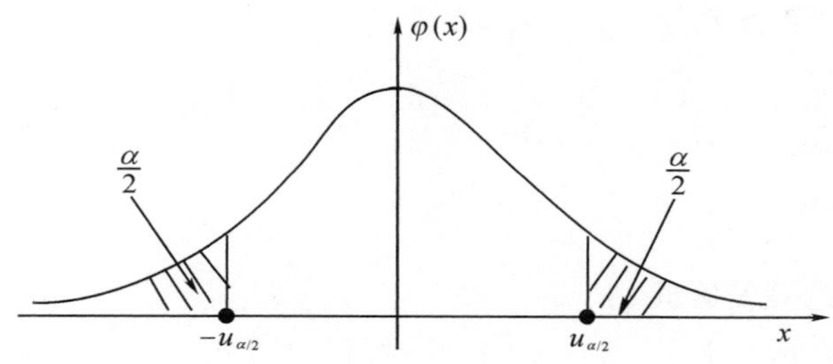

图 7-3-2

式(7.3.4)等价于

$$P(\overline{X}-\frac{\sigma}{\sqrt{n}}u_{\frac{\alpha}{2}}<\mu<\overline{X}+\frac{\sigma}{\sqrt{n}}u_{\frac{\alpha}{2}})=1-\alpha, \tag{7.3.5}$$

由此得 μ 的 $1-\alpha$ 置信区间为

$$(\overline{X}-\frac{\sigma}{\sqrt{n}}u_{\frac{\alpha}{2}},\overline{X}+\frac{\sigma}{\sqrt{n}}u_{\frac{\alpha}{2}}), \tag{7.3.6}$$

简记为 $\overline{X}\pm\frac{\sigma}{\sqrt{n}}u_{\frac{\alpha}{2}}$.

通过上面的分析,我们给出求未知参数 θ 的置信区间的枢轴量法的一般步骤:

(1)构造一个包含 θ 的样本函数 $G(X_1,X_2,\cdots,X_n,\theta)$,其分布已知且不依赖于未知参数,一般称具有这种性质的函数 G 为枢轴量.

(2)对给定的置信度 $1-\alpha$,确定两个常数 a,b,使得

$$P(a<G<b)=1-\alpha.$$

(3)若能从 $a<G<b$ 中解出与之等价的 θ 的不等式 $\hat{\theta}_1<\theta<\hat{\theta}_2$,则 $(\hat{\theta}_1,\hat{\theta}_2)$ 就是 θ 的一个置信度为 $1-\alpha$ 的置信区间.

枢轴量 G 的构造可以从 θ 的点估计并结合抽样分布的结论着手考虑. 而满足条件的区间 $(\hat{\theta}_1,\hat{\theta}_2)$ 有很多,我们应选择其平均长度 $E(\hat{\theta}_2-\hat{\theta}_1)$ 尽可能短的. 最好能找到平均长度最短

的区间，这一点一般很难做到．在实际应用中，一般按双侧等概率的方式处理，即求 a,b，使得

$$P(G\leqslant a)=P(G\geqslant b)=\alpha/2,$$

这样求得的置信区间可称为**双侧等概率置信区间**或**等尾置信区间**．

7.3.3　单正态总体参数的区间估计

设 $X_1,X_2,\cdots,X_n$ 是来自总体 $X\sim N(\mu,\sigma^2)$ 的样本，$\overline{X}$ 和 S^2 分别是样本均值和样本方差，下面讨论总体均值 μ 和总体方差 σ^2 的 $1-\alpha$ 置信区间．

1. $\boldsymbol{\sigma^2}$ 已知时 $\boldsymbol{\mu}$ 的置信区间

由例 7.3.1 知，此时采用枢轴量 $U=\dfrac{\overline{X}-\mu}{\sigma/\sqrt{n}}\sim N(0,1)$，得 μ 的 $1-\alpha$ 置信区间为

$$\overline{X}\pm\frac{\sigma}{\sqrt{n}}u_{\frac{\alpha}{2}}. \tag{7.3.7}$$

注：若总体分布不是正态分布，但样本容量很大，由中心极限定理结合以上可得在 σ^2 已知时 μ 的 $1-\alpha$ 近似置信区间为 $\overline{X}\pm\dfrac{\sigma}{\sqrt{n}}u_{\frac{\alpha}{2}}$；在 σ^2 未知时 μ 的 $1-\alpha$ 近似置信区间为 $\overline{X}\pm\dfrac{S}{\sqrt{n}}u_{\frac{\alpha}{2}}$．

2. $\boldsymbol{\sigma^2}$ 未知时 $\boldsymbol{\mu}$ 的置信区间

在实际应用中，总体方差 σ^2 往往未知，此时就不能用式(7.3.7)来求置信区间．考虑到 S^2 是 σ^2 的无偏估计，于是我们将式(7.3.3)中的 σ 换成 S，并由正态总体的抽样分布定理知

$$t=\frac{\overline{X}-\mu}{S/\sqrt{n}}\sim t(n-1). \tag{7.3.8}$$

使用 t 作为枢轴量，如图 7-3-3 所示，由 t 分布的分位点定义，可取 $t_{\frac{\alpha}{2}}(n-1)$，使得

$$P\left\{-t_{\frac{\alpha}{2}}(n-1)<\frac{\overline{X}-\mu}{S/\sqrt{n}}<t_{\frac{\alpha}{2}}(n-1)\right\}=1-\alpha. \tag{7.3.9}$$

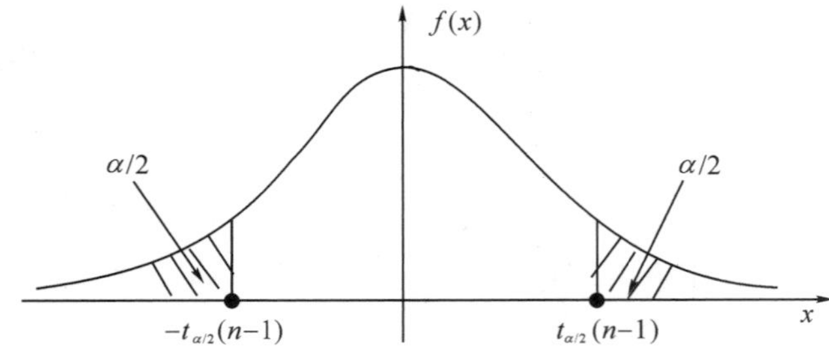

图 7-3-3

从 $-t_{\frac{\alpha}{2}}(n-1)<\dfrac{\overline{X}-\mu}{S/\sqrt{n}}<t_{\frac{\alpha}{2}}(n-1)$ 解得 μ 的 $1-\alpha$ 置信区间为

$$\left(\overline{X}-\frac{S}{\sqrt{n}}t_{\frac{\alpha}{2}}(n-1),\overline{X}+\frac{S}{\sqrt{n}}t_{\frac{\alpha}{2}}(n-1)\right), \tag{7.3.10}$$

简记为 $\overline{X}\pm\frac{S}{\sqrt{n}}t_{\frac{\alpha}{2}}(n-1)$.

例 7.3.2　用天平称某物体的质量 6 次,测得结果如下(单位:g):

$$1.46, 1.51, 1.49, 1.48, 1.52, 1.51,$$

若测量结果服从正态分布,试在下列情况下求该物体质量的 0.95 置信区间.

(1)由以往记录知标准差为 0.03;

(2)标准差未知.

解　设该物体质量的测量值为 $X, X\sim N(\mu,\sigma^2)$,应求 μ 的置信度为 $1-\alpha=0.95$ 的置信区间.

(1)已知 $\sigma=0.03$,则 μ 的 $1-\alpha$ 置信区间为 $\overline{X}\pm\frac{\sigma}{\sqrt{n}}u_{\frac{\alpha}{2}}$,而 $n=6, u_{\frac{\alpha}{2}}=u_{0.025}=1.96$,由样本值计算得 $\bar{x}=1.495$,于是,得置信区间为 $1.495\pm\frac{0.03}{\sqrt{6}}\cdot 1.96=(1.471, 1.519)$.

(2)σ 未知,则 μ 的 $1-\alpha$ 置信区间为 $\overline{X}\pm\frac{S}{\sqrt{n}}t_{\frac{\alpha}{2}}(n-1)$,而 $n=6, t_{\frac{\alpha}{2}}(n-1)=t_{0.025}(5)=2.5706$,由样本值计算得 $s=0.0226$,于是,得置信区间为 $1.495\pm\frac{0.0226}{\sqrt{6}}\cdot 2.5706=(1.4713, 1.5187)$.

3. μ 未知时 σ^2 的置信区间

讨论 σ^2 的置信区间也可分 μ 已知和 μ 未知两种情况,考虑到实际中 μ 已知的情况较为罕见,所以我们只讨论 μ 未知的情况.

由于 S^2 是 σ^2 的无偏估计,结合正态总体的抽样分布定理,我们可取枢轴量为

$$\frac{(n-1)S^2}{\sigma^2}\sim\chi^2(n-1). \tag{7.3.11}$$

如图 7-3-4 所示,由 χ^2 分布的分位点定义,可取 $\chi^2_{1-\frac{\alpha}{2}}(n-1)$ 和 $\chi^2_{\frac{\alpha}{2}}(n-1)$,使得

$$P\left\{\chi^2_{1-\frac{\alpha}{2}}(n-1)<\frac{(n-1)S^2}{\sigma^2}<\chi^2_{\frac{\alpha}{2}}(n-1)\right\}=1-\alpha, \tag{7.3.12}$$

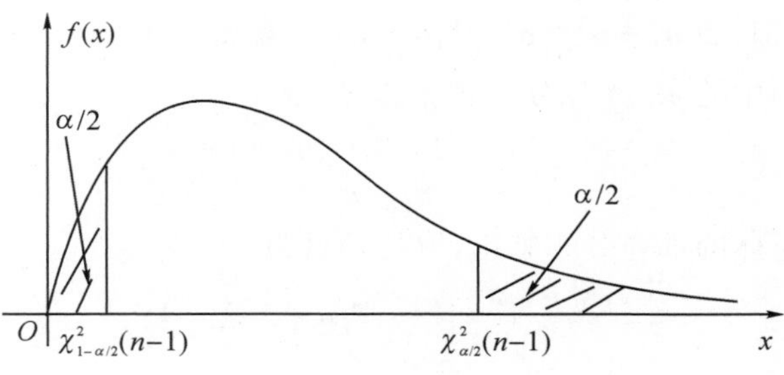

图 7-3-4

解得 σ^2 的 $1-\alpha$ 置信区间为

$$\left(\frac{(n-1)S^2}{\chi^2_{\frac{\alpha}{2}}(n-1)}, \frac{(n-1)S^2}{\chi^2_{1-\frac{\alpha}{2}}(n-1)}\right), \tag{7.3.13}$$

而标准差 σ 的 $1-\alpha$ 置信区间为

$$\left(\sqrt{\frac{(n-1)S^2}{\chi^2_{\frac{\alpha}{2}}(n-1)}},\sqrt{\frac{(n-1)S^2}{\chi^2_{1-\frac{\alpha}{2}}(n-1)}}\right). \tag{7.3.14}$$

例 7.3.3 为考察某大学成年男性的胆固醇水平，现抽取了一样本容量为 25 的样本，根据抽得的样本数据计算得：样本均值 $\overline{x}=286$，样本标准差 $s=12$；假定胆固醇水平服从正态分布，求总体标准差的 0.90 置信区间.

解 设胆固醇水平为 X，$X\sim N(\mu,\sigma^2)$，μ 未知，此时总体标准差 σ 的 $1-\alpha$ 置信区间为 $\left(\sqrt{\frac{(n-1)S^2}{\chi^2_{\frac{\alpha}{2}}(n-1)}},\sqrt{\frac{(n-1)S^2}{\chi^2_{1-\frac{\alpha}{2}}(n-1)}}\right)$；

由题，$n=6$，$\alpha=0.1$，查表得 $\chi^2_{1-\frac{\alpha}{2}}(n-1)=\chi^2_{0.95}(24)=13.848$，

$$\chi^2_{\frac{\alpha}{2}}(n-1)=\chi^2_{0.05}(24)=36.415,$$

代入公式计算得总体标准差的 0.90 置信区间为(9.742,15.798).

7.3.4 双正态总体参数的区间估计

在实际问题中，经常涉及多个正态总体的情况，需要对两个正态总体的均值或方差进行比较. 在区间估计中，就是要讨论两个正态总体均值差或方差比的置信区间.

设 $X_1,X_2,\cdots,X_{n_1}$ 是来自总体 $N(\mu_1,\sigma_1^2)$ 的样本，$Y_1,Y_2,\cdots,Y_{n_2}$ 是来自总体 $N(\mu_2,\sigma_2^2)$ 的样本，且两个样本相互独立，并设 $\overline{X}$ 与 $\overline{Y}$ 分别是它们的样本均值，S_1^2 与 S_2^2 分别是它们的样本方差.

1. σ_1^2 与 σ_2^2 都已知时 $\mu_1-\mu_2$ 的置信区间

此时由于 $\overline{X}-\overline{Y}\sim N(\mu_1-\mu_2,\frac{\sigma_1^2}{n_1}+\frac{\sigma_2^2}{n_2})$，所以取枢轴量为

$$\frac{\overline{X}-\overline{Y}-(\mu_1-\mu_2)}{\sqrt{\frac{\sigma_1^2}{n_1}+\frac{\sigma_2^2}{n_2}}}\sim N(0,1). \tag{7.3.15}$$

类似单正态总体的处理过程，可得 $\mu_1-\mu_2$ 的 $1-\alpha$ 置信区间为

$$\overline{X}-\overline{Y}\pm u_{\frac{\alpha}{2}}\sqrt{\frac{\sigma_1^2}{n_1}+\frac{\sigma_2^2}{n_2}}. \tag{7.3.16}$$

2. σ_1^2 与 σ_2^2 都未知，但 $\sigma_1^2=\sigma_2^2=\sigma^2$ 时 $\mu_1-\mu_2$ 的置信区间

此时，式(7.3.15)中的 σ_1^2，σ_2^2 用联合样本方差

$$S_w^2=\frac{(n_1-1)S_1^2+(n_2-1)S_2^2}{n_1+n_2-2}$$

代替，并根据两正态总体的抽样分布结论，取枢轴量为

$$\frac{\overline{X}-\overline{Y}-(\mu_1-\mu_2)}{S_w\sqrt{\frac{1}{n_1}+\frac{1}{n_2}}}\sim t(n_1+n_2-2),$$

类似单总体的推导过程，可以得到 $\mu_1-\mu_2$ 的 $1-\alpha$ 置信区间为

$$\overline{X}-\overline{Y}\pm t_{\frac{\alpha}{2}}(n_1+n_2-2)\cdot S_w\sqrt{\frac{1}{n_1}+\frac{1}{n_2}}. \tag{7.3.17}$$

例 7.3.4 某公司利用两条生产流水线罐装瓶装饮料，现从两条生产线上分别抽取 11 瓶和 16 瓶饮料，测量每瓶饮料的体积(单位：mL)，算得样本均值分别为 501.1 和 499.7，样

本方差分别为 2.4 和 4.7；假设这两条流水线所罐装的饮料的体积都服从正态分布，且方差相等，试通过区间估计来判断这两条流水线所罐装的饮料的体积有没有显著差异（取 $\alpha=0.05$）.

解　设两条流水线所罐装的饮料的体积分别为 X,Y，根据条件，$X\sim N(\mu_1,\sigma_1^2)$，$Y\sim N(\mu_2,\sigma_2^2)$，$\sigma_1^2$ 与 σ_2^2 都未知，但 $\sigma_1^2=\sigma_2^2$，应求 $\mu_1-\mu_2$ 的置信度为 $1-\alpha=0.95$ 的置信区间，而 $\mu_1-\mu_2$ 的 $1-\alpha$ 置信区间为 $\overline{X}-\overline{Y}\pm t_{\frac{\alpha}{2}}(n_1+n_2-2)\cdot S_w\sqrt{\frac{1}{n_1}+\frac{1}{n_2}}$；

而 $n_1=11,n_2=16$，查表得 $t_{\frac{\alpha}{2}}(n_1+n_2-2)=t_{0.025}(25)=2.0595$，

计算得 $s_w^2=\frac{(n_1-1)s_1^2+(n_2-1)s_2^2}{n_1+n_2-2}=3.78$，代入可得所求置信区间为（$-0.168$，$2.968$）；

由于 $\mu_1-\mu_2$ 的置信区间包含了 0，说明 μ_1 与 μ_2 没有显著差异，也就是说，可认为这两条流水线所罐装的饮料的体积没有显著差异.

σ_1^2 与 σ_2^2 都未知时，确定 $\mu_1-\mu_2$ 的置信区间的情况较多，更一般的情况至今还有学者在研究讨论. 但在大样本情况，即 n_1,n_2 都很大时，式（7.3.15）中的 σ_1^2,σ_2^2 可分别用样本方差 S_1^2,S_2^2 代替，此时

$$\frac{\overline{X}-\overline{Y}-(\mu_1-\mu_2)}{\sqrt{\frac{S_1^2}{n_1}+\frac{S_2^2}{n_2}}}$$

近似服从 $N(0,1)$，以它为枢轴量，可得 $\mu_1-\mu_2$ 的 $1-\alpha$ 近似置信区间为

$$\overline{X}-\overline{Y}\pm u_{\frac{\alpha}{2}}\sqrt{\frac{S_1^2}{n_1}+\frac{S_2^2}{n_2}}. \tag{7.3.18}$$

3. μ_1 与 μ_2 都未知时，$\frac{\sigma_1^2}{\sigma_2^2}$ 的置信区间

考虑到 S_1^2,S_2^2 分别是 σ_1^2,σ_2^2 的无偏估计，并根据两正态总体的抽样分布结论，取枢轴量为

$$F=\frac{S_1^2/\sigma_1^2}{S_2^2/\sigma_2^2}\sim F(n_1-1,n_2-1),$$

如图 7-3-5 所示，由 F 分布的分位点定义，可取 $F_{1-\frac{\alpha}{2}}(n_1-1,n_2-1)$ 和 $F_{\frac{\alpha}{2}}(n_1-1,n_2-1)$，使得

$$P\left\{F_{1-\frac{\alpha}{2}}(n_1-1,n_2-1)<\frac{S_1^2/\sigma_1^2}{S_2^2/\sigma_2^2}<F_{\frac{\alpha}{2}}(n_1-1,n_2-1)\right\}=1-\alpha,$$

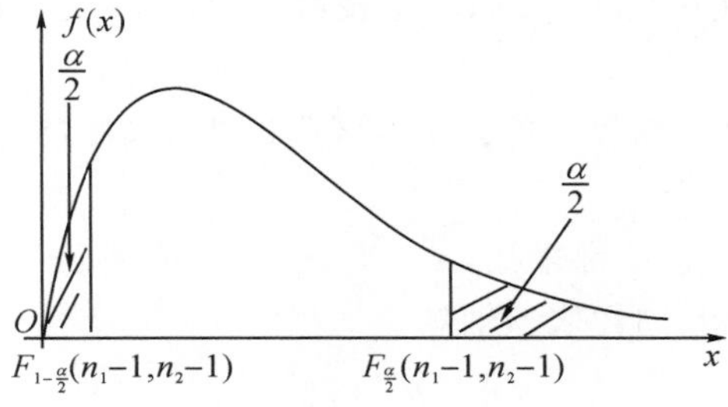

图 7-3-5

解得$\frac{\sigma_1^2}{\sigma_2^2}$的 $1-\alpha$ 置信区间为

$$\left(\frac{S_1^2}{S_2^2}\cdot\frac{1}{F_{\frac{\alpha}{2}}(n_1-1,n_2-1)},\ \frac{S_1^2}{S_2^2}\cdot\frac{1}{F_{1-\frac{\alpha}{2}}(n_1-1,n_2-1)}\right). \tag{7.3.19}$$

例 7.3.5 试求例 7.3.4 中两条流水线所罐装的饮料的体积的方差比的 0.95 置信区间.

解 题中,$n_1=11,n_2=16,\alpha=0.05$,查表得

$$F_{\frac{\alpha}{2}}(n_1-1,n_2-1)=F_{0.025}(10,15)=3.06,$$

$$F_{1-\frac{\alpha}{2}}(n_1-1,n_2-1)=F_{0.975}(10,15)=\frac{1}{F_{0.025}(15,10)}=\frac{1}{3.52}=0.2841,$$

而 $s_1^2=2.4,s_2^2=4.7$,因此所求σ_1^2/σ_2^2的 0.95 置信区间的两端分别为

$$\frac{s_1^2}{s_2^2}\cdot\frac{1}{F_{0.025}(10,15)}=\frac{2.4}{4.7}\cdot\frac{1}{3.06}=0.1669,$$

$$\frac{s_1^2}{s_2^2}\cdot\frac{1}{F_{0.975}(10,15)}=\frac{2.4}{4.7}\cdot\frac{1}{0.2841}=1.7974,$$

因而所求置信区间为(0.1669,1.7974).

由于此例中σ_1^2/σ_2^2的置信区间包含了 1,在实际中可认为 σ_1^2 和 σ_2^2 没有显著差异. 所以在例 7.3.4 中假定两总体的方差相等.

7.3.5 单侧置信区间

前面介绍的置信区间都是双侧的,所求区间既有上限又有下限. 但在某些实际问题中,比如对于产品设备、电子元件等来说,我们希望它们的平均寿命越长越好,所关心的是平均寿命的下限. 而在考虑自来水等生活用水中的杂质含量时,我们感兴趣的是平均含量的上限,因此有必要考虑形如$(\hat{\theta}_1,+\infty)$或$(-\infty,\hat{\theta}_2)$的置信区间.

定义 7.3.2 设总体 X 的分布中含未知参数 $\theta,\theta\in\Theta,X_1,X_2,\cdots,X_n$ 是来自总体 X 的样本. 若有统计量$\hat{\theta}_1=\hat{\theta}_1(X_1,X_2,\cdots,X_n)$,对于给定的 α $(0<\alpha<1)$,使得对任意 $\theta\in\Theta$ 有

$$P(\theta>\hat{\theta}_1)=1-\alpha, \tag{7.3.20}$$

则称$(\hat{\theta}_1,+\infty)$是 θ 的**置信度为 $1-\alpha$ 的单侧置信区间**,称$\hat{\theta}_1$ 为 θ 的**置信度为 $1-\alpha$ 的单侧置信下限.**

若有统计量$\hat{\theta}_2=\hat{\theta}_2(X_1,X_2,\cdots,X_n)$,对任意 $\theta\in\Theta$ 满足

$$P(\theta<\hat{\theta}_2)=1-\alpha, \tag{7.3.21}$$

则称$(-\infty,\hat{\theta}_2)$是 θ 的**置信度为 $1-\alpha$ 的单侧置信区间**,称$\hat{\theta}_2$ 为 **θ 的置信度为 $1-\alpha$ 的单侧置信上限.**

下面仅讨论单正态总体均值的单侧置信区间的求法,其余情况可与双侧置信区间的求法类似.

设总体 $X\sim N(\mu,\sigma^2)$,μ,σ^2 都未知,$X_1,X_2,\cdots,X_n$ 是来自 X 的样本,为求均值 μ 的置信度为 $1-\alpha$ 的单侧置信区间,同样取枢轴量

$$\frac{\overline{X}-\mu}{S/\sqrt{n}}\sim t(n-1);$$

如图 7-3-6 所示,由 t 分布的分位点定义,可取 $t_\alpha(n-1)$,使得

$$P\left\{\frac{\overline{X}-\mu}{S/\sqrt{n}}<t_{\alpha}(n-1)\right\}=1-\alpha,$$

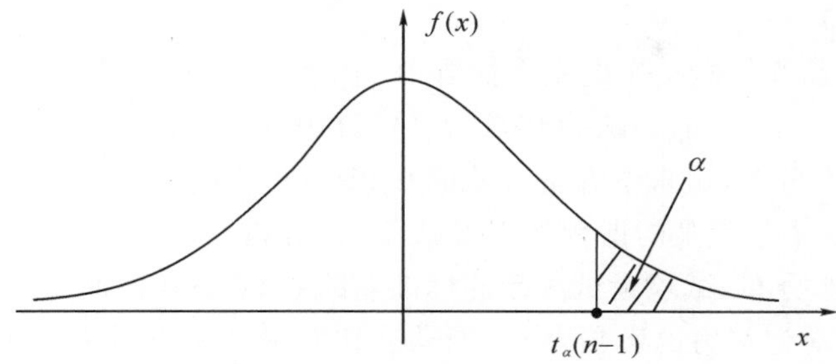

图 7-3-6

解得 μ 的置信度为 $1-\alpha$ 的单侧置信下限为

$$\overline{X}-\frac{S}{\sqrt{n}}t_{\alpha}(n-1). \tag{7.3.22}$$

同理可得 μ 的置信度为 $1-\alpha$ 的单侧置信上限为

$$\overline{X}+\frac{S}{\sqrt{n}}t_{\alpha}(n-1). \tag{7.3.23}$$

例 7.3.6　为估计某种轮胎的平均寿命，现从中任取 12 只作寿命试验，测得寿命(单位：万千米)如下：

4.68，4.85，4.32，4.85，4.61，5.02，5.20，4.60，4.58，4.72，4.38，4.70；

设轮胎寿命服从正态分布，试求平均寿命的置信度为 0.95 的置信区间.

解　考虑到轮胎寿命越长越好，所以只要确定平均寿命的单侧置信下限.

设该种轮胎的寿命为 X，$X\sim N(\mu,\sigma^2)$，σ^2 未知，此时平均寿命 μ 的置信度为 $1-\alpha$ 的单侧置信下限为 $\overline{X}-\frac{S}{\sqrt{n}}t_{\alpha}(n-1)$；

查表得 $t_{\alpha}(n-1)=t_{0.05}(11)=1.7959$，又由样本值计算得 $\overline{x}=4.7092$，$s^2=0.0615$，从而得所求为 4.5806，即该种轮胎的平均寿命的置信度为 0.95 的单侧置信下限为 4.5806 万千米.

数学试验
参数估计

习题 7.3

1. 设总体 $X\sim N(\mu,\sigma^2)$，σ^2 已知，为保证 μ 的置信度为 0.95 的置信区间的长度不大于 L，则样本容量 n 至少应取多少？

2. 从某种材料中抽取 100 件，测量其硬度并计算得样本均值为 132(硬度单位)，已知总体标准差为 16.5(硬度单位)，试求材料的平均硬度的 0.95 置信区间.

3. 根据 25 次观测求得，某短跑运动员跑完 100m 需要 9.9s，样本标准差为 0.9s；假定跑完 100m 所需时间服从正态分布，求以 99%的把握使所需时间的均值位于其内的界限.

4. 对某类飞机的飞行速度进行了 15 次试验，测得的最大飞行速度(单位：m/s)如下：

422.2，417.2，425.6，420.3，425.8，423.1，418.7，

428.2,438.3,434.0,412.3,431.5,413.5,441.3,423.0;

根据长期经验,最大飞行速度可认为服从正态分布.试由上述数据对最大飞行速度的均值进行区间估计(取 $\alpha=0.05$).

5. 随机地从某品牌的电动车电瓶中抽取 10 个,测得电容量(单位:Ah)如下:

142,143,139,140,138,141,140,138,142,136;

假设电容量服从正态分布,试求电容量方差的 0.95 置信区间.

6. 随机抽取 30 个学生某门课程的考试成绩,计算得平均分为 73,样本标准差为 5,假设考试成绩服从正态分布,试求考试成绩的标准差的 0.90 置信区间.

7. 为研究睡眠对记忆力的影响,一心理学家在两种情况下对人群进行实验,内容是在早 7 点观看某部纪实电影,设置了 50 个与电影有关的多项选择题进行细节回忆.一种是 16 个被测人晚上睡眠正常,第二天晚上进行问答;另一种是 16 个被测人白天情况如常,未睡觉,同一天晚上 7 点进行问答.结果为:两组的样本均值分别为 37.2,35.6 个正确,样本方差分别为 3.33,3.24.假定两种情况下的总体都服从正态分布.

(1)若两总体的方差相等,试求两总体均值差的 0.95 置信区间;

(2)试求两总体方差比的 0.95 置信区间.

8. 假设人体身高服从正态分布,为比较两地区 18~25 岁女青年的身高,各从两地区抽取 10 名,测量身高并计算得:样本均值分别为 1.64,1.62(单位:m),样本标准差分别为 0.2,0.4.试求

(1)两总体方差比的 0.95 置信区间;

(2)两总体均值差的 0.95 置信区间.

9. 从一批合金丝中随机抽取 10 根作抗拉试验,测得其抗拉强度(单位:kg/cm^2)如下:

10512,10623,10668,10554,10776,10707,10557,10581,10666,10670;

若抗拉强度服从正态分布,试求平均抗拉强度的置信度为 0.95 的单侧置信下限.

重点分析

10. 为了对完成某项工作所需时间建立一个标准,工厂随意抽选了 16 名有经验的工人分别去完成这项工作,结果发现他们所需的平均时间为 13min,样本标准差为 3min.假设完成这项工作所需时间服从正态分布,试确定完成此项工作所需平均时间的置信度为 0.95 的单侧置信上限.

第 7 章小结

一、基本内容

1. 参数的点估计及其求法

(1)估计量与估计值

参数的点估计是选择一个合适的统计量作为未知参数的估计量,当样本值取定时,就以估计量的取值(即估计值)作为未知参数的近似值.

(2)矩估计法

矩估计法就是通过用样本矩去估计相应的总体矩(一般采用原点矩),求得未知参数的估计量.当待估参数只有一个时,就用样本均值估计总体均值,以求出矩估计.

(3)极大似然估计法

极大似然估计法的关键是写出似然函数 $L(\theta)=\prod_{i=1}^{n} f(x_i;\theta)$,未知参数 θ 的极大似然估计就是似然函数的极大值点.对离散型总体 X,$f(x;\theta)=P(X=x)$;对连续型总体 X,$f(x;\theta)$ 是 X 的概率密度.

(4) 估计量优劣的评价标准

对于一个未知参数可以有不同的估计量,这就需要考虑如何评价估计量的好坏.

本章介绍了三个最常用的标准:无偏性、有效性和相合性.

相合性是要求估计量以被估参数的真值为稳定值,它是对估计量的一个基本要求,不具备相合性的估计量,一般是不予考虑的.

无偏性是希望估计没有系统误差,它要求估计量的数学期望是被估参数.

而在无偏估计中,方差越小越有效.

2. 参数的区间估计

点估计不能反映估计的精度,为此讨论了区间估计.本章引入了置信区间的概念,并详细介绍了正态总体参数的置信区间的求法及应用.重点应理解置信区间的概念及掌握求置信区间的枢轴量法.置信区间有双侧和单侧之分,要着重理解和掌握双侧的情况,特别是单正态总体参数的双侧置信区间,其他情况可类似处理.

所谓未知参数 θ 的置信度为 $1-\alpha$ 的双侧置信区间$(\hat{\theta}_1,\hat{\theta}_2)$,是一个以 $100(1-\alpha)\%$的可信程度包含 θ 真值的区间.确定置信区间的关键是构造一个枢轴量,它是一个包含待估参数的样本函数,其分布能够确定且不依赖于未知参数.枢轴量可依据待估参数的点估计,并结合抽样分布的有关结论来构造.枢轴量确定后,求未知参数的置信区间就转化为:对枢轴量找一个区间,使得枢轴量落在其中的概率为 $1-\alpha$.若求双侧置信区间,枢轴量落在其中的概率为 $1-\alpha$ 的区间不是唯一的,一般按双侧等概率的方式处理.

对单正态总体 $N(\mu,\sigma^2)$:

σ^2 已知时,μ 的 $1-\alpha$ 置信区间为 $\overline{X}\pm\frac{\sigma}{\sqrt{n}}u_{\frac{\alpha}{2}}$;

σ^2 未知时,μ 的 $1-\alpha$ 置信区间为 $\overline{X}\pm\frac{S}{\sqrt{n}}t_{\frac{\alpha}{2}}(n-1)$;

μ 未知时,σ^2 的 $1-\alpha$ 置信区间为 $\frac{(n-1)S^2}{\chi^2_{\frac{\alpha}{2}}(n-1)},\frac{(n-1)S^2}{\chi^2_{1-\frac{\alpha}{2}}(n-1)}$.

表 7-1 给出了有关单正态总体和双正态总体参数的置信区间,以供查用.

表 7-1　正态总体均值、方差的置信区间与单侧置信限(置信度为 1-α)

	待估参数	条件	枢轴量及其分布	双侧置信区间	单侧置信下限、单侧置信上限
单正态总体	均值 μ	σ^2 已知	$\dfrac{\overline{X}-\mu}{\sigma/\sqrt{n}}\sim N(0,1)$	$\overline{X}\pm\dfrac{\sigma}{\sqrt{n}}u_{\alpha/2}$	$\overline{X}-\dfrac{\sigma}{\sqrt{n}}u_\alpha,\overline{X}+\dfrac{\sigma}{\sqrt{n}}u_\alpha$
	均值 μ	σ^2 未知	$\dfrac{\overline{X}-\mu}{\sigma/\sqrt{n}}\sim t(n-1)$	$\overline{X}\pm\dfrac{S}{\sqrt{n}}t_{\alpha/2}(n-1)$	$\overline{X}-\dfrac{S}{\sqrt{n}}t_\alpha(n-1),\overline{X}+\dfrac{S}{\sqrt{n}}t_\alpha(n-1)$
	方差 σ^2	μ 未知	$\dfrac{(n-1)S^2}{\sigma^2}\sim\chi^2(n-1)$	$\dfrac{(n-1)S^2}{\chi^2_{\alpha/2}(n-1)},\dfrac{(n-1)S^2}{\chi^2_{1-\alpha/2}(n-1)}$	$\dfrac{(n-1)S^2}{\chi^2_\alpha(n-1)},\dfrac{(n-1)S^2}{\chi^2_{1-\alpha}(n-1)}$
双正态总体	均值差 $\mu_1-\mu_2$	σ_1^2,σ_2^2 都已知	$\dfrac{\overline{X}-\overline{Y}-(\mu_1-\mu_2)}{\sqrt{\dfrac{\sigma_1^2}{n_1}+\dfrac{\sigma_2^2}{n_2}}}\sim N(0,1)$	$\overline{X}-\overline{Y}\pm u_{\alpha/2}\sqrt{\dfrac{\sigma_1^2}{n_1}+\dfrac{\sigma_2^2}{n_2}}$	$\overline{X}-\overline{Y}-u_\alpha\sqrt{\dfrac{\sigma_1^2}{n_1}+\dfrac{\sigma_2^2}{n_2}}$, $\overline{X}-\overline{Y}+u_\alpha\sqrt{\dfrac{\sigma_1^2}{n_1}+\dfrac{\sigma_2^2}{n_2}}$
	均值差 $\mu_1-\mu_2$	σ_1^2,σ_2^2 都未知但相等	$\dfrac{\overline{X}-\overline{Y}-(\mu_1-\mu_2)}{S_w\sqrt{\dfrac{1}{n_1}+\dfrac{1}{n_2}}}\sim t(n_1+n_2-2)$, $S_w^2=\dfrac{(n_1-1)S_1^2+(n_2-1)S_2^2}{n_1+n_2-2}$	$\overline{X}-\overline{Y}\pm t_{\alpha/2}(n_1+n_2-2)\cdot S_w\sqrt{\dfrac{1}{n_1}+\dfrac{1}{n_2}}$	$\overline{X}-\overline{Y}-t_\alpha(n_1+n_2-2)\cdot S_w\sqrt{\dfrac{1}{n_1}+\dfrac{1}{n_2}}$, $\overline{X}-\overline{Y}+t_\alpha(n_1+n_2-2)\cdot S_w\sqrt{\dfrac{1}{n_1}+\dfrac{1}{n_2}}$
	方差比 σ_1^2/σ_2^2	μ_1,μ_2 都未知	$\dfrac{S_1^2/\sigma_1^2}{S_2^2/\sigma_2^2}\sim F(n_1-1,n_2-1)$	$\left(\dfrac{S_1^2}{S_2^2}\cdot\dfrac{1}{F_{\alpha/2}(n_1-1,n_2-1)},\dfrac{S_1^2}{S_2^2}\cdot\dfrac{1}{F_{1-\alpha/2}(n_1-1,n_2-1)}\right)$	$\dfrac{S_1^2}{S_2^2}\cdot\dfrac{1}{F_\alpha(n_1-1,n_2-1)}$, $\dfrac{S_1^2}{S_2^2}\cdot\dfrac{1}{F_{1-\alpha}(n_1-1,n_2-1)}$

二、例题解析

【例 7.1】 (2013 年研究生入学考试数学一试题)设总体 X 的概率密度

$$f(x)=\begin{cases}\dfrac{\theta^2}{x^3}e^{-\frac{\theta}{x}}, & x>0,\\ 0, & 其他,\end{cases}$$

其中,$\theta>0$ 为未知参数;$X_1,X_2,\cdots,X_n$ 是来自总体 X 的样本.试求 θ 的矩估计量与极大似然估计量.

【分析】 采用常规方法:求出 $E(X)$,以 $\overline{X}$ 估计 $E(X)$,可得 θ 的矩估计;写出似然函数 L,取对数 $\ln L$,令 $\dfrac{d\ln L}{d\theta}=0$,可得 θ 的极大似然估计.

解 $E(X)=\int_{-\infty}^{+\infty}xf(x)dx=\int_0^{+\infty}x\dfrac{\theta^2}{x^3}e^{-\frac{\theta}{x}}dx=\theta\int_0^{+\infty}e^{-\frac{\theta}{x}}d(-\dfrac{\theta}{x})=\theta e^{-\frac{\theta}{x}}\Big|_0^{+\infty}=\theta$,

得 $\theta=E(X)$,从而得 θ 的矩估计量为 $\hat{\theta}=\overline{X}$;

设样本值为 $x_1,x_2,\cdots,x_n$,得似然函数

$$L(\theta)=\begin{cases}\dfrac{\theta^{2n}}{(x_1x_2\cdots x_n)^3}e^{-\sum\limits_{i=1}^{n}\frac{\theta}{x_i}}, & x_i>0(i=1,2,\cdots,n),\\ 0, & 其他,\end{cases}$$

显然取非零的 L 考虑,取对数得

$$\ln L(\theta)=2n\ln\theta-3\ln(x_1x_2\cdots x_n)-\theta\sum_{i=1}^{n}\frac{1}{x_i},$$

上式对 θ 求导得

$$\frac{d\ln L}{d\theta}=2n\frac{1}{\theta}-\sum_{i=1}^{n}\frac{1}{x_i},$$

令 $\dfrac{d\ln L}{d\theta}=0$,得

$$2n\frac{1}{\theta}-\sum_{i=1}^{n}\frac{1}{x_i}=0,\theta=\frac{2n}{\sum\limits_{i=1}^{n}\frac{1}{x_i}}$$

所以 θ 的极大似然估计量为

$$\hat{\theta}=\frac{2n}{\sum\limits_{i=1}^{n}\frac{1}{X_i}}.$$

【例 7.2】 设总体 X 在 $[a,b]$ 上服从均匀分布,$x_1,x_2,\cdots,x_n$ 为样本值,求 a,b 的极大似然估计.

【分析】 先写出似然函数 L,此处按常规的求导方法无法得到结果,此时利用极大似然原理来求.

解 X 的概率密度为

$$f(x;a,b)=\begin{cases}\dfrac{1}{b-a}, & a\leqslant x\leqslant b,\\ 0, & 其他.\end{cases}$$

得似然函数

$$L(a,b)=\begin{cases}\dfrac{1}{(b-a)^n}, & a\leqslant x_1,x_2,\cdots,x_n\leqslant b,\\ 0, & \text{其他}.\end{cases}$$

利用求导方法无法确定未知参数的极大似然估计. 而由 $L(a,b)$ 的表达式知：当 $a\leqslant x_1,x_2,\cdots,x_n\leqslant b$ 时，若 $b-a$ 取最小，即 b 取最小而 a 取最大，则 $L(a,b)$ 达到最大. 由于 $a\leqslant x_1,x_2,\cdots,x_n\leqslant b$ 等价于 $a\leqslant\min\{x_1,x_2,\cdots,x_n\}\leqslant\max\{x_1,x_2,\cdots,x_n\}\leqslant b$，所以 a,b 的极大似然估计为

$$\hat{a}=\min\{x_1,x_2,\cdots,x_n\},\hat{b}=\max\{x_1,x_2,\cdots,x_n\}.$$

【例 7.3】 (2014 年数一题)设总体 X 的概率密度为

$$f(x,\theta)=\begin{cases}\dfrac{2x}{3\theta^2}, & \theta<x<2\theta,\\ 0, & \text{其他},\end{cases}$$

其中，θ 是未知参数，$X_1,X_2,\cdots,X_n$ 是来自总体 X 的简单样本，若 $C\sum\limits_{i=1}^{n}X_i^2$ 是 θ^2 的无偏估计，则常数 $C=$ ______.

【分析】 直接按无偏估计的定义进行计算或证明，即要求估计量 $C\sum\limits_{i=1}^{n}X_i^2$ 的数学期望等于被估参数 θ^2.

解 $E(X_i^2)=E(X^2)=\int_{\theta}^{2\theta}x^2\dfrac{2x}{3\theta^2}\mathrm{d}x=\dfrac{5}{2}\theta^2$，

所以 $E\left(C\sum\limits_{i=1}^{n}X_i^2\right)=C\sum\limits_{i=1}^{n}E(X_i^2)=Cn\dfrac{5}{2}\theta^2$，

由于 $C\sum\limits_{i=1}^{n}X_i^2$ 是 θ^2 的无偏估计，故 $Cn\dfrac{5}{2}=1$，得 $C=\dfrac{2}{5n}$.

【例 7.4】 设 $\hat{\theta}$ 是参数 θ 的无偏估计，且 $D(\hat{\theta})>0$，证明：$\hat{\theta}$ 不是 θ^2 的无偏估计.

【分析】 按题意，需要证明 $E(\hat{\theta}^2)\neq\theta^2$.

【证明】 由题意，得 $E(\hat{\theta})=\theta$.

而 $D(\hat{\theta})=E(\hat{\theta}^2)-[E(\hat{\theta})]^2=E(\hat{\theta}^2)-\theta^2$，

所以由 $D(\hat{\theta})>0$，得 $E(\hat{\theta}^2)=D(\hat{\theta})+\theta^2\neq\theta^2$.

因此，$\hat{\theta}^2$ 不是 θ^2 的无偏估计.

【例 7.5】(2016 年数一题) 设 $x_1,x_2,\cdots,x_n$ 为来自总体 $N(\mu,\sigma^2)$ 的简单随机样本，样本均值 $\overline{X}=9.5$，参数 μ 的置信度为 0.95 的双侧置信区间的置信上限为 10.8，则 μ 的置信度为 0.95 的双侧置信区间为______.

【分析】 该问题的关键在于掌握 μ 的置信度为 $1-\alpha$ 的双侧置信区间：

当 σ 已知时，为 $\overline{X}\pm\dfrac{\sigma}{\sqrt{n}}u_{\frac{\alpha}{2}}$；当 σ 未知时，则为 $\overline{X}\pm\dfrac{S}{\sqrt{n}}t_{\frac{\alpha}{2}}(n-1)$.

解 题中没有告知 σ 是否已知，不妨按 σ 未知处理(按 σ 已知处理可得同样结果).

此时的置信度为 0.95 的双侧置信区间为

$$\left(\overline{x}-\frac{s}{\sqrt{n}}t_{0.025}(n-1),\ \overline{x}+\frac{s}{\sqrt{n}}t_{0.025}(n-1)\right).$$

因为 $\bar{x}+\frac{s}{\sqrt{n}}t_{0.025}(n-1)=10.8$，所以 $\frac{s}{\sqrt{n}}t_{0.025}(n-1)=1.3$，

由此得置信下限为 $\bar{x}-\frac{s}{\sqrt{n}}t_{0.025}(n-1)=8.2$，所求为 $(8.2,\ 10.8)$.

第 7 章总复习题

(A)

1. 设总体 X 的二阶矩存在，$X_1,X_2,\cdots,X_n$ 为一样本，$\overline{X}=\frac{1}{n}\sum_{i=1}^{n}X_i$，$S_n^2=\frac{1}{n}\sum_{i=1}^{n}(X_i-\overline{X})^2$，则 $E(X^2)$ 的矩估计为　　(　　)

A. $\overline{X}$　　B. S_n^2　　C. $\frac{n}{n-1}S_n^2$　　D. $\frac{1}{n}\sum_{i=1}^{n}X_i^2$

2. 设 $\hat{\theta}$ 是未知参数 θ 的一个估计量，若 $E(\hat{\theta})\neq\theta$，则 $\hat{\theta}$ 是 θ 的　　(　　)

A. 极大似然估计　　B. 矩估计　　C. 有效估计　　D. 有偏估计

3. 设 $X_1,X_2,\cdots,X_n$ 是取自总体 X 的样本，若总体均值存在，则(　　)是总体均值的无偏估计.

A. $\frac{1}{n}\sum_{i=1}^{n-1}X_i$　　B. $\frac{1}{n-1}\sum_{i=1}^{n}X_i$　　C. $\frac{1}{n-1}\sum_{i=1}^{n-1}X_i$　　D. $\frac{1}{n}\sum_{i=2}^{n}X_i$

4. 设 $X_1,X_2,\cdots,X_n$ 是取自总体 X 的样本，$\overline{X}$ 为样本均值，若总体方差存在，则下列四个总体均值的无偏估计中，最有效的是(　　).

A. $2\overline{X}-X_1$　　B. $\overline{X}$

C. X_1　　D. $\frac{1}{2}X_1+\frac{2}{3}X_2-\frac{1}{6}X_3$

5. 设总体 X 在 $(\theta,\theta+1)$ 上服从均匀分布，$X_1,X_2,\cdots,X_n$ 为一样本，则 θ 的矩估计为__________.

6. 设总体 X 服从参数为 p 的几何分布，即

$$P(X=k)=p(1-p)^{k-1},k=1,2,\cdots,$$

$X_1,X_2,\cdots,X_n$ 是取自总体 X 的样本，试求参数 p 的矩估计和极大似然估计.

7. 设总体 X 的分布律为

X	0	1	2	3
P	θ^2	$2\theta(1-\theta)$	θ^2	$1-2\theta$

其中，$\theta(0<\theta<\frac{1}{2})$ 是未知参数. 试利用总体 X 的样本值：

$$3,\ 1,\ 3,\ 0,\ 3,\ 1,\ 2,\ 3,$$

求 θ 的矩估计值和极大似然估计值.

8. 设总体 $X\sim N(0,\sigma^2)$，$x_1,x_2,\cdots,x_n$ 是取自总体 X 的样本值，试求 σ^2 的极大似然

估计.

9. 设总体 X 的概率密度为

$$f(x)=\begin{cases}\sqrt{\theta}x^{\sqrt{\theta}-1}, & 0\leqslant x\leqslant 1,\\ 0, & \text{其他},\end{cases}$$

其中，$\theta>0$ 是未知参数；$X_1,X_2,\cdots,X_n$ 是来自总体 X 的样本，$x_1,x_2,\cdots,x_n$ 是样本值，试求 θ 的矩估计值和极大似然估计值.

10. 设总体 X 的概率密度为

$$f(x)=\begin{cases}\theta 2^{\theta}x^{-(\theta+1)}, & x>2,\\ 0, & \text{其他},\end{cases}$$

其中，$\theta>1$ 是未知参数；试求 θ 的矩估计和极大似然估计.

11. 设 $\hat{\theta}_1,\hat{\theta}_2$ 都是 θ 的无偏估计量，且 $\hat{\theta}_1,\hat{\theta}_2$ 相互独立，$D(\hat{\theta}_1)=2D(\hat{\theta}_2)$，试求常数 C_1,C_2 使 $\hat{\theta}=C_1\hat{\theta}_1+C_2\hat{\theta}_2$ 为 θ 的无偏估计，并使 $D(\hat{\theta})$ 达到最小.

(B)

1. 设 $X_1,X_2,\cdots,X_n$ 是来自总体 X 的样本，$\overline{X}$为样本均值，S^2 为样本方差，则 S 是总体标准差 σ 的 (　　)

A. 最大似然估计　　B. 无偏估计

C. 有效估计　　D. 相合估计

2. 对总体 $X\sim N(\mu,\sigma^2)$ 的均值 μ 作区间估计，得到置信度为 0.95 的置信区间，其意义是指这个区间 (　　)

A. 平均含总体 95%的值　　B. 平均含样本 95%的值

C. 有 95%的机会含 μ 的值　　D. 有 95%的机会含样本的值

3. 设总体 $X\sim N(\mu,\sigma^2)$，μ 及 σ^2 未知，若样本容量和样本值不变，则 μ 的双侧置信区间的长度 L 与置信度 $1-\alpha$ 的关系是 (　　)

A. 当 $1-\alpha$ 减少时 L 增大　　B. 当 $1-\alpha$ 减少时 L 缩短

C. 当 $1-\alpha$ 减少时 L 不变　　D. 以上三个选项都不对

4. 设 $X_1,X_2,\cdots,X_n$ 是取自总体 $X\sim N(\mu,\sigma^2)$的样本，$\overline{X}$为样本均值，S^2 为样本方差. 若 μ 已知，则对 σ^2 求置信区间应采用的枢轴量为 (　　)

A. $\dfrac{\overline{X}-\mu}{\sigma/\sqrt{n}}$　　B. $\dfrac{\overline{X}-\mu}{S/\sqrt{n}}$

C. $\dfrac{\sum\limits_{i=1}^{n}(X_i-\overline{X})^2}{\sigma^2}$　　D. $\dfrac{\sum\limits_{i=1}^{n}(X_i-\mu)^2}{\sigma^2}$

5. 设 $X_1,X_2,\cdots,X_n$ 是取自总体 $X\sim N(\mu,\sigma^2)$的样本，$\overline{X}$为样本均值，S^2 为样本方差. 若 σ^2 已知，则 $\overline{X}-u_{0.01}\dfrac{\sigma}{\sqrt{n}}$作为 μ 的单侧置信下限，其置信水平为(　　).

A. 0.02　　B. 0.98　　C. 0.01　　D. 0.99

6. 设总体 X 服从参数为 λ 的泊松分布，$X_1,X_2,\cdots,X_n$ 是来自 X 的样本，则 λ^2 的无偏

估计为__________.

7. 设正态总体 X 的标准差为 1，由来自 X 的样本建立均值 μ 的 0.95 置信区间，则当样本容量为 25 时，置信区间的长度 $L=$______；为使置信区间的长度不大于 0.5，则样本容量 n 至少应取______.

8. 已知总体 $X \sim N(\mu,\sigma^2)$，当样本容量 $n \geqslant 50$ 时，样本标准差 $S=\sqrt{\frac{1}{n-1}\sum_{i=1}^{n}(X_i-\overline{X})^2}$ 近似服从 $N(\sigma,\frac{\sigma^2}{2n})$，则 σ 的 $1-\alpha$ 置信区间近似为____________.

9. 设总体 X 的概率密度

$$f(x)=\begin{cases}2\mathrm{e}^{-2(x-\theta)}, & x>\theta,\\ 0, & x\leqslant\theta,\end{cases}$$

其中，$\theta>0$ 为未知参数；$x_1,x_2,\cdots,x_n$ 是来自总体 X 的一组样本值，试求 θ 的极大似然估计值.

10. 设从两个总体 X,Y 中分别抽取两个独立样本 $X_1,X_2,\cdots,X_{n_1}$ 与 $Y_1,Y_2,\cdots,Y_{n_2}$，$\overline{X}$ 和 $\overline{Y}$ 分别是这两个样本的均值，S_1^2 与 S_2^2 分别是它们的样本方差. 试证：若两总体的方差都为 σ^2，则 $S_w^2=\frac{(n_1-1)S_1^2+(n_2-1)S_2^2}{n_1+n_2-2}$ 是 σ^2 的无偏估计.

11. 设 $X_1,X_2,\cdots,X_n$ 是取自总体 $X\sim U(0,\theta)$ 的一个样本，$\overline{X}$ 为样本均值，$X_{(n)}=\max\{X_1,X_2,\cdots,X_n\}$，试证：

(1) $\hat{\theta}_1=2\overline{X}$ 与 $\hat{\theta}_2=\frac{n+1}{n}X_{(n)}$ 都是 θ 的无偏估计；

(2) $\hat{\theta}_2$ 比 $\hat{\theta}_1$ 更有效 $(n\geqslant 2)$.

12. 从一台机床加工的轴承中随机抽取 200 件，测量其椭圆度，算得样本均值为 0.081mm，并由长期积累的资料知椭圆度的标准差为 0.025mm，试求椭圆度的均值的 0.95 置信区间.

13. 设某种油漆的 9 个样品，其干燥时间（单位：h）如下：

6.0，5.7，5.8，6.5，7.0，6.3，5.6，6.1，5.0；

设油漆的干燥时间服从正态分布，且由以往经验知该种油漆的干燥时间的标准差为 0.6h，试求该种油漆的平均干燥时间的置信度为 0.95 的置信区间.

14. 若从自动车床加工的一批零件中随机抽取 10 个，测得其尺寸与规定尺寸的偏差（单位：μm）如下：

2，1，−2，3，2，4，−2，5，3，4；

假定零件尺寸的偏差服从正态分布，试分别求零件尺寸的偏差的均值与方差的 0.90 置信区间.

15. 一超市销售的某种物品来自甲、乙两个厂家，为分析物品性能的差异，现分别从两家产品中抽取 8 件和 9 件，测量它们的性能指标，计算得：样本均值分别为 0.190，0.238，样本方差分别为 0.006，0.008. 假设测量结果服从正态分布，试分别求两总体的方差比和均值差的 0.90 置信区间，并对所得结果加以说明.

16. 设某种电子元件的使用寿命服从正态分布，任取 9 只测得寿命（单位：h）如下：

3540，4130，3210，3700，3650，2950，3670，3830，3810；

试求该批电子元件的平均寿命的置信水平为 0.99 的单侧置信下限.

17. 设总体 X 的概率密度为

$$f(x)=\begin{cases}\dfrac{1}{\theta}\mathrm{e}^{-\frac{x}{\theta}}, & x>0,\\ 0, & x\leqslant 0,\end{cases}$$

其中,$\theta>0$ 是未知参数;$X_1,X_2,\cdots,X_n$ 是来自总体 X 的样本.

(1)证明$\dfrac{2n\overline{X}}{\theta}\sim\chi^2(2n)$;

(2)求 θ 的置信度为 $1-\alpha$ 的单侧置信下限;

(3)若某元器件的寿命服从上述分布,现从中抽取一容量为 16 的样本,测得样本均值为 5010h,试求元器件的平均寿命的置信度为 0.90 的单侧置信下限.

第8章　假设检验

在实际问题中，除前一章介绍的参数估计问题外，经常会碰到另一类统计推断问题，需要根据样本提供的信息来推断总体是否具有某些指定的特征.例如，某企业经工艺改进后某类产品的平均使用寿命是否超过原有产品的平均使用寿命，使用的激光测距仪的测量精度是否达到指定要求，某地区的年降雨量是否服从正态分布等诸如此类的问题，处理时总是先根据问题设置一个总体，然后对总体提出某些假设，再用样本提供的信息来判断(这种判断在统计学中称为检验)所提假设是否成立，这就是数理统计中的**假设检验(hypothesis testing)**问题，它是数理统计学中最重要的问题之一.

根据检验对象的不同，假设检验问题可分为参数假设检验与非参数假设检验两大类.如果所提假设只涉及总体分布中的未知参数，这种假设检验问题称为参数假设检验问题，否则称为非参数假设检验问题.本章主要讨论一些基本的参数假设检验问题.

§8.1　假设检验的基本思想与概念

8.1.1　问题的提出及处理步骤

为了便于理解和说明，我们从一实例说起：

例8.1.1　根据长期的经验与资料分析，某仿古建材企业生产的仿古青砖的抗断强度服从方差为1.21的正态分布，今从该企业生产的一批新砖中随意抽取6块，测得抗断强度(单位：kg/cm^2)如下：

$$32.56, 29.66, 31.64, 30.00, 31.87, 31.03;$$

试问这批砖的平均抗断强度能否认为是32.50?

此例中砖的抗断强度是一随机变量，不妨记为X，它是我们所考察问题的总体，由条件得$X\sim N(\mu,\sigma^2)$，已知$\sigma^2=1.21$，若记$\mu_0=32.50$，则要考虑的问题是如何根据样本提供的信息来判断"平均抗断强度为32.50即$\mu=\mu_0$"这一推断是否成立.数学上的提法是，对问题提出一假设$H_0:\mu=\mu_0$，然后来检验这一假设是否成立?

在数理统计中，我们将假设H_0称为原假设或零假设(null hypothesis)；与此同时，还可提出与H_0对应的另一假设H_1，它是假设H_0的否定命题(本例中为$H_1:\mu\neq\mu_0$)，称H_1为备择假设或对立假设(alternative hypothesis).假设检验问题就是：在给定备择假设H_1下对原假设H_0作出判断，若拒绝原假设H_0，那就意味着接受备择假设H_1，否则就接受原假设H_0.这类假设检验问题称为H_0对H_1的假设检验问题.要注意原假设与备择假设是相对而言的，两者的划分并不是绝对的，在处理具体问题时，通常将那些需要着重考察的假设视为原假设，也就是说在检验问题中一般是将原假设放在主要地位来考虑，在其成立的情况下，我们不应该轻易地否定它.

那么此例中该如何对假设 $H_0:\mu=\mu_0$ 进行检验呢？为此设 $X_1,X_2,\cdots,X_n$ 是取自总体 X 的一个样本，由于样本反映了总体的分布情况，因此要对假设 $H_0:\mu=\mu_0$ 进行检验，这就需要对样本进行加工，将样本中包含的有关 μ 的信息集中起来，即构造一个适用于检验假设 H_0 的统计量. 由于样本均值 $\overline{X}$ 是总体均值 μ 的无偏估计，当假设 H_0 成立时，$\overline{X}$ 的取值应集中在 μ_0 附近，否则与 μ_0 应有明显差异. 于是我们可用 $\overline{X}$ 与 μ_0 的偏差 $|\overline{X}-\mu_0|$ 去检验假设 H_0. 如果 $|\overline{X}-\mu_0|$ 的取值较大，则表明 μ 与 μ_0 有显著差异，因而有理由拒绝假设 H_0. 反之，若 $|\overline{X}-\mu_0|$ 的取值较小，则表明 μ 与 μ_0 的差异并不显著，因而不能轻易地拒绝假设 H_0，一般来说我们也就接受了假设 H_0.

在这里有一点要明确，一个经检验没有被拒绝的假设 H_0，并不能不另加分析地肯定它是正确的假设，其实此时我们只能说：观测结果与假设 H_0 没有显著差异. 不过，当不能拒绝假设 H_0 时，人们实际上是接受了假设 H_0，除非进一步的研究表明应该拒绝它.

考虑到当假设 H_0 成立时，$U=\dfrac{\overline{X}-\mu_0}{\sigma/\sqrt{n}}\sim N(0,1)$，而衡量 $|\overline{X}-\mu_0|$ 的取值大小可归结为衡量 $|U|$ 的取值大小. 于是在此例中，我们需要设法确定一个合理的界限 c：当 $|U|$ 的取值大于等于 c 时就拒绝假设 H_0；否则，就接受假设 H_0.

我们称统计量 $U=\dfrac{\overline{X}-\mu_0}{\sigma/\sqrt{n}}$ 为**检验统计量**(**test statistic**). 区域 $W=\{(X_1,X_2,\cdots,X_n)\mid |U|\geqslant c\}$ 称为假设 H_0 的**拒绝域**(**rejection region**)或**临界域**(**critical region**)，简记为 $W=\{|U|\geqslant c\}$. 拒绝域的边界点称为临界点，数值 c 称为**临界值**(**critical value**).

由于我们是依据某次具体抽样得到的样本值作出是否拒绝假设 H_0 的决策，而抽样具有随机性，因此有可能在假设 H_0 实际成立时，作出拒绝假设 H_0 的推断，这是一种错误. 应对犯这种错误的概率加以控制，要求它不超过给定的小概率 α，即按下式确定假设 H_0 的拒绝域 W：

$$P\{\text{拒绝}H_0\mid H_0\text{ 为真}\}=P\{(X_1,X_2,\cdots,X_n)\in W\mid H_0\text{ 为真}\}$$
$$\overset{\text{记为}}{=}P_{H_0}\{(X_1,X_2,\cdots,X_n)\in W\}\leqslant\alpha, \tag{8.1.1}$$

其中，α 称为检验的**显著性水平**(**significance level**)，它是允许犯这类错误的最大概率. 若式(8.1.1)中的概率能取到 α，则式中右端按等号处理. α 的选取可根据具体问题而定，通常取 $\alpha=0.05$，有时也取 0.01，0.10 等.

按式(8.1.1)确定拒绝域的依据是小概率事件原理(也称为实际推断原理)：小概率事件在一次试验中几乎是不可能发生的. 如果假设 H_0 成立，式(8.1.1)表明 $\{(X_1,X_2,\cdots,X_n)\in W\}$ 是一个小概率事件；若在一次抽样中，出现样本值落在区域 W 中，则意味着小概率事件竟然在一次试验中发生了，结果与小概率事件原理相违背，所以有理由拒绝假设 H_0，即按式(8.1.1)确定的区域 W 就是假设 H_0 的拒绝域.

对本例来说，就是要确定 c 使得

$$P\{|U|\geqslant c\mid \mu=\mu_0\}=P_{H_0}\{|U|\geqslant c\}=\alpha.$$

由于当假设 H_0 成立时，$U=\dfrac{\overline{X}-\mu_0}{\sigma/\sqrt{n}}\sim N(0,1)$，由标准正态分布的分位点定义，可取 $c=u_{\frac{\alpha}{2}}$ 使得 $P_{H_0}\{|U|\geqslant u_{\frac{\alpha}{2}}\}=\alpha$，于是得到假设 H_0 的拒绝域为 $W=\{|U|\geqslant u_{\frac{\alpha}{2}}\}$.

最后根据抽样得到的样本值 $x_1,x_2,\cdots,x_n$，计算出检验统计量 U 的取值 U_0，如果 U_0 落在拒绝域 W 中，就拒绝假设 H_0，否则就接受假设 H_0.

本例中，$\bar{x}=\dfrac{1}{6}\sum\limits_{i=1}^{6}x_i\approx 31.13$，检验统计量 U 的取值 $U_0=\dfrac{\bar{x}-\mu_0}{\sigma/\sqrt{n}}\approx\dfrac{\bar{x}-32.5}{\sqrt{1.21/6}}\approx -3.05$.

若取 $\alpha=0.05$，则 $u_{\frac{\alpha}{2}}=u_{0.025}=1.96$，得假设 H_0 的拒绝域为 $W=\{|U|\geqslant 1.96\}$. 因此 $U_0=-3.05$ 落在拒绝域中，所以拒绝假设 $H_0:\mu=\mu_0$，认为这批砖的平均抗断强度与32.50有显著差异.

我们将以上讨论过程加以总结，可得出处理假设检验问题的一般步骤：

(1) 明确实际问题的具体含义，由此提出原假设 H_0 与备择假设 H_1.

(2) 根据原假设 H_0 的具体内容，构造一个合适的检验统计量，当假设 H_0 成立时，该统计量的分布应该能够确定.

(3) 确定拒绝域 W 的形式，然后对给定的显著性水平 α，按

$$P_{H_0}\{(X_1,X_2,\cdots,X_n)\in W\}\leqslant\alpha$$

求出拒绝域 W.

(4) 根据抽样得到的样本值算出检验统计量的取值，作出是否拒绝 H_0 的统计决策. 若检验统计量的取值落在拒绝域中，就拒绝 H_0，否则就接受 H_0.

微视频
假设检验的原理

8.1.2　假设检验的基本思想

通过以上具体问题的讨论，我们可以看到：假设检验的基本思想实质上是一种带有概率性质的反证法，其依据是小概率事件原理. 由于小概率事件在一次试验中并不是绝对不发生的，只是发生的概率很小而已. 因此这种反证法与一般意义上的反证法有所不同，由它导出的结论不能保证绝对正确.

为了检验一个假设是否正确，先假定该假设成立，再设计一个相应的小概率事件，然后根据抽取到的样本对假设作出拒绝或接受的决策. 如果抽取到的样本观测值导致不合理的情况发生，就应拒绝所提假设，否则应接受这一假设.

8.1.3　假设检验中的两类错误

由于我们是根据某次抽样观测得到的样本值作出是否拒绝假设 H_0 的决策，而抽样具有随机性，因此在假设检验中难免会产生错误的决策.

一类错误是：H_0 实际上是成立的，而根据样本提供的信息却作出了拒绝假设 H_0 的决策，这种“以真为假(弃真)”的错误称为**第一类错误(type Ⅰ error)**. 由上所述，犯第一类错误的概率不超过 α，即

$$P\{\text{拒绝}H_0\mid H_0\text{ 为真}\}\leqslant\alpha,$$

从 α 取值的大小可看出犯第一类错误的概率的大小.

另一类错误是：假设 H_0 实际上是不成立的，而根据样本提供的信息却作出了接受假设

H_0 的决策，这种"以假为真(取伪)"的错误称为**第二类错误(type Ⅱ error)**. 犯第二类错误的概率通常记为 β，即

$$P\{接受 H_0 \mid H_0 不真\}=\beta. \tag{8.1.2}$$

一个好的检验方法应使犯两类错误的概率尽可能都很小. 但在样本容量固定时，很难做到这一点，事实上，如果犯某类错误的概率控制得小一些，则犯另一类错误的概率就会增大. 若要使犯两类错误的概率都很小，就需要通过增加样本容量来实现. 为此，奈曼和皮尔逊提出了一个原则，就是在控制犯第一类错误的概率的条件下，使犯第二类错误的概率尽可能地小.

由于在处理具体问题时，我们一般是将那些需要着重考察的假设视为原假设，它应该是一个需要加以保护的假设，在其成立的情况下，我们不应该轻易地去否定它. 因此在给定样本容量的情况下，我们通常是控制犯第一类错误的概率，这就是费歇尔的显著性检验：对于检验问题，取一较小的数值 α(也不能选得过小，过小会导致 β 过大)，使犯第一类错误的概率不超过 α. 这种只对犯第一类错误的概率加以控制的检验称为**显著性水平为 α 的显著性检验**.

数学试验
显著性水平

注：由于进行显著性检验时，只考虑了控制犯第一类错误的概率，这是将原假设 H_0 放在受保护的地位. 因此，在一对对立假设中，选哪一个作为 H_0 需要特别注意. 例如，若要检验病人是否患有某种疾病，此时可能犯两种错误，一种是"患有这种疾病但经检验推断出未患这种疾病"，另一种是"没有这种疾病却被诊断为患有这种疾病"；犯前一种错误(即有病当作无病)有可能延误治疗的最佳时机，导致病情恶化，造成严重的后果；犯后一种错误(即无病当作有病)，则会因使用不必要的药品而产生不必要的痛苦和经济上的损失. 一般来说，犯前一种错误比犯后一种错误的后果更严重，此时应主要控制犯前一种错误的概率，即取前一种错误为第一类错误，因此我们选取"H_0：此人患有这种疾病，H_1：此人未患这种疾病". 也就是说，通过选择两种错误中后果更严重的作为第一类错误来确定 H_0 与 H_1.

当两种错误的后果都不太严重时，常常以维持现状的内容作为原假设 H_0 的内容，如取 H_0 为"没有变化""没有改进"等. 由于显著性检验只控制犯第一类错误的概率，因此通常将不能轻易否定的命题作为原假设 H_0.

8.1.4 双侧假设检验与单侧假设检验

例 8.1.1 中的假设为

$$H_0:\mu=\mu_0,H_1:\mu\neq\mu_0, \tag{8.1.3}$$

由于备择假设 H_1 分散在原假设 H_0 的两侧，称这种形式的检验为**双侧(边)假设检验(two-sided test)**.

在实际问题中，有时还需要检验下列形式的假设：

$$H_0:\mu\leqslant\mu_0,H_1:\mu>\mu_0. \tag{8.1.4}$$

$$H_0:\mu\geqslant\mu_0,H_1:\mu<\mu_0. \tag{8.1.5}$$

由于形如式(8.1.4)的假设，备择假设 H_1 在原假设 H_0 的右侧，所以这种形式的检验称为**右侧(边)检验**. 而形如式(8.1.5)的假设检验称为**左侧(边)检验**. 右侧(边)检验和左侧(边)检验统称为**单侧(边)检验(one-sided test)**. 一般来说，对这三种形式的假设，所采用的

检验统计量是相同的,不同的是拒绝域.

8.1.5　假设检验与置信区间之间的关系

显著性水平为 α 的参数检验与参数的 $1-\alpha$ 置信区间之间有着对应关系.

例如,在例 8.1.1 中,总体 $X\sim N(\mu,\sigma^2)$,已知 σ^2,检验假设

$$H_0:\mu=\mu_0,H_1:\mu\neq\mu_0,$$

在显著性水平 α 下假设的拒绝域为

$$W=\left\{|U|=\left|\frac{\overline{X}-\mu_0}{\sigma/\sqrt{n}}\right|\geqslant u_{\frac{\alpha}{2}}\right\},$$

也即接受域为 $\left\{\left|\frac{\overline{X}-\mu_0}{\sigma/\sqrt{n}}\right|<u_{\frac{\alpha}{2}}\right\}$,等价于 $\left\{\overline{X}-\frac{\sigma}{\sqrt{n}}u_{\frac{\alpha}{2}}<\mu_0<\overline{X}+\frac{\sigma}{\sqrt{n}}u_{\frac{\alpha}{2}}\right\}$,且

$$P_{H_0}\left\{\overline{X}-\frac{\sigma}{\sqrt{n}}u_{\frac{\alpha}{2}}<\mu_0<\overline{X}+\frac{\sigma}{\sqrt{n}}u_{\frac{\alpha}{2}}\right\}=1-\alpha,$$

上式表示 μ_0 的范围就是 μ 的 $1-\alpha$ 置信区间 $\left(\overline{X}-\frac{\sigma}{\sqrt{n}}u_{\frac{\alpha}{2}},\overline{X}+\frac{\sigma}{\sqrt{n}}u_{\frac{\alpha}{2}}\right)$.

以上过程说明:“正态总体均值 μ 的置信度为 $1-\alpha$ 的双侧置信区间”与“关于 $H_0:\mu=\mu_0,H_1:\mu\neq\mu_0$ 的显著性水平为 α 的双侧假设检验”是一一对应的. 对单侧的情况也有类似结论.

一般地,如果显著性检验的检验统计量与确定置信区间的枢轴量相同,则显著性水平为 α 的参数检验与参数的 $1-\alpha$ 置信区间之间有着一一对应关系.

由此,我们也可借助置信区间对参数检验的结果进行推断. 对于上述正态总体方差已知时总体均值的检验,若 μ_0 落在 μ 的 $1-\alpha$ 置信区间 $\overline{X}\pm\frac{\sigma}{\sqrt{n}}u_{\frac{\alpha}{2}}$ 中,则接受 $H_0:\mu=\mu_0$,否则拒绝 H_0. 其他情况可类似处理. 这就是假设检验的**置信区间法**. 而利用拒绝域作出推断的检验方法,由于拒绝域与接受域的分界点称为临界值,因此称其为**临界值法**.

8.1.6　p 值检验法

显著性检验的结论与给定的显著性水平 α 紧密相关,同一问题在不同的 α 下会有不同的结论. 请看例 8.1.2.

例 8.1.2　食品加工厂有一包装机,包得的袋装糖重服从标准差为 0.015kg 的正态分布. 当机器正常时,其均值为 0.5kg. 某日开工后从包好的袋装糖中随机抽取 9 袋,测得质量(单位:kg)如下:

0.497, 0.506, 0.518, 0.524, 0.498, 0.511, 0.520, 0.515, 0.512.

问包装机的工作是否正常?

解　设包得的袋装糖重为 $X,X\sim N(\mu,\sigma^2)$,已知 $\sigma=0.015$. 根据样本值推断包装机的工作是否正常,即检验假设 $H_0:\mu=0.5,H_1:\mu\neq0.5$.

由例 8.1.1 知,此时取检验统计量为 $U=\frac{\overline{X}-\mu_0}{\sigma/\sqrt{n}}=\frac{\overline{X}-0.5}{0.015/3}$,在显著性水平 α 下 H_0 的拒绝域为 $W=\{|U|\geqslant u_{\frac{\alpha}{2}}\}$.

由样本值计算得 $\bar{x}=\frac{1}{9}\sum_{i=1}^{9}x_i=0.511$，$U$ 的取值 $U_0=\frac{0.511-0.5}{0.015/3}=2.2$.

若取 $\alpha=0.05$，则 $u_{\frac{\alpha}{2}}=u_{0.025}=1.96$，得 H_0 的拒绝域为 $W=\{|U|\geqslant 1.96\}$. 因为 $U_0=2.2$ 落在拒绝域中，所以拒绝假设 H_0.

若取 $\alpha=0.01$，则 $u_{\frac{\alpha}{2}}=u_{0.005}=2.576$，得 H_0 的拒绝域为 $W=\{|U|\geqslant 2.576\}$. 此时 $U_0=2.2$ 没有落在拒绝域中，于是接受假设 H_0.

由此看到，在不同的 α 下有不同的结论. 这种情况会扰乱结果的选择，给实际应用带来不必要的麻烦. 为此，在假设检验中引入 p 值检验法.

先从例 8.1.2 说起，例子中 U 的取值 $U_0=2.2$，可算得在 H_0 成立时 $P\{|U|\geqslant U_0\}=P\{|U|\geqslant 2.2\}=0.0278$. 若以 0.0278 为基准来作推断，如图 8-1-1 所示.

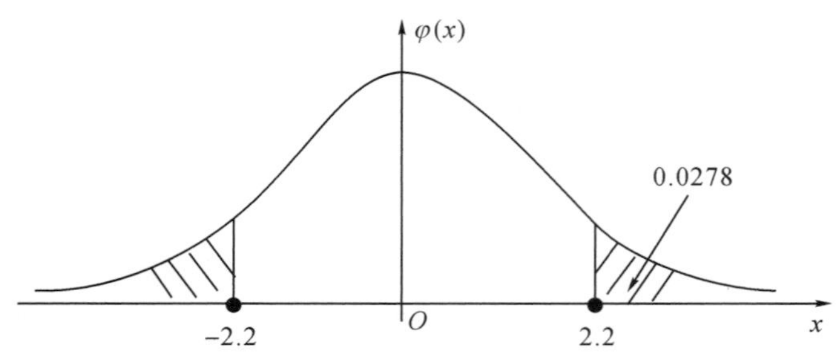

图 8-1-1

当 $\alpha<0.0278$ 时，$u_{\frac{\alpha}{2}}>2.2$，于是 $U_0=2.2$ 不在 H_0 的拒绝域 $\{|U|\geqslant u_{\frac{\alpha}{2}}\}$ 中，此时应接受 H_0；当 $\alpha\geqslant 0.0278$ 时，$u_{\frac{\alpha}{2}}\leqslant 2.2$，于是 $U_0=2.2$ 就落在拒绝域 $\{|U|\geqslant u_{\frac{\alpha}{2}}\}$ 中，此时就应拒绝 H_0.

可见，0.0278 是能用 U 的观测值 $U_0=2.2$ 作出"拒绝原假设 H_0"的最小的显著性水平，这就是检验的 p 值.

定义 8.1.1 在一个假设检验问题中，能够利用检验统计量的样本观测值作出拒绝原假设的最小的显著性水平，称为**检验的 p 值(probability value or p-value)**.

按 p 值的定义，对于给定的显著性水平 α：

(1) 如果 p 值 $\leqslant\alpha$，则在显著性水平 α 下拒绝 H_0，并称结果在显著性水平 α 下是统计显著的.

(2) 如果 p 值 $>\alpha$，则在显著性水平 α 下接受 H_0，并称结果在显著性水平 α 下不是统计显著的.

这种利用 p 值来对检验问题进行推断的方法，称为 **p 值检验法**.

p 值检验法比较直观，而且能很方便地得出检验的结论. 一般，若 p 值 $\leqslant 0.01$，可称检验结果是高度显著的；若 $0.01<p$ 值 $\leqslant 0.05$，则称检验结果是显著的；若 $0.05<p$ 值 $\leqslant 0.1$，就称检验结果是不显著的；若 p 值 >0.1，一般来说没有理由拒绝 H_0. 在实际应用中，当 p 值很小时(如 p 值 $\leqslant 0.001$)就可拒绝 H_0，当 p 值很大时(如 p 值 >0.5)就可接受 H_0. 只有当 p 值与 α 接近时才作比较. 现今，若利用统计软件(如 SAS，SPSS，MATLAB 等)作假设检验，在计算结果中都会给出检验问题的 p 值. 在统计分析报告中，研究人员在对假设检验进行推断时，经常不会明显提及显著性水平与临界值，而是给出检验的 p 值，这样做可使读者就结果的显著性作出自己的判断.

习题 8.1

1. 据报道，某商店为搞促销，对购买一定数额商品的顾客给予一次摸球抽奖的机会，规定从装有红、绿两色球各 10 个的暗箱中连续有放回地摸 10 次(每次摸 1 个)，若 10 次都摸得绿球，则中大奖. 某人按规则去摸 10 次，皆为绿球，商店认定此人作弊，拒付大奖，此人不服，最后引出官司. 试利用假设检验对此人是否作弊进行推断?

2. 在假设检验中，如何理解显著性水平 α 及显著性检验?

3. 在检验假设 H_0 的过程中，若检验结果是接受 H_0，则检验可能犯哪一类错误? 若检验结果是拒绝 H_0，则又有可能犯哪一类错误?

4. 在假设检验中，应如何确定原假设 H_0 和备择假设 H_1?

§8.2　单正态总体参数的假设检验

由于正态随机变量在实际问题中最常见，所以我们主要讨论有关正态总体的参数假设检验.

设总体 $X \sim N(\mu,\sigma^2)$，$X_1,X_2,\cdots,X_n$ 是取自 X 的一样本，$x_1,x_2,\cdots,x_n$ 为样本值，$\overline{X}$ 为样本均值，S^2 为样本方差.

8.2.1　总体均值 μ 的检验

1. σ^2 未知时 μ 的检验

需要检验假设 $H_0:\mu=\mu_0$，$H_1:\mu\neq\mu_0$，其中 μ_0 为已知常数.

由例 8.1.1 的讨论过程知，此时取检验统计量为

$$U=\frac{\overline{X}-\mu_0}{\sigma/\sqrt{n}}, \tag{8.2.1}$$

H_0 成立时 $U \sim N(0,1)$，可得在显著性水平 α 下假设 H_0 的拒绝域为

$$W=\{|U|\geqslant u_{\frac{\alpha}{2}}\}. \tag{8.2.2}$$

相应的检验方法称为 **U 检验法**. 检验的 p 值为 $P_{H_0}\{|U|\geqslant|U_0|\}=2(1-\Phi(|U_0|))$.

注：当样本容量较大时，对非正态总体的情况，可采用近似的检验方法——大样本检验. 比如对 0—1 分布 $B(1,p)$ 中的 p 作检验，由于样本容量 n 充分大时，由中心极限定理，样本均值 $\overline{x}$ 近似服从 $N(p,p(1-p)/n)$；若检验 $H_0:p=p_0$，$H_1:p\neq p_0$(p_0 为已知常数)，则可取 $U=\dfrac{\overline{x}-p_0}{\sqrt{p_0(1-p_0)/n}}$ 为检验统计量，在 H_0 成立时 U 近似服从 $N(0,1)$，从而得 H_0 的拒绝域近似为 $W=\{|U|\geqslant u_{\frac{\alpha}{2}}\}$.

2. σ^2 已知时 μ 的检验

(1) 检验假设 $H_0:\mu=\mu_0$，$H_1:\mu\neq\mu_0$，其中 μ_0 为已知常数

此时选检验统计量为

$$t=\frac{\overline{X}-\mu_0}{S/\sqrt{n}},\tag{8.2.3}$$

当 H_0 成立时 $t\sim t(n-1)$. 由于$\overline{X}$是 μ 的无偏估计，所以，当 $|t|$ 的取值偏大时应该拒绝 H_0，因此拒绝域的形式为 $|t|=\left|\frac{\overline{X}-\mu_0}{S/\sqrt{n}}\right|\geqslant c$.

对于给定的显著性水平 α，可得 $c=t_{\frac{\alpha}{2}}(n-1)$，使得

$$P_{H_0}\{|t|\geqslant t_{\frac{\alpha}{2}}(n-1)\}=\alpha,$$

由此得假设 H_0 的拒绝域为

$$W=\{|t|\geqslant t_{\frac{\alpha}{2}}(n-1)\}.\tag{8.2.4}$$

然后根据样本值算出检验统计量 t 的取值 $t_0=\frac{\overline{x}-\mu_0}{s/\sqrt{n}}$，若 $|t_0|\geqslant t_{\frac{\alpha}{2}}(n-1)$，则拒绝原假设 H_0，即认为总体均值 μ 与 μ_0 有显著差异；否则，就接受 H_0，即认为 μ 与 μ_0 没有显著差异.

相应的检验方法称为 t 检验法. 检验的 p 值为 $P_{H_0}\{|t|\geqslant|t_0|\}$.

(2) 检验假设 $H_0:\mu\leqslant\mu_0$，$H_1:\mu>\mu_0$，其中 μ_0 为已知常数

此时仍选检验统计量为 $t=\frac{\overline{X}-\mu_0}{S/\sqrt{n}}$.

当 H_0 成立时 t 的分布不能确定. 考虑到$\overline{X}$是 μ 的无偏估计，所以当 t 的取值偏大时就应拒绝 H_0，因此拒绝域的形式为 $t=\frac{\overline{X}-\mu_0}{S/\sqrt{n}}\geqslant c$.

若假设 H_0 成立，则 $\frac{\overline{X}-\mu}{S/\sqrt{n}}\geqslant\frac{\overline{X}-\mu_0}{S/\sqrt{n}}$，从而 $\left\{\frac{\overline{X}-\mu_0}{S/\sqrt{n}}\geqslant c\right\}\subset\left\{\frac{\overline{X}-\mu}{S/\sqrt{n}}\geqslant c\right\}$，因此若取 c 使 $P\left\{\frac{\overline{X}-\mu}{S/\sqrt{n}}\geqslant c\right\}=\alpha$，则必有 $P_{H_0}\left\{\frac{\overline{X}-\mu_0}{S/\sqrt{n}}\geqslant c\right\}\leqslant\alpha$.

而对正态总体 $N(\mu,\sigma^2)$，$\frac{\overline{X}-\mu}{S/\sqrt{n}}\sim t(n-1)$，因此对于给定的显著性水平 α，如图 7-3-6 所示，可得 $c=t_\alpha(n-1)$，使得 $P\left\{\frac{\overline{X}-\mu}{S/\sqrt{n}}\geqslant t_\alpha(n-1)\right\}=\alpha$，即 $P_{H_0}\left\{\frac{\overline{X}-\mu_0}{S/\sqrt{n}}\geqslant t_\alpha(n-1)\right\}\leqslant\alpha$.

由此得假设 H_0 的拒绝域为

$$W=\{t\geqslant t_\alpha(n-1)\}.\tag{8.2.5}$$

相应的检验方法也称为 t 检验法. 检验的 p 值为 $P_{H_0}\{t\geqslant t_0\}$.

(3) 检验假设 $H_0:\mu\geqslant\mu_0$，$H_1:\mu<\mu_0$，其中 μ_0 为已知常数

此时仍选检验统计量为 $t=\frac{\overline{X}-\mu_0}{S/\sqrt{n}}$.

类似(2)中处理，可得在显著性水平 α 下假设 H_0 的拒绝域为

$$W=\{t\leqslant -t_\alpha(n-1)\}.\tag{8.2.6}$$

检验的 p 值为 $P_{H_0}\{t\leqslant t_0\}$.

可见，在相同条件下，对参数的单侧检验所用的检验统计量及检验时所用的分布，与同一参数的双侧检验所用的完全一样，不同的是拒绝域的形式. 也正因为这样，在很多有关参数假设检验的文献中，为了便于处理，作者在单侧检验中，将原假设中的不等号取成等号处

理，如检验 $H_0:\mu=\mu_0, H_1:\mu>\mu_0$，即检验 $H_0:\mu\leqslant\mu_0, H_1:\mu>\mu_0$. 因此，只要清楚双侧检验的情况，单侧的可类似处理.

例 8.2.1　根据标准，某类铜芯电线的平均折断力应为 575kg. 现从一批此类电线中抽查 10 根，测得折断力分别是：

568,570,570,570,572,572,578,572,584,590.

而由长期资料表明，此类电线的折断力服从正态分布. 问这批电线是否符合标准(取 $\alpha=0.05$)?

解　据题意，需在正态总体方差未知的条件下，检验总体均值是否为 575，即检验假设 $H_0:\mu=575, H_1:\mu\neq575$.

取检验统计量为 $t=\dfrac{\overline{X}-\mu_0}{S/\sqrt{n}}=\dfrac{\overline{X}-575}{S/\sqrt{10}}$.

对 $\alpha=0.05$，查表得 $t_{\frac{\alpha}{2}}(n-1)=t_{0.025}(9)=2.2622$，得 H_0 的拒绝域为 $\{|t|\geqslant2.2622\}$.

而由样本值计算得 $\bar{x}=574.6, s^2=51.6$，从而得检验统计量的取值 $t_0\approx-0.1761$，没有落在拒绝域中，所以在显著性水平 0.05 下接受 H_0，即认为这批电线符合标准.

例 8.2.2　某部门对市场价格情况进行调查. 以鸡蛋为例，所抽查的全省 20 个集市上的售价(单位:元/500g)如下：

3.05，3.31，3.34，3.82，3.30，3.16，3.84，3.10，3.90，3.18，

3.88，3.22，3.28，3.34，3.62，3.28，3.30，3.22，3.54，3.30.

已知往年的平均售价一直稳定在 3.25 元/500g 左右，若全省鸡蛋价格服从正态分布，请问能否认为全省当前的鸡蛋售价明显高于往年(取 $\alpha=0.05$)?

解　据题意，需在正态总体方差未知的条件下，检验总体均值是否超过 3.25，即检验假设 $H_0:\mu\leqslant3.25, H_1:\mu>3.25$.

取检验统计量为 $t=\dfrac{\overline{X}-\mu_0}{S/\sqrt{n}}=\dfrac{\overline{X}-3.25}{S/\sqrt{20}}$.

对 $\alpha=0.05$，查表得 $t_\alpha(n-1)=t_{0.05}(19)=1.7291$，得 H_0 的拒绝域为 $\{t\geqslant1.7291\}$.

而由样本值计算得 $\bar{x}=3.40, s^2\approx0.0724$，从而得检验统计量的取值 $t_0\approx2.4931$，落在拒绝域中，所以在显著性水平 0.05 下拒绝 H_0，即认为鸡蛋的价格较往年明显上涨.

8.2.2　总体方差 σ^2 的检验

现在来讨论有关正态总体方差的假设检验问题，由于在实际问题中总体均值 μ 往往未知，所以我们只介绍 μ 未知的情形.

以下我们讨论双侧检验，即检验 $H_0:\sigma^2=\sigma_0^2, H_1:\sigma^2\neq\sigma_0^2$，其中 σ_0^2 为已知常数.

此时，考虑到样本方差 S^2 是总体方差 σ^2 的无偏估计，当 H_0 成立时，S^2 的取值应在 σ_0^2 附近波动，因此可从 S^2/σ_0^2 取值的大小来考虑问：取值很大或很小时都应拒绝假设 H_0. 而由抽样分布的结论知，当 H_0 成立时，统计量

$$\chi^2=\frac{(n-1)S^2}{\sigma_0^2}\sim\chi^2(n-1). \tag{8.2.7}$$

因此可取这一统计量作为检验统计量. 而拒绝域的形式应为

$$\chi^2\leqslant c_1 \text{ 或 } \chi^2\geqslant c_2.$$

对于给定的显著性水平 α，c_1，c_2 由下式确定

$$P_{H_0}\{(\chi^2\leqslant c_1)\cup(\chi^2\geqslant c_2)\}=\alpha.$$

可见 c_1，c_2 不唯一，习惯取

$$P_{H_0}\{\chi^2\leqslant c_1\}=\frac{\alpha}{2},P_{H_0}\{\chi^2\geqslant c_2\}=\frac{\alpha}{2},$$

于是得 $c_1=\chi^2_{1-\frac{\alpha}{2}}(n-1)$，$c_2=\chi^2_{\frac{\alpha}{2}}(n-1)$. 由此得假设 H_0 的拒绝域为

$$W=\{\chi^2\leqslant\chi^2_{1-\frac{\alpha}{2}}(n-1)\text{ 或 }\chi^2\geqslant\chi^2_{\frac{\alpha}{2}}(n-1)\}. \tag{8.2.8}$$

上述检验法称为 χ^2 检验法. 检验的 p 值为 $2\min\{P_{H_0}(\chi^2\leqslant\chi_0^2),P_{H_0}(\chi^2\geqslant\chi_0^2)\}$，其中 χ_0^2 为检验统计量 χ^2 的取值. 关于 σ^2 的单侧检验如表 8-2-1 所示.

表 8-2-1　单正态总体均值、方差的假设检验(显著性水平为 α)

条件	H_0	H_1	检验统计量	拒绝域	p 值
σ^2 已知	$\mu=\mu_0$	$\mu\neq\mu_0$	$U=\dfrac{\overline{X}-\mu_0}{\sigma/\sqrt{n}}$	$\lvert U\rvert\geqslant u_{\alpha/2}$	$P_{H_0}\{\lvert U\rvert\geqslant\lvert U_0\rvert\}$
	$\mu\leqslant\mu_0$	$\mu>\mu_0$		$U\geqslant u_\alpha$	$P_{H_0}\{U\geqslant U_0\}$
	$\mu\geqslant\mu_0$	$\mu<\mu_0$		$U\leqslant -u_\alpha$	$P_{H_0}\{U\leqslant U_0\}$
σ^2 未知	$\mu=\mu_0$	$\mu\neq\mu_0$	$t=\dfrac{\overline{X}-\mu_0}{S/\sqrt{n}}$	$\lvert t\rvert\geqslant t_{\alpha/2}(n-1)$	$P_{H_0}\{\lvert t\rvert\geqslant\lvert t_0\rvert\}$
	$\mu\leqslant\mu_0$	$\mu>\mu_0$		$t\geqslant t_\alpha(n-1)$	$P_{H_0}\{t\geqslant t_0\}$
	$\mu\geqslant\mu_0$	$\mu<\mu_0$		$t\leqslant -t_\alpha(n-1)$	$P_{H_0}\{t\leqslant t_0\}$
μ 未知	$\sigma^2=\sigma_0^2$	$\sigma^2\neq\sigma_0^2$	$\chi^2=\dfrac{(n-1)S^2}{\sigma_0^2}$	$\chi^2\leqslant\chi^2_{1-\alpha/2}(n-1)$ 或 $\chi^2\geqslant\chi^2_{\alpha/2}(n-1)$	$2\min\{P_{H_0}(\chi^2\leqslant\chi_0^2),P_{H_0}(\chi^2\geqslant\chi_0^2)\}$
	$\sigma^2\leqslant\sigma_0^2$	$\sigma^2>\sigma_0^2$		$\chi^2\geqslant\chi^2_\alpha(n-1)$	$P_{H_0}\{\chi^2\geqslant\chi_0^2\}$
	$\sigma^2\geqslant\sigma_0^2$	$\sigma^2<\sigma_0^2$		$\chi^2\leqslant\chi^2_{1-\alpha}(n-1)$	$P_{H_0}\{\chi^2\leqslant\chi_0^2\}$

例 8.2.3　某厂生产的某类灯泡，在生产正常时，其寿命(单位:kh)服从标准差为 1 的正态分布. 今从一批这种灯泡中任取 6 个进行寿命试验，结果如下：

$$10.5,11.0,11.2,11.5,12.5,12.8.$$

试问这批灯泡的寿命的标准差有没有发生变化(取 $\alpha=0.01$)?

解　据题意，需在正态总体均值未知的条件下，检验总体方差 σ^2 是否为 1，即检验假设 $H_0:\sigma^2=1,H_1:\sigma^2\neq1$.

取检验统计量为 $\chi^2=\dfrac{(n-1)S^2}{\sigma_0^2}=5S^2$.

对 $\alpha=0.01$，查表得 $\chi^2_{1-\frac{\alpha}{2}}(n-1)=\chi^2_{0.995}(5)=0.412$，$\chi^2_{\frac{\alpha}{2}}(n-1)=\chi^2_{0.005}(5)=16.748$，得 H_0 的拒绝域为$\{\chi^2\leqslant0.412$ 或 $\chi^2\geqslant16.748\}$.

而由样本值计算得 $s^2\approx0.7977$，检验统计量的取值 $\chi_0^2\approx3.9885$，没有落在拒绝域中，所以在显著性水平 0.01 下接受 H_0，即认为这批灯泡的寿命的标准差没有发生变化.

例 8.2.4　按要求，某种导线其电阻的标准差不超过 0.005Ω，今在生产的一批导线中随机抽取 9 根，测得样本标准差为 0.007Ω. 若总体服从正态分布，试问这批导线的标准差是否符合要求(取 $\alpha=0.05$)?

解　令电阻为 $X,X\sim N(\mu,\sigma^2)$，μ 未知，要检验假设 $H_0:\sigma^2\leqslant0.005^2,H_1:\sigma^2>0.005^2$.

取检验统计量为 $\chi^2=\frac{(n-1)S^2}{\sigma_0^2}=\frac{8S^2}{0.005^2}$.

对 $\alpha=0.05$，查表得 $\chi_{\alpha}^2(n-1)=\chi_{0.05}^2(8)=15.507$，得 H_0 的拒绝域为 $\{\chi^2\geqslant 15.507\}$.

而由样本值算得检验统计量的取值 $\chi_0^2=15.68$，落在拒绝域中，所以在显著性水平 0.05 下拒绝 H_0，即认为这批导线的标准差不符合要求.

习题 8.2

1. 已知在正常生产的情况下某种汽车零件的重量(单位:g)服从均值为 54，标准差为 0.75 的正态分布. 今在某日生产的零件中抽取 10 件，测得重量如下：

54.0，55.1，53.8，54.2，52.1，54.2，55.0，55.8，55.1，55.3.

如果标准差不变，问该日生产的零件的平均重量是否有显著变化(取 $\alpha=0.05$)?

2. 投掷一枚硬币 100 次，结果出现 60 次正面，试问该硬币是否均匀(取 $\alpha=0.05$)?

3. 某批矿砂的 5 个样品中的镍含量(%)经测定分别如下：

3.25，3.27，3.24，3.26，3.24.

设测定值服从正态分布，问能否认为这批矿砂的镍含量为 3.25(取 $\alpha=0.01$)?

4. 正常人的脉搏平均为 72 次/min，现医生对 10 例某种疾病患者的脉搏进行测量，得如下：

54，67，68，78，70，66，67，70，65，69.

若患者的脉搏服从正态分布，问患者与正常人的脉搏有无显著差异(取 $\alpha=0.05$)?

5. 某厂生产乐器用的一种含镍金属弦线，长期以来，其抗拉强度的总体均值为 10560 (kg/cm^2). 今生产了一批弦线，随机取其中 10 根作抗拉试验，测得其抗拉强度如下：

10512，10623，10668，10554，10776，10707，10557，10581，10666，10670.

设弦线的抗拉强度服从正态分布，问这批弦线的抗拉强度是否比以往生产的抗拉强度高(取 $\alpha=0.05$)?

6. 一种元件，要求其使用寿命不得低于 1000h，现从一批元件中抽取 25 件，测得寿命平均值为 950h，标准差为 100h. 已知该元件寿命服从正态分布，试确定这批元件是否合格(取 $\alpha=0.05$)?

7. 某厂生产的某种型号电池，其寿命(单位:h)长期以来服从方差为 5000 的正态分布. 现有一批这种电池，从它的生产情况来看，寿命波动性较大. 为了确定实际情况，从中随机抽取 26 只电池，测得其寿命的样本方差为 7200. 试问这批电池的波动性较以往有没有显著变化(取 $\alpha=0.02$)?

8. 某建材店从某企业批发的某种螺钉，据长期观测，其直径(单位:cm)服从方差为 0.0002的正态分布. 现随机从某批这种螺钉中抽取 10 只进行测量，测得直径如下：

1.19，1.21，1.21，1.18，1.17，1.20，1.20，1.17，1.19，1.18.

问可否认为这批螺钉的直径方差仍为 0.0002(取 $\alpha=0.05$)?

9. 用自动装罐机装罐头食品，规定罐头净重的标准差不能超过 5g，否则就得停工检修机器. 现检查 10 罐，测量并计算得净重的标准差为 5.5g，假定罐头净重服从正态分布，问机器工作是否正常(取 $\alpha=0.05$)?

10. 原有一台仪器测量电阻值(单位:Ω)时,测量结果的方差为 0.06. 现有一台新仪器,对一个电阻测量了 10 次,测得的值如下:

1.101,1.103,1.105,1.098,1.099,1.101,1.104,1.095,1.100,1.100.

假定测量所得电阻值服从正态分布,请推断新仪器的精度是否比原有的仪器好(取 $\alpha=0.10$)?

§8.3 双正态总体参数的假设检验

前一节中我们讲述了单个正态总体的均值与方差的假设检验问题,但在实际问题中常会碰到两个正态总体间的比较问题. 现在就来讨论一下,对两个正态总体的均值或方差间的差异该如何进行检验? 以下讨论中,主要介绍双侧假设检验,并假设总体 $X\sim N(\mu_1,\sigma_1^2)$, $Y\sim N(\mu_2,\sigma_2^2)$, $X_1,X_2,\cdots,X_{n_1}$ 与 $Y_1,Y_2,\cdots,Y_{n_2}$ 分别是取自总体 X 与总体 Y 的两个样本,并设 $\overline{X}$ 与 $\overline{Y}$ 分别是它们的样本均值, S_1^2 与 S_2^2 分别是它们的样本方差, $S_w^2=\dfrac{(n_1-1)S_1^2+(n_2-1)S_2^2}{n_1+n_2-2}$ 为联合样本方差.

8.3.1 双正态总体均值差的检验

1. 已知 σ_1^2,σ_2^2,检验 $H_0:\mu_1-\mu_2=\mu_0$, $H_1:\mu_1-\mu_2\neq\mu_0$,其中 μ_0 为已知常数

由抽样分布的结论知,当 H_0 成立时,

$$U=\frac{\overline{X}-\overline{Y}-\mu_0}{\sqrt{\dfrac{\sigma_1^2}{n_1}+\dfrac{\sigma_2^2}{n_2}}}\sim N(0,1). \tag{8.3.1}$$

因此可取其为检验统计量. 与单正态总体的情况类似,可推知,拒绝域的形式应为 $|U|\geqslant c$.

对于给定的显著性水平 α,可得 $c=u_{\frac{\alpha}{2}}$,使得

$$P_{H_0}\{|U|\geqslant u_{\frac{\alpha}{2}}\}=\alpha,$$

由此得假设 H_0 的拒绝域为

$$W=\{|U|\geqslant u_{\frac{\alpha}{2}}\}. \tag{8.3.2}$$

检验的 p 值为 $P_{H_0}\{|U|\geqslant|U_0|\}=2(1-\Phi(|U_0|))$. 相应的检验方法也称为 U 检验法.

例 8.3.1 某苗圃采用两种育苗方案作杨树的育苗试验,经试验知苗高分别服从 $N(\mu_1,400)$, $N(\mu_2,324)$. 现各抽取 60 株作测试,得苗高的样本均值分别为 59.34,49.16,问这两种试验方案的苗高有无显著差异(取 $\alpha=0.05$)?

解 据题意,应在已知两正态总体方差 $\sigma_1^2=400$, $\sigma_2^2=324$ 的条件下,检验 $H_0:\mu_1=\mu_2$, $H_1:\mu_1\neq\mu_2$.

取检验统计量 $U=\dfrac{\overline{X}-\overline{Y}-\mu_0}{\sqrt{\dfrac{\sigma_1^2}{n_1}+\dfrac{\sigma_2^2}{n_2}}}=\dfrac{\overline{X}-\overline{Y}}{\sqrt{724/60}}$.

对 $\alpha=0.05$,查表得 $u_{\frac{\alpha}{2}}=u_{0.025}=1.96$,得 H_0 的拒绝域为 $\{|U|\geqslant1.96\}$.

而由样本值算得检验统计量的取值 $U_0\approx 2.931$，落在拒绝域中，所以在显著性水平0.05下拒绝 H_0，即认为两种方案的苗高有显著差异.

2. σ_1^2,σ_2^2 未知但 $\sigma_1^2=\sigma_2^2$，检验 $H_0:\mu_1-\mu_2=\mu_0,H_1:\mu_1-\mu_2\neq\mu_0$，其中 μ_0 为已知常数

由抽样分布的结论知，当 H_0 成立时，

$$t=\frac{\overline{X}-\overline{Y}-\mu_0}{S_w\sqrt{\frac{1}{n_1}+\frac{1}{n_2}}}\sim t(n_1+n_2-2). \tag{8.3.3}$$

取其为检验统计量，拒绝域的形式应为 $|t|\geqslant c$.

对于给定的显著性水平 α，可得 $c=t_{\frac{\alpha}{2}}(n_1+n_2-2)$，使得

$$P_{H_0}\{|t|\geqslant t_{\frac{\alpha}{2}}(n_1+n_2-2)\}=\alpha,$$

从而得假设 H_0 的拒绝域为

$$W=\{|t|\geqslant t_{\frac{\alpha}{2}}(n_1+n_2-2)\}. \tag{8.3.4}$$

检验的 p 值为 $P_{H_0}\{|t|\geqslant|t_0|\}$. 相应的检验方法也称为 t 检验法.

例 8.3.2　设甲、乙两车间生产的同一种导线的电阻值服从正态分布，总体方差相等. 现从甲车间抽取 6 根导线，测得电阻值为：7，8，9，7.5，8.7，7.8；从乙车间抽得 8 根导线，测得电阻值为：6，6.7，7.2，7.5，8，8.3，8.5，9. 试问两车间生产的导线的电阻值的均值有无显著差异(取 $\alpha=0.05$)？

解　设甲、乙两车间生产的导线的电阻值分别为 X 与 Y，$X\sim N(\mu_1,\sigma_1^2)$，$Y\sim N(\mu_2,\sigma_2^2)$，据题意，$\sigma_1^2,\sigma_2^2$ 未知但 $\sigma_1^2=\sigma_2^2$，需检验 $H_0:\mu_1=\mu_2,H_1:\mu_1\neq\mu_2$.

由样本值算得：$n_1=6,\bar{x}=8,s_1^2=0.556$；$n_2=8,\bar{y}=7.65,s_2^2\approx 0.991$；$s_w^2=\frac{(n_1-1)s_1^2+(n_2-1)s_2^2}{n_1+n_2-2}\approx 0.8098$.

从而算得检验统计量 $t=\frac{\overline{X}-\overline{Y}-\mu_0}{S_w\sqrt{\frac{1}{n_1}+\frac{1}{n_2}}}=\frac{\overline{X}-\overline{Y}}{S_w\sqrt{14/48}}$ 的取值 $t_0\approx 0.7202$.

对 $\alpha=0.05$，查 t 分布表得 $t_{\frac{\alpha}{2}}(n_1+n_2-2)=t_{0.025}(12)=2.179$.

因为 $|t_0|\approx 0.7202<2.179$，故接受假设 H_0，即可以认为两车间生产的导线的电阻值的均值没有显著差异.

数学试验
双样本均值检验

8.3.2　双正态总体方差相等的检验

鉴于实际问题中，总体均值未知的情况更普遍，因此主要介绍 μ_1 与 μ_2 都未知时，检验 $H_0:\sigma_1^2=\sigma_2^2,H_1:\sigma_1^2\neq\sigma_2^2$.

此时由于 H_0 成立时，统计量

$$F=\frac{S_1^2}{S_2^2}\sim F(n_1-1,n_2-1), \tag{8.3.5}$$

所以取其为检验统计量. 因为 S_1^2,S_2^2 分别是 σ_1^2,σ_2^2 的无偏估计，当 H_0 成立时，F 的取值应在 1 附近，因此当 F 的取值偏小或偏大时，H_0 就不大可能成立；所以拒绝域的形式为 $F\leqslant c_1$ 或 $F\geqslant c_2$.

对于给定的显著性水平 α,c_1,c_2 由下式确定

$$P_{H_0}\{(F\leqslant c_1)\cup(F\geqslant c_2)\}=\alpha.$$

可见 c_1,c_2 不唯一，按等尾方式处理，即

$$P_{H_0}\{F\leqslant c_1\}=\frac{\alpha}{2},P_{H_0}\{F\geqslant c_2\}=\frac{\alpha}{2},$$

于是得 $c_1=F_{1-\frac{\alpha}{2}}(n_1-1,n_2-1)$，$c_2=F_{\frac{\alpha}{2}}(n_1-1,n_2-1)$. 由此得假设 H_0 的拒绝域为

$$W=\{F\leqslant F_{1-\frac{\alpha}{2}}(n_1-1,n_2-1)\text{ 或 }F\geqslant F_{\frac{\alpha}{2}}(n_1-1,n_2-1)\}. \tag{8.3.6}$$

上述检验法称为 **F** 检验法. 检验的 p 值为 $2\min\{P_{H_0}(F\leqslant F_0),P_{H_0}(F\geqslant F_0)\}$.

例 8.3.3 在例 8.3.2 中，我们假定两个样本总体的方差相等，现在我们就来检验这一假设 $H_0:\sigma_1^2=\sigma_2^2,H_1:\sigma_1^2\neq\sigma_2^2$.

解 此时检验统计量 $F=S_1^2/S_2^2$ 的取值 $F_0\approx0.561$.

若取 $\alpha=0.05$，查 F 分布表，得

$$F_{1-\frac{\alpha}{2}}(n_1-1,n_2-1)=F_{0.975}(5,7)=\frac{1}{F_{0.025}(7,5)}=\frac{1}{6.85}\approx0.146,$$

$$F_{\alpha/2}(n_1-1,n_2-1)=F_{0.025}(5,7)=5.29,$$

所以得 H_0 的拒绝域为 $W=\{F\leqslant0.146\text{ 或 }F\geqslant5.29\}$.

由于 $F_0\approx0.561$ 没有落在拒绝域中，故接受假设 H_0，即认为两总体的方差没有显著差异.

在实际问题中，还会碰到其他情形的关于两个正态总体均值及方差的假设检验问题，对此列表 8-3-1 如下，以供参考.

表 8-3-1 双正态总体均值、方差的假设检验(显著性水平为 α)

条件	H_0	H_1	检验统计量	拒绝域	p 值
σ_1^2,σ_2^2 已知	$\mu_1-\mu_2=\mu_0$	$\mu_1-\mu_2\neq\mu_0$	$U=\dfrac{\overline{X}-\overline{Y}-\mu_0}{\sqrt{\dfrac{\sigma_1^2}{n_1}+\dfrac{\sigma_2^2}{n_2}}}$	$\lvert U\rvert\geqslant u_{\alpha/2}$	$P_{H_0}\{\lvert U\rvert\geqslant\lvert U_0\rvert\}$
	$\mu_1-\mu_2\leqslant\mu_0$	$\mu_1-\mu_2>\mu_0$		$U\geqslant u_\alpha$	$P_{H_0}\{U\geqslant U_0\}$
	$\mu_1-\mu_2\geqslant\mu_0$	$\mu_1-\mu_2<\mu_0$		$U\leqslant -u_\alpha$	$P_{H_0}\{U\leqslant U_0\}$
σ_1^2,σ_2^2 未知但相等	$\mu_1-\mu_2=\mu_0$	$\mu_1-\mu_2\neq\mu_0$	$t=\dfrac{\overline{X}-\overline{Y}-\mu_0}{S_w\sqrt{\dfrac{1}{n_1}+\dfrac{1}{n_2}}}$	$\lvert t\rvert\geqslant t_{\alpha/2}(n_1+n_2-2)$	$P_{H_0}\{\lvert t\rvert\geqslant\lvert t_0\rvert\}$
	$\mu_1-\mu_2\leqslant\mu_0$	$\mu_1-\mu_2>\mu_0$		$t\geqslant t_\alpha(n_1+n_2-2)$	$P_{H_0}\{t\geqslant t_0\}$
	$\mu_1-\mu_2\geqslant\mu_0$	$\mu_1-\mu_2<\mu_0$		$t\leqslant -t_\alpha(n_1+n_2-2)$	$P_{H_0}\{t\leqslant t_0\}$
μ_1,μ_2 未知	$\sigma_1^2=\sigma_2^2$	$\sigma_1^2\neq\sigma_2^2$	$F=\dfrac{S_1^2}{S_2^2}$	$F\leqslant F_{1-\alpha/2}(n_1-1,n_2-1)$ 或 $F\geqslant F_{\alpha/2}(n_1-1,n_2-1)$	$2\min\{P_{H_0}(F\leqslant F_0),P_{H_0}(F\geqslant F_0)\}$
	$\sigma_1^2\leqslant\sigma_2^2$	$\sigma_1^2>\sigma_2^2$		$F\geqslant F_\alpha(n_1-1,n_2-1)$	$P_{H_0}\{F\geqslant F_0\}$
	$\sigma_1^2\geqslant\sigma_2^2$	$\sigma_1^2<\sigma_2^2$		$F\leqslant F_{1-\alpha}(n_1-1,n_2-1)$	$P_{H_0}\{F\leqslant F_0\}$

例 8.3.4 为比较两种枪弹的速度(单位:m/s)，在相同条件下进行速度测定，测得数据如下：

$$\text{枪弹甲}:n_1=120,\overline{x}=2805,s_1=120.41;$$

$$\text{枪弹乙}:n_2=60,\overline{y}=2680,s_2=105.00.$$

试在显著性水平 $\alpha=0.05$ 下，分析两种枪弹在均匀性方面及速度方面有无显著差异?

解 此例中两个样本总体服从什么分布不知道，但两个样本都为大样本，由中心极限定理，可将它们近似地当作正态总体来处理. 设甲、乙两种枪弹的速度分别为 X、Y，并令它们

的均值分别为 μ_1,μ_2，方差分别为 σ_1^2,σ_2^2.

(1)在 μ_1 与 μ_2 都未知时，检验 $H_0:\sigma_1^2=\sigma_2^2, H_1:\sigma_1^2\neq\sigma_2^2$.

此时检验统计量 $F=S_1^2/S_2^2$ 的取值 $F_0\approx1.315$.

对 $\alpha=0.05$，查 F 分布表得 $F_{1-\frac{\alpha}{2}}(n_1-1,n_2-1)=F_{0.975}(119,59)=0.65$，$F_{\frac{\alpha}{2}}(n_1-1,n_2-1)=F_{0.025}(119,59)=1.58$，所以得 H_0 的拒绝域近似为

$$W=\{F\leqslant0.65 \text{ 或 } F\geqslant1.58\}.$$

由于 $F_0\approx1.315$ 没有落在拒绝域中，故接受假设 H_0，即认为两种枪弹在均匀性上没有显著差异.

(2)在 σ_1^2,σ_2^2 都未知但 $\sigma_1^2=\sigma_2^2$ 的条件下，检验 $H_0:\mu_1=\mu_2, H_1:\mu_1\neq\mu_2$.

此时 $s_w=\sqrt{\dfrac{(n_1-1)s_1^2+(n_2-1)s_2^2}{n_1+n_2-2}}\approx115.53$，从而算得检验统计量 $t=\dfrac{\overline{X}-\overline{Y}}{S_w\sqrt{\dfrac{1}{n_1}+\dfrac{1}{n_2}}}$ 的取值 $t_0\approx6.843$.

数学试验

双样本方差检验

对 $\alpha=0.05$，$t_{\frac{\alpha}{2}}(n_1+n_2-2)=t_{0.025}(178)\approx u_{0.025}=1.96$. 因为 $|t_0|\approx6.843>1.96$，故拒绝假设 H_0，即认为两种枪弹在速度上有显著差异.

习题 8.3

1. 对甲、乙两种导线进行检验，测定它们的电阻，设甲、乙两种导线电阻分别服从 $N(\mu_1,2.01^2)$，$N(\mu_2,2.14^2)$. 今从甲、乙两种导线中分别抽取 96 根，测得电阻的样本均值分别为8.86，9.87. 问甲、乙两种导线的电阻有无显著差异(取 $\alpha=0.05$)？

2. 甲、乙两台机床加工同样的零件，从这两台机床加工的零件中随机地抽取一些样品，测得它们的外径(单位：mm)分别如下：

甲机床：20.5，19.8，19.7，20.4，20.1，20.0，19.0，19.9；

乙机床：19.7，20.8，20.5，19.8，19.4，20.6，19.2.

如零件的外径服从正态分布且两个方差相等，试问这两台机床加工的零件的外径有无显著差异(取 $\alpha=0.05$)？

3. 在漂白工艺中要考虑温度对针织品断裂强度的影响，比较 70℃与 80℃时的影响. 在这两个温度下，分别作 8 次测试，测得断裂强度(单位：kg)分别如下：

70℃：20.5，18.8，19.8，20.9，21.5，19.5，21.0，21.2；

80℃：17.7，20.3，20.0，18.8，19.0，20.1，20.2，19.1.

已知断裂强度服从正态分布，且它们的方差相等，问 70℃时的强度与 80℃时的强度有无显著差异(取 $\alpha=0.05$)？

4. 在第 3 题的条件下，能否认为 70℃时的强度比 80℃时的强度显著偏大(取 $\alpha=0.05$)？

5. 从甲、乙两批电子元件中随机抽取一些样品，测量它们的电阻(单位：Ω)分别如下：

甲批：0.140，0.138，0.143，0.142，0.144，0.137；

乙批：0.135，0.140，0.142，0.136，0.138，0.140.

已知甲、乙两批电子元件的电阻都服从正态分布，试问能否认为两个正态总体的方差相等(取 $\alpha=0.01$)？

6. 第 2 题中，我们假定了两个方差相等，试在 $\alpha=0.05$ 下检验它(也即检验两台机床的加工精度是否有显著差异)？

7. 工厂的两个化验室，每天同时从工厂的冷却水中取样，测量水中含氯量一次，如下为七天记录：

A 室：1.15，1.86，0.75，1.82，1.14，1.65，1.90；

B 室：1.00，1.90，0.90，1.80，1.20，1.70，1.95.

若水中含氯量服从正态分布，试问两化验室测定的结果间有无显著差异(取 $\alpha=0.01$)？(提示：先检验方差是否相等，再检验均值是否相等)

8. 甲、乙两台机床生产同一型号的滚珠，现分别从它们生产的滚珠中抽取一些，测得直径(单位：mm)如下：

甲：15.0，14.5，15.2，15.5，14.8，15.1，15.2，14.8；

乙：15.2，15.0，14.8，15.2，15.0，14.8，15.0，15.1，14.8.

假定滚珠直径服从正态分布，问两台机床加工的滚珠的直径可否认为具有同一分布(取 $\alpha=0.05$)？

9. 设有种植玉米的甲、乙两块农业试验区，各分类成 10 个小区，每一小区的面积相同，除甲区施磷肥外，其他试验条件不变，甲、乙两区的产量都服从正态分布，产量(单位：kg)如下：

甲区：62，57，65，60，63，58，57，60，60，58；

乙区：56，59，56，57，58，57，60，55，57，55.

问甲区的玉米产量是否显著地高于乙区的产量(取 $\alpha=0.05$)？

10. 某一橡胶配方中，原用氧化锌 5g，现用 1g，今分别对两种配方作试验，测得橡胶伸长率如下：

新配方：565，577，580，575，556，542，560，532，570，561；

原配方：540，533，520，545，531，541，529，534，525.

已知橡胶的伸长率服从正态分布，问可否认为新配方橡胶伸长率的总体方差比原配方的总体方差大(取 $\alpha=0.1$)？

11. 以新、旧两种纺纱机纺同一品种的纱，分别抽样以测定它们的断裂强度(单位：kg)，得

新机纺出的纱：$n_1=200$，$\bar{x}=0.266$，$s_1=0.109$；

旧机纺出的纱：$n_2=100$，$\bar{y}=0.288$，$s_2=0.088$.

试问新、旧两种机器纺出的纱的断裂强度的均值是否有显著差异(取 $\alpha=0.05$)？

§*8.4 分布拟合检验

前面讨论的问题总是假定总体服从正态分布，然后根据样本对总体的参数作假设检验，这是属于参数检验问题. 但在许多实际问题中，总体的分布形式往往是事先未知的，那么该如何利用观测到的样本对总体分布的假设进行检验呢？例如，检验总体的分布是否为正态

分布或某个其他类型的分布，即检验总体的分布函数是否为某一指定的分布函数，这类问题就是非参数假设检验问题.

若要检验总体的分布是否为某一指定类型的分布，即检验 $H_0: F(x)=F_0(x)$，$H_1: F(x)\neq F_0(x)$，其中 $F(x)$ 为总体的分布函数，$F_0(x)$ 是一个完全已知或形式已知但包含 r 个未知参数的分布函数.

这种问题的一般处理原则是：由于总体分布函数 $F(x)$ 可通过经验分布函数 $F_n(x)$ 来拟合，因此要检验假设 H_0，就要设法构造一个能反映经验分布 $F_n(x)$ 与理论分布 $F_0(x)$ 的偏差的量，用以刻画 $F_n(x)$ 拟合 $F_0(x)$ 的优度，然后再作检验，这样的检验称为**分布拟合检验**，又称**拟合优度检验(goodness-of-fit test)**.

由于有不同的方法定义 $F_n(x)$ 与 $F_0(x)$ 的偏差，因而有不同的拟合优度检验. 我们主要介绍由皮尔逊引入的检验总体分布的 **χ^2 拟合优度检验法**，此方法不限于检验总体是否服从正态分布，可以检验总体**是否服从任意指定的分布**，因而适用性较广.

χ^2 拟合优度检验法所使用的检验统计量主要是根据检验各组实际频数(也称为观察频数)与理论频数的差异构成的，利用这种差异的大小来推断总体的分布函数是否为某一给定的分布函数，不论总体的分布函数为何种类型，检验统计量的极限分布都为 χ^2 分布(由于缺乏关于总体分布的完全认知，检验统计量的精确分布难以求出). 为了检验统计量的分布更接近于 χ^2 分布，要求取大样本容量，且在分组时每组的理论频数不少于 5.

设 $X_1, X_2, \cdots, X_n$ 是取自总体 X 的一个样本，现要检验总体 X 的分布函数是否为某一给定的分布函数 $F_0(x)$，即检验 $H_0: F(x)=F_0(x)$，$H_1: F(x)\neq F_0(x)$.

任取 $k-1$ 个实数 $-\infty<a_1<a_2<\cdots<a_{k-1}<+\infty$，将实轴分成 k 个互不相交的区间：第一个为 $(-\infty, a_1)$，第二个为 $[a_1, a_2)$，……，第 i 个为 $[a_{i-1}, a_i)$，……，第 k 个为 $[a_{k-1}, +\infty)$.

以 f_i 表示样本值落入第 i 个区间内的个数，f_i 叫**观察频数**. 以 p_i 表示 X 落在第 i 个区间内的概率，如 H_0 成立，则有

$$p_1=F_0(a_1),\ p_i=F_0(a_i)-F_0(a_{i-1})\ (i=2,3,\cdots,k-1),\ p_k=1-F_0(a_{k-1}),$$

np_i 就为样本落入第 i 个区间内的**理论频数**.

取检验统计量为

$$\chi^2=\sum_{i=1}^{k}\frac{(f_i-np_i)^2}{np_i}, \tag{8.4.1}$$

可以证明，不论 $F_0(x)$ 是何种分布函数，只要 $F_0(x)$ 不含未知参数，当 H_0 成立时，统计量 χ^2 的极限分布是 $\chi^2(k-1)$，即 n 充分大(至少 50)时，χ^2 近似服从 $\chi^2(k-1)$.

若 H_0 成立，统计量 χ^2 的取值不应该很大，所以拒绝域的形式应为 $\chi^2\geqslant c$.

对于给定的显著性水平 α，可得 $\chi^2_\alpha(k-1)$，使得

$$P_{H_0}\{\chi^2\geqslant\chi^2_\alpha(k-1)\}=\alpha,$$

从而得假设 H_0 的拒绝域为

$$W=\{\chi^2\geqslant\chi^2_\alpha(k-1)\}. \tag{8.4.2}$$

检验的 p 值为 $P_{H_0}\{\chi^2\geqslant\chi^2_0\}$，其中 χ^2_0 是 χ^2 的取值.

例 8.4.1　掷一颗骰子 6000 次，得如下数据：掷出点数 1，2，3，4，5，6 的次数分别为 910，1110，1030，1050，960，940. 试在 $\alpha=0.05$ 下检验假设“这骰子是均匀的”?

解　设骰子每次掷的点数为 X，现要检验 $H_0: F(x)=F_0(x)$，$H_1: F(x)\neq F_0(x)$，其中

$F_0(x)$为骰子均匀时 X 的分布.

现在将实轴分成 6 个区间,即取 $k=6$,可列表 8-4-1 进行计算:

表 8-4-1

分组区间	观察频数 f_1	理论频数 np_1
$(-\infty, 1.5)$	910	1000
$[1.5, 2.5)$	1110	1000
$[2.5, 3.5)$	1030	1000
$[3.5, 4.5)$	1050	1000
$[4.5, 5.5)$	960	1000
$[5.5, +\infty)$	940	1000

计算得,统计量 $\chi^2=\sum\limits_{i=1}^{k}\dfrac{(f_i-np_i)^2}{np_i}$ 的取值 $\chi_0^2=28.8$.

对 $\alpha=0.05$,查 χ^2 分布表得 $\chi_\alpha^2(k-1)=\chi_{0.05}^2(5)=11.1$,因为 $\chi_0^2=28.8>11.1$,故拒绝 H_0,即可认为这颗骰子是不均匀的.

上面提到的检验中 $F_0(x)$不含未知参数.如果 $F_0(x)$中含有 r 个未知参数,那么这 r 个未知参数可用极大似然估计来代替,使 $F_0(x)$不含未知参数.此时仍可用上述方法来作检验,只不过此时统计量 χ^2 的极限分布应是 $\chi^2(k-r-1)$.

例 8.4.2 某乳业公司的分析员,从一批同龄奶牛中测得 40 头奶牛的日产奶量分别如下:

16.93,18.79,14.62,13.98,15.79,12.39,13.20,16.08,13.97,16.16,
16.12,17.81,18.74,15.99,13.32,13.63,16.40,13.76,16.58,15.25,
18.97,18.36,15.04,18.79,18.08,17.32,16.32,17.54,18.05,14.20,
18.04,13.00,13.25,12.43,16.56,14.12,20.55,16.75,13.29,18.23.

试问这批奶牛的日产奶量 X 是否服从正态分布(取 $\alpha=0.01$)?

解 用极大似然估计法去估计 μ,σ^2:$\hat{\mu}=\bar{x},\hat{\sigma}^2=s_n^2=\dfrac{1}{n}\sum\limits_{i=1}^{n}(x_i-\bar{x})^2$.由样本值计算得 $\bar{x}=15.96,s_n\approx 2.117$.要检验假设 $H_0:F(x)=F_0(x),H_1:F(x)\neq F_0(x)$,其中 $F_0(x)$ 为正态分布 $N(15.96, 2.117^2)$ 的分布函数.

为使理论频数 f_i 大多比 5 大,分的区间的个数应小于等于 8,但区间个数太小会影响检验的效果,故不妨取 $k=8$,也就是将实轴分成 8 个区间.至于分点可设计 X 落在每一区间中的概率接近 1/8.列表见 8-4-2,列式如下:

$$p_1=F_0(13.49)=\Phi\left(\frac{13.49-15.96}{2.117}\right)=\Phi(-1.17)=0.1210,$$

$$p_2=F_0(14.52)-F_0(13.49)=\Phi(-0.68)-\Phi(-1.17)=0.1273,$$

$$p_3=F_0(15.27)-F_0(14.52)=\Phi(-0.33)-\Phi(-0.68)=0.1224,$$

$$p_4=F_0(15.96)-F_0(15.27)=\Phi(0)-\Phi(-0.33)=0.1293,$$

$$p_5=F_0(16.65)-F_0(15.96)=\Phi(0.33)-\Phi(0)=0.1293,$$

$$p_6=F_0(17.40)-F_0(16.65)=\Phi(0.68)-\Phi(0.33)=0.1224,$$

$$p_7=F_0(18.43)-F_0(17.40)=\Phi(1.17)-\Phi(0.68)=0.1273,$$

$$p_8=1-F_0(18.43)=1-\Phi(1.17)=0.1210.$$

表 8-4-2

分组区间	观察频数 f_i	理论频数 np_i	$\frac{(f_i-np_i)^2}{np_i}$
$(-\infty,13.49)$	7	4.840	0.9640
$[13.49,14.52)$	6	5.092	0.1619
$[14.52,15.27)$	3	4.896	0.7342
$[15.27,15.96)$	1	5.172	3.3653
$[15.96,16.65)$	8	5.172	1.5463
$[16.65,17.40)$	3	4.896	0.7342
$[17.40,18.43)$	7	5.092	0.7149
$[18.43,+\infty)$	5	4.840	0.0053
总计	40	40	8.2261

对 $\alpha=0.01$，查 χ^2 分布表得 $\chi_\alpha^2(k-r-1)=\chi_{0.01}^2(5)=15.086$，因为检验统计量 χ^2 的取值 $\chi_0^2=8.2261<15.086$，没有落在拒绝域中，即在显著性水平 $\alpha=0.01$ 下可认为这批奶牛的日产奶量服从正态分布.

数学试验
卡方拟合优度检验

习题 8.4

1. 在某公路上 50min 之内，记录每 15s 过路的汽车辆数，得分布情况如下：

辆数	0	1	2	3	4	5
频数	92	68	28	11	1	0

试问这个分布能否看作是泊松分布(取 $\alpha=0.05$)?

2. 从一批零件中抽取 80 个样品，测量它们的外径(单位:mm)，将数据分组列表如下：

组	(100.75,100.78]	(100.78,100.81]	(100.81,100.84]
频数	5	21	35
组	(100.84,100.87]	(100.87,100.90]	(100.90,100.93]
频数	15	3	1

试问能否认为零件的外径服从正态分布(取 $\alpha=0.05$)?

3. 在一批灯泡中取 300 只作寿命(单位:h)测试，结果如下：

寿命	小于 100	100～200	200～300	大于等于 300
频数	121	78	43	58

试在 $\alpha=0.05$ 下，检验这批灯泡的寿命是否服从均值为 200 的指数分布？

重点分析

第 8 章小结

一、基本内容

1. 假设检验的基本概念

(1)假设检验

假设检验是根据样本提供的信息来判断总体是否具有某种指定特征,处理时先对总体的分布提出某种假设,然后利用样本所提供的信息,根据概率论的原理对假设作出“接受”还是“拒绝”的判断,这一类统计推断问题统称为假设检验.

假设检验所依据的原则是“小概率事件原理”.

(2)假设检验的基本步骤

①根据问题提出原假设 H_0 与备择假设 H_1;

②根据假设的具体内容,构造一个合适的检验统计量,并确定 H_0 成立时该统计量所服从的分布;

③确定拒绝域 W 的形式,再对给定的显著性水平 α,按 H_0 成立时样本落在 W 中的概率不超过 α 来确定拒绝域;

④由检验统计量的取值大小来判断是否拒绝原假设.

(3)两类错误

在根据样本作推断时,由于样本的随机性,难免会作出错误的决定. 当原假设 H_0 为真时,作出拒绝 H_0 的判断,称为犯第一类错误;当原假设 H_0 不真时,作出接受 H_0 的判断,称为犯第二类错误.

对每一检验法,都可能犯两类错误,我们总希望犯两类错误的概率 α 与 β 都尽可能小. 但当样本容量固定时,犯两类错误的概率是相互制约的,想减少犯第一类错误的概率 α 就会增大犯第二类错误的概率 β,反之亦然. 要它们同时减少,除非增大样本容量. 在实际问题中,为保护原假设的主要地位,一般是控制犯第一类错误的概率 α,这就是显著性水平为 α 的显著性检验. 当 α 选取好后,若要减少 β,则可通过增加样本容量来实现.

2. 正态总体参数的假设检验

我们主要介绍了关于正态总体参数的各种检验法(具体参看表 8-2-1 及表 8-3-1),同时也介绍了关于总体分布函数的 χ^2 拟合优度检验法.

书中介绍的这些检验法(特别是单正态总体参数的假设检验)是常用的检验法,也很基本,但可从中熟悉假设检验的一般处理过程,因而就不难进一步掌握其他的检验法.

所以本章学习的重点应在于理解假设检验的基本思想,以及通过掌握一些基本的检验法熟悉假设检验的处理过程.

二、例题解析

【例 8.1】 对正态总体的均值 μ 进行假设检验,如果在显著性水平 0.05 下接受 H_0:$\mu=\mu_0$,那么在显著性水平 0.01 下,下列结论中正确的是 (　　).

A. 必接受 H_0　　　　B. 可能接受，也可能拒绝 H_0

C. 必拒绝 H_0　　　　D. 不接受，也不拒绝 H_0

【分析】 问题的关键在于正确掌握正态总体均值的双侧检验的检验统计量以及拒绝域. σ 已知时，检验 $H_0:\mu=\mu_0, H_1:\mu\neq\mu_0$，检验统计量为 $U=\dfrac{\overline{X}-\mu_0}{\sigma/\sqrt{n}}$，拒绝域为 $\{|U|\geqslant u_{\frac{\alpha}{2}}\}$；$\sigma$ 未知时，检验统计量为 $t=\dfrac{\overline{X}-\mu_0}{S/\sqrt{n}}$，拒绝域为 $\{|t|\geqslant t_{\frac{\alpha}{2}}(n-1)\}$.

解 题中没有告知 σ 是否已知，不妨按 σ 未知处理（按 σ 已知处理可得同样结果）.

由于在显著性水平 0.05 下接受 H_0，所以检验统计量 $t=\dfrac{\overline{X}-\mu_0}{S/\sqrt{n}}$ 的取值 t_0 满足

$$|t_0|<t_{\frac{\alpha}{2}}(n-1)=t_{0.025}(n-1)<t_{0.005}(n-1),$$

即 t_0 的取值没有落在 $\alpha=0.01$ 下 H_0 的拒绝域中，所以在显著性水平 0.01 下接受 H_0，故选 A.

本例以 p 值检验法说明更简单，由于在显著性水平 0.05 下接受 H_0，所以检验的 p 值 $>\alpha=0.05>0.01$，所以在显著性水平 0.01 下接受 H_0.

【例 8.2】 设 α、β 分别是假设检验中第一、二类错误的概率，且 H_0、H_1 分别为原假设和备择假设，则下列结论中正确的是（　　）.

A. 在 H_0 成立的条件下，经检验 H_1 被接受的概率为 β

B. 在 H_1 成立的条件下，经检验 H_0 被接受的概率为 α

C. $\alpha=\beta$

D. 若要同时减少 α、β，需要增加样本容量

【分析】 问题的关键在于正确理解两类错误的内涵，第一类错误是“弃真”错误，第二类错误是“取伪”错误. 当样本容量固定时，想减少犯某类错误的概率就会增大犯另一类错误的概率；要它们同时减少，除非增大样本容量. 所以选 D.

【例 8.3】 设 $X_1,X_2,\cdots,X_n$ 是取自正态总体 $X\sim N(\mu,9)$ 的样本，$\overline{X}$ 为样本均值. 如果对检验问题 $H_0:\mu=\mu_0, H_1:\mu\neq\mu_0$，取拒绝域为 $|\overline{X}-\mu_0|\geqslant c$. 若检验的显著性水平 $\alpha=0.05$，试确定常数 c.

【分析】 此类问题的关键在于搞清楚：在什么条件下，对什么假设作检验，取什么为检验统计量，拒绝域是什么？本例中，$\sigma^2=9$ 已知，需检验总体均值 μ 是否等于 μ_0.

解 已知 $\sigma^2=9$，检验 $H_0:\mu=\mu_0, H_1:\mu\neq\mu_0$，

取检验统计量 $U=\dfrac{\overline{X}-\mu_0}{\sigma/\sqrt{n}}=\dfrac{\overline{X}-\mu_0}{3/5}$，在 $\alpha=0.05$ 下，假设 H_0 的拒绝域为 $\{|U|\geqslant u_{\frac{\alpha}{2}}=u_{0.025}=1.96\}$，即 $\left|\dfrac{\overline{X}-\mu_0}{3/5}\right|\geqslant 1.96$，

由此得 $|\overline{X}-\mu_0|\geqslant 1.176$，所以 $c=1.176$.

【例 8.4】 用包装机包装某种洗衣粉. 在正常情况下，袋重的标准差不能超过 15g. 假定每袋洗衣粉的重量服从正态分布，某天检验机器的工作状况，从产品中随机地抽取 16 袋，根据测得的重量计算得样本标准差为 30.23g. 试问这一天机器工作是否正常（取 $\alpha=0.05$）？

【分析】 本例中，总体均值 μ 未知，需检验总体标准差 σ 有没有超过 15.

【详解】 需要检验 $H_0:\sigma^2\leqslant 15^2, H_1:\sigma^2>15^2$，

取检验统计量 $\chi^2=\frac{(n-1)S^2}{\sigma_0^2}=\frac{15S^2}{15^2}=\frac{S^2}{15}$,

在 $\alpha=0.05$ 下,H_0 的拒绝域为$\{\chi^2\geqslant\chi_\alpha^2(n-1)=\chi_{0.05}^2(15)=24.996\}$.

而由样本值算得检验统计量的取值 $\chi_0^2\approx 60.924$,落在拒绝域中,所以在显著性水平0.05下拒绝 H_0,即认为这一天机器的工作不正常.

第8章总复习题

1. 在统计假设的显著性检验中,给定了显著性水平 α,下列结论中错误的是 ( )

A. 拒绝域的确定与水平 α 有关

B. 拒绝域的确定与检验法中所构造的随机变量的分布有关

C. 拒绝域的确定与备择假设有关

D. 拒绝域选法是唯一的

2. 若对统计假设 H_0 构造了显著性检验方法,则下列结论错误的是 ( )

A. 对不同的样本观测值,所得的统计推理结果可能不同

B. 对不同的样本观测值,拒绝域不同

C. 拒绝域的确定与样本观测值无关

D. 对一组样本观测值,可能因显著性水平的不同,而使推断结果不同

3. 假设检验时,当样本容量固定不变,若缩小犯第一类错误的概率,则犯第二类错误的概率 ( )

A. 变小　　B. 变大　　C. 不变　　D. 不确定

4. 在一次假设检验中,下列说法正确的是 ( )

A. 第一类错误和第二类错误同时都要犯

B. 如果备择假设是正确的,但作出的决策是拒绝备择假设,则犯了第一类错误

C. 增大样本容量,则犯两类错误的概率都要变小

D. 如果原假设是错误的,但作出的决策是接受备择假设,则犯了第二类错误

5. 设 $X_1,X_2,\cdots,X_n$ 为来自正态总体 $N(\mu,\sigma^2)$ 的一个样本,若进行假设检验,当____时,一般采用统计量 $t=\frac{\overline{X}-\mu_0}{S/\sqrt{n}}$. ( )

A. μ 未知,检验 $\sigma^2=\sigma_0^2$　　B. μ 已知,检验 $\sigma^2=\sigma_0^2$

C. σ^2 未知,检验 $\mu=\mu_0$　　D. σ^2 已知,检验 $\mu=\mu_0$

6. 在假设检验中,检验的显著性水平 α 的意义是 ( )

A. 假设 H_0 成立,经检验被拒绝的概率

B. 假设 H_0 成立,经检验不被拒绝的概率

C. 假设 H_0 不成立,经检验被拒绝的概率

D. 假设 H_0 不成立,经检验不被拒绝的概率

7. 在统计假设的显著性检验中,取小的显著性水平 α 的目的在于 ( )

A. 不轻易拒绝备择假设　　B. 不轻易拒绝原假设

C. 不轻易接受原假设　　　　　　　D. 不考虑备择假设

8. 在假设检验中，记 H_1 为备择假设，则称____为犯第一类错误　　（　　）

A. 若 H_1 为真，接受 H_1　　　　B. 若 H_1 不真，接受 H_1

C. 若 H_1 为真，拒绝 H_1　　　　D. 若 H_1 不真，拒绝 H_1

9. 在假设检验中，方差 σ^2 已知，$H_0:\mu=\mu_0$，则　　（　　）

A. 若备择假设 $H_1:\mu\neq\mu_0$，则其拒绝域为 $\left\{\left|\dfrac{\overline{X}-\mu_0}{S/\sqrt{n}}\right|\geqslant t_{\alpha/2}(n-1)\right\}$

B. 若备择假设 $H_1:\mu\neq\mu_0$，则其拒绝域为 $\left\{\dfrac{\overline{X}-\mu_0}{\sigma/\sqrt{n}}\geqslant u_{\alpha/2}\right\}$

C. 若备择假设 $H_1:\mu<\mu_0$，则其拒绝域为 $\left\{\dfrac{\overline{X}-\mu_0}{\sigma/\sqrt{n}}\geqslant u_{\alpha}\right\}$

D. 若备择假设 $H_1:\mu<\mu_0$，则其拒绝域为 $\left\{\dfrac{\overline{X}-\mu_0}{\sigma/\sqrt{n}}\leqslant -u_{\alpha}\right\}$

10. 设 $X_1,X_2,\cdots,X_n$ 是取自正态总体 $N(\mu,\sigma^2)$ 的一个样本，若已知 $\mu=0$，则检验 H_0：$\sigma^2=1$，$H_1:\sigma^2\neq1$ 所用的检验统计量及它在 H_0 成立时的分布为　　（　　）

A. $\sum\limits_{i=1}^{n}X_i^2\sim\chi^2(n)$　　　　B. $(n-1)S^2\sim\chi^2(n-1)$

C. $\dfrac{\overline{X}}{S/\sqrt{n}}\sim t(n-1)$　　　　D. $\sqrt{n}\overline{X}\sim N(0,1)$

11. 设样本 $X_1,X_2,\cdots,X_n$ 取自正态总体 $N(\mu,\sigma^2)$，若 μ,σ^2 均未知，要检验 $H_0:\mu=\mu_0$，$H_1:\mu>\mu_0$，则检验统计量为________，在显著性水平 α 下检验的拒绝域为________.

12. 在假设检验中，显著性水平 α 的不同会导致不同的推断结果，显著性水平 α 是用来控制犯第______类错误的概率.

13. 设 $X_1,X_2,\cdots,X_n$ 是取自正态总体 $N(\mu,\sigma^2)$ 的一个样本，若已知 $\mu=\mu_0$，现检验 H_0：$\sigma^2=\sigma_0^2$，$H_1:\sigma^2\neq\sigma_0^2$，则当________时，$\dfrac{\sum\limits_{i=1}^{n}(X_i-\mu_0)^2}{\sigma_0^2}\sim\chi^2(n)$.

14. 已知某种食品每袋重量应为 50g，现随机抽查超市出售的该种食品 4 袋，测得重量为：45.0，49.5，50.5，46.5. 设每袋重量服从标准差为 3g 的正态分布，试在显著性水平 $\alpha=0.05$ 下检验该食品平均袋重是否合格？

15. 设某次考试的考生成绩服从正态分布，从中随机抽取 36 位考生的成绩，算得平均成绩为 66.5 分，标准差为 15 分. 问是否可认为全体考生的平均成绩为 70 分？并给出检验过程(取 $\alpha=0.05$).

16. 某学生参加体育培训结束时，跳远成绩近似服从正态分布，鉴定平均成绩(单位：cm)为 576，标准差为 8. 若干天后对该学生独立抽检 10 次，得跳远成绩如下：

578，572，580，568，572，570，572，570，596，584.

问该学生跳远水平与稳定性是否与鉴定成绩有显著差异(取 $\alpha=0.05$)？

17. 如果产品某指标的尺寸的方差不超过 0.2，那就接收这批产品. 现由容量为 46 的样本中，求得样本方差为 0.3. 假定尺寸服从正态分布，试问是否可以接收这批产品(取 $\alpha=0.05$)？

第9章 Matlab及其在概率统计中的应用

§9.1 Matlab入门

9.1.1 引 言

Matlab是美国Wolfram公司开发的一个功能强大的数学软件系统，它主要包括数值计算、符号计算、图形功能和程序设计.本章力图在不大的篇幅中给读者提供该系统的一个简要的介绍.本章是按Matlab 7.1版本编写的，但是也适用于Matlab的任何其他图形界面的版本.

Matlab在数值计算、符号运算和图形表示等方面都是强有力的工具，并且其命令句法惊人的一致，这个特性使得Matlab很容易使用.你不必担心还不太熟悉计算机.本入门将带你迅速了解Matlab的基本使用过程，但在下面的介绍中，我们假定读者已经知道如何安装及启动Matlab.此外，始终要牢记以下几点：

- 圆括号“( )”，花括号“{ }”，方括号“[ ]”都有特殊用途，应特别注意
- 句号“.”，分号“;”，逗号“,”，感叹号“!”等都有特殊用途，应特别注意
- 用Enter键执行命令
- %后的内容为注释语句

9.1.2 一般介绍

1. 输入与输出

例9.1.1 计算1+1.在打开的命令窗口中输入：

1+2+3

并按Enter执行上述命令，则屏幕上将显示：

输出 ans=

6

这里由于没有指定输出变量，Matlab默认输出变量为ans，如果想指定输出变量可以使用如下的命令：

输入 a=1+2+3

按Enter键输出结果

输出 a=

6

2. 数学常数

pi 表示圆周率 π； e 表示无理数 e； i 表示虚数单位 i；

degree 表示 π/180； infinity 表示无穷大.

3. 算术运算

Matlab 中用"＋"、"－"、"∗"、"/"和"^"分别表示算术运算中的加、减、乘、除和乘方.

例 9.1.2 计算 $\sqrt[4]{100}\cdot\left(\frac{1}{9}\right)^{-\frac{1}{2}}+8^{-\frac{1}{3}}\cdot\left(\frac{4}{9}\right)^{\frac{1}{2}}\cdot\pi$.

输入 a1＝100^(1/4)∗(1/9)^(－1/2)＋8^(－1/3)∗(4/9)^(1/2)∗Pi

则输出 a1＝10.534，这是近似值，再输入

a2＝vpa(a1,4)

则输出 a2＝10.54

这里如果不指定输出格式，Matlab 默认输出为 5 位十进制数，可以通过 vpa 命令改变结果的有效位数，如例子中的 vpa(a1,4)就是显示结果 a1 中的四位有效数字.

注：Matlab 的运算需要区分点乘(.∗)与乘(∗)，点除(./)与除(/)，点乘方(.^)与乘方(^). 它们是有本质区别的. 像带点"."时对应元素相乘((如 $A.*B$))，不带时矩阵相乘(如 $A*B$). 带点时，点除($A./B$)表示对应元素相除，不带点时，表示矩阵除法. 带点时，点乘方($A.^n$)表示对矩阵的每个元素 n 次方；不带点时，表示矩阵 A 自乘 n 次.

4. 代数运算

例 9.1.3 分解因式 x^2+3x+2

输入 syms x %定义符号变量 x

f1＝factor (x^2＋3∗x＋2)

输出 f1＝(x＋2)∗(x＋1)

例 9.1.4 展开因式 $(1+x)(2+x)$

输入 syms x

f2＝expand ((x＋2)∗(x＋1))

输出 f2＝x^2＋3∗x＋2

例 9.1.5 通分 $\frac{2}{x+2}+\frac{1}{x+3}$

输入 syms x

[n, d]＝numden (1/(x＋3)＋2/(x＋2)) %将通分后的分子值赋给变量 n，分母值赋给变量 d.

输出 n＝3∗x＋8

d＝(x＋3)∗(x＋2)

例 9.1.6 将表达式 $\frac{8+3x}{(2+x)(3+x)}$ 展开成部分分式

输入 num＝[3 8]；

den＝[1 5 6]； %num 给出分子按照降幂排列的 x 的系数，den 是分母按照降幂排列的 x 各项前的系数.

```
    [r,p,k]=residue(num,den)
输出        r=1.0000
              2.0000
            p=-3.0000
             -2.0000
            k=[]
```

%Matlab 将按下式给出 F(s)部分分式展开式中的留数、极点和余项：

$$F(s)=\frac{r(1)}{s-p(1)}+\frac{r(2)}{s-p(2)}+\cdots+\frac{r(n1)}{s-p(n)}+k(s)$$

故例 9.1.6 输出结果 $\frac{1}{x+3}+\frac{2}{x+2}$

例 9.1.7 化简表达式 $(1+x)(2+x)+(1+x)(3+x)$

```
输入        syms x
            simplify((1+x)*(2+x)+(1+x)*(3+x))
输出        ans=2*x^2+7*x+5
```

由于上述几例中都使用了符号运算，所以都首先要定义符号变量. 在 Matlab 中定义符号变量的格式为：syms x y z，不同变量之间用空格隔开.

9.1.3 函数

1. 内部函数

Matlab 系统内部定义了许多函数，且常用英文全名作为函数名. Matlab 函数(命令)的基本格式为：

函数名(表达式，选项)

下面列举了一些常用函数：

算术平方根 $\sqrt{x}$	sqrt(x)	
指数函数 e^x	exp(x)	
对数函数 $\log_a x$	log$a$(x)	
对数函数 $\ln x$	log(x)	
三角函数	sin(x), cos(x), tan(x), cot(x), sec(x), csc(x)	
反三角函数	asin(x), acos(x), atan(x), acot(x), asec(x), acsc(x)	
双曲函数	sinh(x), cosh(x), tanh(x),	
反双曲函数	asinh(x), acosh(x), atanh(x)	
四舍五入函数	round(x)	(取最接近 x 的整数)
取整函数	floor(x)	(取不超过 x 的最大整数)
取模	mod(m,n)	(求 m/n 的模)
取绝对值函数	abs(x)	
n 的阶乘	factorial(n)	
符号函数	sign(x)	
取近似值	vpa(x,n)	(取 x 的 n 位有效数字的近似值)

例 9.1.8　求 π 的 6 位和 20 位有效数字的近似值.

输入　vpa(pi,6)　　　　输出 3.14159

输入　vpa(pi, 20)　　　输出 3.1415926535897932285

例 9.1.9　计算函数值.

(1) 输入　sin(pi/3)　　　输出　0.8660

(2) 输入　asin(.45)　　　输出　0.4667

(3) 输入　round(－1.52) 输出　－2

例 9.1.10　计算表达式 $\frac{1}{1+\ln 2}\sin\frac{\pi}{6}-\frac{e^{-2}}{2+\sqrt[3]{2}}\arctan(0.6)$的值.

输入　1/(1＋log(2)) * sin(pi/6)－exp(－2)/(2＋2^(1/3)) * atan(.6)

输出　0.2749

2. 自定义函数

在 Matlab 系统内,由字母开头的字母数字串都可用作变量名,但要注意其中不能包含空格或标点符号. Matlab 定义函数有三种方式:

(1) M 函数文件 (M file function)

(2) 在线函数 (Inline function)

(3) 匿名函数 (Anonymous function)

例 9.1.11　定义函数 $f(x)=x^3+2x^2+1$,并计算 $f(2),f(4),f(6)$.

方法一:M 函数文件

点击 Matlab 界面中的 New m file 按钮,跳出一个名为 Editor 的窗口,在此窗口内输入 function y=myfile(x);%这里可以写函数的使用说明,前面以%开头,在工作区中,help myfile 将显示此处的说明.

y=x^3+2 * x^2+1;　　　　　%定义函数的表达式.

第一行 function 告诉 Matlab 这是一个函数,x 是输入,y 是输出,myfile 是函数名. 以 m 文件定义的函数必须保存为函数名的形式. 上例中,函数应保存为 myfile. m. 要使用 myfile 函数,该函数必须在 Matlab 的搜索路径中.

```
clear                %清除变量及其赋值
myfile(2)            %求 f(2)的值
myfile(4)            %求 f(4)的值
myfile(6)            %求 f(6)的值
```

输出

```
17
97
289
```

方法二:在线函数

定义方式为:f=inline('函数表达式','变量名')

输入 f=inline('x^3+2 * x^2+1','x')　%创建函数 f(x)=x^3+2x^2+1.

```
f(2)                 %求 f(2)的值
```

方法三:匿名函数

定义方式为:f=@(变量名)函数表达式

输入 f=@(x)x^3+2*x^2+1

```
f(4)
```

输出 ans=97

从这个例子可以看出,在线函数和匿名函数从定义形式上看显得简单一些,但是对于复杂函数,尤其是需要用到复杂编程来实现的函数,M 函数文件方法就更为适用了.

9.1.4 解方程

在 Matlab 系统内,方程中的等号用符号"="表示.最基本的求解方程的命令为

solve(eqns, vars)

它表示对系数按常规约定求出方程(组)的全部解,其中 eqns 表示方程(组),vars 表示所求未知变量.

例 9.1.12 解方程 $x^2+3x+2=0$

输入 solve('x^2+3*x+2=0',x)

输出 ans=-1

-2

例 9.1.13 解方程组

输入 syms a b x y

z=solve('a*x + b*y=0','c* x + d*y=1','x,y')

输出 z=x: [1x1 sym]

y: [1x1 sym] %结果输出是一个符号结构,其中 z.x 保存 x 的运算结果,z.y 保存 y 的运算结果.

z.x %查看 x 符号运算结果

输出 ans=-b/(a*d-c*b)

例 9.1.14 解无理方程

输入 syms x a

z=solve('sqrt(x-1)+ sqrt(x+1)=a', x)

输出 z=1/4*(4+a^4)/a^2

很多方程是根本不能求出准确解的,此时应转而求其近似解.求方程的近似解的方法有两种:一种是在方程组的系数中使用小数,这样所求的解即为方程的近似解;另一种是利用下列专门用于求方程(组)数值解的命令:

```
c=fzero (f,x,[a,b])
```

该命令求函数 f 关于自变量 x 在区间$[a,b]$上的零点 c 的值(前提是零点 c 存在).

例 9.1.15 求方程 $3x^3-2x^2+3x-2=0$ 的近似解

输入 f=@(x) 3*x^3-2*x^2+3*x-2; %定义函数表达式

fzero(f,[0 1]) %求近似解

输出 ans=0.6667

9.1.5　保存与退出

Matlab 很容易保存工作空间的内容,打开位于窗口第一行的 File 菜单,点击 Save 后得到保存文件时的对话框,按要求操作后即可把所要的内容存为 *.mat 文件.而退出 Matlab 与退出 Word 的操作是一样的.

9.1.6　查询与帮助

查询某个函数(命令)的基本功能,键入“help 函数名”,例如,

输入

```
help plot
```

则输出

```
PLOT   Linear plot.
PLOT(X,Y) plots vector Y versus vector X. If X or Y is a matrix, then the vector is plotted versus the rows or columns of the matrix, whichever line up. If X is a scalar and Y is a vector, length(Y) disconnected points are plotted…
```

它告诉了我们关于绘图命令“Plot”的基本使用方法.

例 9.1.16　在区间[-1,1]上作出抛物线 $y=x^2$ 的图形,如图 9-1-1 所示.

输入 x=-1:0.05:1;　%输入一个行向量,起始值为-1,终止值为 1,步长为 0.05.

y=x.^2;　　　　　　%根据 x 的取值生成 y 的取值,此处应该使用点乘方,即对 x 的每个数据值平方.

plot(x,y)

则输出如图 9-1-2 所示.

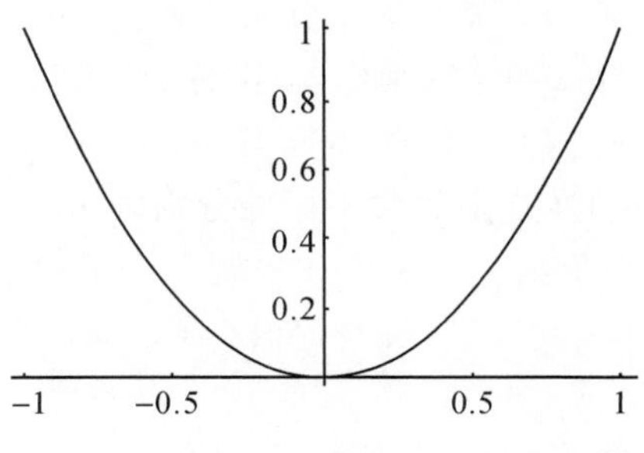

图 9-1-1

例 9.1.17　在区间[0,2π]上作出 $y=\sin x$ 与 $y=\cos x$ 的图形.

输入　x=0:0.05:2*Pi;

　　　plot(x,[sin(x);cos(x)])

则输出如图 9-1-2 所示.

此外,Matlab 的 Help 菜单中提供了大量的帮助信息,其中 Help 菜单中的第一项 Help Browser(帮助浏览器)是常用的查询工具,读者若想了解更多的使用信息,则应自己通过 Help 菜单去学习.

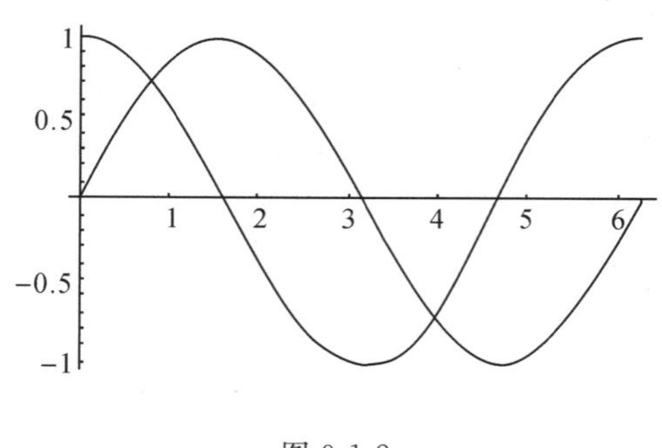

图 9-1-2

§9.2　概率论、数据统计与区间估计

Matlab 提供了专用的统计工具箱(Statistics Toolbox)，几乎包括了数理统计方面的所有概念、理论及实现，可以直接求解概率论与数理统计领域的大量问题，从而避免了传统的查询表格的解决方法.

9.2.1　概率模型

1. 基本命令

(1)Matlab 画条形图

Matlab 提供了做条形图的命令，其调用格式为：

(1)bar(Y)若 y 为向量，则分别显示每个分量的高度，横坐标为 1 到 length(y)；若 y 为矩阵，则 bar 把 y 分解成行向量，再分别画出，横坐标为 1 到 size(y,1)，即矩阵的行数.

(2)bar(x,Y)在指定的横坐标 x 上画出 y，其中 x 为严格单增的向量；若 y 为矩阵，则 bar 把矩阵分解成几个行向量，在指定的横坐标处分别画出.

(3)bar(…,width)设置条形的相对宽度和控制在一组内条形的间距. 缺省值为 0.8，所以，如果用户没有指定 x，则同一组内的条形有很小的间距，若设置 width 为 1，则同一组内的条形相互接触.

(4)bar(…,'style')指定条形的排列类型. 类型有"group"和"stack"，其中"group"为缺省的显示模式.

"group"：若 y 为 $n*m$ 阶的矩阵，则 bar 显示 n 组，每组有 m 个垂直条形的条形图.

"stack"：对矩阵 y 的每一个行向量显示在一个条形中，条形的高度为该行向量中的分量和. 其中同一条形中的每个分量用不同的颜色显示出来，从而可以显示每个分量在向量中的分布.

(5)bar(…,LineSpec)用指定的颜色 LineSpec 显示所有的条形.

(2)Matlab 做直方图

用 Matlab 做直方图，其命令调用格式为：

(1)n=hist(Y)把向量 y 中的元素放入等距的 10 个条形中，且返回每一个条形中的元素个数.若 y 为矩阵,则该命令按列对 y 进行处理.

(2)n=hist(Y,x),参量 x 为向量,把 y 中元素放到 m(m=length(x))个由 x 中元素指定的位置为中心的条形中.

(3)n=hist(Y,$n$bins),参量 $n$bins 为标量,用于指定条形的数目.

2. 概率问题举例

(1)频率与概率

例 9.2.1(高尔顿钉板实验)　在高尔顿钉板上端放一个小球,任其自由下落.在其下落过程中,当小球碰到钉子时从左边落下的概率为 p,从右边落下的概率为 $1-p$,碰到下一排钉子又是如此,最后落到底板中的某一格子.因此,任意放入一球,则此球落入哪个格子事先难以确定.设横排共有 $m=20$ 排钉子,下面进行模拟实验:

(1) 取 $p=0.5$,自板上端放入一个小球,观察小球落下的位置;将该实验重复作 5 次,观察 5 次实验结果的共性及每次实验结果的偶然性;

(2) 分别取 $p=0.15,0.5,0.85$,自板上端放入 n 个小球,取 $n=5000$,观察 n 个小球落下后呈现的曲线.

作出不同 p 值下 5000 个小球落入各个格子的频数的直方图,输入

```
clear
clf
n=5000;m=20;w=10000;                 %n为小球的个数,m为钉子的排数,w控制产生随机数的个数
ballnum=zeros(1,m+1);                %ballnum为小球落入各个槽的计数器
p=0.5;q=1-p;                         %设置向左和向右落的概率
for i=1:n                            %开始模拟小球下落过程,通过产生随机数然后判断是向左还是向右落,最后确定小球的位置.
s=rand(1,w);k=1;h=1;
for j=1:m
k=k+1;
  if s(j)>p
     h=h+0;
  else
     h=h+1;
  end
end
ballnum(h)=ballnum(h)+1;             %对落入各个槽内的小球计数,相当于频数
bar([0:m],ballnum)                   %根据小球落入各个槽内的频率画条形图
end
```

则输出如图 9-2-1 所示.

由图 9-2-1 可见,若小球碰钉子后从两边落下的概率发生变化,则高尔顿钉板实验中小球落入各个格子的频数发生变化,从而频率也相应地发生变化.而且,当 $p>0.5$,曲线峰值的格子位置向右偏;当 $p<0.5$,曲线峰值的格子位置向左偏.

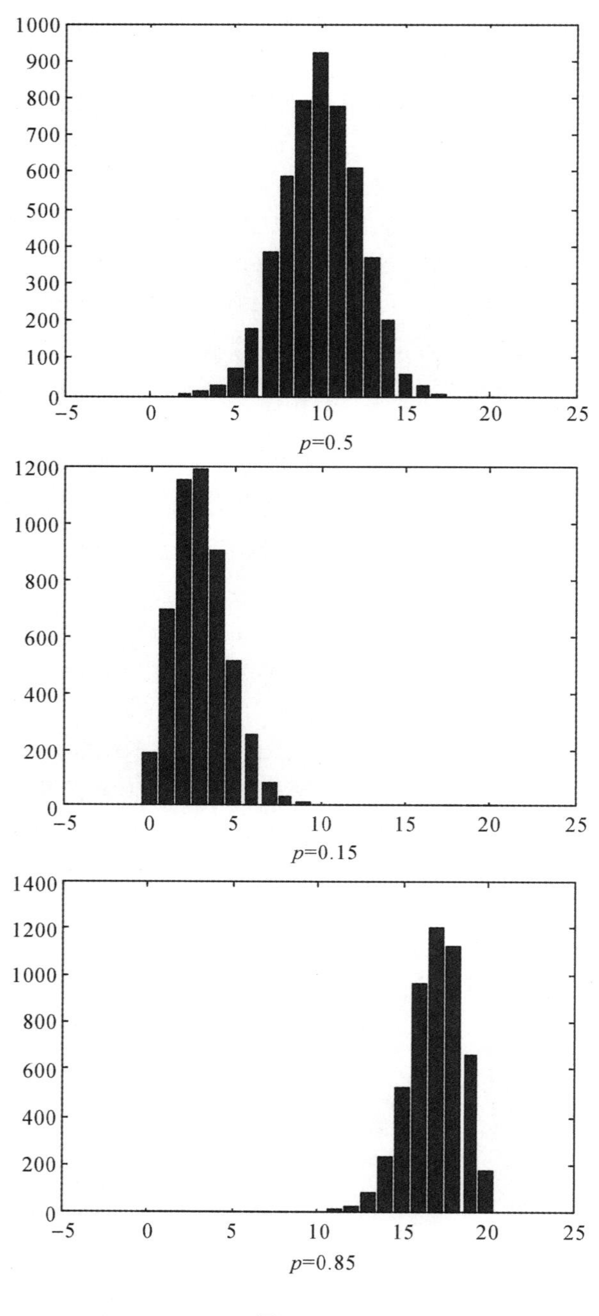

图 9-2-1

(2)古典概型

例 9.2.2(生日问题)　美国数学家伯格米尼曾经做过一个别开生面的实验:在一个盛况空前、人山人海的世界杯赛场上,他随机地在某号看台上召唤了 22 个球迷,请他们分别写下自己的生日,结果竟发现其中有两人同生日.怎么会这么凑巧呢?

下面我们首先通过计算机模拟伯格米尼实验体验一次旧事重温(用 22 个 1～365 可重复随机整数来模拟试验结果).

(1) 产生 22 个随机数,当出现两数相同时或 22 个数中无相同数时,试验停止并给出结果;

(2) 重复(1)1000 次,统计试验结果并填入表 9-2-1 中;

(3) 产生 40,50,64 个随机数,重复(1)和(2).

表 9-2-1

$n=1000$	r			
	$r=22$	$r=40$	$r=50$	$r=64$
出现同生日次数	489	880	970	997
出现同生日频率	0.489	0.88	0.97	0.997
$f(r)$	0.476	0.891	0.970	0.997

事实上,设随机选取 r 人,$A=\{$至少有两人同生日$\}$,则

$$\overline{A}=\{\text{生日全不同}\},P(\overline{A})=\frac{P_{365}^{r}}{(365)^{r}},$$

而

$$P(A)=1-P(\overline{A})=1-\frac{P_{365}^{r}}{(365)^{r}}\stackrel{\Delta}{=}f(r)$$

输入命令:

```
num=1:65;                          %选取实验的人数
for i=1:65
  ddd(i)=birthday(num(i));
end
plot(num,ddd)                      %画出概率随人数变化的曲线
```

以下是主程序中调用的 M 函数文件 birthday:

```
function y1=birthday(num)
n=0;
for  m=1:5000                          %做 5000 次随机实验
y=0; x=1+fix(365*rand(1,num));        %产生 num 个随机数
for i=1:(num-1)
     for j=i+1:num
          if x(i)==x(j),y=1;break,end %寻找随机数中是否有相同数
     end
end
n=n+y;                                 %累计有两个人生日相同的频数
end
y1=n/m;                          %计算频率
```

则输出所求概率 $P(A)$随人数 r 变化的曲线 $f(r)$,如图 9-2-2 所示.

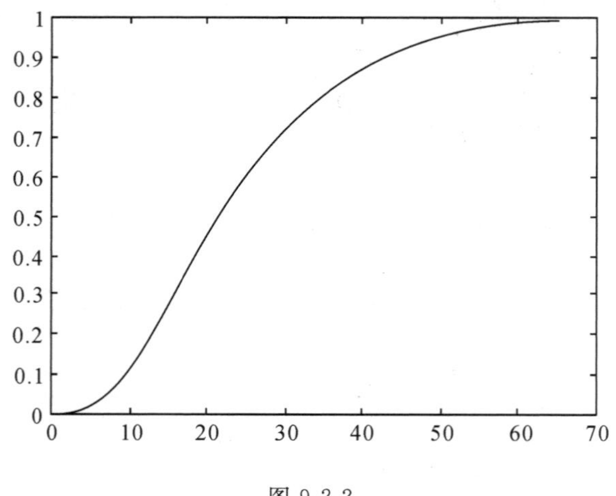

图 9-2-2

(3)几何概型

例 9.2.3(会面问题) 甲、乙二人约定八点到九点在某地会面,先到者等 20 分钟后离去,试求两人能会面的概率.

由于甲、乙二人在[0,60]时间区间中任何时刻到达是等可能的,若以 X,Y 分别代表甲、乙二人到达的时刻,则每次试验相当于在边长为 60 的正方形区域

$$\Omega=\{(X,Y);0\leqslant X,Y\leqslant 60\}$$

中取一点.设到达时刻互不影响,因此 (X,Y) 在区域 Ω 内取点的可能性只与区域的面积大小成正比,而与其形状、位置无关.于是,会面问题可化为向区域 Ω 随机投点的问题.所关心的事件"二人能会面"可表示为

$$A=\{(X,Y);|X-Y|\leqslant 20\}\text{(见图 9-2-3)}$$

于是,所求概率的理论值为

$$P(A)=\frac{A\text{ 的面积}}{\Omega\text{ 的面积}}=\frac{5}{9}\approx 0.556$$

下面,我们作如下模拟试验:

(1) 模拟向有界区域 Ω 投点 n 次的随机试验,取 $n=100$,统计每次投点是否落在图 9-2-3所示区域 A 中,若是则计数 1 次.

(2) 改变投点次数 $n=1000,5000,10000$,统计落入区域 A 的次数.

输入

```
function f=meet(num)
x=60 * rand(1,num);
y=60 * rand(1,num);
i=0;n=0;
for i=1:num
h=0;
if abs(x(i)-y(i))<=20
    h=1;
```

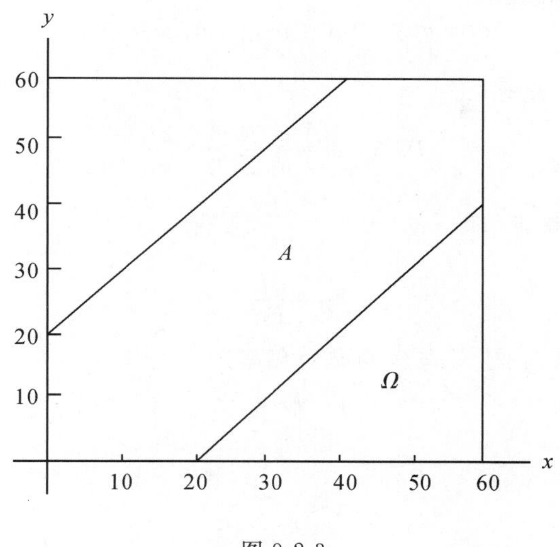

图 9-2-3

```
    end
  n=n+h;
  end
  f=n/i;
  n=100;meet(n)
  n=1000;meet(n)
  n=5000;meet(n)
  n=10000;meet(n)
```

则输出所求结果，为方便比较，将输出结果列于表 9-2-2 中.

表 9-2-2

约会次数	约会成功次数	约会成功频率	理论约会成功概率
100	58	0.5800	0.556
1000	561	0.5610	
5000	2751	0.5502	
10000	5556	0.5556	

由表 9-2-2 的结果可见，当约会次数越来越大时，试验约会成功频率与理论约会成功概率越来越接近.

例 9.2.4（蒲丰投针试验）　在平面上面有等距离为 $a(a>0)$ 的一些平行线，向平面上随机投一长为 $L(L<a)$ 的针. 求针与平行线相交的概率 $P(A)$.

若以 M 表示针的中点，以 x 表示 M 距离最近平行线的距离，θ 表示针与平行线的交角，则针与平行线相交的充要条件是 (θ,x) 满足

$$0\leqslant x\leqslant \frac{L}{2}\sin\theta,0\leqslant\theta\leqslant\pi$$

于是，蒲丰投针试验就相当于向平面区域

$$G=\left\{(\theta,x),0\leqslant\theta\leqslant\pi,0\leqslant x\leqslant\frac{a}{2}\right\}$$

投点的几何型随机试验.此时

$$P(A)=\frac{A\text{ 的面积}}{G\text{ 的面积}}=\frac{2L}{\pi a}$$

由于针与线相交的概率(理论值)为 $P=\frac{2L}{\pi a}$,可得

$$\pi=\frac{2L}{Pa}.$$

当投针次数 $N\to\infty$ 时,试验值(针与线相交的频率)

$$f(N)\approx P.$$

所以有

$$\pi\approx\frac{2L}{f(N)a}$$

于是,可用蒲丰投针试验求 π 值.

输入以下命令,进行模拟试验:

```
function [f,hatpi]=buffoon(n,L,a)
x=(a/2)*rand(1,n);
theta=pi*rand(1,n);
i=0;num=0;
for i=1:n
h=0;
if x(i)<=L/2*sin(theta(i))
    h=1;
  end
num=num+h;
end
f=num/i
hatpi=2*L/(f*a)
n=1000;L=1.5;a=4;buffoon(n,L,a)
n=2000;L=1.5;a=4;buffoon(n,L,a)
n=5000;L=1.5;a=4;buffoon(n,L,a)
n=10000;L=1.5;a=4;buffoon(n,L,a)
```

(1) 模拟向平面区域 G 投点 N 次的随机试验,若投点落入 A 则数 1 次,统计落入区域 A 的次数就是针与线相交的次数,计算针与线相交频率,并近似计算 π 的值.

(2) 改变投点次数 N,重复(1),并将计算结果填入表 9-2-3 中.

注:这里采用的方法是:建立一个概率模型,它与某些我们感兴趣的量——这里是常数 π 有关,然后设计适当的随机试验,并通过这个试验的结果来确定这些量.现在,随着计算机的发展,已按照上述思路建立起一类新的方法——随机模拟方法.

表 9-2-3

投针数	针与线相交次数	针与线相交频率	针与线相交概率	近似值
1000	236	0.2360	0.238732	3.178
2000	497	0.2485		3.0181
5000	1189	0.2378		3.1539
10000	2351	0.2351		3.1901

(4)随机变量的独立性

例 9-2-5 常言道,"三个臭皮匠,顶个诸葛亮".这是对人多办法多、人多智慧高的一种赞誉,你可曾想到,它可以从概率的计算得到证实.下面我们来模拟:利用计算机随机提问,统计"诸葛亮"回答出问题的次数以及三个"臭皮匠"回答出问题的次数(见表 9-2-4).设"诸葛亮"、"臭皮匠"独立解决某问题的概率分别为

$$P(A)=0.9,P(A_1)=0.45,P(A_2)=0.55,P(A_3)=0.60$$

表 9-2-4

提问次数	诸葛亮答出次数	臭皮匠甲答出次数	臭皮匠乙答出次数	臭皮匠丙答出次数	臭皮匠答出次数
100	92	38	46	51	83
1000	898	469	542	605	906
5000	4511	2293	2760	3001	4544

事实上,若用 $A_i(i=1,2,3)$表示"第 i 个臭皮匠独立解决某问题",则事件 B——"问题被解决"可表示为 $B=A_1+A_2+A_3$,则

$$\begin{aligned}P(B)&=P(A_1+A_2+A_3)=1-P(\overline{A_1})P(\overline{A_2})P(\overline{A_3})\\&=1-0.55\times 0.45\times 0.4=0.901.\end{aligned}$$

看!三个并不聪明的"臭皮匠"居然能解决 90%以上的问题,聪明的诸葛亮也不过如此.

在 Editor 窗口输入:

```
function f=zhgl(n,p,p1,p2,p3)
t1=rand(1,n);t2=rand(1,n);t3=rand(1,n);
i=0;num=0;
for i=1:n
h=0;
    if t1(i)<=p1 | t2(i)<=p2 | t3(i)<=p3
    h=1;
    end
num=num+h;
end
f=num/i;
```

在 command window 窗口输入:

```
n=100;p=0.9;p1=0.45;p2=0.55;p3=0.6;zhgl(n,p,p1,p2,p3)
n=1000;p=0.9;p1=0.45;p2=0.55;p3=0.6;zhgl(n,p,p1,p2,p3)
n=5000;p=0.9;p1=0.45;p2=0.55;p3=0.6;zhgl(n,p,p1,p2,p3)
```

(5)离散型随机变量及其概率分布

例 9.2.6(二项分布) 利用 Matlab 绘出二项分布 $b(n,p)$的概率分布与分布函数的图形,通过观察图形,进一步理解二项分布的概率分布与分布函数的性质.

设 $n=20,p=0.2$,输入:

```
x=0:20;
y=binopdf(x,20,0.2);
bar(x,y)
z=binocdf(x,20,0.2);
plot(x,z)
```

则分别输出二项分布的概率分布图(见图 9-2-4)与分布函数图(见图 9-2-5).

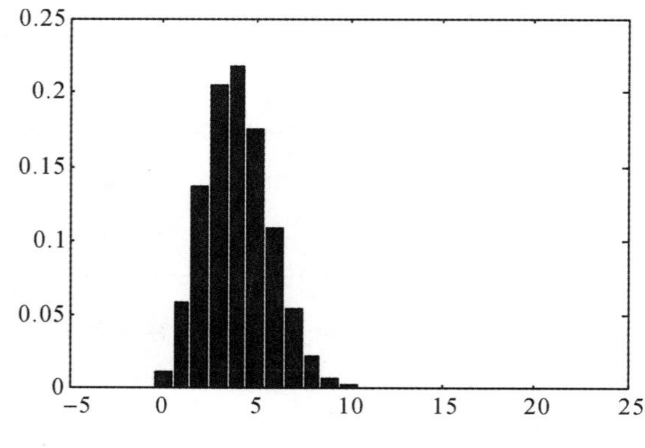

图 9-2-4

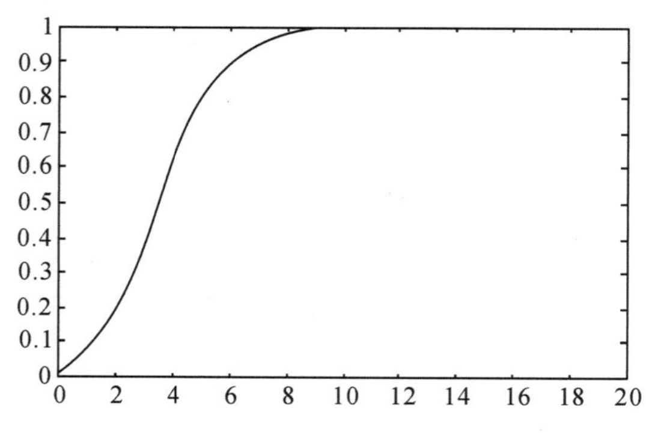

图 9-2-5

从图 9-2-4 可见,概率 $P\{X=k\}$随着 k 的增加,先是随之增加,直到 $k=4$ 达到最大值,随后单调减少. 而从图 9-2-5 可见,分布函数 $F(x)$的值实际上是 $X\leqslant x$ 的累积概率值.

通过改变 n 与 p 的值,读者可以利用上述程序观察二项分布的概率分布与分布函数随着 n 与 p 而变化的各种情况,从而进一步加深对二项分布及其性质的理解.

连续型随机变量及其概率密度函数

例 9.2.7(正态分布)　利用 Matlab 绘出正态分布 $N(\mu,\sigma^2)$ 的概率密度曲线以及分布函数曲线,通过观察图形,进一步理解正态分布的概率分布与分布函数的性质.

(1) 固定 $\sigma=1$,取 $\mu=-2,\mu=0,\mu=2$,观察参数 μ 对图形的影响,输入

```
x=-6:0.01:6;
y1=normpdf(x,-2,1);
y2=normpdf(x,0,1);
y3=normpdf(x,2,1);
plot(x,y1,'r',x,y2,'g',x,y3,'b')
z1=normcdf(x,-2,1);
z2=normcdf(x,0,1);
z3=normcdf(x,2,1);
plot(x,z1,'r',x,z2,'g',x,z3,'b')
```

则分别输出相应参数的正态分布的概率密度曲线(见图 9-2-6)及分布函数曲线(见图 9-2-7).

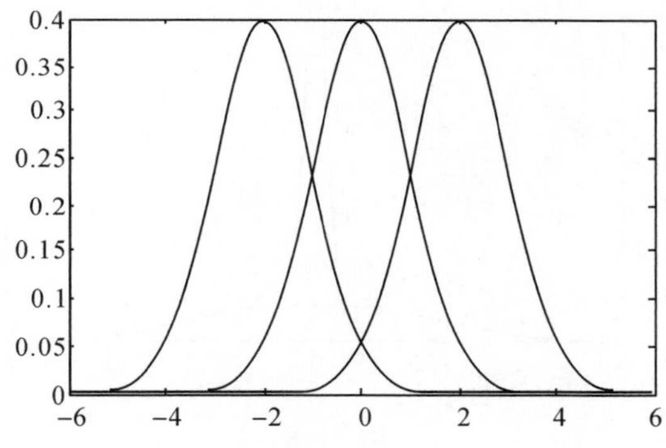

图 9-2-6

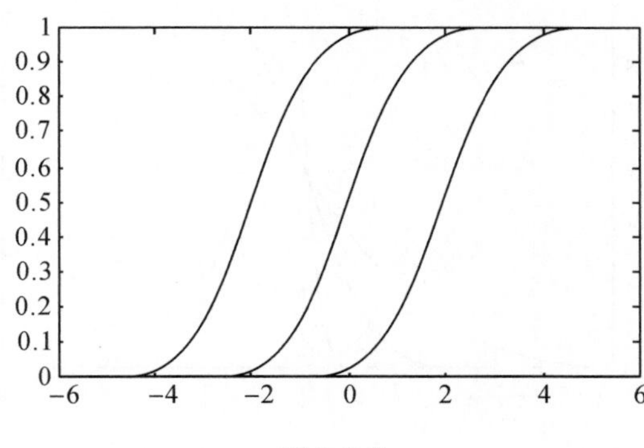

图 9-2-7

从图 9-2-6 可见:

(a) 概率密度曲线是关于 $x=\mu$ 对称的钟形曲线,即呈现“两头小,中间大,左右对称”的特点;

(b) 当 $x=\mu$ 时,$f(x)$取得最大值,$f(x)$向左右伸展时,越来越贴近 x 轴;

(c) 当 μ 变化时,图形沿着水平轴平移,而不改变形状,可见正态分布概率密度曲线的位置完全由参数 μ 决定,所以 μ 称为位置参数.

(2) 固定 $\mu=0$,取 $\sigma=0.5,1,1.5$,观察参数 σ 对图形的影响,输入

```
x=-6:0.01:6;
y1=normpdf(x,0,0.5^2);
y2=normpdf(x,0,1);
y3=normpdf(x,0,1.5^2);
plot(x,y1,'r',x,y2,'g',x,y3,'b')
z1=normcdf(x, 0,0.5^2);
z2=normcdf(x,0,1);
z3=normcdf(x, 0,1.5^2);
plot(x,z1,'r',x,z2,'g',x,z3,'b')
```

则分别输出相应参数的正态分布的概率密度曲线(见图 9-2-8)及分布函数曲线(图 9-2-9).

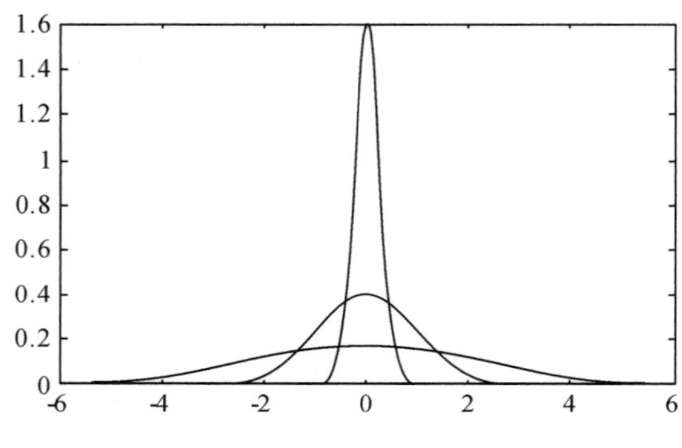

图 9-2-8

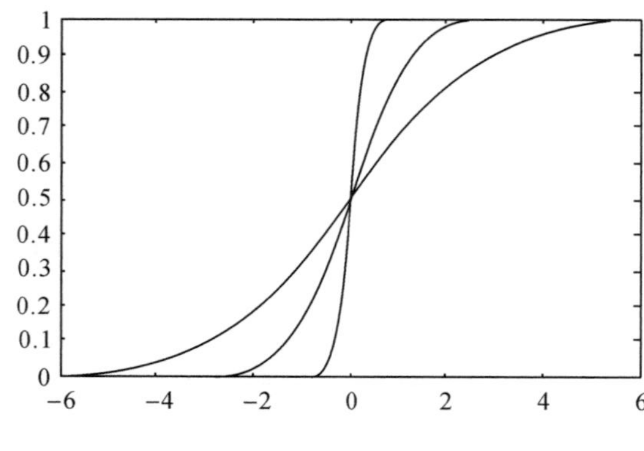

图 9-2-9

从图 9-2-8 与图 9-2-9 可见:固定 μ,改变 σ 时,σ 越小,在 0 附近的概率密度图形就变得越尖,分布函数在 0 的附近增值越快;σ 越大,概率密度图形就越平坦,分布函数在 0 附近的增值也越慢,故 σ 决定了概率密度图形中峰的陡峭程度;另外,不管 σ 如何变化,分布函数

在 0 点的值总是 0.5,这是因为概率密度图形关于 $x=0$ 对称.

通过改变 μ 与 σ 的值,读者可以利用上述程序观察正态分布的概率分布与分布函数随着 μ 与 σ 而变化的各种情况,从而进一步加深对正态分布及其性质的理解.

随机变量函数的分布

例 9.2.8　设 X,Y 相互独立,都服从(0,1)上的均匀分布,求 $Z=X+Y$ 的概率密度.

理论上,我们可用卷积公式直接求出 $Z=X+Y$ 的密度函数:

$$g(z)=\begin{cases} z, & 0\leqslant z\leqslant 1, \\ 2-z, & 1\leqslant z\leqslant 2, \\ 0, & \text{其他}. \end{cases}$$

下面,我们作如下模拟试验:

(1) 产生两组服从(0,1)上均匀分布的相互独立的随机数 $x_i, y_i, i=1,2,\cdots,n$,取 $n=1000$,计算 $z_i=x_i+y_i$;

(2) 用数据 z_i 作频率直方图,并在同一坐标系内画出用卷积公式求得的密度函数图形作比较.

输入

```
z=0:0.01:2;
for i=1:length(z)
     if z(i)>=0&z(i)<=1
         g(i)=z(i);
     elseif z(i)>=1&z(i)<=2
         g(i)=2-z(i);
     else
         g(i)=0;
     end
end
g1=50*g;
plot(z,g1,'r')      %画卷积公式求出的密度函数 g(z),乘 50 是为与下图在同一坐标系内表示
hold on
t1=rand(1,1000);
t2=rand(1,1000);
t=t1+t2;
hist(t,40)       %画频率直方图
hold off
```

则在同一坐标系中输出所求频率直方图与密度函数的图形(见图 9-2-10).

观察方差变化对正态分布的影响

例 9.2.9　设 X,Y,Z 都是连续型随机变量,均服从正态分布:

$X\sim N(\mu,\sigma_1^2)$, $Y\sim N(\mu,\sigma_2^2)$, $Z\sim N(\mu,\sigma_3^2)$, $\sigma_1<\sigma_2<\sigma_3$.

取 $N=2000$, 输入下列命令语句, 分别产生服从 $N(\mu,\sigma_i^2)$,$(i=1,2,3)$的三组随机数,

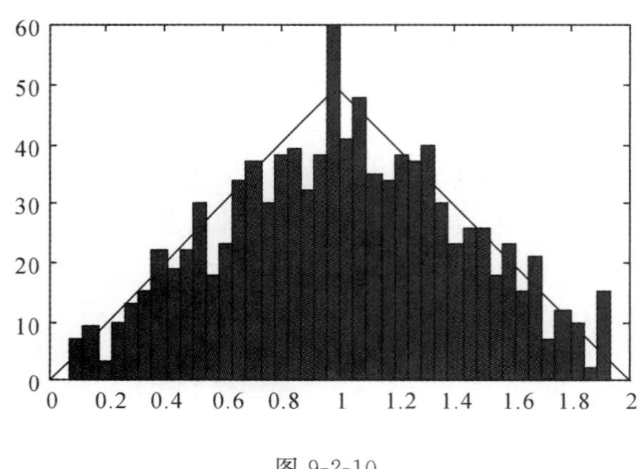

图 9-2-10

并画出其直方图.

输入：

```
n=2000;
data1=normrnd(0,1.5^2,1,n);
hist(data1,50)
data1=normrnd(0,1,1,n);
hist(data2,50)
  data1=normrnd(0,0.5^2,1,n);
hist(data3,50)
```

则根据所产生的随机数，输出如图 9-2-11 至图 9-2-13 所示直方图.

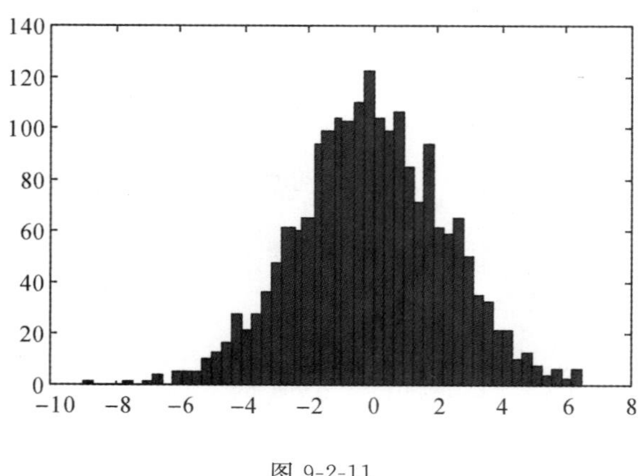

图 9-2-11

协方差与相关系数

例 9.2.10 设 B 服从$[0,2\pi]$上的均匀分布，$X=\cos(B)$，$Y=\cos(A+B)$（A 为常数），X 和 Y 的相关系数为 $\rho=\cos(A)$. 产生服从 $U[0,2\pi]$的 N 个随机数，取 $N=100$，对应 $A=0$，$A=\frac{\pi}{3}$，$A=\frac{\pi}{2}$，$A=\pi$ 分别绘出 X 和 Y 的散点图，观察 ρ 对散点图的影响.

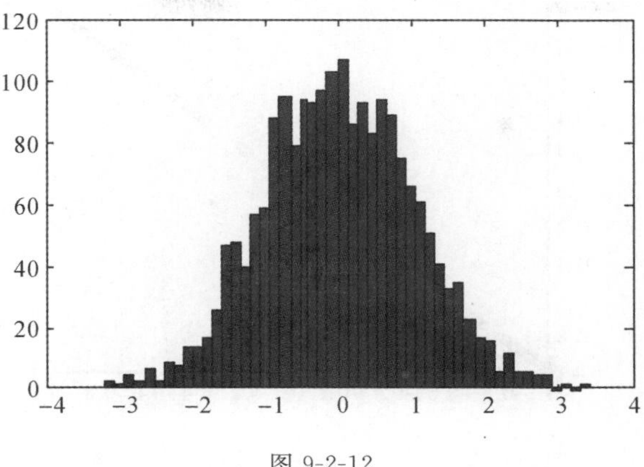

图 9-2-12

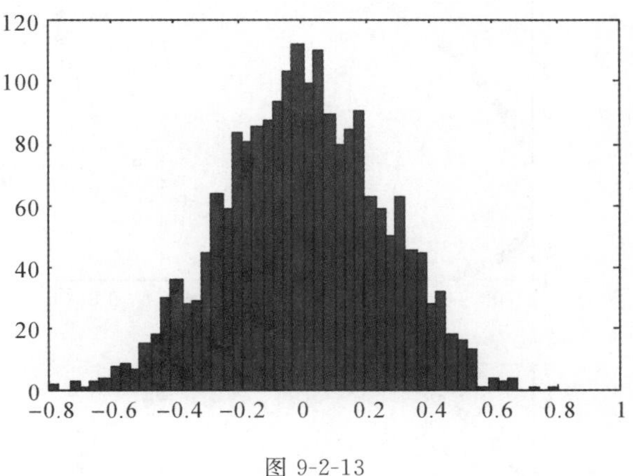

图 9-2-13

输入：

```
    function ro=covar(a)
    b=2 * Pi * rand(1,100);
    x=cos(b);
    y=cos(a+b);
    ro=cos(a)
    scatter(x,y)
a=0; covar(a)
a=Pi/3; covar(a)
a=Pi/2; covar(a)
a=Pi; covar(a)
```

则依次输出 $A=0,A=\frac{\pi}{3}$，$A=\frac{\pi}{2},A=\pi$ 时的散点图(见图 9-2-14). 从图中可见，当 $|\rho|$ 较大时，X 和 Y 的线性关系较紧密，特别当 $|\rho|=1$ 时，X 和 Y 之间存在线性关系；当 $|\rho|$ 较小时，X 和 Y 的线性关系较差，特别当 $\rho=0$ 时，X 和 Y 不相关.

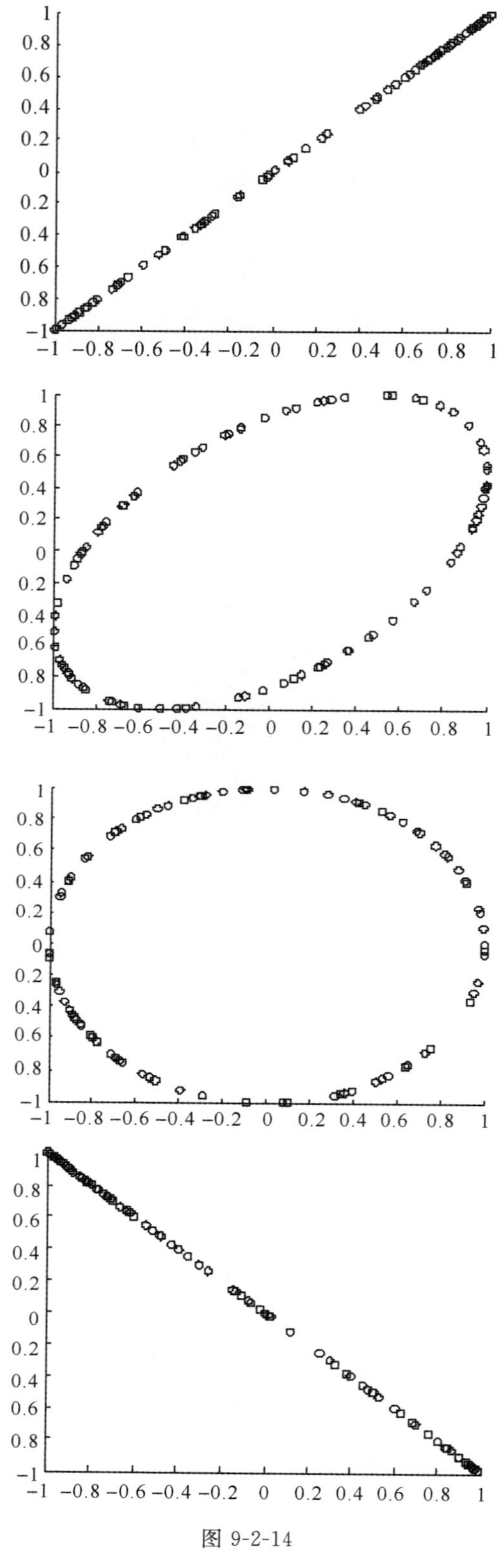
1
0.8
0.6
0.4
0.2
0
0.2
0.4
0.6
0.8
−1
−1 −0.8 −0.6 −0.4 −0.2 0 0.2 0.4 0.6 0.8 1
1
0.8
0.6
0.4
0.2
0
0.2
0.4
0.6
0.8
−1
−1 −0.8 −0.6 −0.4 −0.2 0 0.2 0.4 0.6 0.8 1
1
0.8
0.6
0.4
0.2
0
0.2
0.4
0.6
0.8
−1
−1 −0.8 −0.6 −0.4 −0.2 0 0.2 0.4 0.6 0.8 1
1
0.8
0.6
0.4
0.2
0
0.2
0.4
0.6
0.8
−1
−1 −0.8 −0.6 −0.4 −0.2 0 0.2 0.4 0.6 0.8 1

图 9-2-14

伯努利定理的直观演示

例 9.2.11　(1) 产生 n 个服从两点分布 $b(1,p)$ 的随机数，其中 $p=0.5$，$n=50$，统计 1 出现的个数，它代表 n 次试验中事件 A 发生的频数 n_A，计算

$$\left|\frac{n_A}{n}-p\right|;$$

(2) 将(1)重复 $m=100$ 组，对给定的 $\varepsilon=0.05$，统计 m 组中

$$\left|\frac{n_A}{n}-p\right|\geqslant\varepsilon$$

成立的次数及其出现的频率.

输入：

```
function [times,frequency]=bern(n)
p=0.5; eps=0.05;m=100;times=0;
for i=1:m
  t=0;
  dist=binornd(1,p,1,n);
  na=sum(dist);
  h=abs(na/n-p);
  if h>=eps
      t=1;
  end
  times=times+t;
end
times
frequency=times/m
n=10; bern(n);
n=30; bern(n);
n=90; bern(n);
n=270; bern(n);
n=810; bern(n);
```

则输出

n	time	frequence
10	77	0.77
30	54	0.54
90	36	0.36
270	8	0.08
810	0	0.

将上述结果整理成表 9-2-5 形式.

表 9-2-5

n	$\left\|\frac{n_A}{n}-p\right\| \geq \varepsilon$ 出现的次数	$\left\|\frac{n_A}{n}-p\right\| \leq \varepsilon$ 出现的频率
10	72	0.72
30	54	0.54
90	25	0.25
270	15	0.15
810	0	0.00

从表 9-2-5 可见，随着 n 的增大，伯努利实验中事件 A 的频率与概率的偏差不小于 ε 的概率越来越接近于 0，即当 n 很大时，事件的频率与概率有较大偏差的可能性很小. 在实际应用中，当试验次数很大时，便可以用事件发生的频率来代替概率.

中心极限定理的直观演示

例 9.2.12 本例旨在直观演示中心极限定理的基本结论："大量独立同分布随机变量的和的分布近似服从正态分布".

按以下步骤设计程序：

(1) 产生服从二项分布 $b(10,p)$ 的 n 个随机数，取 $p=0.2,n=50$，计算 n 个随机数之和 y 以及 $\dfrac{y-10np}{\sqrt{10np(1-p)}}$；

(2) 将(1)重复 $m=1000$ 组，并用这 m 组 $\dfrac{y-10np}{\sqrt{10np(1-p)}}$ 的数据作频率直方图进行观察.

输入：

```
m=1000;n=50;p=0.2;
for i=1:m
  dist=binornd(10,p,1,n);
  ysum=sum(dist);
  nasum(i)=(ysum-10*n*p)/sqrt(n*10*p*(1-p));
end
hist(nasum,30)
```

则输出如图 9-2-15 所示.

从图 9-2-15 可见，当原始分布是二项分布，n 比较大时，n 个独立同分布的随机变量之和的分布近似于正态分布.

9.2.2 数据统计

1. 基本命令

(1)求样本数字特征的命令

①求样本 list 均值的命令 mean(list).

②求样本 list 的中位数的命令 median(list).

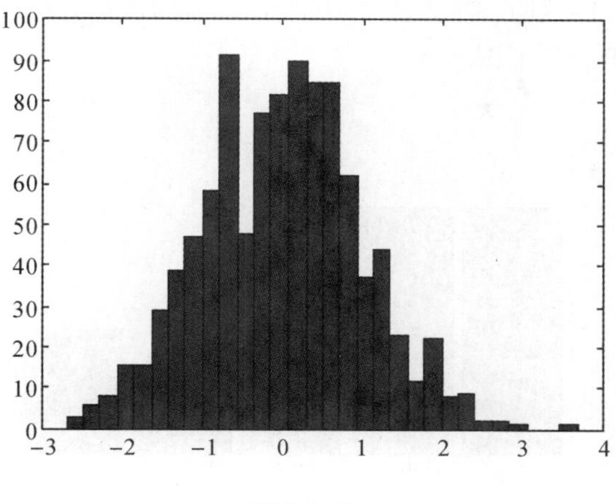

图 9-2-15

③求样本 list 的最小值的命令 min(list).

④求样本 list 的最大值的命令 max(list).

⑤求样本 list 方差的命令 var (x,sig)，当 sig=0 时求样本方差，sig=1 时求总体方差. 默认是样本方差.

⑥求样本 list 的标准差的命令 std(list).

⑦求样本 list 的 α 分位数的命令 prctile(list,α).

⑧求样本 list 的 n 阶中心矩的命令 moment(list,n).

(2)求分组后各组内含有的数据个数的命令 histc

histc 的基本格式为

histc (数据,[最小值：增量:最大值])

例如，输入

```
histc([1,1,2,3,4,4,5,15,6,7,8,8,8,9,10,13],[1:3:15])
```

则输出

```
{4,4,5,1,2}
```

它表示落入区间[1,4),[4,7),[7,10),[10,13),[13,16)的数据个数分别是 4, 4, 5, 1, 2.

注：每个区间是左闭右开的.

(3)作条形图的命令 bar

bar 的基本格式为

bar(Y)，若 y 为向量，则分别显示每个分量的高度，横坐标为 1 到 length(y)；若 y 为矩阵，则 bar 把 y 分解成行向量，再分别画出，横坐标为 1 到 size(y,1)，即矩阵的行数.

bar(x,Y)，在指定的横坐标 x 上画出 y，其中 x 为严格单增的向量. 若 y 为矩阵，则 bar 把矩阵分解成几个行向量，在指定的横坐标处分别画出.

bar(…,width)，设置条形的相对宽度和控制在一组内条形的间距，缺省值为 0.8，所以，如果用户没有指定 x，则同一组内的条形有很小的间距，若设置 width 为 1，则同一组内的条形相互接触.

例如，输入

```
bar([1.5 4.5 7.5 10.5 13.5],[4 4 5 1 2])
```

则输出如图 9-2-16 所示的条形图.

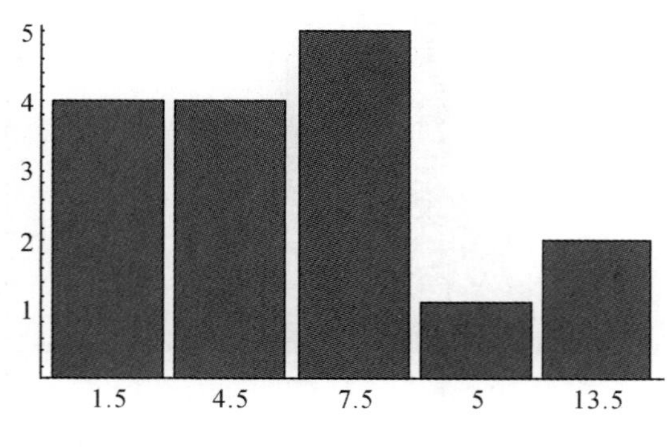

图 9-2-16

2. 数据统计举例

(1)样本的数据统计

例 9.2.12 在某工厂生产的某种型号的圆轴中任取 20 个,测得其直径数据如下:

15.28 15.63 15.13 15.46 15.40 15.56 15.35 15.56 15.38 15.21

15.48 15.58 15.57 15.36 15.48 15.46 15.52 15.29 15.42 15.69

求上述数据的样本均值、中位数、0.25 分位数;样本方差、极差、变异系数,二阶、三阶和四阶中心矩;偏度、峰度,并把数据中心化和标准化.

输入:

```
data1=[15.28,15.63,15.13,15.46,15.40,15.56,15.35,15.56,
       15.38,15.21,15.48,15.58,15.57,15.36,15.48,15.46,
       15.52,15.29,15.42,15.69]; % 数据集记为 data1
mean(data1)          %求样本均值
median(data1)        %求样本中位数
prctile(data1,25)    %求样本的 0.25 分位数
prctile(data1,5)     %求样本的 0.05 分位数
prctile(data1,95)    %求样本的 0.75 分位数
```

则输出:

```
15.4405
15.46
15.355
15.17
15.66
```

即样本均值为 15.4405,样本中位数为 15.46,样本的 0.25 分位数为 15.355,样本的 0.05 分位数是 15.17,样本的 0.95 分位数是 15.66.

输入:

```
var(data1) (%求样本方差 s^2)
```

```
std(data1) (%求样本标准差 s)
SampleRange[data1](%求样本极差 R)
```

则输出：

```
0.020605
0.143544
0.56
```

即样本方差 s^2 为 0.020605，样本标准差 s 为 0.143544，样本极差 R 为 0.56.

输入：

```
moment(data1,2)(%求样本二阶中心矩)
moment(data1,3)(%求样本三阶中心矩)
moment(data1,4)(%求样本四阶中心矩)
```

则输出：

```
0.0195748
-0.00100041
0.000984863
```

输入：

```
skewness(data1)%求偏度，偏度的定义是三阶中心矩除以标准差的立方
kurtosis(data1)%求峰度，峰度的定义是四阶中心矩除以方差的平方
```

则输出：

```
-0.365287
2.5703
```

上述结果表明：数据(data1)的偏度(Skewness)是－0.365287，负的偏度表明总体分布密度有较长的右尾，即分布向左偏斜. 数据(data1)的峰度(Kurtosis)为 2.5703. 峰度大于 3 时表明总体的分布密度比有相同方差的正态分布的密度更尖锐和有更重的尾部. 峰度小于 3 时表明总体的分布密度比正态分布的密度更平坦或者有更粗的腰部.

输入：

zscore(data1)　%把数据标准化，即每个数据减去均值，再除以标准差，从而使新的数据的均值为 0，方差为 1

则输出：

```
-1.11812,1.32015,-2.16309,0.135846,-0.282143,0.832495,-0.630467,
0.832495,-0.421472,-1.60577,0.275176,
0.971825,0.90216,-0.560802,0.275176,0.135846, 0.553836,-1.04846,
-0.142813,1.73814
```

读者可自行验算，上述新数据的均值为 0，标准差为 1.

(2)作样本的直方图

例 9.2.13　从某厂生产的某种零件中随机抽取 120 个，测得其质量(单位:g)，如表 9-2-6 所示. 列出分组表，并作频率直方图.

表 9-2-6

200	202	203	208	216	206	222	213	209	219	216	203
197	208	206	209	206	208	202	203	206	213	218	207
208	202	194	203	213	211	193	213	208	208	204	206
204	206	208	209	213	203	206	207	196	201	208	207
205	213	208	210	208	211	211	214	220	211	203	216
206	221	211	209	218	214	219	211	208	221	211	218
218	190	219	211	208	199	214	207	207	214	206	217
219	214	201	212	213	211	212	216	206	210	216	204
220	221	208	209	214	214	199	204	211	201	216	211
221	209	208	209	202	211	207	220	205	206	216	213
222	206	206	207	200	198						

输入：

```
data2=[200, 202, 203, 208, 216, 206, 222, 213, 209, 219,216, 203, 197, 208,
206, 209, 206, 208, 202, 203, 206, 213, 218, 207, 208, 202, 194, 203,213, 211,
193, 213, 208, 208, 204, 206, 204, 206, 208, 209, 213, 203, 206, 207, 196, 201, 208,
207, 213, 208, 210, 208, 211, 211, 214, 220, 211, 203, 216, 221, 211, 209, 218, 214,
219, 211, 208, 221, 211, 218, 218, 190, 219, 211, 208, 199, 214, 207, 207, 214, 206,
217, 214, 201, 212, 213, 211, 212, 216, 206, 210, 216, 204, 221, 208, 209, 214, 214,
199, 204, 211, 201, 216, 211, 209, 208, 209, 202, 211, 207, 220, 205, 206, 216, 213,
206, 206, 207, 200, 198];
```

先求数据的最小和最大值. 输入

```
min(data2)
max(data2)
```

得到最小值 190,最大值 222. 取区间[189.5,222.5],它能覆盖所有数据. 将[189.5,222.5]等分为 11 个小区间,设小区间的长度为 3.0,数出落在每个小区间内的数据个数,即频数 f_i $(i=1,2,\cdots,7)$,这可以由 BinCount 命令来完成.

输入：

```
f1=histc(data2,[189.5:3:222.5])
```

则输出：

```
f1=1,2,3,7,14,20,23,22,14,8,6,0 % 产生 11 个小区间的中心的集合 gc
```

输入：

```
f1=histc(data2,[189.5:3:222.5]);
f=f1(1:end-1);
gc1=[189.5:3:222.5];
gc2=gc1+1.5;
gc=gc2(1:end-1);
bc=[f/length(data2);gc]'    %length(data2)为数据 data2 的总个数即样本的容
```

量 n, f/Length(data2)为频率 f_i/n,Transpose 是求矩阵转置的命令,这里 bc 为数据对,第一个数是频率,第二个数是组中心.

则输出结果 bc=

```
        0.0083   191.0000
        0.0167   194.0000
        0.0250   197.0000
        0.0583   200.0000
        0.1167   203.0000
        0.1667   206.0000
        0.1917   209.0000
        0.1833   212.0000
        0.1167   215.0000
        0.0667   218.0000
        0.0500   221.0000
```

输入作频率 f_i/n 对组中心的条形图命令

```
bar(gc, f/length(data2))
```

则输出所求条形图(见图 9-2-17).

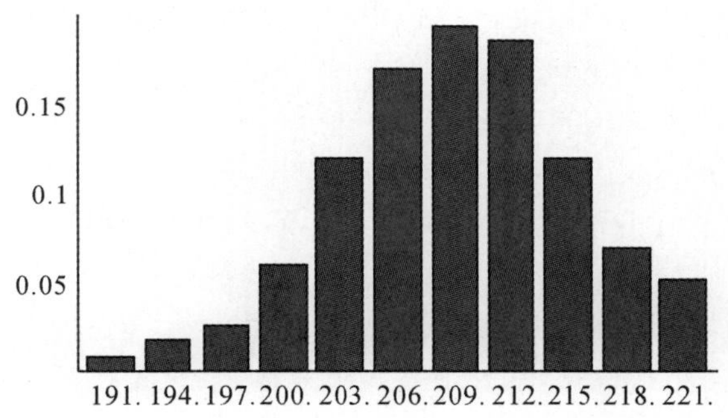

图 9-2-17

§9.3　置信区间、假设检验、回归分析与方差分析

9.3.1　区间估计

1. 基本命令

(1)求单正态总体求均值的置信区间的命令

①总体标准差已知的情形

命令的基本格式为

```
[h,P,ci,zval]=ztest(X,mu,sigma,alpha,tail)
```

输入参数 X 是样本数据,mu 是估计均值,sigma 是总体标准差,alpha 是显著性水平

(默认时设定为 0.05),tail 是对双侧检验和 2 个单侧检验的标识,默认值为双侧检验,上侧检验令 tail=1,下侧检验令 tail=-1.

输出参数 $h=0$ 表示接受原假设,$h=1$ 表示拒绝原假设,P 是在原假设下的概率值 p,ci 给出置信区间,zval 是样本统计量的值.

②总体标准差未知的情形

命令的基本格式为

```
[h,P,ci]=ttest(X,mu,alpha,tail)
```

其中,输入和输出参数的设计与 ztest 命令一致.

(2)求双正态总体均值差的置信区间

①两总体标准差已知情形,需要编程实现;

②两总体标准差未知情形.

命令的基本格式为

```
[h,P,ci]=ttest2(X,Y, alpha,tail,vartype)
```

输入参数 X,Y 是样本数据, alpha 和 tail 与 ztest 含义一致, vartype 可以取"equal",表示两总体方差相等情形,不等时 vartype 可以取"unequal".

(3)求单正态总体方差的置信区间的命令

```
[h,P,ci]=vartest(X,var0,alpha,tail)
```

其中,X 是样本数据, var0 是原假设 $\sigma^2=\sigma_0^2$ 中 σ_0^2 的取值, alpha 为置信度, tail 仍然表示检验类型.

(4)求双正态总体方差比的置信区间的命令

命令的基本格式为

```
[h,P,ci]=vartest2(X,Y,alpha,tail)
```

2. 置信区间举例

(1)单正态总体的均值的置信区间(方差已知情形)

例 9.2.14 某车间生产滚珠,从长期实践中知道,滚珠直径可以认为服从正态分布.从某天生产的产品中任取 6 个测得直径如下(单位:mm):

15.6　　16.3　　15.9　　15.8　　16.2　　16.1

若已知直径的方差是 0.06,试求总体均值 μ 的置信度为 0.95 的置信区间与置信度为 0.90 的置信区间.

输入:

```
clear all;
x=[15.6,16.3,15.9,15.8,16.2,16.1 ];
[h,p,ci,zval]=ztest(x,16,sqrt(0.06),0.05)
```

则输出:

```
h=0
p=0.8676
ci=15.7873   16.1793
zval=-0.1667
```

其中,h,p 以及 zval 取值随着假设不同,取值不同,但是置信区间不会有变化.由结果可以看出，均值 μ 的置信度为 0.95 的置信区间是(15.7873,16.1793).

为求出置信度为 0.90 的置信区间，只需给 alpha 重新赋值，输入

```
alpha=0.1
```

则输出：

```
ci=15.8188   16.1478
```

即均值 μ 的置信度为 0.90 的置信区间是(15.8188,16.1478). 比较两个不同置信度所对应的置信区间可以看出置信度越大所作出的置信区间也越大.

例 9.2.15　某旅行社为调查当地旅游者的平均消费额，随机访问了 100 名旅游者，得知平均消费额 $\overline{x}=80$ 元，根据经验，已知旅游者消费服从正态分布，且标准差 $\sigma=12$ 元，求该地旅游者平均消费额 μ 的置信度为 95%的置信区间.

输入：

```
alpha=0.05;          %给定的显著性水平
sigma=12;            %已知的标准差
mu=80;               %给定样本均值
u=norminv(1-alpha/2,0,1); %计算置信度为 1-alpha/2 的正态分布临界值
n=100;
muci=[mu-u*sqrt(sigma^2/n),mu+u*sqrt(sigma^2/n)]
```

则输出：

```
muci=  77.648   82.352
```

(2)单正态总体的均值的置信区间(方差未知情形)

例 9.2.16　有一大批袋装糖果，现从中随机地取出 16 袋，称得重量(以克计)如下：

506	508	499	503	504	510	497	512
514	505	493	496	506	502	509	496

设袋装糖果的重量近似地服从正态分布，试求置信度分别为 0.95 与 0.90 的总体均值 μ 的置信区间.

输入：

```
clear all;
data2=[506,508,499,503,504,510,497,512,514,505,493,496,506,502,509,496];
[h,p,ci,stats]=ttest(data2,500,0.05)
```

则输出：

```
ci=500.445   507.055
```

即 μ 的置信度为 0.95 的置信区间是(500.445,507.055).

再输入：

```
[h,p,ci,stats]=ttest(data2,500,0.1)
```

则输出：

```
ci=501.032   506.468
```

即 μ 的置信度为 0.90 的置信区间是(501.032,506.468).

例 9.2.17 从一批袋装食品中抽取 16 袋，重量的平均值为 $\bar{x}=503.75$g，样本标准差为 $s=6.2022$. 假设袋装重量近似服从正态分布，求总体均值 μ 的置信区间($\alpha=0.05$).

这里，样本均值为 503.75，样本均值的标准差的估计为 $s/\sqrt{n}=6.2002/4$，自由度为 15，$\alpha=0.05$.

输入：

```
alpha=0.05;                %给定的显著性水平
mu=503.75;                 %给定样本均值
n=16;
s=6.2022;                  %给定样本均值标准差
u=tinv(1-alpha/2,n-1);%计算置信度为 1-alpha/2 的正态分布临界值
      muci=[mu-u*sqrt(s^2/n),mu+u*sqrt(s^2/n)]
```

则输出置信区间：

```
muci=500.446   507.054
```

(3)两个正态总体均值差的置信区间

例 9.2.18 A,B 两个地区种植同一型号的小麦，现抽取了 19 块面积相同的麦田，其中 9 块属于地区 A，另外 10 块属于地区 B，测得它们的小麦产量(以 kg 计) 分别如下：

地区 A：100　105　110　125　110　98　105　116　112

地区 B：101　100　105　115　111　107　106　121　102　92

设地区 A 的小麦产量 $X\sim N(\mu_1,\sigma_1^2)$，地区 B 的小麦产量 $Y\sim N(\mu_2,\sigma_2^2)$，$\mu_1,\mu_2,\sigma^2$ 均未知，试求这两个地区小麦的平均产量之差 $\mu_1-\mu_2$ 的 95%和 90%的置信区间.

输入：

```
x=[100,105,110,125,110,98,105,116,112];
y=[101,100,105,115,111,107,106,121,102,92];
[h,p,ci]=ttest2(x,y,0.05)      %不给 vartype 赋值其默认是'equal'
```

则输出：

```
ci=-4.9938   10.9938
```

即 $\mu_1-\mu_2$ 的置信度为 95%的置信区间是(−4.9938　10.9938).

输入：

```
[h,p,ci]=ttest2(x,y,0.05,'both','unequal')
```

则输出：

```
ci=-5.0075   11.0075
```

这时 $\mu_1-\mu_2$ 的置信度为 0.90 的置信区间是(−5.0075 11.0075). 两种情况得到的结果基本一致.

输入：

```
[h,p,ci]=ttest2(x,y,0.1)
```

则输出：

```
ci=-3.5911     9.5911
```

即 $\mu_1-\mu_2$ 的置信度为 90%的置信区间是(−3.59115,9.59115). 这与教材结果是一致的.

例 9.2.19　比较 A、B 两种灯泡的寿命，从 A 种取 80 只作为样本，计算出样本均值 $\bar{x}=2000$，样本标准差 $s_1=80$. 从 B 种取 100 只作为样本，计算出样本均值 $\bar{y}=1900$，样本标准差 $s_2=100$. 假设灯泡寿命服从正态分布，方差相同且相互独立，求均值差 $\mu_1-\mu_2$ 的置信区间($\alpha=0.05$).

两正态总体方差未知但相等时，若记 $S=S_w\sqrt{\dfrac{1}{n_1}+\dfrac{1}{n_2}}$，其中 $S_w=\sqrt{\dfrac{(n_1-1)S_1^2+(n_2-1)S_2^2}{n_1+n_2-2}}$，则其置信区间为$[\bar{x}_1-\bar{x}_2-t_{\frac{\alpha}{2}}(n_1+n_2-2)*s,\bar{x}_1-\bar{x}_2+t_{\frac{\alpha}{2}}(n_1+n_2-2)*s]$. 其中，$\bar{x}_1-\bar{x}_2$ 为均值差，$t_{\frac{\alpha}{2}}(n1+n2-2)$为置信水平为 $1-\alpha$ 的临界值.

输入：

```
alpha=0.05;                   %给定的显著性水平
meanx=2000;
meany=1900;
stdx=80;
stdy=100;
n1=80;                        %计算样本容量
n2=100;
df=n1+n2-2;
t=tinv(1-alpha/2,df);  %计算置信水平为 1-alpha 的 t 分布临界值
muci=[meanx-meany-t * * sqrt(1/n1+1/n2) * sqrt(((n1-1) * stdx^2+
(n2-1) * stdy^2)/
(n1+n2-2)),meanx-meany+t * sqrt(1/n1+1/n2) * sqrt(((n1-1) * stdx^
2+(n2-1) * stdy^2)
/(n1+n2-2))]                  %输出置信区间
```

则输出：

```
muci=72.8669   127.1331
```

即所求均值差的置信区间为(72.8669　127.1331).

(4)单正态总体的方差的置信区间

例 9.2.30　有一大批袋装糖果，现从中随机地取出 16 袋，称得重量(单位:g)如下：

506	508	499	503	504	510	497	512
514	505	493	496	506	502	509	49

设袋装糖果的重量近似地服从正态分布，试求置信度分别为 0.95 与 0.90 的总体方差 σ^2 的置信区间.

输入：

```
alpha=0.05;                      %给定的显著性水平
x=[506.0,508,499,503,504,510,497,512,514,505,493,496,506, 502,509,
496 ];
[h,P,ci]=vartest(x,40,alpha)          %输出置信区间
```

则输出：

```
muci=20.9907   92.1411
```

即总体方差 σ^2 的置信度为 0.95 的置信区间是(20.9907,92.1411).

又输入:

```
[h,P,ci]=vartest(x,40,0.1)
```

则可以得到 σ^2 的置信度为 0.90 的置信区间(23.0839,79.4663).

例 9.2.21 假设导线电阻近似服从正态分布,取 9 根,得样本标准差 $s=0.007$,求电阻标准差的置信区间($\alpha=0.05$).

输入:

```
alpha=0.05;                    %给定的显著性水平
n=9;                           %计算样本容量
svar=0.007^2;
u2=chi2inv(1-alpha/2,n-1);    %计算置信度为 1-alpha 的开方分布临界值
vu1=chi2inv(alpha/2,n-1);           %计算置信度为 alpha 的开方分布临界值
vmuci=[(n-1)*svar/u2,(n-1)*svar/u1]     %输出置信区间
```

输出置信区间

```
muci=0.0000223559   0.000179839
```

(5)双正态总体方差比的置信区间

例 9.2.22 设两个工厂生产的灯泡寿命近似服从正态分布 $N(\mu_1,\sigma_1^2)$ 和 $N(\mu_2,\sigma_2^2)$. 样本分别为

工厂甲:1600 1610 1650 1680 1700 1720 1800

工厂乙:1460 1550 1600 1620 1640 1660 1740 1820

设两样本相互独立,且 $\mu_1,\mu_2,\sigma_1^2,\sigma_2^2$ 均未知,求置信度分别为 0.95 与 0.90 的方差比 σ_1^2/σ_2^2 的置信区间.

输入:

```
clear
alpha=0.05;
x=[1600,1610,1650,1680,1700,1720,1800];
y=[1460,1550,1600,1620,1640,1660,1740,1820];
[h,P,ci]=vartest2(x,y,alpha)
```

则输出:

```
ci=0.076522   2.23083
```

这是置信度为 0.95 时方差比的置信区间.

为了求置信度为 0.90 时的置信区间,输入

```
alpha=0.1
```

则输出结果:

```
ci=0.101316   1.64769
```

例 9.2.23　某钢铁公司的管理人员为比较新旧两个电炉的温度状况，他们抽取了新电炉的 31 个温度数据及旧电炉的 25 个温度数据，并计算得样本方差分别为 $s_1^2=75$ 及 $s_2^2=100$. 设新电炉的温度 $X\sim N(\mu_1,\sigma_1^2)$，旧电炉的温度 $Y\sim N(\mu_2,\sigma_2^2)$. 试求 σ_1^2/σ_2^2 的 95% 的置信区间.

输入：

```
alpha=0.05;                %给定的显著性水平
stdx=75;
stdy=100;
n1=31;                     %计算样本容量
n2=25;
u1=finv(1-alpha/2,n1-1,n2-1);  % 计算置信度为 1-alpha/2 的 F 分布临界值
u2=finv(alpha/2,n1-1,n2-1);    % 计算置信度为 alpha/2 的 F 分布临界值
muci=[stdx^2/stdy^2/u1,stdx^2/stdy^2/u2]
```

则输出结果：

```
muci=0.2546    1.2014
```

9.3.2　假设检验

1. 基本命令

(1)求单正态总体求均值的置信区间的命令

①总体标准差已知的情形

Matlab 统计工具箱中的 ztest 函数可以用来作总体标准差已知时的单个正态总体均值的假设检验. 命令的基本格式为

```
[h,P,ci,zval]=ztest(X,mu,sigma,alpha,tail)
```

输入参数 X 是样本数据，mu 是估计均值，sigma 是总体标准差，alpha 是显著性水平(默认时设定为 0.05)，tail 是对双侧检验和 2 个单侧检验的标识，默认值为双侧检验，上侧检验令 tail=1，下侧检验令 tail=－1.

输出参数 $h=0$ 表示接受原假设，$h=1$ 表示拒绝原假设，P 是在原假设下的概率值 p，ci 给出置信区间，zval 是样本统计量的值.

②总体标准差未知的情形

命令的基本格式为

```
[h,P,ci, stats]=ttest(X,mu,alpha,tail)
```

其中，输入和输出参数的设计与 ztest 命令一致. 输出参数中的 stats 包括三个值：tstat 为 t 统计量的值，df 为自由度，sd 为总体标准差的估计值.

(2)求双正态总体均值差的置信区间

①两总体标准差已知情形，需要编程实现；

②两总体标准差未知情形.

命令的基本格式为

```
[h,P,ci]=ttest2(X,Y, alpha,tail,vartype)
```

输入参数 X,Y 是样本数据，alpha 和 tail 与 ztest 含义一致，vartype 可以取"equal"，表示两总体方差相等情形，不等时 vartype 可以取"unequal".

(3)求单正态总体方差的置信区间的命令

```
[h,P,ci]=vartest(X,var0,alpha,tail)
```

其中，X 是样本数据，var0 是原假设 $\sigma^2=\sigma_0^2$ 中 σ_0^2 的取值，alpha 为置信度，tail 仍然表示检验类型.

(4)求双正态总体方差比的置信区间的命令

命令的基本格式为

```
[h,P,ci]=vartest2(X,Y,alpha,tail)
```

注：在使用上述几个假设检验命令的输出结果中的概率值 p，它报告了单边或双边检验的 P 值. P 值的定义是：在原假设成立的条件下，检验统计量取其观察值及比观察值更极端的值(沿着对立假设方向)的概率. P 值也称作"观察"到的显著性水平. P 值越小，反对原假设的证据越强. 通常若 P 低于 5%，称此结果为统计显著；若 P 低于 1%，称此结果为高度显著.

(5)当数据为概括数据时的假设检验命令

当数据为概括数据时，要根据假设检验的理论，计算统计量的观察值，再查表作出结论. 用以下命令可以代替查表与计算，直接计算就可得到检验结果.

(1)统计量服从正态分布时，求正态分布 P 值的命令 normcdf. 其格式为 normcdf(统计量观察值，显著性水平)

(2)统计量服从 t 分布时，求 t 分布 P 值的命令 tcdf. 其格式为 tcdf(统计量观察值，自由度，显著性水平)

(3)统计量服从 χ^2 分布时，求 χ^2 分布 P 值的命令 Chi2cdf. 其格式为 chi2cdf(统计量观察值，自由度，显著性选项)

(4)统计量服从 F 分布时，求 F 分布 P 值的命令 fcdf. 其格式为 fcdf(统计量观察值，分子自由度，分母自由度，显著性选项)

注：上述命令中，缺省默认的显著性水平都是 0.05.

2. 假设检验举例

(1)单正态总体均值的假设检验(方差已知情形)

例 9.2.24 某车间生产钢丝，用 X 表示钢丝的折断力，由经验判断 $X\sim N(\mu,\sigma^2)$，其中 $\mu=570,\sigma^2=8^2$，今换了一批材料，从性能上看，估计折断力的方差 σ^2 不会有什么变化(即仍有 $\sigma^2=8^2$)，但不知折断力的均值 μ 和原先有无差别. 现抽得样本，测得其折断力为

578　572　570　568　572　570　570　572　596　584

取 $\alpha=0.05$，试检验折断力均值有无变化.

根据题意，要对均值作双侧假设检验

$$H_0:\mu=570,\quad H_1:\mu\neq 570$$

输入：

```
x=[578,572,570,568,572,570,570,572,596,584];
```

```
mu=mean(x)
[h,p,ci,zval]=ztest(x,570,8,0.05)   %检验均值,显著性水平α=0.05,方差σ^2=64已知
```

则输出结果:

```
mu=575.2
h=1
p=0.0398
ci=570.2416   580.1584
zval=2.0555
```

即结果给出检验报告:样本均值 $\overline{x}=575.2$,所用的检验统计量为 u 统计量(正态分布),检验统计量的观测值为2.0555,双侧检验的 P 值为0.0398,在显著性水平 $\alpha=0.05$ 下,$h=1$ 表示拒绝原假设,即认为折断力的均值发生了变化.

例9.2.25 有一工厂生产一种灯管,已知灯管的寿命 X 服从正态分布 $N(\mu,40000)$,根据以往的生产经验,知道灯管的平均寿命不会超过1500h. 为了提高灯管的平均寿命,工厂采用了新的工艺. 为了弄清楚新工艺是否真的能提高灯管的平均寿命,他们测试了采用新工艺生产的25只灯管的寿命.其平均值是1575h,样本的平均值大于1500h,试问:可否由此判定这恰是新工艺的效应,而非偶然的原因使得抽出的这25只灯管的平均寿命较长呢?

根据题意,需对均值作单侧假设检验

$$H_0:\mu\leqslant 1500,\ H_1:\mu>1500$$

检验的统计量为 $z=\dfrac{\overline{X}-\mu_0}{\sigma/\sqrt{n}}$,输入:

```
alpha=0.05;mux=1575;
xhat=1500;stdx=200;
samplesize=25;
z=(mux-xhat)/stdx*sqrt(samplesize);  %求统计量z的值
p=1-normcdf(z,0,1);         %由于做的是上侧检验,p=P(z≥z0)
if p<alpha
  disp('reject H0')      %如果p<alpha, 拒绝原假设,否则不能拒绝原假设
else
disp('H0 can not be rejected')
end
p
```

执行后的输出结果:

```
  reject H0
p=0.0304
```

即输出结果拒绝原假设.

(2)单正态总体均值的假设检验(方差未知情形)

例9.2.26 水泥厂用自动包装机包装水泥,每袋额定重量是50kg,某日开工后随机抽查了9袋,称得重量如下:

49.6　49.3　50.1　50.0　49.2　49.9　49.8　51.0　50.2

设每袋重量服从正态分布，问包装机工作是否正常($\alpha=0.05$)?

根据题意，要对均值作双侧假设检验：

$$H_0:\mu=50;\quad H_1:\mu\neq 50$$

输入：

```
x=[49.6,49.3,50.1,50.0,49.2,49.9,49.8,51.0,50.2];
mu=mean(x)
[h,p,ci,stats]=ttest(x,50,0.05)  % 单边检验且未知方差，故选项 tail 均采用缺省值
```

执行后的输出结果：

```
mu=49.9
h=0
p=0.5911
ci=  49.4878  50.3122
stats=
    tstat:-0.5595
      df:8
      sd:0.5362
```

即结果给出检验报告：样本均值 $\overline{X}=49.9$，所用的检验统计量为自由度 8 的 t 分布(t 检验)，检验统计量的观测值为 -0.5595，双侧检验的 P 值为 0.5911，在显著性水平 $\alpha=0.05$ 下，$h=0$表示不拒绝原假设，即认为没有充分的统计学证据证明包装机没有正常工作.

例 9.2.27　从一批零件中任取 100 件，测其直径，得平均直径为 5.2，标准差为 1.6. 在显著性水平 $\alpha=0.05$ 下，请判定这批零件的直径是否符合 5 的标准.

根据题意，要对均值作假设检验：

$$H_0:\mu=5;H_1:\mu\neq 5.$$

检验的统计量为 $T=\dfrac{\overline{X}-\mu_0}{s/\sqrt{n}}$，它服从自由度为 $n-1$ 的 t 分布. 已知样本容量 $n=100$，样本均值 $\overline{X}=5.2$，样本标准差 $s=1.6$.

输入：

```
alpha=0.05;mux=5.2;
xhat=5;stdx=1.6;
samplesize=100;
t=(mux-xhat)/stdx * sqrt(samplesize);
p=2 * (1-tcdf(t,samplesize-1));   %作双侧检验，
p=2 * P(z>=z0)
if p<alpha
   disp('reject H0')
else
```

```
    disp('H0 can not be rejected')
    end
    p
```

则输出：

```
H0 can not be rejected
p=0.2142
```

即 p 值等于 0.2142，大于 0.05，故不拒绝原假设，认为没有证据证明这批零件的直径不符合 5 的标准.

(3)单正态总体的方差的假设检验

例 9.2.27　某工厂生产金属丝，产品指标为折断力. 折断力的方差被用作工厂生产精度的表征. 方差越小，表明精度越高. 以往工厂一直把该方差保持在 64(kg^2)与 64 以下. 最近从一批产品中抽取 10 根作折断力试验，测得的结果(单位:kg) 如下：

578　572　570　568　572　570　572　596　584　570

由上述样本数据算得 $\bar{x}=575.2, s^2=75.74$.

为此，厂方怀疑金属丝折断力的方差是否变大了. 如确实增大了，表明生产精度不如以前，就需对生产流程作一番检验，以发现生产环节中存在的问题.

根据题意，要对方差作双边假设检验：

$$H_0:\sigma^2\leqslant 64;\ H_1:\sigma^2>64$$

输入：

```
clear
  alpha=0.05
  data3=[578,572,570,568,572,570,572,596,584,570];
  variance=var(data3)
  varsta=(length(data3)-1)*variance/64
[h,P,ci,stats]=vartest(data3,64,alpha)
  (*方差检验,使用双边检验,α=0.05*)
```

则输出：

```
variance=75.7333
varsta=10.65
  h=0
  P=0.6009
  ci=35.8307   252.4080
  stats=chisqstat: 10.6500
                   df: 9
```

即检验报告给出：样本方差 $s^2=75.7333$，所用检验统计量为自由度 9 的 χ^2 分布统计量(χ^2 检验)，检验统计量的观测值为 10.65，双边检验的 P 值为 0.6009，在显著性水平 $\alpha=0.05$ 时，接受原假设，即认为样本方差的偏大是偶然因素，生产流程正常，故不需再作进一步的检查.

例 9.2.28　某厂生产的某种型号的电池，其寿命(以小时计)长期以来服从方差 $\sigma^2=5000$ 的正态分布，现有一批这种电池，从它的生产情况来看，寿命的波动性有所改变. 现随机取 26 只电池,测出其寿命的样本方差 $s^2=9200$. 问根据这一数据能否推断这批电池的寿命的波动性较以往的有显著的变化(取 $\alpha=0.02$)?

根据题意,要对方差作双边假设检验:

$$H_0:\sigma^2=5000;\ H_1:\sigma^2\neq 5000$$

所用的检验统计量为 $\chi^2=\dfrac{(n-1)S^2}{\sigma_0^2}$,它服从自由度为 $n-1$ 的 χ^2 分布. 已知样本容量 $n=26$,样本方差 $s^2=9200$.

输入:

```
alpha=0.05;varhat=5000;
varx=9200;samplesize=26;
chi2=(samplesize-1)*varx/varhat;
p=2*(1-chi2cdf(chi2,samplesize-1));
if p<alpha
    disp('reject H0')
else
      disp('H0 can not be rejected')
end
p
```

则输出:

```
reject H0
  p=0.0128.
```

即 p 值小于 0.05,故拒绝原假设,认为这批电池寿命的波动性较以往有显著的变化.

(4)双正态总体均值差的检验(方差未知但相等)

例 9.2.29 某地某年高考后随机抽取 15 名男生、12 名女生的物理考试成绩,如下:

男生:49　48　47　53　51　43　39　57　56　46　42　44　55　44　40

女生:46　40　47　51　43　36　43　38　48　54　48　34

从这 27 名学生的成绩能说明这个地区男女生的物理考试成绩不相上下吗?(显著性水平 $\alpha=0.05$).

根据题意,要对均值差作单边假设检验:

$$H_0:\mu_1=\mu_2,\ H_1:\mu_1\neq\mu_2$$

输入:

```
clear
 alpha=0.05;
data4=[49.0,48,47,53,51,43,39,57,56,46,42,44,55,44,40];
data5=[46,40,47,51,43,36,43,38,48,54,48,34];
d=mean(data4)-mean(data5)
[h,P,ci,stats]=ttest2(data4,data5,alpha)  %指定显著性水平 α=0.05,且方差相等
```

则输出：

```
h=0
P=0.1301
ci=-1.1368    8.3368
stats=tstat: 1.5653
df: 25
sd: 5.9383
```

即检验报告给出：两个正态总体的均值差为 3.6，检验统计量为自由度为 25 的 t 分布（t 检验），检验统计量的观察值为 1.5653，单边检验的 P 值为 0.1301，从而没有充分理由否认原假设，即认为这一地区男女生的物理考试成绩不相上下.

(5)双正态总体方差比的假设检验

例 9.2.30 为比较甲、乙两种安眠药的疗效，将 20 名患者分成两组，每组 10 人，如服药后延长的睡眠时间分别服从正态分布，其数据为(单位:h)：

甲： 5.5 4.6 4.4 3.4 1.9 1.6 1.1 0.8 0.1 −0.1

乙： 3.7 3.4 2.0 2.0 0.8 0.7 0 −0.1 −0.2 −1.6

问在显著性水平 $\alpha=0.05$ 下两种安眠药的疗效有无显著差别？

根据题意，先在 μ_1,μ_2 未知的条件下检验假设：

$$H_0:\sigma_1^2=\sigma_2^2;\ H_1:\sigma_1^2\neq\sigma_2^2$$

输入：

```
clear
  alpha=0.05;
  list1=[5.5,4.6,4.4,3.4,1.9,1.6,1.1,0.8,0.1,-0.1];
list2=[3.7,3.4,2.0,2.0,0.8,0.7,0,-0.1,-0.2,-1.6];
  [h,P,ci,stats]=vartest2(list1,list2,alpha)    %方差比检验,使用双边检验,α=0.05
```

则输出：

```
h=0
P=0.6151
ci=0.3509    5.6874
stats=
fstat: 1.4127
    df1: 9
    df2: 9
```

即检验报告给出：两个正态总体的样本方差之比$\frac{s_1^2}{s_2^2}$为 1.41267，检验统计量的分布为 $F(9,9)$ 分布（F 检验），检验统计量的观察值为 1.4127，双侧检验的 P 值为 0.6151. 由检验报告知两总体方差相等的假设成立.

接着要在方差相等的条件下作均值是否相等的假设检验：

$$H'_0:\mu_1=\mu_2;\ H'_1:\mu_1\neq\mu_2$$

输入：

[h,P,ci,stats]=ttest2(list1,list2,alpha) %均值差是否为零的检验，已知方差相等，$\alpha=0.05$，双边检验

则输出

```
h=0
P=0.1452
ci=-0.4784    2.9984
stats=
    tstat: 1.5227
       df: 18
       sd: 1.8503
```

根据输出的检验报告，应接受原假设 $H'_0:\mu_1=\mu_2$，因此，在显著性水平 $\alpha=0.05$ 下可认为 $\mu_1=\mu_2$.

综合上述讨论结果，可以认为两种安眠药疗效的无显著差异.

例 9.2.31 甲、乙两厂生产同一种电阻，现从甲、乙两厂的产品中分别随机抽取 12 个和 10 个样品，测得它们的电阻值后，计算出样本方差分别为 $s_1^2=1.40$，$s_2^2=4.38$. 假设电阻值服从正态分布，在显著性水平 $\varepsilon=0.10$ 下，我们是否可以认为两厂生产的电阻值的方差相等.

根据题意，检验统计量为 $F=s_1^2/s_2^2$，它服从自由度(n_1-1,n_2-1)的 F 分布. 已知样本容量 $n_1=12$，$n_2=10$，样本方差 $s_1^2=1.40$，$s_2^2=4.38$. 该问题即检验假设：

$$H_0:\sigma_1^2=\sigma_2^2;\ H_1:\sigma_1^2\neq\sigma_2^2$$

输入：

```
alpha=0.05;
varx1=1.4;
varx2=4.38;
samplesize1=10;
samplesize2=12;
f=varx2/varx1;
p=2*(1-fcdf(f,samplesize1-1,samplesize2-1));
if p<alpha
  disp('reject H0')
else
  disp('H0 can not be rejected')
end
p
```

则输出：

```
H0 can not be rejected
p=0.0786
```

所以，我们拒绝原假设，即认为两厂生产的电阻阻值的方差不同.

(6)分布拟合检验——χ^2 检验法

chigof 函数用来做分布的 χ^2 卡方拟合度检验，检验样本是否服从指定的分布. chigof 函数的原理是这样的：它用若干个小区间把样本观测数据进行分组(默认情况下分 10 组)，使得理论上每组包含 5 个以上的观测值，即每组的理论频数大于或等于 5，若不满足这个要求，可以通过合并相邻的组来达到这个要求. 根据分组结果计算 χ^2 检验统计量

$$\chi^2=\sum_{i=1}^{\text{nbins}}\frac{(O_i-E_i)^2}{E_i}$$

其中，O_i 表示落入第 i 个组的样本观测值的实际频数；E_i 表示理论频数. 当样本容量足够大时，该统计量近似服从自由度为 nbins-1-nparams 的 χ^2 分布，其中 nbins 为组数，nparams 为总体分布中的待估参数. 当 χ^2 检验统计量的观测值超过临界值 χ^2_α(nbins-1-nparams)时，在显著性水平 α 下即可认为样本数据不服从指定的分布.

例 9.2.32　下面列出 84 个伊特拉斯坎男子头颅的最大宽度(单位：mm)：

141 148 132 138 154 142 150 146 155 158 150 140 147 148 144
150 149 145 149 158 143 141 144 144 126 140 144 142 141 140
145 135 147 146 141 136 140 146 142 137 148 154 137 139 143
140 131 143 141 149 148 135 148 152 143 144 141 143 147 146
150 132 142 142 143 153 149 146 149 138 142 149 142 137 134
144 146 147 140 142 140 137 152 145

试检验上述头颅的最大宽度数据是否来自正态总体(α=0.1)?

输入数据：

```
data2=[141,148,132,138,154,142,150,146,155,158,150,140,147,148,144,150,
149,145,149,158,143,141,144,144,126,140,144,142,141,140,145,135,147,146,141,
136,140,146,142,137,148,154,137,139,143,140,131,143,141,149,148,135,148,152,
143,144,141,143,147,146,150,132,142,142,143,153,149,146,149,138,142,149,142,
137,134,144,146,147,140,142,140,137,152,145];
```

输入：

```
[h,p,stats]=chi2gof(data2)
```

则输出：

```
h=0
p=0.3618
stats=
  chi2stat: 4.3408
  df: 4
  edges: [1x8 double]
  O: [7 7 22 15 15 10 8]
  E: [7.1816 9.8204 15.1865 17.7409 15.6563 10.4375 7.9768]
```

本题的假设 H_0 为头颅数据服从正态分布. 这个结果表明 H_0 成立条件下，统计量 χ^2 取 4.3408及比它更大的概率为 0.3618，因此不拒绝 H_0，即头颅的最大宽度数据服从正态分布.

9.3.2 回归分析

1. 基本命令

(1)一元和多元线性回归的命令 regress

regress 的调用格式为

[b,bint,r,rint,stats]=regress(y,x,alpha)

输入参数 y 为因变量的观测值向量,是 $n\times1$ 的列向量. x 为 $n\times p$ 的自变量矩阵. alpha 为置信水平. 输出参数 b 为一个 $p\times1$ 的向量,返回多重线性回归方程中系数向量 β 的估计值. bint 返回系数估计值的 95%置信区间,它是一个 $p\times2$ 的矩阵,第 1 列为置信下限,第 2 列为置信上限. r 返回残差,残差的 95%的置信区间 rint,stats 是一个 1×4 的向量,其元素依次为判定系数 R^2,F 统计量的观测值,检验的 p 值和误差方差 σ^2 的估计值$\hat{\sigma}^2$.

(2)一元非线性拟合的命令 nlinfit

Matlab 统计工具箱中的 nlinfit 函数可以用来做一元或多元非线性回归. 其调用的基本格式为

[beta,r,J]=nlinfit(x,y,fun,beta0)

输入参数 x 为自变量观测值矩阵,y 为因变量观测值矩阵,fun 为事先定义好的回归方程,其形式为

yhat=modelfun(b,x)

函数体

beta0 为用户设定的未知参数的初值,不同的初值可能会有不同的结果,设定初值时要慎重,最好能根据实际问题提前有个预判. 输出参数 beta 返回非线性回归方程式中未知参数的估计值. r 为残差向量,J 为雅可比矩阵.

2. 回归分析举例

(1)一元线性回归

例 9.2.33 某建材实验室做陶粒混凝土实验室时,考察每立方米(m^3)混凝土的水泥用量(kg)对混凝土抗压强度(kg/cm^2)的影响,测得如表 9-2-7 所示数据.

表 9-2-7

水泥用量/m^3 x	150	160	170	180	190	200
抗压强度 y/(kg/km^2)	56.9	58.3	61.6	64.6	68.1	71.3
水泥用量 x/m^3	210	220	230	240	250	260
抗压强度 y/(kg/cm^2)	74.1	77.4	80.2	82.6	86.4	89.7

①画出散点图;

②求 y 关于 x 的线性回归方程 $\hat{y}=\hat{a}+\hat{b}x$,并作回归分析;

③设 $x_0=225$kg,求 y 的预测值及置信水平为 0.95 的预测区间.

先输入数据:

```
x1=150:10:260;
y=[56.9,58.3,61.6,64.6,68.1,71.3,74.1,77.4,80.2,82.6,86.4,89.7];
    scatter(x1,y)
```

①作出数据表的散点图. 输入：

```
ListPlot[aa,PlotRange->{{140,270},{50,90}}]
```

则输出如图 9-2-18 所示.

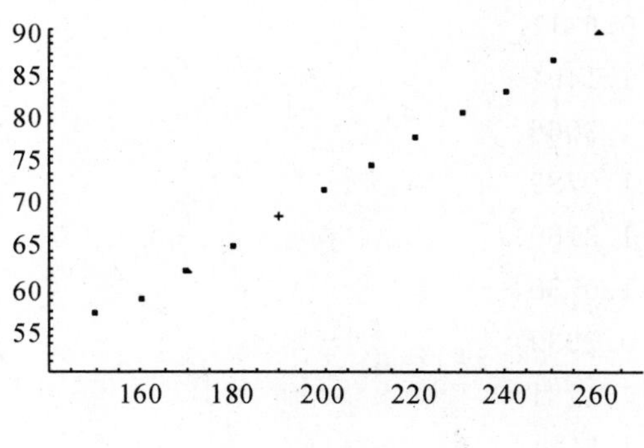

图 9-2-18

②作一元回归分析

输入：

```
x1=150:10:260;
x2=x1';
y=[56.9,58.3,61.6,64.6,68.1,71.3,74.1,77.4,80.2,82.6,86.4,89.7]';
x=[ones(length(x2),1),x2]; %在原始数据 x2 的左边加一列 1,即模型包含常数项
[b,bint,r,rint,s]=regress(y,x)
```

则输出：

```
b=10.2829
  0.3040
bint=8.3881   12.1776
0.2949    0.3131
r=1.0192
-0.6206
-0.3605
-0.4003
0.0598
0.2199
-0.0199
0.2402
0.0003
-0.6395
0.1206
0.3808
```

```
rint=0.4212    1.6173
   -1.5209    0.2797
   -1.3730    0.6520
   -1.4318    0.6311
   -1.0298    1.1494
   -0.8668    1.3066
   -1.1187    1.0789
   -0.8356    1.3160
   -1.0731    1.0738
   -1.5729    0.2939
   -0.8868    1.1281
   -0.5416    1.3031
s=1.0e+003*
   0.0010    5.5225    0.0000    0.0002
```

现对上述回归分析报告说明如下：

由 b 的取值可以得到一元回归方程为

$$y=10.2829+0.3040x;$$

bint 表示$\hat{a}$的置信水平为 0.95 的置信区间是(8.3881,12.1776)，$\hat{b}$的置信水平为 0.95 的置信区间是(0.2949,0.3131).

rint 表示因变量的真实值 y_i 减去估计值$\hat{y}_i$ 的残差值. 如 1.0192=56.9−(10.2829+0.3040×150)，rint 为残差的置信区间.

s 输出值的第 1 个值表示 $R^2=\dfrac{\text{SSR(回归平方和)}}{\text{SST(总平方和)}}=1$. 它说明 y 的变化几乎 100%来自 x 的变化，建立的线性回归模型具有非常高的显著性.

s 输出值中第 2 和第 3 个值为 Fstat 与 Pvalue，它们表示作假设检验(F 检验)时，统计量的观察值为 5522.5，检验统计量的 P 值为 0×10^{-7}，这个 P 值非常小，检验结果表明此回归方程显著，问题中的水泥用量与抗张强度 y 具有非常显著的线性关系.

③求 y 的预测值输入

```
xdata=225;
yhat=b(1)+xdata * b(2)
```

就可以得到在变量 xdata 的观察点处的 y 的预测值为 78.6797，要知道这个预测的精度，我们还需要作区间预测，即找到区间(T_1，T_2)，使得

$$P(T_1<y_0<T_2)=1-\alpha$$

由于因变量的新值$\hat{y}_0$ 的置信概率为 $1-\alpha$ 的置信区间为

$$(\hat{y}_0-t_{\alpha 2}(n2212/2)\sqrt{1+h_{00}}\hat{\sigma},\hat{y}_0+t_{\alpha 2}(n2212/2)\sqrt{1+h_{00}}\hat{\sigma}),$$

其中，$h_{00}=\dfrac{1}{n}+\dfrac{(x_0-\bar{x})^2}{\sum\limits_{i=1}^{n}(x_0-\bar{x})^2}$，$x_0$ 在此问题中即为 225. x_0 与$\bar{x}$ 越接近，预测的精度越高，当样本量 n 很大，$|x_0-\bar{x}|$ 很小时，y_0 的置信度为 95% 的置信区间近似为 $y_0\pm2\hat{\sigma}$.

由上面的分析得输入：

```
ybint=[yhat-2*s(4),yhat+2*s(4)]
```

则输出：

```
ybint=
        78.2012   79.1583
```

利用线性回归方程，可算得 $x_0=225$ 时，y 的预测值为 78.68，置信度为 0.95 的预测区间为(78.2012,79.1583).

(2)多元线性回归

例 9.2.34　一种合金在某种添加剂的不同浓度下，各做三次试验，得到数据如表 9-2-8 所示.

表 9-2-8

浓度 x	10.0	15.0	20.0	25.0	30.0
抗压强度 Y	25.2	29.8	31.2	31.7	29.4
	27.3	31.1	32.6	30.1	30.8
	28.7	27.8	29.7	32.3	32.8

①作散点图；

②以模型 $Y=b_0+b_1x+b_2x^2+\varepsilon,\varepsilon\sim N(0,\sigma^2)$ 拟合数据，其中 b_0,b_1,b_2,σ^2 与 x 无关；

③求回归方程 $\hat{y}=\hat{b}_0+\hat{b}_1x+\hat{b}_2x^2$，并作回归分析.

先输入数据

```
x0=10:5:30;
xx=repmat(x0,3,1);
x1=[xx(:,1);xx(:,2);xx(:,3);xx(:,4);xx(:,5)];   %产生长度为 15 的添加剂浓度向量
y=[25.2,27.3,28.7,29.8,31.1,27.8,31.2,32.6,29.7,31.7,30.1,32.3,29.4,30.8,32.8]';
```

①作散点图，输入

```
scatter(x1,y)
```

则输出如图 9-2-19 所示.

②作二元线性回归，输入：

```
x0=10:5:30;
xx=repmat(x0,3,1);
x1=[xx(:,1);xx(:,2);xx(:,3);xx(:,4);xx(:,5)];%产生长度为 15 的添加剂浓度向量
x2=x1.^2;
x=[ones(length(x1),1),x1,x2];
y=[25.2,27.3,28.7,29.8,31.1,27.8,31.2,32.6,29.7,31.7,30.1,32.3,29.4,30.8,32.8]';
[b,bint,r,rint,s]=regress(y,x)   %做二元线性回归
```

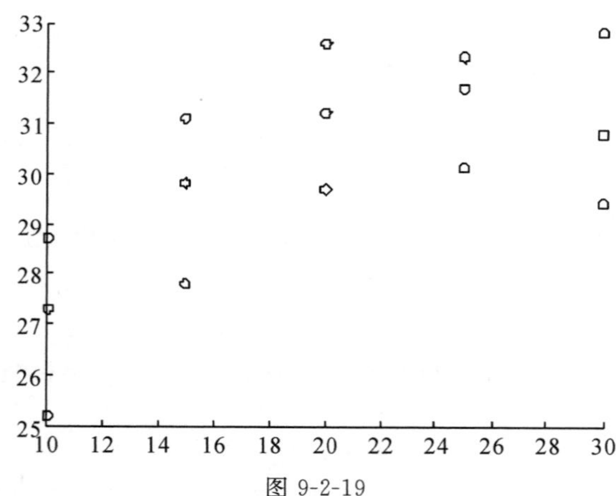

图 9-2-19

则输出：

```
b=19.0333
    1.0086
   -0.0204
bint=11.8922   26.1745
    0.2320     1.7852
   -0.0396    -0.0012
r=1.8810
    0.2190
    1.6190
    0.2238
    1.5238
   -1.7762
    0.1476
    1.5476
   -1.3524
    0.1905
   -1.4095
    0.7905
   -1.5476
   -0.1476
    1.8524
rint=-4.3136     0.5517
   -2.5056     2.9437
   -0.8936     4.1317
   -2.8149     3.2625
   -1.3490     4.3966
```

```
   -4.5858    1.0334
   -2.8262    3.1214
   -1.2487    4.3439
   -4.1920    1.4873
   -2.8492    3.2302
   -4.3074    1.4884
   -2.2071    3.7881
   -4.0796    0.9843
   -2.8743    2.5791
   -0.5897    4.2944
s=0.6140    9.5449    0.0033    2.0397
```

从输出结果可见，回归方程为

$$Y=19.0333+1.0086x-0.0204x^2,$$

$\hat{b}_0=19.0333, \hat{b}_1=1.0086, \hat{b}_2=-0.0204$. 它们的置信水平为 0.95 的置信区间分别是(11.8922,26.1745),(0.2320,1.7852),(−0.0396,−0.0012).

假设检验的结果是：在显著性水平为 0.95 时它们都不等于零. 模型

$$Y=b_0+b_1x+b_2x^2+\varepsilon, \varepsilon \sim N(0,\sigma^2)$$

中，σ^2 的估计为 2.03968. 对模型参数 $\beta=(b_1,b_2)^T$ 是否等于零的检验结果是：$\beta \neq 0$. 因此回归效果显著.

(3)非线性回归

例 9.2.35　下面的数据来自对某种遗传特征的研究结果，一共有 2723 对数据，把它们分成 8 类后归纳为表 9-2-9.

表 9-2-9

频率	579	1021	607	324	120	46	17	9
分类变量 x	1	2	3	4	5	6	7	8
遗传性指标 y	38.08	29.7	25.42	23.15	21.79	20.91	19.37	19.36

研究者通过散点图认为 y 和 x 符合指数关系：$y=ae^{bx}+c$，其中 a,b,c 是参数. 求参数 a,b,c 的最小二乘估计.

因为 y 和 x 的关系不能用 Fit 命令拟合的线性关系，也不能转换为线性回归模型. 因此考虑用非线性拟合命令 NonlinearFit 求 a,b,c 的最小二乘估计.

①画散点图

输入：

```
x=1:8;
y=[38.08,29.7,25.42,23.15,21.79,20.91,19.37,19.36];
plot(x,y,'o',x,y)
```

则输出如图 9-2-19 所示.

②直接用非线性拟合命令 nlinfit 方法

输入：

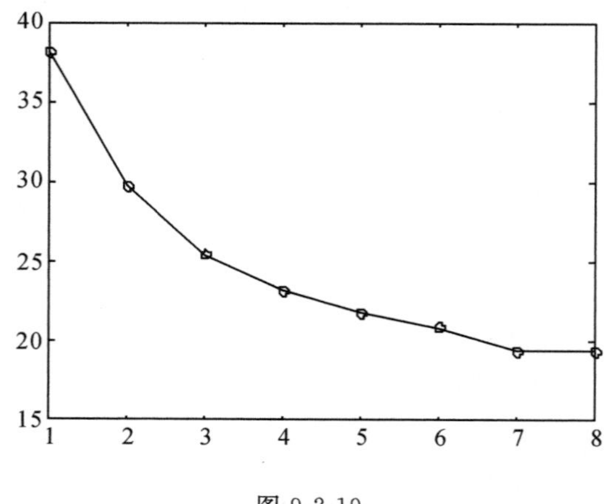

图 9-2-19

```
function y=heredity(beta,x)
y=beta(1)*exp(beta(2)*x)+beta(3);
dataset=[repmat([1,38.08],579,1);repmat([2,29.70],1021,1);repmat([3,25.42],607,1);
repmat([4,23.15],324,1);repmat([5,21.79],120,1);repmat([6,20.91],46,1);repmat ([7,19.37],17,1);repmat([8,19.36],9,1);]
x=dataset(:,1);
y=dataset(:,2);
beta0=[40,1,20]
[beta,r,j]=nlinfit(x,y,@heredity,beta0)
```

则输出：

```
beta=
        33.2221      0.6269      20.2913
```

即所求得的回归方程为：$20.2913+33.2221e^{-0.6269x}$，这里要注意的是，参数 a，b，c 必须选择合适的初值．如果要评价回归效果，则只要求出 2723 个数据的残差平方和 $\sum(y_i-\hat{y}_i)^2$．

输入：

```
dataset=[repmat([1,38.08],579,1);repmat([2,29.70],1021,1);repmat([3,25.42],607,1);repmat([4,23.15],324,1);repmat([5,21.79],120,1);repmat([6,20.91],46,1);repmat([7,19.37],17,1);repmat([8,19.36],9,1);]
x=dataset(:,1);
yact=dataset(:,2);
yest=beta(1)*exp(-beta(2)*x)+beta(3);
sse=sum((yact-yest).^2);
```

则输出：

```
sse=
        59.9664
```

即 2723 个数据的残差平方和是 59.9664. 再求出 2723 个数据的总的相对误差的平方和 $\sum[(y_i-\hat{y}_i)^2/\hat{y}_i]$. 输入：

```
sse2=sum((yact-yest).^2./yest);   %作点乘运算
```

则输出：

```
2.74075
```

由此可见，回归效果是显著的.

9.3.3　方差分析

1. 基本命令

(1)单因素方差分析命令 anoval

Matlab 统计工具箱提供了 anoval 函数用来做单因素方差分析，其调用格式为

[p,table,stats]=anova1(x)

根据样本观测值矩阵 x 进行均衡实验的单因素一元方差分析，检验矩阵 x 的各列所对应的总体是否具有相同的均值，原假设是 x 的各列所对应的总体具有相同的均值. 输出参数 p 是检验的 p 值，对于给定的显著性水平 α，若 $p\leqslant\alpha$，则拒绝原假设，认为 x 的各列所对应的总体具有不完全相同的均值，否则接受原假设，认为 x 的各列所对应的总体具有相同的均值.

anoval 函数还生成 2 个图形：标准的单因素一元方差分析表和箱线图. 输出参数 table 就是返回方差分析表，它共有 6 列：第 1 列为方差来源，方差来源有组间、组内和总计. 第 2 列为各方差来源所对应的平方和(SS). 第 3 列为各方差来源所对应的自由度(df). 第 4 列为各方差来源所对应的均方(MS)，MS=SS/df. 第 5 列为 F 检验统计量的观测值，它是组间均方与组内均方的比值. 第 6 列为检验的 p 值，是根据 F 检验统计量的分布得出的.

stats 为结构体变量，用于进行后续的多重比较.

(2)多重比较命令 multcompare

若方差分析的结果已表明不同类型的观测值有显著性差异，但这并不意味着任意两类观测值都有显著性差异，因此还需要进行两两的比较检验，可以使用 multcompare 函数，其调用格式为

[c,m,h,gnames]=multcompare(stats)

表示根据结构体变量 stats 中的信息进行多重比较，返回两两比较的结果矩阵 c. c 是一个多行 5 列的矩阵，它的每一行对应依次两两比较的检验，每一行上的元素包括做比较的两个组的组号、两个组的均值差、均值差的置信区间. 输出参数 m 返回一个多行 2 列的矩阵 m，第 1 列为每一组组均值的估计值，第 2 列为相应的标准误差. h 返回交互式多重比较的图形，可以通过 h 修改图形属性，gnames 返回组名变量，它是一个元胞数组，每一行对应一个组名.

2. 方差分析举例

例 9.2.36　今有某种型号的电池三批，它们分别是 A,B,C 三个工厂所生产的. 为评比其质量，各随机抽取 5 只电池为样品，经试验得其寿命(单位：h)如表 9-2-10 所示.

表 9-2-10

A	40	42	48	45	38
B	26	28	34	32	30
C	39	50	40	50	43

试在显著性水平 0.05 下检验电池的平均寿命有无显著的差异.若差异是显著的,试求均值差 $\mu_A-\mu_B$,$\mu_A-\mu_C$ 及 $\mu_B-\mu_C$ 的置信水平为 95%的置信区间.

我们面临的任务是:

(1) 检验 3 个总体的均值是否相等,即作假设检验

$$H_0:\mu_A=\mu_B=\mu_C;H_1:\mu_A,\mu_B,\mu_C\text{ 不全相等}$$

(2) 求均值差 $\mu_A-\mu_B$,$\mu_A-\mu_C$ 及 $\mu_B-\mu_C$ 的置信水平为 95%的置信区间.

用 anoval 作单因素方差分析

输入:

```
batterytype=[ones(1,5),ones(1,5)+1,ones(1,5)+2];
y=[40,42,48,45,38,26,28,34,32,30,39,50,40,50,43];
[p,table,stats]=anoval(y,batterytype)
```

则输出:

```
p=3.0960e-004
table=
'Source'   'SS'         'df'   'MS'         'F'         'Prob>F'
'Groups'   [615.6000]   [2]    [307.8000]   [17.0684]   [3.0960e-004]
'Error'    [216.4000]   [12]   [ 18.0333]   []          []
'Total'    [832]        [14]   []           []          []
stats=gnames: {3x1 cell}
   n: [5 5 5]
source: 'anoval'
means: [42.6000 30 44.4000]
  df: 12
s: 4.2466
```

从输出参数 stats 中的 means 值可以看出,μ_A 的点估计是 42.6,μ_B 的点估计为 30.0,μ_C 的点估计为 44.4. 最后从方差分析表知平方和的分解结果是:总的平方和=832.0,模型引起的平方和(效应平方和)=615.6,误差平方和=216.4.作假设检验:

$$H_0:\mu_B-\mu_A=\mu_C-\mu_A=0;H_1:\mu_B-\mu_A,\mu_C-\mu_A\text{ 不全等于零}$$

时,统计量 F 的观察值为 17.0684,F 的 P 值为 0.000309602,检验结果显然否定原假设,即三个工厂生产的电池的平均寿命有显著差异.

方差分析的结果已表明不同类型的电池寿命有显著性差异,但这并不意味着任意两种电池都有显著性差异,因此还需要进行两两的比较检验,找出电池寿命存在显著性差异的电池品种,使用 multcompare 函数.

输入:

```
[c,m,h,gnames]=multcompare(stats); % 多重比较
head={'组序号','组序号','置信下限','组均值差','置信上限'};
[head;num2cell(c)]  %将矩阵 c 转为元胞数组,并与 head 一起显示
```

则输出:

```
ans=
'组序号'   '组序号'   '置信下限'    '组均值差'   '置信上限'
[   1]    [  2]    [  5.4347]    [  12.6000]   [  19.7653]
[   1]    [  3]    [-8.9653]     [-1.8000]     [  5.3653]
[   2]    [  3]    [-21.5653]    [-14.4000]    [-7.2347]
```

总结起来:三个工厂生产的电池的平均寿命有显著差异. $\mu_A-\mu_B$ 的置信水平为 0.95 的置信区间是(5.4347,19.7653). $\mu_A-\mu_C$ 的置信水平为 0.95 的置信区间是(−8.9653,5.3653),$\mu_B-\mu_C$ 的置信水平为 0.95 的置信区间是(−21.5653,−7.2347).当两组均值差的置信区间不包含 0 点时,在显著性水平 0.05 下,作比较的两个组的组均值之间的差异是明显的.否则就是不明显的,从结果可以看出,第一种和第二种、第二种和第三种电池寿命均值的差异是明显的,第一种和第三种电池寿命均值的差异就是不明显的.

例 9.1.56 将抗生素注入人体会产生抗生素与血浆蛋白质结合的现象,以致减少了药效.表 9-2-11 中列出了 5 种常用的抗生素注入牛的体内时,抗生素与血浆蛋白质结合的百分比.试在水平 $\alpha=0.05$ 下检验这些百分比的均值有无显著的差异.

表 9-2-11

青霉素	四环素	链霉素	红霉素	氯霉素
29.6	27.3	5.8	21.6	29.2
24.3	32.6	6.2	17.4	32.8
28.5	30.8	11.0	18.3	25.0
32.0	34.8	8.3	19.0	24.2

本例也是单因素方差分析问题.输入

```
antibiotic=[ones(1,4),ones(1,4)+1,ones(1,4)+2,ones(1,4)+3,ones(1,4)+
4];
y=[29.6,24.3,28.5,32.0,27.3,32.6,30.8,34.8,5.8,6.2,11.0,8.3,21.6,17.4,18.
3,19.0,29.2,32.8,25.0,24.2];
[p,table,stats]=anova1(y,antibiotic)
```

则输出:

```
    p=6.7398e-008
table=
    'Source'  'SS'             vdf'  'MS'        'F'        'Prob>F'
    'Groups'  [1.4808e+003]    [4]   [370.2058]  [40.8849]  [6.7398e-008]
    'Error'   [ 135.8225]      [15]  [ 9.0548]   []         []
    'Total'   [1.6166e+003]    [19]  []          []         []
```

```
stats=
    gnames: {5x1 cell}
       n: [4 4 4 4 4]
    source:'anoval'
     means: [28.6000 31.3750 7.8250 19.0750 27.8000]
       df: 15
        s: 3.0091
```

因为 F 检验的 P 值非常小，所以即使在检验的水平 $\alpha=0.01$ 时，这些百分比的均值也有显著差异.

第 9 章总习题

1. (抛硬币实验)模拟抛掷一枚均匀硬币的随机实验(可用 0、1 随机数来模拟实验结果)，取模拟 n 次掷硬币的随机实验.记录实验结果，观察样本空间的确定性及每次实验结果的偶然性，统计正面出现的次数，并计算正面出现的频率.对不同的实验次数 n 进行实验，记录下实验结果，通过比较实验的结果，你能得出什么结论?

2. (抽签实验)有十张外观相同的扑克牌，其中有一张是大王，让十人按顺序每人随机抽取一张，讨论谁先抽出大王.

甲方认为:先抽的人比后抽的人机会大.

乙方认为:不论先后，他们抽到大王的机会是一样的.

究竟他们谁说的对?

3. (泊松分布)利用 Mathematica 在同一坐标系下绘出 λ 取不同值时泊松分布 $\pi(\lambda)$ 的概率分布曲线，通过观察输出的图形，进一步理解泊松分布的概率分布的性质.

4. (二项分布的正态分布逼近)用正态分布逼近给出二项分布 $b(k;n,p)$ $(k=1,2,\cdots,n)$，并将得到的近似值与它的精确值比较.

5. 在某省一"夫妻对电视传播媒介观念的研究"项目中，访问了 30 对夫妻，其中丈夫所受教育 x(单位:年)的数据如下:

18 20 16 6 16 17 12 14 16 18 14 14 16 9 20

18 12 15 13 16 16 21 21 9 16 20 14 14 16 16

(1) 求样本均值、中位数、四分位数;样本方差、样本标准差、极差、变异系数，二阶、三阶和四阶中心矩;偏度、峰度.

(2) 将数据分组，使组中值分别为 6,9,12,15,18,21，作出 x 的频数分布表、频率分布的直方图.

6. 下面列出 84 个伊特拉斯坎男子头颅的最大宽度(单位:mm)，对数据分组，并作直方图.

141 148 132 138 154 142 150 146 155 158 150 140 147 148 144 150 149 145 149 158 143 141

144 144 126 140 144 142 141 140 145 135 147 146 141 136 140 146 142 137 148 154 137 139

143 140 131 143 141 149 148 135 148 152 143 144 141 143 147 146 150 132 142 142 143 153

149 146 149 138 142 149 142 137 134 144 146 147 140 142 140 137 152 145

7. 下面的数据是某大学某专业 50 名新生在数学素质测验中所得到的分数：

88　74　67　49　69　38　86　77　66　75　94　67　78　69　89　84

50　39　58　79　70　90　79　97　75　98　77　64　69　82　71　65

51　68　84　73　58　78　75　89　91　62　72　74　81　79　81　86

52　78　90　81　53　62

将这组数据分成 6～8 个组，画出频率直方图，并求出样本均值、样本方差，以及偏度、峰度.

8. 对某种型号飞机的飞行速度进行 15 次试验，测得最大飞行速度如下：

422.2　417.2　425.6　420.3　425.8　423.1　418.7　428.2

438.3　434.0　312.3　431.5　413.5　441.3　423.0

假设最大飞行速度服从正态分布，试求总体均值 μ（最大飞行速度的期望）的置信区间（$\alpha=0.05$ 与 $\alpha=0.10$）.

9. 从自动机床加工的同类零件中抽取 16 件，测得长度值（单位：mm）为

12.15　12.12　12.01　12.08　12.09　12.16　12.03　12.06

12.06　12.13　12.07　12.11　12.08　12.01　12.03　12.01

求方差的置信区间（$\alpha=0.05$）.

10. 有一大批袋装化肥，现从中随机地取出 16 袋，称得重量（单位：kg）如下：

50.6　50.8　49.9　50.3　50.4　51.0　49.7　51.2

51.4　50.5　49.3　49.6　50.6　50.2　50.9　49.6

设袋装化肥的重量近似地服从正态分布，试求总体均值 μ 的置信区间与总体方差 σ^2 的置信区间（分别在置信度为 0.95 与 0.90 两种情况下计算）.

11. 某种磁铁矿的磁化率近似服从正态分布. 从中取出容量为 42 的样本测试，计算样本均值为 0.132，样本标准差为 0.0728，求磁化率的均值的区间估计（$\alpha=0.05$）.

12. 两台机床加工同一产品，从甲机床加工的产品中抽取 100 件，测得样本均值为 19.8，标准差 0.37. 从乙机床加工的产品中抽取 80 件，测得样本均值 20.0，标准差 0.40. 求均值差 $\mu_1-\mu_2$ 的置信区间（$\alpha=0.05$）.

13. 设某种电子管的寿命近似服从正态分布，取 15 只进行试验，得平均寿命为 1950h，标准差为 300h，以 90%的可靠性对使用寿命的方差进行区间估计.

14. 随机地从 A 批导线中抽取 4 根，从 B 批导线中抽取 5 根，测得电阻（单位：Ω）为

A 批导线：　0.143　　0.142　　0.143　　0.137

B 批导线：　0.140　　0.142　　0.136　　0.138　　0.140

设测定数据分别来自分布 $N(\mu_1,\sigma_1^2)$ 和 $N(\mu_2,\sigma_2^2)$，且两样本相互独立，又 $\mu_1,\mu_2,\sigma_1^2,\sigma_2^2$ 均未知，求 $\mu_1-\mu_2$ 的置信度为 0.95 的置信区间.

8. 研究由机器 A 和机器 B 生产的钢管的内径，随机地抽取机器 A 生产的管子 18 只，测得样本方差 $s_1^2=0.34\text{mm}^2$；抽取机器 B 生产的管子 13 只，测得样本方差 $s_2^2=0.29\text{mm}^2$. 设两样本相互独立，且设两机器生产的管子的内径分别服从正态分布 $N(\mu_1,\sigma_1^2)$ 和 $N(\mu_2,\sigma_2^2)$，这里 $\mu_1,\mu_2,\sigma_1^2,\sigma_2^2$ 均未知，求方差比 σ_1^2/σ_2^2 的置信度为 0.90 的置信区间.

15. 设某种电子元件的寿命 X（单位：h）服从正态分布 $N(\mu,\sigma^2)$，μ,σ^2 均未知. 现测得

16 只元件的寿命如下：

159　280　101　212　224　379　179　264

222　362　168　250　149　260　485　170

问是否有理由认为元件的平均寿命是 225h？是否有理由认为这种元件寿命的方差 $\leqslant 85^2$？

16. 某化肥厂采用自动流水生产线，装袋记录表明，实际包重 $X\sim N(100,2^2)$，打包机必须定期进行检查，确定机器是否需要调整，以确保所打的包不至于过轻或过重，现随机抽取 9 包，测得数据(单位:kg)如下：

102　100　105　103　98　99　100　97　105

若要求完好率为 95%，问机器是否需要调整？

17. 某炼铁厂的铁水的含碳量 X 在正常情况下服从正态分布. 现对操作工艺进行了某些改进，从中抽取 5 炉铁水测得含碳量百分比的数据如下：

4.421　4.052　4.357　4.287　4.683

据此是否可以认为新工艺炼出的铁水含碳量的方差仍为 0.108^2($\alpha=0.05$)？

18. 包装机包装食盐，假设每袋盐的净重服从正态分布，规定每袋标准重量为 500g，标准差不能超过 0.02. 某天开工后，为检验包装机工作是否正常，从装好的食盐中随机抽取 9 袋，它们的净重(单位:500g)如下：

0.994　1.014　1.02　0.95　0.968　0.968　1.048　0.982　1.03

问这天包装机工作是否正常($\alpha=0.05$)？

19. (1)某切割机在正常工作时，切割每段金属棒的平均长度为 10.5cm. 今从一批产品中随机抽取 15 段，测得其长度(单位:cm)如下

10.4　10.6　10.1　10.4　10.5　10.3　10.3　10.2

10.9　10.6　10.8　10.5　10.7　10.2　10.7

设金属棒长度服从正态分布，且标准差没有变化，试问该机工作是否正常($\alpha=0.05$)？

(2)在(1)中假定切割的长度服从正态分布，问该机切割的金属棒的平均长度有无显著变化($\alpha=0.05$)？

(3)如果只假定切割的长度服从正态分布，问该机切割的金属棒长度的标准差有无显著变化($\alpha=0.05$)？

20. 在平炉上进行一项试验以确定改变操作方法的建议是否会增加得钢率，试验是在同一平炉进行的，每炼一炉钢时除操作方法外，其他方法都尽可能做到相同. 先用标准方法炼一炉，然后用建议的新方法炼一炉，以后交替进行，各炼了 10 炉，其得钢率分别为

(1) 标准方法　78.1　72.4　76.2　74.3　77.4　78.4　76.0　75.5　76.7　77.3

(2) 新 方 法　79.1　81.0　77.3　79.1　80.0　79.1　79.1　77.3　80.2　82.1

设这两个样本相互独立，且分别来自正态总体 $N(\mu_1,\sigma^2)$ 和 $N(\mu_2,\sigma^2)$，μ_1,μ_2 和 σ^2 均未知. 问建议的新操作方法能否提高得钢率($\alpha=0.05$)？

21. 某自动机床加工同一种类型的零件. 现从甲、乙两班加工的零件中各抽验 5 个，测得它们的直径(单位:cm)分别为：

甲：2.066　2.063　2.068　2.060　2.067

乙：2.058　2.057　2.063　2.059　2.060

已知甲、乙二车床加工的零件的直径分别为 $X\sim N(\mu_1,\sigma^2)$，$Y\sim N(\mu_2,\sigma^2)$，试根据抽样结果来说明两车床加工的零件的平均直径有无显著性差异($\alpha=0.05$)?

22. 设某产品的使用寿命近似服从正态分布，要求平均使用寿命不低于 1000h. 现从一批产品中任取 25 只，测得平均使用寿命为 950h，样本方差为 100，在 $\alpha=0.05$ 下，检验这批产品是否合格.

23. 两台机器生产某种部件的重量近似服从正态分布. 分别抽取 60 与 30 个部件进行检测，样本方差分别为 $s_1^2=15.46$，$s_2^2=9.66$. 试在 $\alpha=0.05$ 下检验假设

$$H_0:\sigma_1^2=\sigma_2^2;H_1:\sigma_1^2>\sigma_2^2.$$

24. 设某电子元件的可靠性指标服从正态分布，合格标准之一为标准差 $\sigma_0=0.05$. 现检测 15 次，测得指标的平均值 $\bar{x}=0.95$，指标的标准差 $s=0.03$. 试在 $\alpha=0.1$ 下检验假设

$$H_0:\sigma^2=0.05^2;H_1:\sigma^2\neq 0.05^2.$$

25. 对两种香烟中尼古丁含量进行 6 次测试，得到样本均值与样本方差分别为

$$\bar{x}=25.5,\bar{y}=25.67,s_1^2=6.25,s_2^2=9.22$$

设尼古丁含量都近似服从正态分布，且方差相等. 取显著性水平 $\alpha=0.05$，检验香烟中尼古丁含量的方差有无显著差异.

26. 某乡镇企业的产品年销售额 x 与所获纯利润 y 从 1984 年至 1994 年的数据(单位：百万元)如下表：

年度	1984	1985	1986	1987	1988	1989	1990	1991	1992	1993	1994
销售额 x	6.1	7.5	9.4	10.7	14.6	17.4	21.1	24.4	29.8	32.9	34.3
纯利润 y	4.5	6.4	8.3	8.4	9.7	11.5	13.7	15.4	17.7	20.5	22.3

试求 y 对 x 的经验回归直线方程，并作回归分析.

27. 在钢线中碳含量对于电阻的效应的研究中，得到以下数据

碳含量 $x/\%$	0.10	0.30	0.40	0.55	0.70	0.80	0.95
电阻 $y/\mu\Omega$	15	18	19	21	22.6	23.8	26

试求 y 对 x 的经验回归直线方程，并作简单回归分析.

28. 下表列出了 18 个 5～8 岁儿童的重量和体积：

重量 x/kg	17.1	10.5	13.8	15.7	11.9	10.4	15.0	16.0	17.8
体积 y/dm^3	16.7	10.4	13.5	15.7	11.6	10.2	14.5	15.8	17.6
重量 x/kg	15.8	15.1	12.1	18.4	17.1	16.7	16.5	15.1	15.1
体积 y/dm^3	15.2	14.8	11.9	18.3	16.7	16.6	15.9	15.1	14.5

(1) 画出散点图；

(2) 求 y 关于 x 的线性回归方程 $\hat{y}=\hat{a}+\hat{b}x$，并作回归分析；

(3) 求 $x=14.0$ 时 y 的置信水平为 0.95 的预测区间.

29. 下面给出了某种产品每件平均单价 Y(单位：元)与批量 x(单位：件)之间的关系的一组数据如下：

x/元	20	25	30	35	40	50	60	65	70	75	80	90
y/元	1.81	1.70	1.65	1.55	1.48	1.40	1.30	1.26	1.24	1.21	1.20	1.18

(1)作散点图；

(2)以模型 $Y=b_0+b_1x+b_2x^2+\varepsilon,\varepsilon\sim N(0,\sigma^2)$ 拟合数据，求回归方程 $\hat{Y}=\hat{b}_0+\hat{b}_1x+\hat{b}_2x^2$，并作简单回归分析.

30. 设有三台机器用来生产规格相同的铝合金薄板. 取样，测量薄板的厚度精确至千分之一厘米，得结果如下表：

机器 1	0.236	0.238	0.248	0.245	0.243
机器 2	0.257	0.253	0.255	0.254	0.261
机器 3	0.258	0.264	0.259	0.267	0.262

考察机器这一因素对薄板厚度有无显著的影响($\alpha=0.05$)?

31. 下表给出了小白鼠在接种 3 种不同菌型的伤寒杆菌后存活的天数：

菌型	存活天数									
甲	2	4	3	2	4	7	7	2	5	4	
乙	5	6	8	5	10	7	12	6	6		
丙	7	11	6	6	7	9	5	10	6	3	10

试问：小白鼠在接种了不同菌型的伤寒杆菌后存活的天数是否有显著性差异($\alpha=0.05$)?

附 表

附表 1 函数 $p_\lambda(m)=\frac{\lambda m}{m!}e^{-\lambda}$ 数值表

m	λ								
	0.1	0.2	0.3	0.4	0.5	0.6	0.7	0.8	0.9
0	0.9048	0.8187	0.7408	0.6703	0.6065	0.5488	0.4966	0.4493	0.4066
1	0.0905	0.1637	0.2222	0.2681	0.3033	0.3293	0.3476	0.3595	0.3659
2	0.0045	0.0164	0.0333	0.0536	0.0758	0.0988	0.1217	0.1438	0.1647
3	0.0002	0.0011	0.0033	0.0072	0.0126	0.0198	0.0284	0.0383	0.0494
4		0.0001	0.0003	0.0007	0.0016	0.0030	0.0050	0.0077	0.0111
5				0.0001	0.0002	0.0004	0.0007	0.0012	0.0020
6							0.0001	0.0002	0.0003
m	1.0	1.5	2.0	2.5	3.0	3.5	4.0.	4.5	5.0
0	0.3679	0.2231	0.1353	0.0821	0.0498	0.0302	0.0183	0.0111	0.0067
1	0.3679	0.3347	0.2707	0.2052	0.1494	0.1057	0.0733	0.0500	0.0337
2	0.1839	0.2510	0.2707	0.2565	0.2240	0.1850	0.1465	0.1125	0.0842
3	0.0613	0.1255	0.1804	0.2138	0.2240	0.2158	0.1954	0.1687	0.1404
4	0.0153	0.0471	0.0902	0.1330	0.1680	0.1888	0.1954	0.1898	0.1755
5	0.0031	0.0141	0.0361	0.0668	0.1008	0.1322	0.1563	0.1708	0.1755
6	0.0000	0.0035	0.0120	0.0278	0.0504	0.0771	0.1042	0.1281	0.1462
7	0.0001	0.0008	0.0034	0.0099	0.0216	0.0385	0.0595	0.0824	0.1044
8		0.0001	0.0009	0.0031	0.0081	0.0169	0.0298	0.0463	0.0653
9			0.0002	0.0009	0.0027	0.0066	0.0132	0.0232	0.0363
10				0.0002	0.0008	0.0023	0.0053	0.0104	0.0181
11					0.0002	0.0007	0.0019	0.0043	0.0082
12					0.0001	0.0002	0.0006	0.0016	0.0034
13						0.0001	0.0002	0.0006	0.0013
14							0.0001	0.0002	0.0005
15								0.0001	0.0002
16									0.0001

续表

m	λ								
	6.0	7.0	8.0	9.0	10.0	$\lambda=20$			
						m	p	m	p
0	0.0025	0.0009	0.0003	0.0001		5	0.0001	20	0.0888
1	0.0149	0.0064	0.0027	0.0011	0.0005	6	0.0002	21	0.0846
2	0.0446	0.0223	0.0107	0.0050	0.0023	7	0.0005	22	0.0769
3	0.0892	0.0521	0.0286	0.0150	0.0076	8	0.0013	23	0.0669
4	0.1339	0.0912	0.0573	0.0337	0.0189	9	0.0029	24	0.0557
5	0.1606	0.1277	0.0916	0.0607	0.0378	10	0.0058	25	0.0446
6	0.1606	0.1490	0.1221	0.0911	0.0631	11	0.0106	26	0.0343
7	0.1377	0.1490	0.1396	0.1171	0.0901	12	0.0176	27	0.0254
8	0.1033	0.1304	0.1396	0.1318	0.1126	13	0.0271	28	0.0181
9	0.0688	0.1014	0.1241	0.1318	0.1251	14	0.0387	29	0.0125
10	0.0413	0.0710	0.0993	0.1186	0.1251	15	0.0516	30	0.0083
11	0.0225	0.0452	0.0722	0.0970	0.1137	16	0.0646	31	0.0054
12	0.0113	0.0263	0.0481	0.0728	0.0948	17	0.0760	32	0.0034
13	0.0052	0.0142	0.0296	0.0504	0.0729	18	0.0844	33	0.0020
14	0.0022	0.0071	0.0169	0.0324	0.0521	19	0.0888	3	0.0012
15	0.0009	0.0033	0.0090	0.0194	0.0347			35	0.0007
16	0.0003	0.0014	0.0045	0.0109	0.0217			36	0.0004
17	0.0001	0.0006	0.0021	0.0058	0.0128			37	0.0002
18		0.0002	0.0009	0.0029	0.0071			38	0.0001
19		0.0001	0.0004	0.0014	0.0037			39	0.0001
20			0.0002	0.0006	0.0019				
21			0.0001	0.0003	0.0009				
22				0.0001	0.0004				
23					0.0002				
24					0.0001				

续表

λ=30				λ=40				λ=50			
m	p	m	p	m	p	m	p	m	p	m	p
10		30	0.0726	15		40	0.0629	25		50	0.0563
11		31	0.0703	16		41	0.0614	26	0.0001	51	0.0552
12	0.0001	32	0.0659	17		42	0.0585	27	0.0001	52	0.0531
13	0.0002	33	0.0599	18		43	0.0544	28	0.0002	53	0.0501
14	0.0005	34	0.0529	19	0.0001	44	0.0495	29	0.0004	54	0.0464
15	0.0010	35	0.0453	20	0.0002	45	0.0440	30	0.0007	55	0.0422
16	0.0019	36	0.0378	21	0.0004	46	0.0382	31	0.0011	56	0.0376
17	0.0034	37	0.0306	22	0.0007	47	0.0325	32	0.0017	57	0.0330
18	0.0057	38	0.0242	23	0.0012	48	0.0271	33	0.0026	58	0.0285
19	0.0089	39	0.0186	24	0.0019	49	0.0221	34	0.0038	59	0.0241
20	0.0134	40	0.0139	25	0.0031	50	0.0177	35	0.0054	60	0.0201
21	0.0192	41	0.0102	26	0.0047	51	0.0139	36	0.0075	61	0.0165
22	0.0261	42	0.0073	27	0.0070	52	0.0107	37	0.0102	62	0.0133
23	0.0341	43	0.0051	28	0.0100	53	0.0081	38	0.0134	63	0.0105
24	0.0426	44	0.0035	29	0.0138	54	0.0060	39	0.0172	64	0.0082
25	0.0511	45	0.0023	30	0.0185	55	0.0043	40	0.0215	65	0.0063
26	0.0590	46	0.0015	31	0.0238	56	0.0031	41	0.0262	66	0.0048
27	0.0655	47	0.0010	32	0.0298	57	0.0022	42	0.0312	67	0.0036
28	0.0702	48	0.0006	33	0.0361	58	0.0015	43	0.0363	68	0.0026
29	0.0726	49	0.0004	34	0.0425	59	0.0010	44	0.0412	69	0.0019
		50	0.0002	35	0.0485	60	0.0007	45	0.0458	70	0.0014
		51	0.0001	36	0.0539	61	0.0004	46	0.0498	71	0.0010
		52	0.0001	37	0.0583	62	0.0003	47	0.0530	72	0.0007
				38	0.0614	63	0.0002	48	0.0552	73	0.0005
				39	0.0629	64	0.0001	49	0.0563	74	0.0003
						65	0.0001			75	0.0002
										76	0.0001
										77	0.0001
										78	0.0001

附表 2　函数 $\Phi(x)=\frac{1}{\sqrt{2n}}\int_{-\infty}^{x}e^{-\frac{t^2}{2}}\mathrm{d}t$ 数值表

x	0	1	2	3	4	5	6	7	8	9
0.0	0.5000	0.5040	0.5080	0.5120	0.5160	0.5199	0.5239	0.5279	0.5319	0.5359
0.1	0.5398	0.5438	0.5478	0.5517	0.5557	0.5596	0.5630	0.5675	0.5714	0.5753
0.2	0.5793	0.5832	0.5871	0.5910	0.5948	0.5987	0.6026	0.6064	0.6103	0.6141
0.3	0.6179	0.6217	0.6255	0.6293	0.6331	0.6368	0.6406	0.6443	0.6480	0.6517
0.4	0.6554	0.6591	0.6628	0.6664	0.6700	0.6736	0.6772	0.6808	0.6844	0.6879
0.5	0.6915	0.6950	0.6985	0.7019	0.7054	0.7088	0.7123	0.7157	0.7190	0.7224
0.6	0.7257	0.7291	0.7324	0.7357	0.7389	0.7422	0.7454	0.7486	0.7517	0.7549
0.7	0.7580	0.7611	0.7642	0.7673	0.7704	0.7734	0.7761	0.7794	0.7823	0.7852
0.8	0.7881	0.7910	0.7939	0.7967	0.7995	0.8023	0.8051	0.8078	0.8106	0.8133
0.9	0.8159	0.8186	0.8212	0.8238	0.8264	0.8289	0.8315	0.8340	0.8365	0.8389
1.0	0.8413	0.8438	0.8461	0.8485	0.8508	0.8531	0.8554	0.8577	0.8599	0.8621
1.1	0.8643	0.8665	0.8686	0.8708	0.8729	0.8749	0.8770	0.8790	0.8810	0.8830
1.2	0.8849	0.8869	0.8888	0.8907	0.8925	0.8944	0.8902	0.8980	0.8997	0.9015
1.3	0.9032	0.9049	0.9066	0.9082	0.9099	0.9115	0.9131	0.9147	0.9162	0.9177
1.4	0.9192	0.9207	0.9222	0.9236	0.9251	0.9265	0.9279	0.9292	0.9306	0.9319
1.5	0.9332	0.9345	0.9357	0.9370	0.9382	0.9394	0.9406	0.9418	0.9429	0.9441
1.6	0.9452	0.9463	0.9474	0.9484	0.9495	0.9505	0.9515	0.9525	0.9535	0.9545
1.7	0.9554	0.9564	0.9573	0.9582	0.9591	0.9599	0.9608	0.9616	0.9625	0.9633
1.8	0.9641	0.9649	0.9656	0.9664	0.9671	0.9678	0.9686	0.9693	0.9699	0.9706
1.9	0.9713	0.9719	0.9726	0.9732	0.9738	0.9744	0.9730	0.9756	0.9761	0.9767
2.0	0.9772	0.9778	0.9783	0.9788	0.9793	0.9798	0.9803	0.9808	0.9812	0.9817
2.1	0.9821	0.9826	0.9830	0.9834	0.9838	0.9842	0.9846	0.9850	0.9854	0.9857
2.2	0.9861	0.9864	0.9868	0.9871	0.9875	0.9878	0.9881	0.9884	0.9887	0.9890
2.3	0.9893	0.9896	0.9898	0.9901	0.9904	0.9906	0.9909	0.9911	0.9913	0.9916
2.4	0.9918	0.9920	0.9922	0.9925	0.9927	0.9929	0.9931	0.9932	0.9934	0.9936
2.5	0.9938	0.9940	0.9941	0.9943	0.9945	0.9946	0.9948	0.9949	0.9951	0.9952
2.6	0.9953	0.9955	0.9956	0.9957	0.9959	0.9960	0.9961	0.9962	0.9903	0.9964
2.7	0.9065	0.9966	0.9967	0.9968	0.9969	0.9970	0.9971	0.9972	0.9973	0.9974
2.8	0.9974	0.9975	0.9976	0.9977	0.9977	0.9978	0.9979	0.9979	0.9980	0.9981
2.9	0.9981	0.9982	0.9982	0.9983	0.9984	0.9984	0.9985	0.9985	0.9986	0.9986

x	$\Phi(x)$	x	$\Phi(x)$	x	$\Phi(x)$	x	$\Phi(x)$
3.0	0.998650	3.6	0.999841	4.2	0.999987	4.8	0.9999992
3.1	0.999032	3.7	0.999892	4.3	0.999992	4.9	0.9999995
3.2	0.999313	3.8	0.999928	4.4	0.999995	5.0	0.9999997
3.3	0.999517	3.9	0.999952	4.5	0.999997		
3.4	0.999663	4.0	0.999968	4.6	0.999998		
3.5	0.999767	4.1	0.999979	4.7	0.999999		

附表 3　满足 $P(x^2 > x_\alpha^2(k)) = \alpha$ 的 $x_\alpha^2(k)$ 数值表

κ	α												
	0.995	0.99	0.975	0.95	0.9	0.75	0.5	0.25	0.1	0.05	0.025	0.01	0.005
1	0.00004	0.0002	0.001	0.004	0.016	0.102	0.45	1.32	2.71	3.84	5.02	6.63	7.88
2	0.01003	0.0201	0.051	0.103	0.211	0.575	1.39	2.77	4.61	5.99	7.38	9.21	10.60
3	0.07172	0.1148	0.216	0.352	0.584	1.213	2.37	4.11	6.25	7.81	9.35	11.34	12.84
4	0.20699	0.2971	0.484	0.711	1.064	1.923	3.36	5.39	7.78	9.49	11.14	13.28	14.86
5	0.41174	0.5543	0.831	1.145	1.610	2.675	4.35	6.63	9.24	11.07	12.83	15.09	16.75
6	0.67573	0.872	1.237	1.635	2.204	3.455	5.35	7.84	10.64	12.59	14.45	16.81	18.55
7	0.98926	1.239	1.690	2.167	2.833	4.25	6.35	9.04	12.02	14.07	16.01	18.48	20.25
8	1.34441	1.646	2.180	2.733	3.490	5.071	7.34	10.22	13.36	15.51	17.53	20.09	21.95
9	1.73493	2.088	2.700	3.325	4.168	5.899	8.34	11.39	14.68	16.92	19.02	21.67	23.59
10	2.15586	2.558	3.247	3.940	4.865	6.737	9.34	12.55	15.99	18.31	20.48	23.21	25.19
11	2.60322	3.053	3.816	4.575	5.578	7.584	10.34	13.70	17.28	19.68	21.92	24.72	26.76
12	3.07382	3.571	4.404	5.226	6.304	8.438	11.34	14.85	18.55	21.03	23.34	26.22	28.30
13	3.56503	4.107	5.009	5.892	7.042	9.299	12.34	15.98	19.81	22.36	24.74	27.69	29.82
14	4.07467	4.660	5.629	6.571	7.790	10.165	13.34	17.12	21.06	23.68	26.12	29.14	31.32
15	4.60092	5.229	6.262	7.261	8.547	11.037	14.34	18.25	22.31	25.00	27.49	30.58	32.80
16	5.14221	5.812	6.908	7.962	9.312	11.912	15.34	19.37	23.54	26.30	28.85	32.00	34.27
17	5.69722	6.408	7.564	8.672	10.085	12.792	16.34	20.49	24.77	27.59	30.19	33.41	35.72
18	6.26480	7.015	8.231	9.390	10.865	13.675	17.34	21.60	25.99	28.87	31.53	34.81	37.16
19	6.84397	7.633	8.907	10.117	11.651	14.562	18.34	22.72	27.20	30.14	32.85	36.19	38.58
20	7.43384	8.260	9.591	10.851	12.443	15.452	19.34	23.83	28.41	31.41	34.17	37.57	40.00
21	8.03365	8.897	10.283	11.591	13.240	16.344	20.34	24.93	29.62	32.67	35.48	38.93	41.40
22	8.64272	9.542	10.982	12.338	14.041	17.240	21.34	26.04	30.81	33.92	36.78	40.29	42.80
23	9.26042	10.196	11.689	13.091	14.848	18.137	22.31	27.14	32.01	35.17	38.08	41.64	44.18
24	9.88623	10.856	12.401	13.848	15.659	19.037	23.34	28.24	33.20	36.42	39.36	42.98	45.56
25	10.51965	11.524	13.120	14.611	16.473	19.939	24.34	29.34	34.38	37.65	40.65	44.31	46.93
26	11.16024	12.198	13.844	15.379	17.292	20.843	25.34	30.43	35.56	38.89	41.92	45.64	48.29
27	11.80759	12.879	14.573	16.151	18.114	21.749	26.34	31.53	36.74	40.11	43.19	46.96	49.64
28	12.46134	13.565	15.308	16.928	18.939	22.657	27.34	32.62	37.92	41.34	44.46	48.28	50.90
29	13.12115	14.256	16.047	17.708	19.768	23.567	28.34	33.71	39.09	42.56	45.72	49.59	52.34
30	13.78672	14.953	16.791	18.493	20.599	24.478	29.34	34.80	40.26	43.77	46.98	50.89	53.67
31	14.45777	15.655	17.539	19.281	21.434	25.390	30.34	35.89	41.42	44.99	48.23	52.19	55.00
32	15.13403	16.362	18.291	20.072	22.271	26.304	31.34	36.97	42.58	46.19	49.48	53.49	56.33
33	15.81527	17.074	19.047	20.867	23.110	27.219	32.34	38.06	43.75	47.40	50.73	54.78	57.65
34	16.50127	17.789	19.806	21.664	23.952	28.136	33.34	39.14	44.90	48.60	51.97	56.06	58.96
35	17.19182	18.509	20.569	22.465	24.797	29.054	34.34	40.22	46.06	49.80	53.20	57.34	60.27
36	17.88673	19.233	21.336	23.269	25.643	29.973	35.34	41.30	47.21	51.00	54.44	58.62	61.58
37	18.58581	19.960	22.106	24.075	26.492	30.893	36.34	42.38	48.36	52.19	55.67	59.89	62.88
38	19.28891	20.691	22.878	24.884	27.343	31.815	37.34	43.46	49.51	53.38	56.90	61.16	64.18
39	19.99587	21.426	23.654	25.695	28.196	32.737	38.34	44.54	50.66	54.57	58.12	62.43	65.48
40	20.70654	22.164	24.433	26.509	29.051	33.660	39.34	45.62	51.81	55.76	59.34	63.69	66.77
11	21.42078	22.906	25.215	27.326	29.907	34.585	40.34	46.69	52.95	56.94	60.56	64.95	68.05
42	22.13846	23.650	25.999	28.144	30.765	35.510	41.34	47.77	54.09	58.12	61.78	66.21	69.34
43	22.85947	24.398	26.785	28.965	31.625	36.436	42.34	48.84	55.23	59.30	62.99	67.46	70.62
44	23.58369	25.148	27.575	29.787	32.487	37.363	43.34	49.91	56.37	60.48	64.20	68.71	71.89
45	24.31101	25.901	28.366	30.612	33.350	38.291	44.34	50.98	57.51	61.66	65.41	69.96	73.17
46	25.04133	26.657	29.160	31.439	34.215	39.220	45.34	52.06	58.64	62.83	66.62	71.20	74.44
47	25.77456	27.416	29.956	32.268	35.081	40.149	46.34	53.13	59.77	64.00	67.82	72.44	75.70
48	26.51059	28.177	30.755	33.098	35.949	41.079	47.34	54.20	60.91	65.17	69.02	73.68	76.97
49	27.24935	28.941	31.555	33.930	36.818	42.010	48.33	55.27	62.04	66.34	70.22	74.92	78.23
50	27.99075	29.707	32.357	34.764	37.689	42.942	49.33	56.33	63.17	67.50	71.42	76.15	79.49

附表 4　满足等式 $P(t>t_\alpha(k))=\alpha$ 的 $t_\alpha(k)$ 数值表

k	α											
	0.450	0.400	0.350	0.300	0.250	0.200	0.150	0.100	0.050	0.025	0.010	0.005
1	0.158	0.325	0.510	0.727	1.000	1.376	1.963	3.078	6.314	12.71	31.82	63.66
2	0.142	0.289	0.445	0.617	0.816	1.061	1.386	1.886	2.920	4.303	6.965	9.925
3	0.137	0.277	0.424	0.584	0.765	0.978	1.250	1.638	2.353	3.182	4.541	5.841
4	0.134	0.271	0.414	0.569	0.741	0.941	1.190	1.533	2.132	2.776	3.747	4.604
5	0.132	0.267	0.408	0.559	0.727	0.920	1.156	1.476	2.015	2.571	3.365	4.032
6	0.131	0.265	0.404	0.553	0.718	0.906	1.134	1.440	1.943	2.447	3.143	3.707
7	0.130	0.263	0.402	0.549	0.711	0.896	1.119	1.415	1.895	2.365	2.998	3.499
8	0.130	0.262	0.399	0.546	0.706	0.889	1.108	1.397	1.860	2.306	2.896	3.355
9	0.129	0.261	0.398	0.543	0.703	0.983	1.100	1.383	1.833	2.262	2.821	3.250
10	0.129	0.260	0.397	0.542	0.700	0.879	1.093	1.372	1.812	2.228	2.764	3.169
11	0.129	0.260	0.396	0.540	0.697	0.876	1.088	1.363	1.796	2.201	2.718	3.106
12	0.128	0.259	0.395	0.539	0.695	0.873	1.083	1.356	1.782	2.179	2.681	3.055
13	0.128	0.259	0.394	0.538	0.694	0.870	1.079	1.350	1.771	2.160	2.681	3.012
14	0.128	0.258	0.393	0.537	0.692	0.868	1.076	1.345	1.761	2.145	2.624	2.977
15	0.128	0.258	0.393	0.536	0.691	0.866	1.074	1.341	1.753	2.131	2.602	2.947
16	0.128	0.258	0.392	0.535	0.690	0.865	1.071	1.337	1.746	2.120	2.583	2.921
17	0.128	0.257	0.392	0.534	0.689	0.863	1.069	1.333	1.740	2.110	2.567	2.898
18	0.127	0.257	0.392	0.534	0.688	0.862	1.067	1.330	1.734	2.101	2.552	2.878
19	0.127	0.257	0.391	0.533	0.688	0.861	1.066	1.328	1.729	2.093	2.539	2.861
20	0.127	0.257	0.391	0.533	0.687	0.860	1.064	1.325	1.725	2.086	2.528	2.845
21	0.127	0.257	0.391	0.532	0.686	0.859	1.063	1.323	1.721	2.080	2.518	2.831
22	0.127	0.256	0.390	0.532	0.686	0.858	1.061	1.321	1.717	2.074	2.508	2.819
23	0.127	0.256	0.390	0.532	0.685	0.858	1.060	1.319	1.714	2.069	2.500	2.807
24	0.127	0.256	0.390	0.531	0.685	0.857	1.059	1.318	1.711	2.064	2.492	2.797
25	0.127	0.256	0.390	0.531	0.684	0.856	1.058	1.316	1.708	2.060	2.485	2.787
26	0.127	0.256	0.390	0.531	0.684	0.856	1.058	1.315	1.706	2.056	2.479	2.779
27	0.127	0.256	0.389	0.531	0.684	0.855	1.057	1.314	1.703	2.052	2.473	2.771
28	0.127	0.256	0.389	0.530	0.683	0.855	1.056	1.313	1.701	2.048	2.467	2.763
29	0.127	0.256	0.389	0.530	0.683	0.854	1.055	1.311	1.699	2.045	2.462	2.756
30	0.127	0.256	0.389	0.530	0.683	0.854	1.055	1.310	1.697	2.042	2.457	2.750
31	0.127	0.256	0.389	0.530	0.682	0.853	1.054	1.309	1.696	2.040	2.453	2.744
32	0.127	0.255	0.389	0.530	0.682	0.853	1.054	1.309	1.694	2.037	2.449	2.738
33	0.127	0.255	0.389	0.530	0.682	0.853	1.053	1.308	1.692	2.035	2.445	2.733
34	0.127	0.255	0.389	0.529	0.682	0.852	1.052	1.307	1.691	2.032	2.441	2.728
35	0.127	0.255	0.388	0.529	0.682	0.852	1.052	1.306	1.690	2.030	2.438	2.724
36	0.127	0.255	0.388	0.529	0.681	0.852	1.052	1.306	1.688	2.028	2.434	2.719
37	0.127	0.255	0.388	0.529	0.681	0.851	1.051	1.305	1.687	2.026	2.431	2.715
38	0.127	0.255	0.388	0.529	0.681	0.851	1.051	1.304	1.686	2.024	2.429	2.712
39	0.126	0.255	0.388	0.529	0.681	0.851	1.050	1.304	1.685	2.023	2.426	2.708
40	0.126	0.255	0.388	0.529	0.681	0.851	1.050	1.303	1.684	2.021	2.423	2.704
41	0.126	0.255	0.388	0.529	0.681	0.850	1.050	1.303	1.683	2.020	2.421	2.701
42	0.126	0.255	0.388	0.528	0.680	0.850	1.049	1.302	1.682	2.018	2.418	2.698
43	0.126	0.255	0.388	0.528	0.680	0.850	1.049	1.302	1.681	2.017	2.416	2.695
44	0.126	0.255	0.388	0.528	0.680	0.850	1.049	1.301	1.680	2.015	2.414	2.692
45	0.126	0.255	0.388	0.528	0.680	0.850	1.049	1.301	1.679	2.014	2.412	2.690
60	0.126	0.254	0.387	0.527	0.679	0.848	1.045	1.296	1.671	2.000	2.390	2.660
∞	0.126	0.253	0.385	0.524	0.674	0.842	1.036	1.282	1.645	1.960	2.326	2.576

附表 5 满足等式 $P(F>F_\alpha(k_1,k_2))=\alpha$ 的 $F_\alpha(k_1,k_2)$ 数值表

α	k_2	k_1									
		1	2	3	4	5	6	7	8	9	10
0.050	1	161	200	216	225	230	234	237	239	241	242
0.025		648	800	864	900	922	937	948	957	963	969
0.010		4052	5000	5403	5625	5764	5859	5928	5981	6022	6056
0.005		16211	20000	21615	22500	23056	23437	23715	23925	24091	24224
0.050	2	18.51	19.00	19.16	19.25	19.30	19.33	19.35	19.37	19.38	19.40
0.025		38.51	39.00	39.17	39.25	39.30	39.33	39.36	39.37	39.39	39.40
0.010		98.50	99.00	99.17	99.25	99.30	99.33	99.36	99.37	99.39	99.40
0.005		98.50	199.00	199.17	199.25	199.30	199.33	199.36	199.37	199.39	199.40
0.050	3	10.13	9.55	9.28	9.12	9.01	8.94	8.89	8.85	8.81	8.79
0.025		17.44	16.04	15.44	15.10	14.88	14.73	14.62	14.54	14.47	14.42
0.010		34.12	30.82	29.46	28.71	28.24	27.91	27.67	27.49	27.35	27.23
0.005		55.55	49.80	47.47	46.19	45.39	44.84	44.43	44.13	43.88	43.69
0.050	4	7.71	6.94	6.59	6.39	6.26	6.16	6.09	6.04	6.09	5.96
0.025		12.22	10.65	9.98	9.60	9.36	9.20	9.07	8.98	8.90	8.84
0.010		21.20	18.00	16.69	15.98	15.52	15.21	14.98	14.80	14.66	14.55
0.005		31.33	26.28	24.26	23.15	22.46	21.97	21.62	21.35	21.14	20.97
0.050	5	6.61	5.79	5.41	5.19	5.05	4.95	4.88	4.82	4.77	4.74
0.025		10.01	8.43	7.76	7.39	7.15	6.98	6.85	6.76	6.68	6.62
0.010		16.26	13.27	12.06	11.39	10.97	10.67	10.46	10.29	10.16	10.05
0.005		22.78	18.31	16.53	15.56	14.94	14.51	14.20	13.96	13.77	13.62
0.050	6	5.99	5.14	4.76	4.53	4.39	4.28	4.21	4.15	4.10	4.06
0.025		8.81	7.26	6.60	6.23	5.99	5.82	5.70	5.60	5.52	5.46
0.010		13.75	10.92	9.78	9.15	8.75	8.47	8.26	8.10	7.98	7.87
0.005		18.63	14.54	12.92	12.03	11.46	11.07	10.79	10.57	10.39	10.25
0.050	7	5.99	4.74	4.35	4.12	3.97	3.87	3.79	3.73	3.68	3.64
0.025		8.07	6.54	5.89	5.52	5.29	5.12	4.99	4.90	4.82	4.76
0.010		12.25	9.55	8.45	7.85	7.46	7.19	6.99	6.84	6.72	6.62
0.005		16.24	12.40	10.88	10.05	9.52	9.16	8.89	8.68	8.51	8.38
0.050	8	5.32	4.46	4.07	3.84	3.69	3.58	3.50	3.44	3.39	3.35
0.025		7.57	6.06	5.42	5.05	5.82	5.65	4.53	4.43	4.36	4.30
0.010		12.26	8.65	7.59	7.01	6.63	6.37	6.18	6.03	6.91	5.81
0.005		14.69	11.04	9.60	8.81	8.30	7.95	7.69	7.50	7.34	7.21

续表

α	k_2	k_1									
		1	2	3	4	5	6	7	8	9	10
0.050	9	5.12	4.26	3.86	3.63	3.48	3.37	3.29	3.23	3.18	3.14
0.025		7.21	5.71	5.08	4.72	4.48	4.32	4.20	4.10	4.03	3.96
0.010		10.56	8.02	6.99	6.42	6.06	5.80	5.61	5.47	5.35	5.26
0.005		13.61	10.11	8.72	7.96	7.47	7.13	6.88	6.69	6.54	6.42
0.050	10	4.96	4.10	3.71	3.48	3.33	3.22	3.14	3.07	3.02	2.98
0.025		6.94	5.46	4.83	4.47	4.24	4.07	3.95	3.85	3.78	3.72
0.010		10.04	7.56	6.55	5.99	5.64	5.39	5.20	5.06	4.94	4.85
0.005		12.83	9.43	8.08	7.34	6.87	6.54	6.30	6.12	5.97	5.85
0.050	11	4.84	3.98	3.59	3.36	3.20	3.09	3.01	2.95	2.99	2.85
0.025		6.72	5.26	4.63	4.28	4.04	3.88	3.76	3.66	3.59	3.53
0.010		9.65	7.21	6.22	5.67	5.32	5.07	4.89	4.74	4.63	4.54
0.005		12.23	8.91	7.60	6.88	6.42	6.10	5.86	5.68	5.54	5.42
0.050	12	4.75	3.89	3.49	3.26	3.11	3.00	2.91	2.85	2.80	2.75
0.025		6.55	5.10	4.47	4.12	3.89	3.73	3.61	3.51	3.44	3.37
0.010		9.33	6.93	5.95	5.41	5.06	4.82	4.64	4.50	4.39	4.30
0.005		11.75	8.51	7.23	6.52	6.07	5.76	5.52	5.35	5.20	5.09
0.050	13	4.67	3.81	3.41	3.18	3.03	2.92	2.83	2.77	2.71	2.67
0.025		6.41	4.97	4.35	4.00	3.77	3.60	3.48	3.39	3.31	3.25
0.010		9.07	6.70	5.74	5.21	4.86	4.62	4.44	4.30	4.19	4.10
0.005		11.37	8.19	6.93	6.23	5.79	5.48	5.25	5.08	4.94	4.82
0.050	14	4.60	3.74	3.34	3.11	2.96	2.85	2.76	2.70	2.65	2.60
0.025		6.30	4.86	4.24	3.89	3.66	3.50	3.38	3.29	3.21	3.15
0.010		8.86	6.51	5.56	5.04	4.69	4.46	4.28	4.14	4.03	3.94
0.005		11.06	7.92	6.68	6.00	5.56	5.26	5.03	4.86	4.72	4.60
0.050	15	4.54	3.68	3.29	3.06	2.90	2.79	2.71	2.64	2.59	2.54
0.025		6.20	4.77	4.15	3.80	3.58	3.41	3.29	3.20	3.12	3.06
0.010		8.68	6.36	5.42	4.89	4.56	4.32	4.14	4.00	3.89	8.80
0.005		10.80	7.70	6.48	5.80	5.37	5.07	4.85	4.67	4.54	4.42
0.050	16	4.49	3.63	3.24	3.01	2.85	2.74	2.66	2.59	2.54	2.49
0.025		6.12	4.69	4.08	3.73	3.50	3.34	3.22	3.12	3.05	2.99
0.010		8.53	6.23	5.29	4.77	4.44	4.20	4.03	3.89	3.78	3.69
0.005		10.58	7.51	6.30	5.64	5.21	4.91	4.69	4.52	4.38	4.27

续表

α	k_2	k_1									
		1	2	3	4	5	6	7	8	9	10
0.050	17	4.45	3.59	3.20	2.96	2.81	2.70	2.61	2.55	2.49	2.45
0.025		6.04	4.62	4.01	3.66	3.44	3.28	3.16	3.06	2.98	2.92
0.010		8.40	6.11	5.18	4.67	4.34	4.10	3.93	3.79	3.68	3.59
0.005		10.38	7.35	6.16	5.50	5.07	4.78	4.56	4.39	4.25	4.14
0.050	18	4.41	3.55	3.16	2.93	2.77	2.66	2.58	2.51	2.46	2.41
0.025		5.98	4.56	3.95	3.61	3.38	3.22	3.10	3.01	2.93	2.87
0.010		8.29	6.01	5.09	4.58	4.25	4.01	3.84	3.71	3.60	3.51
0.005		10.22	7.21	6.03	5.37	4.96	4.66	4.44	4.28	4.14	4.03
0.050	19	4.38	3.52	3.13	2.90	2.74	2.63	2.54	2.48	2.42	2.38
0.025		5.92	4.51	3.90	3.56	3.33	3.17	3.05	2.96	2.88	2.82
0.010		8.18	5.93	5.01	4.50	4.17	3.94	3.77	3.63	3.52	3.43
0.005		10.07	7.09	5.92	5.27	4.85	4.56	4.34	4.18	4.04	3.93
0.050	20	4.35	3.49	3.10	2.87	2.71	2.60	2.51	2.45	2.39	2.35
0.025		5.87	4.46	3.86	3.51	3.29	3.13	3.01	2.91	2.84	2.77
0.010		8.10	5.85	4.94	4.43	4.10	3.87	3.70	3.56	3.46	3.37
0.005		9.94	6.99	5.82	5.17	4.76	4.47	4.26	4.09	3.96	3.85
0.050	21	4.32	3.47	3.07	2.84	2.68	2.57	2.49	2.42	2.37	2.32
0.025		5.83	4.42	3.82	3.48	3.25	3.09	2.97	2.87	2.80	2.73
0.010		8.02	5.78	4.87	4.37	4.04	3.81	3.64	3.51	3.40	3.31
0.005		9.83	6.89	5.73	5.09	4.68	4.39	4.18	4.01	3.88	3.77
0.050	22	4.30	3.44	3.05	2.82	2.66	2.55	2.46	2.40	2.34	2.30
0.025		5.79	4.38	3.78	3.44	3.22	3.05	2.93	2.84	2.76	2.70
0.010		7.95	5.72	4.82	4.31	3.99	3.76	3.59	3.45	3.35	3.26
0.005		9.73	6.81	5.65	5.02	4.61	4.32	4.11	3.94	3.81	3.70
0.050	23	4.28	3.42	3.03	2.80	2.64	2.53	2.44	2.37	2.32	2.27
0.025		5.75	4.35	3.75	3.41	3.18	3.02	2.90	2.81	2.73	2.67
0.010		7.88	5.66	4.76	4.26	3.94	3.71	3.54	3.41	3.30	3.21
0.005		9.63	6.73	5.58	4.95	4.54	4.26	4.05	3.88	3.75	3.64
0.050	24	4.26	3.40	3.01	2.78	2.62	2.51	2.42	2.36	2.30	2.25
0.025		5.72	4.32	3.72	3.38	3.15	2.99	2.87	2.78	2.70	2.64
0.010		7.82	5.61	4.72	4.22	3.90	3.67	3.50	3.36	3.26	3.17
0.005		9.55	6.66	5.52	4.89	4.49	4.20	3.99	3.83	3.69	3.59

续表

α	k_2	k_1									
		1	2	3	4	5	6	7	8	9	10
0.050	25	4.24	3.39	2.99	2.76	2.60	2.49	2.40	2.34	2.28	2.24
0.025		5.69	4.29	3.69	3.35	3.13	2.97	2.85	2.75	2.68	2.61
0.010		7.77	5.57	4.68	4.18	3.85	3.63	3.46	3.32	3.22	3.13
0.005		9.48	6.60	5.46	4.84	4.43	4.15	3.94	3.78	3.64	3.54
0.050	26	4.23	3.37	2.98	2.74	2.59	2.47	2.39	2.32	2.27	2.22
0.025		5.66	4.27	3.67	3.33	3.10	2.94	2.82	2.73	2.65	2.59
0.010		7.72	5.53	4.64	4.14	3.82	3.59	3.42	3.29	3.18	3.09
0.005		9.41	6.54	5.41	4.79	4.38	4.10	3.89	3.73	3.60	3.49
0.050	27	4.21	3.35	2.96	2.73	2.57	2.46	2.37	2.31	2.25	2.20
0.025		5.63	4.24	3.65	3.31	3.08	2.92	2.80	2.71	2.63	2.57
0.010		7.68	5.49	4.60	4.11	3.78	3.56	3.39	3.26	3.15	3.06
0.005		9.34	6.49	5.36	4.74	4.34	4.06	3.85	3.69	3.56	3.45
0.050	28	4.20	3.34	2.95	2.71	2.56	2.45	2.36	2.29	2.24	2.19
0.025		5.61	4.22	3.63	3.29	3.06	2.99	2.78	2.69	2.61	2.55
0.010		7.64	5.45	4.57	4.07	3.75	3.53	3.36	3.23	3.12	3.03
0.005		9.28	6.44	5.32	4.70	4.30	4.02	3.81	3.65	3.52	3.41
0.050	29	4.18	3.33	2.93	2.70	2.55	2.43	2.35	2.28	2.22	2.18
0.025		5.59	4.20	3.61	3.27	3.04	2.88	2.76	2.67	2.59	2.53
0.010		7.60	5.42	4.54	4.04	3.73	3.50	3.33	3.20	3.09	3.00
0.005		9.23	6.40	5.28	4.66	4.26	3.98	3.77	3.61	3.48	3.38
0.050	30	4.17	3.32	2.92	2.69	2.53	2.42	2.33	2.27	2.21	2.16
0.025		5.57	4.18	3.59	3.25	3.03	2.87	2.75	2.65	2.57	2.51
0.010		7.56	5.39	4.51	4.02	3.70	3.47	3.30	3.17	3.07	2.98
0.005		9.18	6.35	5.24	4.62	4.23	3.95	3.74	3.58	3.45	3.34
0.050	40	4.08	3.23	2.84	2.61	2.45	2.34	2.25	2.18	2.12	2.08
0.025		5.42	4.05	3.46	3.13	2.90	2.74	2.62	2.53	2.45	2.39
0.010		7.31	5.18	4.31	3.83	3.51	3.29	3.12	2.99	2.89	2.80
0.005		8.83	6.07	4.98	4.37	3.99	3.71	3.51	3.35	3.22	3.12
0.050	60	4.00	3.15	2.76	2.53	2.37	2.25	2.17	2.10	2.04	1.99
0.025		5.29	3.93	3.34	3.01	2.79	2.63	2.51	2.41	2.33	2.27
0.010		7.08	4.98	4.13	3.65	3.34	3.12	2.95	2.82	2.72	2.63
0.005		8.49	5.79	4.73	4.14	3.76	3.49	3.29	3.13	3.01	2.90

续表

α	k_2	k_1									
		1	2	3	4	5	6	7	8	9	10
0.050	120	3.92	3.07	2.68	2.45	2.29	2.18	2.09	2.02	1.96	1.91
0.025		5.15	3.80	3.23	2.89	2.67	2.52	2.39	2.30	2.22	2.16
0.010		6.85	4.79	3.95	3.48	3.17	2.96	2.79	2.66	2.56	2.47
0.005		8.18	5.54	4.50	3.92	3.55	3.28	3.09	2.93	2.81	2.71
0.050	∞	3.84	3.00	2.60	2.37	2.21	2.10	2.01	1.94	1.88	1.83
0.025		5.02	3.69	3.12	2.79	2.57	2.41	2.29	2.19	2.11	2.05
0.010		6.63	4.61	3.78	3.32	3.02	2.80	2.64	2.51	2.41	2.32
0.005		7.88	5.30	4.28	3.72	3.35	3.09	2.90	2.74	2.62	2.52
α	k_2	12	15	20	24	30	40	50	60	120	∞
0.050	1	244	246	248	249	250	251	252	252	253	254
0.025		977	985	993	997	1001	1006	1008	1010	1014	1018
0.010		6106	6157	6209	6235	6261	6287	6303	6313	6339	6366
0.005		24426	24630	24836	24940	25044	25148	25211	25253	25359	25465
0.050	2	19.41	19.43	19.45	19.45	19.46	19.47	19.48	19.48	19.49	19.50
0.025		39.41	39.43	39.45	39.46	39.46	39.47	39.48	39.48	39.49	39.50
0.010		99.42	99.43	99.45	99.46	99.47	99.47	99.48	99.48	99.49	99.50
0.005		199.42	199.43	199.45	199.46	199.47	199.47	199.48	199.48	199.49	199.50
0.050	3	8.74	8.74	8.66	8.64	8.62	8.59	8.58	8.57	8.55	8.53
0.025		14.34	14.25	14.17	14.12	14.08	14.04	14.01	13.99	13.95	13.90
0.010		27.05	26.87	26.69	26.60	26.50	26.41	26.35	26.32	26.22	26.13
0.005		43.39	43.08	42.78	42.62	42.47	42.31	42.21	42.15	41.99	41.83
0.050	4	5.91	5.86	5.80	5.77	5.75	5.72	5.70	5.69	5.66	5.63
0.025		8.75	8.66	8.56	8.51	8.46	8.41	8.38	8.36	8.31	8.26
0.010		14.37	14.20	14.02	13.93	13.84	13.75	13.69	13.65	13.56	13.46
0.005		20.70	20.44	20.17	20.03	19.89	19.75	19.67	19.61	19.47	19.32
0.050	5	4.68	4.62	4.56	4.53	4.50	4.46	4.44	4.43	4.40	4.37
0.025		6.52	6.43	6.33	6.28	6.23	6.18	6.14	6.12	6.07	6.02
0.010		9.89	9.72	9.55	9.47	9.38	9.29	9.24	9.20	9.11	9.02
0.005		13.38	13.15	12.90	12.78	12.66	12.53	12.45	12.40	12.27	12.14

续表

α	k_2	k_1									
		12	15	20	24	30	40	50	60	120	∞
0.050	6	4.00	3.94	3.87	3.84	3.81	3.77	3.75	3.74	3.70	3.67
0.025		5.37	5.27	5.17	5.12	5.07	5.01	4.98	4.96	4.90	4.85
0.010		7.72	7.56	7.40	7.31	7.23	7.14	7.09	7.06	6.97	6.88
0.005		10.03	9.81	9.59	9.47	9.36	9.24	9.17	9.12	9.00	8.88
0.050	7	3.57	3.51	3.44	3.41	3.38	3.34	3.32	3.30	3.27	3.23
0.025		4.67	4.57	4.47	4.41	4.36	4.31	4.28	4.20	4.20	4.14
0.010		6.47	6.31	6.16	6.07	5.99	5.91	5.86	5.82	5.74	5.65
0.005		8.18	7.97	7.75	7.64	7.53	7.42	7.35	7.31	7.19	7.08
0.050	8	3.28	8.22	3.15	3.12	3.08	3.04	3.02	3.01	2.97	2.93
0.025		4.20	4.10	4.00	3.95	3.89	3.84	3.81	3.78	3.73	3.67
0.010		5.67	5.52	5.36	5.28	5.20	5.12	5.07	5.03	4.95	4.86
0.005		7.01	6.81	6.61	6.50	6.40	6.29	6.22	6.18	6.06	5.95
0.050	9	3.07	3.01	2.94	2.90	2.86	2.83	2.80	2.79	2.75	2.71
0.025		3.87	3.77	3.67	3.61	3.56	3.51	3.47	3.45	3.39	3.33
0.010		5.11	4.96	4.81	4.73	4.65	4.57	4.52	4.48	4.40	4.31
0.005		6.23	6.03	5.83	5.73	5.62	5.52	5.45	5.41	5.30	5.19
0.050	10	2.91	2.85	2.77	2.74	2.70	2.66	2.64	2.62	2.58	2.54
0.025		3.62	3.52	3.42	3.37	3.31	3.26	3.22	3.20	3.14	3.08
0.010		4.71	4.56	4.41	4.33	4.25	4.17	4.12	4.08	4.00	3.91
0.005		5.66	5.47	5.27	5.17	5.07	4.97	4.90	4.86	4.75	4.64
0.050	11	2.79	2.72	2.65	2.61	2.57	2.53	2.51	2.49	2.45	2.40
0.025		3.43	3.33	3.23	3.17	3.12	3.06	3.03	3.09	2.94	2.88
0.010		4.40	4.25	4.10	4.02	3.94	3.86	3.81	3.78	3.69	3.60
0.005		5.24	5.05	4.86	4.76	4.65	4.55	4.49	4.45	4.34	4.23
0.050	12	2.69	2.62	2.54	2.51	2.47	2.43	2.40	2.38	2.34	2.30
0.025		3.28	3.18	3.07	3.02	2.96	2.91	2.87	2.85	2.79	2.72
0.010		4.16	4.01	3.86	3.78	3.70	3.62	3.57	3.54	3.45	3.36
0.005		4.91	4.72	4.53	4.43	4.33	4.23	4.17	4.12	4.01	3.90
0.050	13	2.60	2.53	2.46	2.42	2.38	2.34	2.31	2.30	2.25	2.21
0.025		3.15	3.05	2.95	2.89	2.84	2.78	2.74	2.72	2.66	2.60
0.010		3.96	3.82	3.66	3.59	3.51	3.43	3.38	3.34	3.25	3.17
0.005		4.64	4.46	4.27	4.17	4.07	3.97	3.91	3.87	3.76	3.65

续表

α	k_2	k_1									
		12	15	20	24	30	40	50	60	120	∞
0.050	14	2.53	2.46	2.39	2.35	2.31	2.27	2.24	2.22	2.18	2.13
0.025		3.05	2.95	2.84	2.79	2.73	2.67	2.64	2.61	2.55	2.49
0.010		3.80	3.66	3.51	3.43	3.35	3.27	3.22	3.18	3.09	3.00
0.005		4.43	4.25	4.06	3.96	3.86	3.76	3.70	3.66	3.55	3.44
0.050	15	2.48	2.40	2.33	2.29	2.25	2.20	2.18	2.16	2.11	2.07
0.025		2.96	2.86	2.76	2.70	2.64	2.59	2.55	2.52	2.46	2.40
0.010		3.67	3.52	3.37	3.29	3.21	3.13	3.08	3.05	2.96	2.87
0.005		4.25	4.07	3.88	3.79	3.69	3.58	3.52	3.48	3.37	3.26
0.050	17	2.42	2.35	2.28	2.24	2.19	2.15	2.12	2.11	2.06	2.01
0.025		2.89	2.79	2.68	2.63	2.57	2.51	2.47	2.45	2.38	2.32
0.010		3.55	3.41	3.26	3.18	3.10	3.02	2.97	2.93	2.84	2.75
0.005		4.10	3.92	3.73	3.64	3.54	3.44	3.87	3.33	3.22	3.11
0.050	16	2.38	2.31	2.23	2.19	2.15	2.10	2.08	2.06	2.01	1.96
0.025		2.82	2.72	2.62	2.56	2.50	2.44	2.41	2.38	2.32	2.25
0.010		3.46	3.31	3.16	3.08	3.00	2.92	2.87	2.83	2.75	2.65
0.005		3.97	3.79	3.61	3.51	3.41	3.31	3.25	3.21	3.10	2.98
0.050	18	2.34	2.27	2.19	2.15	2.11	2.06	2.04	2.02	1.97	1.92
0.025		2.77	2.67	2.56	2.50	2.44	2.38	2.35	2.32	2.26	2.19
0.010		3.37	3.23	3.08	3.00	2.92	2.84	2.78	2.75	2.66	2.57
0.005		3.86	3.68	8.50	3.40	3.30	3.20	3.14	3.10	2.99	2.87
0.050	19	2.31	2.23	2.16	2.11	2.07	2.08	2.00	1.98	1.98	1.88
0.025		2.72	2.62	2.51	2.45	2.39	2.33	2.30	2.27	2.20	2.13
0.010		3.30	3.15	3.00	2.92	2.84	2.76	2.71	2.67	2.58	2.49
0.005		3.76	3.59	3.40	3.31	3.21	3.11	3.04	3.00	2.89	2.78
0.050	20	2.28	2.20	2.12	2.08	2.04	1.99	1.97	1.95	1.90	1.84
0.025		2.68	2.57	2.46	2.41	2.35	2.29	2.25	2.22	2.16	2.09
0.010		3.23	3.09	2.94	2.86	2.78	2.69	2.64	2.61	2.52	2.42
0.005		3.68	3.50	3.32	3.22	3.12	3.02	2.96	2.92	2.81	2.69
0.050	21	2.25	2.18	2.10	2.05	2.01	1.96	1.94	1.92	1.87	1.81
0.025		2.64	2.53	2.42	2.37	2.31	2.25	2.21	2.18	2.11	2.04
0.010		3.17	3.03	2.88	2.80	2.72	2.64	2.58	2.55	2.46	2.36
0.005		3.60	3.43	3.24	3.15	3.05	2.95	2.88	2.84	2.73	2.61

续表

α	k_2	k_1									
		12	15	20	24	30	40	50	60	120	∞
0.050	22	2.23	2.15	2.07	2.03	1.98	1.94	1.91	1.89	1.84	1.78
0.025		2.60	2.50	2.39	2.33	2.27	2.21	2.17	2.14	2.08	2.00
0.010		3.12	2.98	2.83	2.75	2.67	2.58	2.53	2.50	2.40	2.31
0.005		3.54	3.36	3.18	3.08	2.98	2.88	2.82	2.77	2.66	2.55
0.050	23	2.20	2.18	2.05	2.01	1.96	1.91	1.88	1.86	1.81	1.76
0.025		2.57	2.47	2.36	2.30	2.24	2.18	2.14	2.11	2.04	1.97
0.010		3.07	2.93	2.78	2.70	2.62	2.54	2.48	2.45	2.35	2.26
0.005		3.47	3.30	3.12	3.02	2.92	2.82	2.76	2.71	2.60	2.48
0.050	24	2.18	2.11	2.03	1.98	1.94	1.89	1.86	1.84	1.79	1.73
0.025		2.54	2.44	2.33	2.27	2.21	2.15	2.11	2.08	2.01	1.94
0.010		3.03	2.89	2.74	2.66	2.58	2.49	2.44	2.40	2.31	2.21
0.005		3.42	3.25	3.06	2.97	2.87	2.77	2.70	2.66	2.55	2.43
0.050	25	2.16	2.09	2.01	1.96	1.92	1.87	1.84	1.82	1.77	1.71
0.025		2.51	2.41	2.30	2.24	2.18	2.12	2.08	2.05	1.98	1.91
0.010		2.99	2.85	2.70	2.62	2.54	2.45	2.40	2.36	2.27	2.17
0.005		3.37	3.20	3.01	2.92	2.82	2.72	2.65	2.61	2.50	2.38
0.050	26	2.15	2.07	1.99	1.95	1.90	1.85	1.82	1.80	1.75	1.69
0.025		2.49	2.39	2.28	2.22	2.16	2.09	2.05	2.03	1.95	1.88
0.010		2.96	2.81	2.66	2.58	2.50	2.42	2.36	2.33	2.23	2.13
0.005		3.33	3.15	2.97	2.87	2.77	2.67	2.61	2.56	2.45	2.33
0.050	27	2.13	2.06	1.97	1.93	1.88	1.84	1.81	1.79	1.73	1.67
0.025		2.47	2.36	2.25	2.19	2.13	2.07	2.03	2.00	1.93	1.85
0.010		2.93	2.78	2.63	2.55	2.47	2.38	2.33	2.29	2.20	2.10
0.005		3.28	3.11	2.93	2.83	2.73	2.63	2.57	2.52	2.41	2.29
0.050	28	2.12	2.04	1.96	1.91	1.87	1.82	1.79	1.77	1.71	1.65
0.025		2.45	2.34,	2.23	2.17	2.11	2.05	2.01	1.98	1.91	1.83
0.010		2.90	2.75	2.60	2.52	2.44	2.35	2.30	2.26	2.17	2.06
0.005		3.25	3.07	2.89	2.79	2.69	2.59	2.53	2.48	2.37	2.25
0.050	29	2.10	2.03	1.94	1.90	1.85	1.81	1.77	1.75	1.70	1.64
0.025		2.43	2.32	2.21	2.15	2.09	2.03	1.99	1.96	1.89	1.81
0.010		2.87	2.73	2.57	2.49	2.41	2.33	2.27	2.23	2.14	2.03
0.005		3.21	3.04	2.86	2.76	2.66	2.56	2.49	2.45	2.33	2.21

续表

α	k_2	k_1									
		12	15	20	24	30	40	50	60	120	∞
0.050	30	2.09	2.01	1.93	1.89	1.84	1.79	1.76	1.74	1.63	1.62
0.025		2.41	2.31	2.20	2.14	2.07	2.01	1.97	1.94	1.87	1.79
0.010		2.84	2.70	2.55	2.47	2.39	2.30	2.25	2.21	2.11	2.01
0.005		3.18	3.01	2.82	2.73	2.63	2.52	2.46	2.42	2.30	2.18
0.050	40	2.00	1.92	1.84	1.79	1.74	1.69	1.66	1.64	1.58	1.51
0.025		2.29	2.18	2.07	2.01	1.94	1.88	1.83	1.80	1.72	1.64
0.010		2.66	2.52	2.37	2.29	2.20	2.11	2.06	2.02	1.92	1.80
0.005		2.95	2.78	2.60	2.50	2.40	2.30	2.23	2.18	2.06	1.93
0.050	60	1.92	1.84	1.75	1.70	1.65	1.59	1.56	1.53	1.47	1.39
0.025		2.17	2.06	1.94	1.88	1.82	1.74	1.70	1.67	1.58	1.48
0.010		2.50	2.85	2.20	2.12	2.03	1.94	1.88	1.84	1.73	1.60
0.005		2.74	2.57	2.39	2.29	2.19	2.08	2.01	1.96	1.83	1.69
0.050	120	1.83	1.75	1.66	1.61	1.55	1.50	1.46	1.43	1.35	1.25
0.025		2.05	1.94	1.82	1.76	1.69	1.61	1.56	1.53	1.43	1.31
0.010		2.34	2.19	2.03	1.95	1.86	1.76	1.70	1.66	1.53	1.38
0.005		2.54	2.37	2.19	2.09	1.98	1.87	1.80	1.75	1.61	1.43
0.050	∞	1.75	1.67	1.57	1.52	1.46	1.89	1.35	1.32	1.22	1.00
0.025		1.94	1.83	1.71	1.64	1.57	1.48	1.43	1.39	1.27	1.00
0.010		2.18	2.04	1.88	1.79	1.70	1.59	1.52	1.47	1.32	1.00
0.005		2.36	2.19	2.00	1.90	1.79	1.67	1.59	1.53	1.36	1.00

习题参考答案

第1章

习题1.1

1.略

2.{上,上,上},{上,上,下},{上,下,上},{上,下,下},
{下,上,上},{下,上,下},{下,下,上},{下,下,下}.

3.(1)$B\subset A$;(2)$B\subset A$

4.(1)ABCD;(2) BD

5.(1)事件 A 发生;(2)事件 B、事件 C 都不不发生;(3)事件 A 发生而事件 B、C 均不发生;(4)事件 A、B、C 均不发生;(5)事件 A、B、C 至少一个发生;(6)事件 A、B、C 至少一个不发生

6.(1)$A_1A_2A_3$;(2)$\overline{A_1}\cup\overline{A_2}\cup\overline{A_3}$;(3)$\overline{A_1}A_2A_3\cup A_1\overline{A_2}A_3\cup A_1A_2\overline{A_3}$;(4) $\overline{A_1A_2}\cup\overline{A_2A_3}\cup\overline{A_3A_1}$

习题1.2

1. (1) A、D; (2)B;(3) C

2. (1) $\frac{1}{6}$;(2)$\frac{1}{210}$;(3)0.1;(4)$1-\frac{C_7^2}{C_{10}^2}=\frac{8}{15}$

3. $\frac{3}{11}$　4. 0.777　5. 0.7,0.4,0.3　6. $\frac{3}{8}$,$\frac{3}{8}$,$\frac{3}{64}$　7. $\frac{1}{4}$

习题1.3

1. (1) BCD;(2)ABC　2　0.75　3. $\frac{7}{12}$　4. 0.875　5.(1)0.3;(2)0.3125

6. 0.067　7　0.64　8. 均为$\frac{b}{a+b}$　9. 0.6　10. 0.45　11.(1) 0.04;(2) 0.5

习题1.4

1. (1) C　D;(2) A B C　2.(1)0.68;(2)$\frac{1}{2}+\frac{1}{\pi}$　3. 略

4. 0.6　5. $\frac{2}{3}$　6. 0.902　7. 略　8. 0.458

9. 丙　10. (1)0.4;(2)$\frac{547}{1421}$　11. $2r^n-r^{2n}$

12. (1)$q^2[1-(1-p)^3]$;(2)$\frac{3p(1-p)^2q^2}{q^2[1-(1-p)^3]}$

第1章　总复习题

(A)

一、填空题

1. Ω　Φ　2. 0.6　3. $\frac{1}{8}$　4. 0.6　5. 0.4　6. 0.4　7. 0.25　8. $\frac{2}{3}$

9. $\frac{2}{5}$　10. 0.2　11. 0.5　12. $(1-p)^n+np(1-p)^{n-1}$　13. $\frac{5^n-4^n}{6^n}$.

二、选择题

1. D　2. D　3. B　4. B　5. A　6. B

三、解答题

1. $\frac{m}{n}$　2. $\frac{3}{8}$　3. (1)29/90;(2)20/61　4. 0.8886　5. $\frac{\ln(1-q)}{\ln(1-p)}+1$　6. 略

7. (1)0.24　(2)0.424　8. $1-\frac{1}{2^n}$　9. $\frac{mp}{1+(m-1)p}$　10. 0.526

11. $\frac{\alpha}{\alpha+\beta(1-\alpha)}$;$\frac{\beta(1-\alpha)}{\alpha+\beta(1-\alpha)}$　12. $\frac{\left(\frac{q}{p}\right)^i-\left(\frac{i}{p}\right)^a}{1-\left(\frac{q}{p}\right)^a}$　13. $\frac{1}{r}\left[1-\left(\frac{1}{r-1}\right)^{n-1}\right]$

14. 29

(B)

一、填空题

1. 0.07　2. 0.2　3. 0.3　4. 0.3　5. 0.496　6. 0.314　7. 0.43624

8. $1-\frac{2^5}{10!}$　9. $\frac{2-2r^6-r^3}{4}\left(r=\frac{\sqrt{5}-1}{4}\right)$　10. $\frac{3}{5}$

二、选择题

1. D　2. B　3. B　4. C　5. B　6. B

三、解答题

1. 0.2794　2. $\frac{67}{91}$　3. $\frac{C_{13}^5C_{13}^3C_{13}^3C_{13}^2}{C_{52}^4}$　4. (1)$\frac{17}{20}$;(2)$\frac{3}{5}$;(3)$\frac{12}{100}$;(4)$\frac{12}{80}$;(5)$\frac{32}{100}$

5. (1)0.146;(2)$\frac{5}{21}$　6. $\frac{n(N+1)Nm}{(m+n)(N+m+1)}$　7. $1-\frac{(N-1)^{k-1}}{N^k}$　8. $1-\left(\frac{9}{10}\right)^3$

9. 5局3胜对甲有利　10. (1)$\frac{1}{32}$　(2)0.32

第 2 章

习题 2.1

1. 不确定性和随机性.

2. $\{X=1\}$表示一次正面朝上，即事件$\{(H,T,T)、(T,H,T)、(T,T,H)\}$.

由第一章古典概型知道 $P\{X=1\}=\frac{3}{8}$.

3. 投掷一次后甲、乙两人的赌本分别如下表所示

$X_甲$	40	20
p_k	0.5	0.5
$X_乙$	10	30
p_k	0.5	0.5

习题 2.2

1. 由题意可知

(1)$\frac{1}{5}$；(2)$=\frac{2}{5}$；(3)$\frac{3}{5}$

2. $c=\frac{7}{4}$，$P\{X<1\mid X\neq 0\}=\frac{4}{15}$

3. $\lambda=6$，随机变量 X 的分布律为：$P\{X=k\}=\frac{6^k}{k!}\mathrm{e}^{-6}$，$k=0,1,2,\cdots$.

4. (1)0.1937；(2)0.9298

5. (1)0.009；(2)0.9298；(3)最可能命中 7 炮.

6. $\lambda=0.1$，0.0047

习题 2.3

1. $F(1)=0.8$

2. $\mathrm{e}^{-1}-\mathrm{e}^{-3}$

3. 分布律为：

X	-1	1	3
p_k	0.4	0.4	0.2

4. (1) $F(x)=\begin{cases}0, & x<-2,\\ 1/5, & -2\leqslant x<-1,\\ 11/30, & -1\leqslant x<0,\\ 21/30, & 0\leqslant x<1,\\ 1, & 1\leqslant x.\end{cases}$ 分布图略；(2) 4/5

5. X 的分布函数为 $F(x)=\begin{cases}0, & x<0;\\ x/a, & 0\leqslant x<a;\\ 1, & x\geqslant a.\end{cases}$

习题 2.4

1. $F(x)=\begin{cases}x^2, & 0<x<1;\\ 0, & \text{其他}.\end{cases}$

2. $a=\frac{\pi}{2}$；$P(x>\frac{\pi}{6})=\frac{\sqrt{3}}{2}$

3. $F(x)=\begin{cases}0, & x<1,\\ \frac{x-1}{4}, & 1\leqslant x<5,\\ 1, & x\geqslant 5.\end{cases}$

(1) $P\{x_1<x<x_2\}=F(x_2)-F(x_1)=\frac{x_2-1}{4}$

(2) $P\{x_1<x<x_2\}=F(x_2)-F(x_1)=1-F(x_1)=1-\frac{x_1-1}{4}=\frac{5-x_1}{4}$

4. (1) $F(-a)=1-F(a)=\frac{1}{2}-\int_0^a f(x)\mathrm{d}x$；

(2) $P(|x|<a)=P(-a<x<a)=F(a)-F(-a)=2F(a)-1$；

(3) $P(|x|>a)=P(x>a$ 或 $x<-a)=1-F(a)+F(-a)=2[1-F(a)]$

5. (1)0.5；(2) $c=3$；(3) $d\leqslant 0.44$

6. (1) $A=1,B=1$；(2) $f(x)=F'(x)=\begin{cases}x\mathrm{e}^{-x^2/2}, & x>0,\\ 0, & x\leqslant 0;\end{cases}$

(3) $P(1<X<2)=F(2)-F(1)=\mathrm{e}^{-1/2}-\mathrm{e}^{-2}$

7. (1)0.1357；(2) $\sigma\leqslant 1.8237$

8. (1)解 由题意可知 $F_T(t)=\begin{cases}0, & t\leqslant 0;\\ 1-\mathrm{e}^{-\lambda t}, & t>0.\end{cases}$

(2) $P\{T\geqslant 18\mid T>10\}=\frac{P\{T>18\}}{P\{T>10\}}=\mathrm{e}^{-8\lambda}=P\{T>8\}$

习题 2.5

1. (1)

$Y=2X-\pi$	$-\pi$	0	π
p_k	1/4	1/2	1/4

(2)分布律为

$Y=\cos X$	1	0	-1
p_k	1/4	1/2	1/4

2. (1) $f_Y(y)=\begin{cases}1/y, & 1<y<\mathrm{e};\\ 0, & 其他.\end{cases}$

(2) $f_Y(y)=\begin{cases}\frac{1}{2}\mathrm{e}^{-y/2}, & 0<y<+\infty;\\ 0, & 其他.\end{cases}$

(3) $f_Y(y)=\begin{cases}1/2\sqrt{y}, & 0<y<1;\\ 0, & 其他.\end{cases}$

3. $f_Y(y)=\begin{cases}\dfrac{2}{\pi\sqrt{1-y^2}}, & 0<y<1;\\ 0, & 其他\end{cases}$

4. $f_Y(y)=\dfrac{\mathrm{d}}{\mathrm{d}y}F_Y(y)=\begin{cases}1, & 0\leqslant y\leqslant 1;\\ 0, & 其他.\end{cases}$

5. $Y\sim U(0,1)$.

总习题二

(A)

一、选择题

1. C　2. C　3. B　4. B　5. C　6. C　7. A

二、填空题

1. $\alpha=1-0.2-0.4=0.4$.

2. $5A\sum_{k=1}^{\infty}(1/2)^k=1, 5A=1, A=1/5$

3. $a=1, b=1/2$

4. $a=-2/5$

5. $P\{X<0\}=0.2$

三、计算题

1. (1) $a=\mathrm{e}-1$; (2) $P(3<X<12)=\mathrm{e}^{-3}(1-\mathrm{e}^{-8})$

2. X 分布律为：

X	3	4	5
p_k	0.1	0.3	0.6

3. X 的分布律为：

X	-2	0	1	3
p_k	0.1	0.6	0.1	0.2

4. (1) $\dfrac{4^3\mathrm{e}^{-4}}{6}$　(2) $1-41\mathrm{e}^{-8}$

5. 4/5

(B)

一、选择题

1. C　2. A　3. A

二、填空题

$1-e^{-1}$

三、计算题

1. 184.31

解析:设车门的高度为 $h$cm,由题意,$P(\xi\geqslant h)\leqslant 0.01$ 或 $P(\xi<h)\geqslant 0.99$,由于 $\xi\sim(168,7^2)$,所以 $P(\xi<h)=\Phi\left(\frac{h-168}{7}\right)\geqslant 0.99$,查表可知 $\Phi(2.33)\approx 0.9901>0.99$,即有 $\frac{h-168}{7}=2.33$,于是 $h=184.31$cm,故汽车车门的高度大于 184.31cm 时,男子与车门碰头的机会在 0.01 以下.

2. 解析:记事件 A 为 $X\geqslant 3$,又由随机变量 X 在[2,5]上服从均匀分布知,$P(A)=2/3$,运用伯努利概型 $P=C_3^2p^2(A)(1-p(A))+p^3(A)=3\times 4/9\times 1/3+8/27=20/27$

3. 解:由密度函数的性质:

(1)$\int_{-\infty}^{+\infty}\quad \mathrm{d}x=1$,解得 $a=2$

(2)分布函数 $F(x)=\begin{cases}0, & x\leqslant 0;\\ \frac{x^2}{2}, & 0<x\leqslant 1;\\ 2x-\frac{x^2}{2}-1, & 1<x\leqslant 2;\\ 1, & x>2.\end{cases}$

(3)$P\{-1<X\leqslant\frac{\sqrt{2}}{2}\}=\int_{-1}^{+\infty}\mathrm{d}x=\int_0^{+1}x\mathrm{d}x+\int_1^{\frac{\sqrt{2}}{2}}(2-x)\mathrm{d}x=\frac{1}{4}$

(4)$P\{X>1\}=1-P\{X\leqslant 1\}=\frac{1}{2}$

4. 分布律为

X	10	5	0	-2
p_k	$p_0=0.8^5$	$p_1=C_5^1 0.8^4 0.2$	$p_2=C_5^2 0.8^3 0.2^2$	$1-p_0-p_1-p_2$

5. 解:设 p 为每次测量误差的绝对值大于 19.6 的概率

$$p=P\{|X|>19.6\}=\{|X|/10>1.96\}=0.05$$

设 μ 为 100 次独立重复测量中事件$\{|X|>1.96\}$出现的次数,服从参数为 $n=100,p=0.05$ 的二项分布,所求概率:

$$\begin{aligned}\alpha&=P\{u\geqslant 3\}=1-P\{\mu<3\}\\&=1-0.95^{100}-100\times 0.95^{99}\times 0.05-(100\times 99)/2\times 0.95^{98}\times 0.05^2\end{aligned}$$

由泊松定理可知,μ 近似服从参数 $\lambda=np=100\times 0.05=5$ 的泊松分布,

故 $\alpha\approx 1-e^{-\lambda}(1+\lambda+\frac{\lambda^2}{2})\approx 0.875$

6. 解:因为等待时间服从 $\lambda=1/5$ 的指数分布,所以先计算离开的概率:

$P(X>10)=1-P(X\leqslant 10)=1-1+1/\mathrm{e}^2=1/\mathrm{e}^2$

$P(Y=0)=1-(1-1/\mathrm{e}^2)^5$

$Y\sim B(5,\mathrm{e}^2)$, $P\{Y\geqslant 1\}=1-(1-\mathrm{e}^{-2})^5$

7. 略

8. 当 $0\leqslant y<2$ 时:

$$
\begin{aligned}
F_Y(y)&=P(Y\leqslant y)=1-P(Y>y)=1-P(\min\{X,2\}>y)\\
&=1-P(X>y)=P(X\leqslant y)=F_X(y)=1-\mathrm{e}^{-\lambda x}
\end{aligned}
$$

所以 $F_Y(y)=\begin{cases}0, & y<0;\\ 1-\mathrm{e}^{-\lambda x}, & 0\leqslant y<2;\\ 1, & y\geqslant 2.\end{cases}$

9. 证明

$Y=-\dfrac{\ln(1-X)}{2}$ 在$(0,1)$上单调,取值为$(0,+\infty)$,$X=h(y)=1-\mathrm{e}^{-2y}$

$f(y)=\begin{cases}2\mathrm{e}^{-2y}, & y>0;\\ 0, & 其他.\end{cases}$

所以 $Y=-\dfrac{\ln(1-X)}{2}$服从参数为 2 的指数分布

10. (1)$F_Y(y)=P\{Y\leqslant y\}$

由 Y 的概率分布知,当 $y<1$ 时,$F_Y(y)=0$;

当 $y>2$ 时,$F_Y(y)=1$;

当 $1\leqslant y\leqslant 2$ 时,

$$
\begin{aligned}
F_Y(y)&=P\{Y\leqslant y\}=P\{Y=1\}+P\{1<Y\leqslant y\}\\
&=P\{Y=1\}+P\{1<X\leqslant y\}=P\{X\geqslant 2\}+P\{1<X\leqslant y\}\\
&=\int_2^3\frac{1}{9}x^2\,\mathrm{d}x+\int_1^y\frac{1}{9}x^2\,\mathrm{d}x\\
&=\frac{1}{27}(y^3+18)
\end{aligned}
$$

(2) $P\{X\leqslant Y\}=P\{X\leqslant Y,X\leqslant 1\}+P\{X\leqslant Y,1<X<2\}+P\{X\leqslant Y,X>2\}=\dfrac{8}{27}$

11. (1) 记 p 为观测值大于 3 的概率,则 $p=P(X>3)=\displaystyle\int_3^{+\infty}2^{-x}\ln 2\,\mathrm{d}x=\frac{1}{8}$,

从而 $P\{Y=n\}=C_{n-1}^1p(1-p)^{n-2}p=(n-1)(\dfrac{1}{8})^2(\dfrac{7}{8})^{n-2}$,$n=2,3,\cdots$ 为 Y 的概率分布;

(2) 方法一:分解法

将随机变量 Y 分解成 $Y=M+N$ 两个过程,其中 M 表示从 1 到 $n(n<k)$ 次试验观测值大于 3 首次发生,N 表示从 $n+1$ 次到第 k 次试验观测值大于 3 首次发生.则 $M\sim Ge(n,p)$,$N\sim Ge(k-n,p)$(注:Ge 表示几何分布).

所以 $E(Y)=E(M+N)=E(M)+E(N)=\dfrac{1}{p}+\dfrac{1}{p}=\dfrac{2}{p}=\dfrac{2}{\frac{1}{8}}=16.$

(3)方法二:直接计算

$$E(Y)=\sum_{n=2}^{\infty}n\cdot P\{Y=n\}=\sum_{n=2}^{\infty}n\cdot(n-1)\left(\frac{1}{8}\right)^2\left(\frac{7}{8}\right)^{n-2}$$
$$=\sum_{n=2}^{\infty}n\cdot(n-1)\left[\left(\frac{7}{8}\right)^{n-2}-2\left(\frac{7}{8}\right)^{n-1}+\left(\frac{7}{8}\right)^{n}\right]$$

记 $S_1(x)=\sum_{n=2}^{\infty}n\cdot(n-1)x^{n-2}$, $-1<x<1$, 则 $S_1(x)=\sum_{n=2}^{\infty}n\cdot(n-1)x^{n-2}=(\sum_{n=2}^{\infty}n\cdot x^{n-1})'=(\sum_{n=2}^{\infty}x^n)''=\frac{2}{(1-x)^3}$,

$S_2(x)=\sum_{n=2}^{\infty}n\cdot(n-1)x^{n-1}=x\sum_{n=2}^{\infty}n\cdot(n-1)x^{n-2}=xS_1(x)=\frac{2x}{(1-x)^3}$,

$S_3(x)=\sum_{n=2}^{\infty}n\cdot(n-1)x^{n}=x^2\sum_{n=2}^{\infty}n\cdot(n-1)x^{n-2}=x^2S_1(x)=\frac{2x^2}{(1-x)^3}$,

所以 $S(x)=S_1(x)-2S_2(x)+S_3(x)=\frac{2-4x+2x^2}{(1-x)^3}=\frac{2}{1-x}$,

从而 $E(Y)=S(\frac{7}{8})=16$.

$$F_Z(z)=P\{U+X\leqslant z\}=P\{U+X\leqslant z,X>Y\}+P\{U+X\leqslant z,X\leqslant Y\}$$
$$=P\{X\leqslant z,X>Y\}+P\{X\leqslant z-1,X\leqslant Y\},$$

当 $z<0$ 时, $P\{X\leqslant z,X>Y\}=0=P\{X\leqslant z-1,X\leqslant Y\}$, $F_Z(z)=0$;

当 $0\leqslant z<1$ 时, $P\{X\leqslant z-1,X\leqslant Y\}=0$,而

$P\{X\leqslant z,X>Y\}=3\int_0^z(x-x^2)\mathrm{d}x=\frac{3}{2}z^2-z$, $F_Z(z)=\frac{3}{2}z^2-z^3$;

当 $1\leqslant z<2$ 时, $P\{X\leqslant z,X>Y\}=P\{X>Y\}=\frac{1}{2}$,而

$P\{X\leqslant z-1,X\leqslant Y\}=3\int_0^{Z-1}(\sqrt{x}-x)\mathrm{d}x=2(z-1)^{\frac{3}{2}}-\frac{3}{2}(z-1)^2$,

此时, $F_Z(z)=\frac{1}{2}+2(z-1)^{\frac{3}{2}}-\frac{3}{2}(z-1)^2$;

当 $z\geqslant 2$ 时, $P\{X\leqslant z,X>Y\}=\frac{1}{2}=P\{X\leqslant z-1,X\leqslant Y\}$, $F_z(z)=1$.

总之,Z 的分布函数

$$F_z(z)=\begin{cases}0, & z<0\\ \frac{3}{2}z^2-z^3, & 0\leqslant z\leqslant 1\\ \frac{1}{2}+2(z-1)^{\frac{3}{2}}-\frac{3}{2}(z-1)^2, & 1\leqslant z\leqslant 2\\ 1, & z\geqslant 2\end{cases}$$

第3章

习题 3.1

1. 分布律如表所示

Y	X			
	0	1	2	3
0	1/27	1/9	1/9	1/27
1	1/9	2/9	1/9	0
2	1/9	1/9	0	0
3	1/27	0	0	0

2. X 与 Y 的联合分布律如表所示

Y	X			
	0	1	2	3
0	1/64	3/64	3/64	1/64
1	6/64	12/64	6/64	0
2	12/64	12/64	0	0
3	8/64	0	0	0

3.(1)有放回抽取

$$P(x=1,y=1)=\frac{4}{5}\times\frac{4}{5}=\frac{16}{25}\qquad P(x=1,y=0)=\frac{4}{5}\times\frac{1}{5}=\frac{4}{25}$$

$$P(x=0,y=1)=\frac{1}{5}\times\frac{4}{5}=\frac{4}{25}\qquad P(x=0,y=0)=\frac{1}{5}\times\frac{1}{5}=\frac{1}{25}$$

(2)无放回抽取

$$P(x=1,y=1)=\frac{4}{5}\times\frac{3}{4}=\frac{3}{5}\qquad P(x=1,y=0)=\frac{4}{5}\times\frac{1}{4}=\frac{1}{5}$$

$$P(x=0,y=1)=\frac{1}{5}\times1=\frac{1}{5}\qquad P(x=0,y=0)=0$$

4. (1)$a=0.32$;

(2)$P(X\leqslant0,Y\leqslant0)=P(X=0,Y=-1)+P(X=0,Y=0)=0.07+0.18=0.25$;

(3)$P(X\leqslant0,Y<0)=P(X=0,Y=-1)=0.07$.

5.(1)由分布函数的性质 $F(+\infty,+\infty)=1,F(x,-\infty)=F(-\infty,y)=0,\ \forall x,y\in R$ 可得:

$$F(-\infty,-\infty)=A\left(B-\frac{\pi}{2}\right)\left(C-\frac{\pi}{2}\right)=0\quad F(-\infty,+\infty)=A\left(B-\frac{\pi}{2}\right)\left(C+\frac{\pi}{2}\right)=0$$

$$F(+\infty,-\infty)=A\left(B+\frac{\pi}{2}\right)\left(C-\frac{\pi}{2}\right)=0\quad F(+\infty,+\infty)=A\left(B+\frac{\pi}{2}\right)\left(C+\frac{\pi}{2}\right)=1$$

解得:$A=\frac{1}{\pi^2},B=C=\frac{\pi}{2}$;

(2)由于 $f(x,y)=\frac{\partial^2F(x,y)}{\partial x\partial y}$,则 $f(x,y)=\frac{1}{\pi^2(1+x^2)(1+y^2)}$.

6.(1) 由二维随机变量概率密度函数的性质$\int_{-\infty}^{+\infty}\int_{-\infty}^{+\infty}f(x,y)\mathrm{d}x\mathrm{d}y=1$可得：

$$1=k\int_0^{+\infty}\int_0^{+\infty}\mathrm{e}^{-(3x+4y)}\mathrm{d}x\mathrm{d}y=-\frac{1}{4}k\int_0^{+\infty}\mathrm{e}^{-3x}\mathrm{d}x=\frac{k}{12},$$

解得：$k=12$；

(2)$F(x,y)=\int_{-\infty}^{x}\int_{-\infty}^{y}f(u,v)\mathrm{d}u\mathrm{d}v=\begin{cases}12\int_0^x\int_0^y\mathrm{e}^{-(3u+4v)}\mathrm{d}v\mathrm{d}u, & x>0,y>0\\ 0, & \text{其他}\end{cases}$

$=\begin{cases}(1-\mathrm{e}^{-3x})(1-\mathrm{e}^{-4y}), & x>0,y>0\\ 0, & \text{其他}\end{cases}$

(3)$P(0<X\leqslant 1,0<Y\leqslant 2)=12\int_0^2\int_0^1\mathrm{e}^{-(3x+4y)}\mathrm{d}x\mathrm{d}y=(1-\mathrm{e}^{-3})(1-\mathrm{e}^{-8})=0.95.$

7.(1) 由二维随机变量概率密度函数的性质$\int_{-\infty}^{+\infty}\int_{-\infty}^{+\infty}f(x,y)\mathrm{d}x\mathrm{d}y=1$可得：

$1=k\int_0^1\int_0^1 xy\mathrm{d}x\mathrm{d}y=\frac{k}{2}\int_0^1 x\mathrm{d}x=\frac{k}{4}$

解得：$k=4$；

(2)$P\left(X\leqslant\frac{1}{2},Y\leqslant\frac{1}{2}\right)=4\int_0^{\frac{1}{2}}x\mathrm{d}x\int^{\frac{1}{2}}y\mathrm{d}y=\frac{1}{16}$

(3)$P\left(X+Y>\frac{1}{2}\right)=1-P\left(X+Y\leqslant\frac{1}{2}\right)=1-\int_0^{\frac{1}{2}}\mathrm{d}x\int_0^{\frac{1}{2}-x}4xy\mathrm{d}y=\frac{95}{96}$

(4)$P\left(X>\frac{1}{2}\right)=\int_{\frac{1}{2}}^1\mathrm{d}x\int_0^1 4xy\mathrm{d}y=\frac{3}{4}$

(5)$P\left(X=\frac{1}{2}\right)=0$

8.(1)$A=\frac{3}{\pi R^3}$；(2)$\frac{3r^2}{R^2}\left(1-\frac{2r}{3R}\right)$.

9.(1)概率密度函数为 $f(x,y)=\begin{cases}4, & (x,y)\in D;\\ 0, & \text{其他}.\end{cases}$

(2)分布函数为

$$F(x,y)=\begin{cases}(2x+1)^2-(2x+1-y)^2, & -1/2<x\leqslant 0,0<y\leqslant 2x+1;\\ (2x+1)^2, & -1/2<x\leqslant 0,2x+1\leqslant y;\\ 1-(1-y)^2, & 0<x,0<y\leqslant 1;\\ 1, & 0<x,1<y;\\ 0, & 0\leqslant -12\text{ 或 }y\leqslant 0.\end{cases}$$

习题 3.2

1. X 与 Y 的边缘分布律分别如下表所示

X	0	1	2	3
p_k	0.627	0.260	0.095	0.018

Y	0	1	2	3	4	5	6
p_k	0.202	0.273	0.208	0.128	0.100	0.060	0.029

2. X 与 Y 的边缘分布律分别如下表所示

X	1	3
p_k	0.75	0.25

Y	0	2	5
p_k	0.20	0.43	0.37

3. $f_X(x)=\int_{-\infty}^{+\infty}f(x,y)\mathrm{d}y=\begin{cases}\int_0^x 4.8y(2-x)\mathrm{d}y=2.4x^2(2-x), & 0<x<1\\ 0, & \text{其他}\end{cases}$

$f_Y(y)=\int_{-\infty}^{+\infty}f(x,y)\mathrm{d}x=\begin{cases}\int_y^1 4.8y(2-x)\mathrm{d}x=2.4y(3-4y+y^2), & 0<y<1\\ 0, & \text{其他}\end{cases}$

4. $f_X(x)=\int_{-\infty}^{+\infty}f(x,y)\mathrm{d}y$

$$=\begin{cases}\int_{-\infty}^{+\infty}\frac{1}{\pi^2(1+x^2)(1+y^2)}\mathrm{d}y=\frac{1}{\pi(1+x^2)}, & -\infty<x<+\infty\\ 0, & \text{其他}\end{cases}$$

$f_Y(y)=\int_{-\infty}^{+\infty}f(x,y)\mathrm{d}x$

$$=\begin{cases}\int_{-\infty}^{+\infty}\frac{1}{\pi^2(1+x^2)(1+y^2)}\mathrm{d}x=\frac{1}{\pi(1+y^2)}, & -\infty<y<+\infty\\ 0, & \text{其他}\end{cases}$$

5. (1) 由二维随机变量概率密度函数的性质 $\int_{-\infty}^{+\infty}\int_{-\infty}^{+\infty}f(x,y)\mathrm{d}x\mathrm{d}y=1$ 可得：

$1=C\int_0^1\mathrm{d}x\int_{x^2}^{x}\mathrm{d}y=C\int_0^1(x-x^2)\mathrm{d}x=\frac{C}{6}$，解得：$C=6$；

(2) $f_X(x)=\int_{-\infty}^{+\infty}f(x,y)\mathrm{d}y=\begin{cases}\int_{x^2}^{x}6\mathrm{d}y=6(x-x^2), & 0\leqslant x\leqslant 1\\ 0, & \text{其他}\end{cases}$

$f_Y(y)=\int_{-\infty}^{+\infty}f(x,y)\mathrm{d}x=\begin{cases}\int_y^{\sqrt{y}}6\mathrm{d}x=6(\sqrt{y}-y), & 0\leqslant y\leqslant 1\\ 0, & \text{其他}\end{cases}$

习题 3.3

1. X 与 Y 不相互独立.
2. 由二维离散型随机变量的联合分布律可得出 X 与 Y 的边缘分布律：

X	1	2
P_k	$\frac{1}{3}$	$\frac{1}{3}+\alpha+\beta$

Y	1	2	3
P_k	$\frac{1}{2}$	$\frac{1}{9}+\alpha$	$\frac{1}{18}+\beta$

若 X 与 Y 相互独立，则 $p_{ij}=p_{i.}\times p_{.j}(i=1,2;j=1,2,3)$

则由方程组$\begin{cases}\frac{1}{3}\times\left(\frac{1}{9}+\alpha\right)=\frac{1}{9}\\ \frac{1}{3}\times\left(\frac{1}{18}+\beta\right)=\frac{1}{18}\end{cases}$，解得 $\alpha=\frac{2}{9},\beta=\frac{1}{9}$.

3. 易知 $f_X(x)\cdot f_Y(y)=f(x,y)$，则 X 与 Y 相互独立.

4. X 与 Y 不相互独立.

$$f_X(x)=\int_{-\infty}^{+\infty}f(x,y)\mathrm{d}y=\int_0^1(12xy-6x^2y-6y^2)\mathrm{d}y=6x-3x^2-2,0\leqslant x\leqslant 1$$

$$f_Y(y)=\int_{-\infty}^{+\infty}f(x,y)\mathrm{d}x=\int_0^1(12xy-6x^2y-6y^2)\mathrm{d}x=4y-6y^2,0\leqslant y\leqslant 1$$

易知 $f_X(x)\cdot f_Y(y)\neq f(x,y)$，则 X 与 Y 不相互独立.

5. (1)$f_X(x)=\int_{-\infty}^{+\infty}f(x,y)\mathrm{d}y=\begin{cases}\int_x^1 6x\mathrm{d}y=6x-6x^2, & 0\leqslant x\leqslant 1\\ 0, & \text{其他}\end{cases}$,

$f_Y(y)=\int_{-\infty}^{+\infty}f(x,y)\mathrm{d}x=\begin{cases}\int_0^y 6x\mathrm{d}x=3y^2, & 0\leqslant y\leqslant 1\\ 0, & \text{其他}\end{cases}$,

(2)$f_X(x)\cdot f_Y(y)\neq f(x,y)$，$X$ 与 Y 不相互独立.

6. $F_X(x)=F(x,+\infty)=\begin{cases}1-\mathrm{e}^{-x}, & x\geqslant 0;\\ 0, & x<0.\end{cases}$ $F_Y(y)=F(+\infty,y)=\begin{cases}1-\mathrm{e}^{-y}, & y\geqslant 0;\\ 0, & y<0.\end{cases}$

$F(x,y)=F_X(x)F_Y(y)$，因此 X 与 Y 相互独立.

习题 3.4

1. (1)(X,Y)的分布律如表所示

X	Y	
	1	3
0	0	0.125
1	0.375	0
2	0.375	0
3	0	0.125

(2)X 与 Y 的边缘分布律分别如下表所示

X	0	1	2	3
p_k	0.125	0.375	0.375	0.125

Y	1	3
p_k	0.75	0.25

(3)$P\{X=0|Y=1\}=0, P\{X=1|Y=1\}=0.5$,

$P\{X=2|Y=1\}=0.5, P\{X=3|Y=1\}=0$.

2.(1)$P\{Y=m|X=n\}=C_n^m p^m(1-p)^{n-m}, m=0,1,2,\cdots,n, n=0,1,2,\cdots$.

(2)由 $P\{X=n\}=\dfrac{\lambda^n}{n!}e^{-\lambda}$ 及概率的乘法公式,得

$$P\{X=n,Y=m\}=P\{Y=m|X=n\}P\{X=n\}=C_n^m(1-p)^{n-m}\frac{\lambda^n}{n!}e^{-\lambda}$$

$$=\frac{e^{-\lambda}\lambda^n p^m(1-p)^{n-m}}{m!\,(n-m)!}, m=0,1,2,\cdots,n, n=0,1,2,\cdots.$$

3.(1)$f_X(x)=\begin{cases}e^{-x}, & x>0;\\ 0, & x\leqslant 0.\end{cases}$ $f_Y(y)=\begin{cases}ye^{-y}, & y>0;\\ 0, & y\leqslant 0.\end{cases}$

(2)因为 $f_X(x)f_Y(y)=\begin{cases}ye^{-(x+y)}, & x>0,y>0;\\ 0, & \text{其他}.\end{cases}$ 显然 $f_X(x)f_Y(y)\neq f(x,y)$,所以 X 与 Y 不相互独立.

(3)$f_{Y|X}(y|x)=\begin{cases}e^{x-y}, & 0<x<y<+\infty;\\ 0, & \text{其他}.\end{cases}$

$f_{X|Y}(x|y)=\begin{cases}1/y, & 0<x<y<+\infty;\\ 0, & \text{其他}.\end{cases}$

习题 3.5

1. 已知 X 与 Y 服从[0,1]上的均匀分布,

则有 $f_X(x)=\begin{cases}1, & 0<x<1,\\ 0, & \text{其他};\end{cases}$ $f_Y(y)=\begin{cases}1, & 0<y<1,\\ 0, & \text{其他}.\end{cases}$

又因 X 与 Y 相互独立,令 $Z=X+Y$,则 $f_Z(z)=\int_{-\infty}^{+\infty}f_X(x)f_Y(z-x)\mathrm{d}x$,

当 $0\leqslant z<1$ 时,$f_Z(z)=\int_0^z 1\mathrm{d}x=z$;

当 $1\leqslant z\leqslant 2$ 时,$f_Z(z)=\int_{z-1}^1 1\mathrm{d}x=2-z$;

当 $z<0$ 或 $z>2$ 时,$f_Z(z)=0$;

综上所述,$f_Z(z)=\begin{cases}z, & 0\leqslant z<1;\\ 2-z, & 1\leqslant z<2;\\ 0, & \text{其他}.\end{cases}$

2. 令 $Z=X+Y$,则 $f_Z(z)=\begin{cases} e^{-\frac{z}{3}}(1-e^{-\frac{z}{6}}), & 0\leqslant z; \\ 0, & \text{其他}. \end{cases}$

3. 由题意知 $X\sim\pi(\lambda_1)$,$Y\sim\pi(\lambda_2)$,且 X、Y 相互独立,

$$P\{X+Y=k\}=P\left\{\bigcup_{i=0}^{k}\{X=i,Y=k-i\}\right\}=\sum_{i=0}^{k}P\{X=i,Y=k-i\},k=0,1,2,\cdots$$

$$=\sum_{i=0}^{k}\frac{\lambda_1^i}{i!}e^{-\lambda_1}\cdot\frac{\lambda_2^{k-i}}{(k-i)!}e^{-\lambda_2}=\frac{1}{k!}e^{-(\lambda_1+\lambda_2)}\sum_{i=0}^{k}\frac{k!}{i!(k-i)!}\lambda_1^i\lambda_2^{k-i}$$

$$=\frac{(\lambda_1+\lambda_2)^k}{k!}e^{-(\lambda_1+\lambda_2)}$$

即 $X+Y\sim\pi(\lambda_1+\lambda_2)$.

4. 令 $Z=\min\{X,Y\}$,由 $X\sim U[0,1]$,$Y\sim U[0,2]$可得 X、Y 的分布函数分别为

$$F_X(x)=\begin{cases}0, x<0\\ x, 0\leqslant x<1\\ 1, x\geqslant 1\end{cases}\qquad F_Y(y)=\begin{cases}0, y<0\\ \frac{y}{2}, 0\leqslant y<2\\ 1, y\geqslant 2\end{cases}$$

$$F_Z(z)=P\{\min\{X,Y\}\leqslant z\}=1-P\{\min\{X,Y\}>z\}=1-P\{X>z,Y>z\}$$
$$=1-P\{X>z\}P\{Y>z\}=1-(1-F_X(z))(1-F_Y(z))$$

则 $F_Z(z)=\begin{cases}0, & z<0\\ \frac{3}{2}x-\frac{x^2}{2}, & 0\leqslant z<1\\ 1, & z\geqslant 1\end{cases}$,则 $f_Z(z)=\begin{cases}\frac{3}{2}-z, & 0<z<1; \\ 0, & \text{其他}.\end{cases}$

5. 令 $Z=\max\{X_1,X_2,X_3,X_4,X_5\}$,$F_X(x)=\int_0^{+\infty}\frac{x}{4}e^{-\frac{x^2}{8}}dx=\int_0^{+\infty}e^{-\frac{x^2}{8}}d\frac{x^2}{8}=1-e^{-\frac{x^2}{8}}$

且 X_1,X_2,X_3,X_4,X_5 相互独立同分布,则有 $F_{\max}(z)=[F_X(z)]^n$,

则 $F_Z(z)=\begin{cases}(1-e^{-z^2/8})^5, & z\geqslant 0; \\ 0, & \text{其他}.\end{cases}$

总习题 3

(A)

一、选择题

1. D　2. C　3. B　4. B

二、填空题

1. $F(x)=\begin{cases}1-e^{-x}, & x>0; \\ 0, & x\leqslant 0.\end{cases}$ $1-e^{-1}-e^{-2}+e^{-3}$.

1. 1/2.

解析:$1=\int_0^{\frac{\pi}{2}}\int_0^{\frac{\pi}{2}}A\sin(x+y)dxdy=A\int_0^{\frac{\pi}{2}}(\sin x+\cos y)dx=\frac{A}{2}$,解得 $A=\frac{1}{2}$

3. $f_X(x)=\begin{cases}5x^4, & 0\leqslant x\leqslant 1; \\ 0, & \text{其他}.\end{cases}$　$f_Y(y)=\begin{cases}\frac{15}{2}y^2(1-y^2), & 0\leqslant y\leqslant 1; \\ 0, & \text{其他}.\end{cases}$

4. $N(\mu_1,\sigma_1^2),N(\mu_2,\sigma_2^2),\rho=0$

5. $\frac{2}{9},\frac{1}{9}$

6. 1/4.

三、解答题

1. 3/128.

2. (X,Y)的分布律和边缘分布律如下表所示

Y	X		
	1	2	$p_{i\cdot}$
2	0	3/5	3/5
3	2/5	0	2/5
$p_{\cdot j}$	2/5	3/5	1

X 与 Y 不相互独立.

3. (1)1/9;(2)5/12;(3)8/27

解析:(1)$1=a\int_0^1 \mathrm{d}x\int_0^2 (6-x-y)\mathrm{d}y=9a$,解得 $a=\frac{1}{9}$

(2)$F(x,y)=$

$$\begin{cases}\int_{-\infty}^{x}\int_{-\infty}^{y} f(x,y)\mathrm{d}x\mathrm{d}y=\int_0^x\int_0^y\left(\frac{2}{3}-\frac{x}{9}-\frac{y}{9}\right)\mathrm{d}x\mathrm{d}y=\frac{2}{3}xy-\frac{x^2y}{18}-\frac{y^2x}{18}, & x>0,y>0\\ 0, & \text{其他}\end{cases}$$

$P\left\{X\leqslant\frac{1}{2},Y\leqslant\frac{3}{2}\right\}=F\left(\frac{1}{2},\frac{3}{2}\right)=\frac{5}{12}$

(3)$P\{(X,Y\in D)\}=\int_0^1 \mathrm{d}x\int_0^{-x+1}\left(\frac{2}{3}-\frac{x}{9}-\frac{y}{9}\right)\mathrm{d}y=\frac{8}{27}$

4. $\alpha=1/3;\beta=1/9;\gamma=1/18$.

5. $f_X(x)=\begin{cases}x/2, & 0\leqslant x\leqslant 2;\\ 0, & \text{其他}.\end{cases}$ $f_Y(y)=\begin{cases}3y^2, & 0\leqslant y\leqslant 1;\\ 0, & \text{其他}.\end{cases}$

X 与 Y 相互独立.

6. X 与 Y 相互独立.

7. $B(2n,p)$.

8. $f(x)=\begin{cases}\frac{x^3}{6}\mathrm{e}^{-x}, & x>0;\\ 0, & \text{其他}.\end{cases}$

(B)

一、选择题

1. D 2. C 3. A 4. B 5. D 6. D 7. A

二、填空题

1. 1/9

2. 0.0974

3. $F_{X_1+X_2}(x)=\begin{cases}0, & x<0;\\ \dfrac{1+x}{8}, & 0\leqslant x<2;\\ 1, & x\geqslant 2.\end{cases}$

三、解答题

1. (1)在 $Y=0$ 的条件下,随机变量 X 的分布律如下表所示

X	0	1	2	3
$P\{X=i\mid Y=0\}$	0.125	0.375	0.375	0.125

(2)在 $X=2$ 的条件下,随机变量 Y 的分布律如下表所示

Y	0	1
$P\{Y=j\mid X=0\}$	0.5	0.5

2. (1) $f_{X\mid Y}(x\mid y)=\begin{cases}\dfrac{3}{2}x^2y^{-\frac{3}{2}}, & -\sqrt{y}\leqslant x\leqslant\sqrt{y};\\ 0, & \text{其他}.\end{cases}$

$f_{X\mid Y}(x\mid\dfrac{1}{3})=\begin{cases}\dfrac{9\sqrt{3}}{2}x^2, & -\sqrt{1/3}\leqslant x\leqslant\sqrt{1/3};\\ 0, & \text{其他}.\end{cases}$

(2) $P\{Y\geqslant\dfrac{2}{3}\mid X=\dfrac{1}{4}\}=\dfrac{256}{459}$.

(1)当 $0\leqslant y\leqslant 1$ 时, $f_{X\mid Y}(x\mid y)=\dfrac{f(x,y)}{f_Y(y)}=\begin{cases}\dfrac{3}{2}x^2y^{-\frac{3}{2}}, & -\sqrt{y}\leqslant x\leqslant\sqrt{y}\\ 0, & \text{其他}\end{cases}$

$$f_{X\mid Y}\left(x\,\middle|\,\frac{1}{3}\right)=\begin{cases}\dfrac{9\sqrt{3}}{2}x^2, & -\sqrt{\dfrac{1}{3}}\leqslant x\leqslant\sqrt{\dfrac{1}{3}}\\ 0, & \text{其他}\end{cases}$$

(2)当 $-\sqrt{y}\leqslant x\leqslant\sqrt{y}$ 时, $f_{Y\mid X}(y\mid x)=\dfrac{f(x,y)}{f_X(x)}=\begin{cases}\dfrac{2y}{1-x^4}, 0\leqslant y\leqslant 1\\ 0, \text{其他}\end{cases}$

$$P\left\{Y\geqslant\frac{2}{3}\,\middle|\,X=\frac{1}{4}\right\}=\int_{\frac{2}{3}}^{1}f_{Y\mid X}\left(y\,\middle|\,\frac{1}{4}\right)\mathrm{d}y=\int_{\frac{2}{3}}^{1}\frac{2y}{1-\frac{1}{4^4}}\mathrm{d}y=\frac{256}{459}$$

3. $P\{Z=k\}=P\{X+Y=k\}=\sum\limits_{i=0}^{k}P\{X=i,Y=k-i\}$

$$=\sum_{i=0}^{k}P\{X=i\}P\{Y=k-i\}=\frac{(\lambda_1+\lambda_2)^k}{k!}\mathrm{e}^{-(\lambda_1+\lambda_2)},\ k=1,2,\cdots.$$

4. $f_Z(z)=\begin{cases}0, & z\leqslant 0;\\ \dfrac{1}{2}(1-\mathrm{e}^{-z}), & 0<z\leqslant 2;\\ \dfrac{1}{2}(\mathrm{e}^2-1)\mathrm{e}^{-z}, & z>2.\end{cases}$

5. $f_M(z)=\begin{cases}\dfrac{1}{2}z^2\mathrm{e}^{-z}, & z\geqslant 0;\\ 0, & \text{其他}.\end{cases}$ $f_N(z)=\begin{cases}z\mathrm{e}^{-z}, & z\geqslant 0;\\ 0, & \text{其他}.\end{cases}$

6. 略.

7. $f_X(x)=\begin{cases}\dfrac{n}{a}(1-\dfrac{x}{a})^{n-1}, & 0<x<a;\\ 0, & \text{其他}.\end{cases}$ $f_Y(y)=\begin{cases}\dfrac{ny^{n-1}}{a^n}, & 0<y<a;\\ 0, & \text{其他}.\end{cases}$

8. $f_X(x)=\begin{cases}\dfrac{\lambda^n}{(n-1)!}x^{n-1}\mathrm{e}^{-\lambda x}, & x>0;\\ 0, & x\leqslant 0.\end{cases}$

9.

Y	X		
	0	1	2
0	1/4	1/6	1/36
1	1/3	1/9	0
2	1/9	0	0

10. 由归一性得

$\int_{-\infty}^{+\infty} f(x,y)\mathrm{d}x\mathrm{d}y = 1$,

而$\int_{-\infty}^{+\infty} f(x,y)\mathrm{d}x\mathrm{d}y = A\int_{-\infty}^{+\infty}\mathrm{d}x\int_{-\infty}^{+\infty}\mathrm{e}^{-2x^2+2xy-y^2}\mathrm{d}y = A\int_{-\infty}^{+\infty}\mathrm{e}^{-x^2}\mathrm{d}x\int_{-\infty}^{+\infty}\mathrm{e}^{-(y-x)2}\mathrm{d}(y-x)$

又$\int_{-\infty}^{+\infty}\mathrm{e}^{-(y-x)^2}\mathrm{d}(y-x) = 2\int_0^{+\infty}\mathrm{e}^{-x^2}\mathrm{d}x = \int_0^{+\infty} t^{-\frac{1}{2}}\mathrm{e}^{-t}\mathrm{d}t = \Gamma(\frac{1}{2}) = \sqrt{\pi}$,

所以$\int_{-\infty}^{+\infty} f(x,y)\mathrm{d}x\mathrm{d}y = A\sqrt{\pi}\int_{-\infty}^{+\infty}\mathrm{e}^{-x}\mathrm{d}x = A\pi$,于是$A=\dfrac{1}{\pi}$.

$f_{Y|X}(y\mid x) = \dfrac{f(x,y)}{f_X(x)}$,

而 $f_X(X) = \int_{-\infty}^{+\infty} f(x,y)\mathrm{d}y = \dfrac{1}{\pi}\mathrm{e}^{-x}\int_{-\infty}^{+\infty}\mathrm{e}^{-(y-x)^2}\mathrm{d}y = \dfrac{1}{\sqrt{\pi}}\mathrm{e}^{-x^2}$,

所以 $f_{Y|X}(y\mid x) = \dfrac{f(x,y)}{f_X(x)} = \dfrac{1}{\sqrt{\pi}}\mathrm{e}^{-(y-x)^2}, -\infty<x<+\infty, -\infty<y<+\infty$.

11. (1) 由于区域 D 是面积

$$S = \int_0^1(\sqrt{x}-x^2)\mathrm{d}x = \frac{2}{3}-\frac{1}{3} = \frac{1}{3}$$

(X,Y) 的概率密度为

$$f(x,y)=\begin{cases}3, & 0<x<1, x^2<y<\sqrt{x}\\ 0, & 其他\end{cases}$$

(2)U 与 X 不独立,因为

$$\begin{aligned}P\left\{U\leqslant\frac{1}{2},X\leqslant\frac{1}{2}\right\}&=P\left\{X>Y,X\leqslant\frac{1}{2}\right\}\\&=3\int_0^{\frac{1}{2}}(x-x^2)\mathrm{d}x=3\left(\frac{1}{8}-\frac{1}{24}\right)=\frac{1}{4},\end{aligned}$$

而 $P\left\{U\leqslant\frac{1}{2}\right\}=P\{X>Y\}=\frac{1}{2}$,

$$\begin{aligned}P\left\{X\leqslant\frac{1}{2}\right\}&=3\int_0^{\frac{1}{2}}(\sqrt{x}-x^2)\mathrm{d}x=3\left[\frac{2}{3}\left(\frac{1}{2}\right)^{\frac{3}{2}}-\frac{1}{3}\left(\frac{1}{2}\right)^3\right]\\&=\frac{1}{2}\sqrt{\frac{1}{2}}-\frac{1}{8}=\frac{\sqrt{2}}{2}-\frac{1}{8},\end{aligned}$$

从而 $P\left\{U\leqslant\frac{1}{2},X\leqslant\frac{1}{2}\right\}\neq P\left\{U\leqslant\frac{1}{2}\right\}P\left\{X\leqslant\frac{1}{2}\right\}$,$U$ 与 X 不独立.

(3)Z 的分布函数

$$\begin{aligned}F_Z(z)&=P\{U+X\leqslant z\}=P\{U+X\leqslant z,X>Y\}+P\{U+X\leqslant z,X\leqslant Y\}\\&=P\{X\leqslant z,X>Y\}+P\{X\leqslant z-1,X\leqslant Y\},\end{aligned}$$

当 $z<0$ 时,$P\{X\leqslant z,X>Y\}=0=P\{X\leqslant z-1,X\leqslant Y\}$,$F_Z(z)=0$;

当 $0\leqslant z<1$ 时,$P\{X\leqslant z-1,X\leqslant Y\}=0$,而

$$P\{X\leqslant z,X>Y\}=3\int_0^z(x-x^2)\mathrm{d}x=\frac{3}{2}z^2-z,F_Z(z)=\frac{3}{2}z^2-z^3;$$

当 $1\leqslant z<2$ 时,$P\{X\leqslant z,X>Y\}=P\{X>Y\}=\frac{1}{2}$,而

$$P\{X\leqslant z-1,X\leqslant Y\}=3\int_0^{Z-1}(\sqrt{x}-x)\mathrm{d}x=2(z-1)^{\frac{3}{2}}-\frac{3}{2}(z-1)^2,$$

此时,$F_Z(z)=\frac{1}{2}+2(z-1)^{\frac{3}{2}}-\frac{3}{2}(z-1)^2$;

当 $z\geqslant 2$ 时,$P\{X\leqslant z,X>Y\}=\frac{1}{2}=P\{X\leqslant z-1,X\leqslant Y\}$,$F_z(z)=1$.

总之,Z 的分布函数

$$F_z(z)=\begin{cases}0, & z<0\\ \frac{3}{2}z^2-z^3, & 0\leqslant z\leqslant 1\\ \frac{1}{2}+2(z-1)^{\frac{3}{2}}-\frac{3}{2}(z-1)^2, & 1\leqslant z\leqslant 2\\ 1, & z\geqslant 2\end{cases}$$

第 4 章

习题 4.1

1. －0.2　2.8　13.4　2. (1)2;(2)1/3

3. 3/2　12/5　3/4　4. (1) 11;(2) 100;(3) 20

5. 4/5　3/5　1/2　16/15　6. (1) 2　0;(2) －1/15;(3) 5

习题 4.2

1. 2　2　2. 9　3. 0.7771　4. 0.05　5. 3　27　6. $\frac{2}{3}-\frac{\pi^2}{16}$

习题 4.3

1. 4　36　12　1　2. 7/6　7/6　－1/36　－1/11　5/9　3. 略　4. 略　5. －0.02

总习题(A)

一、选择题

1. A　2. D　3. B　4. A　5. D　6. D　7. A

二、填空题

1. 3.5　2. 45　1/3　3. 2.4　4. 1　5. 37　6. 8/9

三、计算题

1. 1.7　1.21　2. 5/4　43/16　3. 3/4　4/3　2/9　4. 1/8　1/2

5. $\frac{\pi(a^2+ab+b^2)}{3}$

6. $\frac{1}{4}$　$-\frac{1}{3}$　$\frac{1}{4}$　$\frac{11}{16}$　$\frac{5}{9}$　$\frac{323}{144}$　$\frac{1}{3}$　$\frac{4}{55}\sqrt{55}$

7. (1)

Y	X		
	0	1	2
0	0	0	1/35
1	0	6/35	6/35
2	3/35	12/35	3/35
3	2/35	2/35	0

X	0	1	2	3
P	1/35	12/35	18/35	4/35

X	0	1	2
P	1/7	4/7	2/7

(2) $\frac{12}{7}$　$\frac{8}{7}$　$\frac{84}{49}$　$\frac{20}{49}$　$-\frac{12}{49}$　$-\frac{\sqrt{30}}{10}$

8. $\frac{5}{12}$ $\frac{5}{12}$ $\frac{1}{6}$ $\frac{11}{144}$ $\frac{11}{144}$ $-\frac{1}{144}$ $\frac{59}{144}-\frac{1}{11}$ 9.(1) 0 3 (2) 1/12 10. 141666.67
11. 8 46

(B)

1. 3/2 1/4 2. 1/e 3. A 4 $\frac{\lambda^{(\lambda^2+\lambda)}}{(\lambda^2+\lambda)!}e^{-\lambda}$ 5. C 6. 2 7. $\mu(\mu^2+\sigma^2)$
8. B 9. D 10 (1) 1/4;(2) 5/9 11. D
12. (1) $P(Y=k)=\frac{1}{64}(k-1)\left(\frac{7}{8}\right)^{k-2}$, $k=2,3,4,\cdots$;(2) 16

第5章

习题 5.1

1. $\geqslant\frac{13}{48}$ 2. $\leqslant\frac{1}{108}$ 3. $\geqslant$0.9775,可以

习题 5.2

1. 0.0228 2. 0.1814 3.0.9525 4. 0.0228 20万 5. 0.2119
6. 0.0228 7. (1)0.8185 (2)81

总习题

1. B 2. $\geqslant$0.975 3. 0.8164 4. 0.9430 5. 0.9793 6. 98;
7. 9171220 8. 16

第6章

习题 6.1

1. 略 2. (1) 独立性;(2) 与总体分布相同 3. $\prod_{i=1}^{n}\frac{1}{\sqrt{2\pi}\sigma}e^{-\frac{(x_i-\mu)^2}{2\sigma^2}}$ 4. $\prod_{i=1}^{n}\frac{\lambda^{k_i}}{k_i!}e^{-\lambda}$.

习题 6.3

1. 略 2. 略 3. $\mu,\frac{1}{n}\sigma^2$ 4. 略 5. 略 6. 略

习题 6.4

一、选择题

1. C 2. A 3. C 4. D 5. B 6. A 7. B 8. C 9. A 10. B

二、填空题

1. 0.1 2. p $\frac{p(1-p)}{n}$ 3. 略 4. 2 5. $\chi^2(n-1)$

6. $N(\mu,\frac{\sigma^2}{n})$　$N(\mu\sum_{i=1}^{n}a_i,\sigma^2\sum_{i=1}^{n}a_i^2)$　7. 0.025　8. $\frac{1}{\sqrt{3}}$

三、计算题

1. 略　2. 略.

总习题六

(A)

一、选择题

1. A　2. D　3. C　4. 略

二、填空题

1. $\frac{a+b}{2}$　$\frac{(b-a)^2}{12n}$　$\frac{(b-a)^2}{12}$　2. $t(n-1)$　3. 4　t　4. (f_2,f_1)　F　5. 1,χ^2

二、计算题

1. 略　2. 略　3. 略

(B)

一、填空题

1. $\frac{1}{20}$　$\frac{1}{100}$　2　2. 4　t　3. (10.5)　F　4. $m+n-2$　χ^2　5. 8

二、解答题

1. 0.3472　2. (1)$F(n,n)$;(2)$t(n)$　3. 略　4. 略　5. 略

第 7 章

习题 7.1

1. $\bar{x}$　$\bar{x}$　2. 5/6　5/6　3. $\frac{1}{\bar{x}}$　$\frac{1}{\bar{x}}$　4. $\frac{2\bar{x}-1}{1-\bar{x}}$　$\frac{n}{\ln(x_1\cdots x_n)}-1$

习题 7.2

1. $\frac{2}{3}\bar{X}$　是无偏估计　2. T_3　3. $\frac{1}{2(n-1)}$　$\frac{1}{n}$

习题 7.3

1. 至少取$(3.92\sigma/L)^2$　2. (128.766　135.234)

3. (9.369,10.403)　4. (420.3, 429.7)

5. (2.255, 15.889)　6. (4.127, 6.399)

7. (1) (0.291, 2.909);(2) (0.359, 2.939)

8. (1) (0.062, 1.008);(2) (−0.277, 0.317)

9. 10584.448　10. 14.315

第7章总复习题

(A)

1. D　2. D　3. C　4. B　5. $\overline{X}-\frac{1}{2}$　6. $1/\overline{X}$　$1/\overline{X}$

7. 1/4　$\frac{7-\sqrt{13}}{12}$　8. $\frac{1}{n}\sum_{i=1}^{n}x_i^2$　9. $\left(\frac{\bar{x}}{1-\bar{x}}\right)^2$　$\left(\frac{n}{\ln(x_1\cdots x_n)}\right)^2$

10. $\frac{\bar{x}}{2+\bar{x}}$　$\max\left(\frac{n}{\ln(x_1\cdots x_n)-n\ln 2},1\right)$　11. $C_1=1/3$　$C_2=2/3$

(B)

1. D　2. C　3. B　4. C　5. D

6. $\overline{X}^2-\frac{1}{n}\overline{X}$　7. 0.784　62　8. $\left(\frac{S}{1+u_{\alpha/2}/\sqrt{2n}},\frac{S}{1-u_{\alpha/2}/\sqrt{2n}}\right)$

9. $\hat{\theta}=\min\{x_1,x_2,\cdots,x_n\}$　10～11. 略　12. (0.0775, 0.0845)

13. (5.608, 6.392)　14. (0.607, 3.393)　(3.073, 15.639)

15. (0.214, 2.798)　(−0.120, 0.024)　16. 3273.353

17. (1) 略;(2) $\frac{2n\overline{X}}{\chi_\alpha^2(2n)}$;(3) 3764.706

第8章

习题8.1

1. 可认为此人作弊　2. 略　3. 第二类,第一类　4. 略

习题8.2

1. 没有显著变化　2. 可认为硬币是均匀的　3. 能认为　4. 有显著差异　5. 比以往高　6. 不合格　7. 没有显著变化　8. 可认为　9. 工作正常　10. 比原有的好

习题8.3

1. 有显著差异　2. 无显著差异　3. 有显著差异　4. 显著偏大　5. 能认为　6. 略　7. 没有显著差异　8. 可认为　9. 是　10. 可认为　11. 无显著差异

习题8.4

1. 能　2. 可认为　3. 服从

第8章总复习题

1. D　2. B　3. B　4. C　5. C　6. A　7. B　8. B

9. D　10. A　11. $t=\frac{\overline{X}-\mu_0}{S/\sqrt{n}}$, $t\geqslant t_\alpha(n-1)$　12. 一　13. H_0 成立

14. 合格　15. 可认为　16. 都没有　17. 可以接收

参考文献

[1] 盛骤,谢式千,浙江大学. 潘承毅,概率论与数理统计. 4 版. 北京:高等教育出版社,2008.

[2] 同济大学应用数学系. 概率论与数理统计简明教程. 北京:高等教育出版社,2003.

[3] 吴赣昌. 概率论与数理统计(简明版). 2 版. 北京:中国人民大学出版社,2008.

[4] Charles J. stone. A Course in Probability and Statistics. 机械工业出版社,2004.

[5] (美)威廉・费勒. 概率论及其应用. 胡迪鹤,译. 北京:人民邮电出版社,2006.

[6] (美)Morris H. DeGroot, Mark J. Schervish. 概率统计(理工类). 叶中行,王蓉华,等,译. 北京:人民邮电出版社,2007.

[7] 胡月,许梅生. 概率论与数理统计. 北京:科学出版社,2012.

[8] 丁志强等. 概率论与数理统计. 沈阳:东北大学出版社,2018.

勘误表